光盘导航

光盘界面

案例欣赏

案例欣赏

素材欣赏

视频文件

Premiere Pro CS5 中文版标准教程

案例欣赏

婚纱电子相册

浪漫的婚礼

制作电影预告片

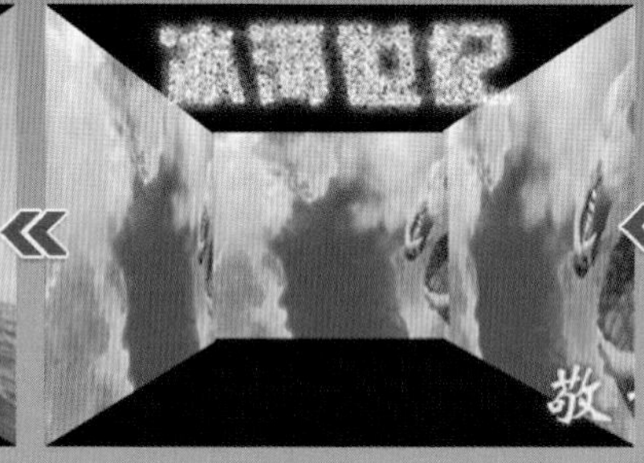

制作公益广告

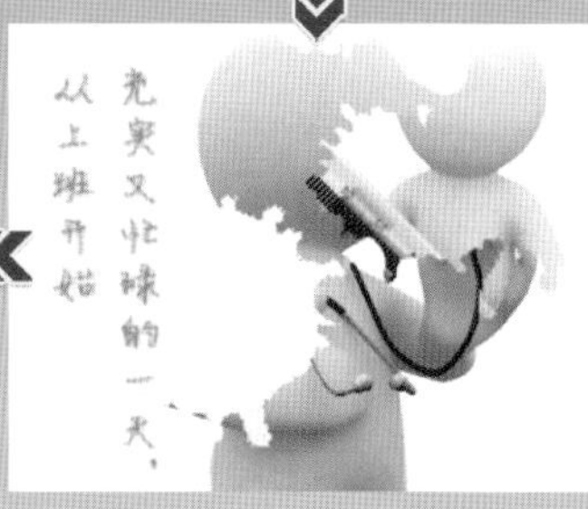

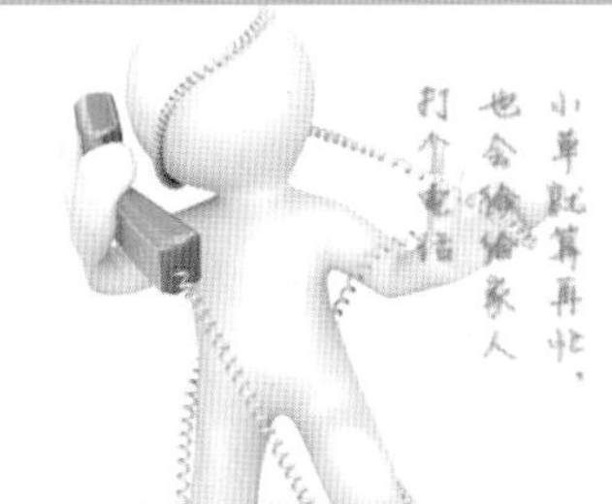

DVD 超值多媒体光盘
大容量、高品质多媒体教程
实例效果图和视频素材库

✓ 总结了作者多年影视编辑经验和教学心得
✓ 系统讲解了Premiere Pro CS5的要点和难点
✓ 实例丰富、效果精美、实用性强
✓ 附大容量、高品质多媒体语音视频教程光盘

Pr

Premiere Pro CS5
中文版 标准教程

□ 关秀英 王泽波 吴军希 等编著

清华大学出版社
北京

内 容 简 介

本书全面介绍 Premiere Pro CS5 视频剪辑和片头制作的相关知识。全书共分 12 章，内容包括 Premiere 项目概述，素材编辑及剪切的基本操作方法和技巧，添加、设置转场效果的方法，关键帧知识，抠像技术，加音频素材、使用音频转场，影片输出的操作和技巧，并准备了两个综合实例。配书光盘提供了全书实例的素材文件和全程配音视频教学文件。本书适合作为高等院校和职业院校的视频编辑、影视特效和广告创意的培训教材，也可以作为 Premiere 视频编辑以及普通用户学习和参考的资料。

图书在版编目（CIP）数据

Premiere Pro CS5 中文版标准教程 / 关秀英等编著. —北京：清华大学出版社，2011.10
（清华电脑学堂）
ISBN 978-7-302-25702-8

Ⅰ. ①P…　Ⅱ. ①关…　Ⅲ. ①图形软件，Premiere Pro CS5 – 教材　Ⅳ. ①TP391.41

中国版本图书馆 CIP 数据核字（2011）第 104775 号

责任编辑：冯志强
责任校对：徐俊伟
责任印制：何　芊
出版发行：清华大学出版社　　**地　址**：北京清华大学学研大厦 A 座
http://www.tup.com.cn　　**邮　编**：100084
社 总 机：010-62770175　　**邮　购**：010-62786544
投稿与读者服务：010-62795954，jsjjc@tup.tsinghua.edu.cn
质 量 反 馈：010-62772015，zhiliang@tup.tsinghua.edu.cn
印 刷 者：清华大学印刷厂
装 订 者：三河市李旗庄少明印装厂
经　销：全国新华书店
开　本：185×260　**印　张**：20.5　**插　页**：2　**字　数**：512 千字
附光盘 1 张
版　次：2011 年 10 月第 1 版　**印　次**：2011 年 10 月第 1 次印刷
印　数：1～5000
定　价：39.80 元

产品编号：043018-01

前　言

随着数码产品越来越贴近大众，DV 摄像机已经走进千家万户，在越来越多的人拿起 DV 记录自己生活的同时，也有更多的人希望可以对自己拍摄的影像进行更好的编辑，从而制作出含有特殊意义的影视作品。而 Premiere Pro CS5 能够实现这一梦想，使一切都变得不再困难。

Premiere Pro CS5 是 Adobe 公司推出的视频编辑软件，可以帮助用户自由编辑从 DV 到高清的非线性视频等影像资料。新版的 Premiere 经过重新设计，能够提供更强大、高效的增强功能与先进的专业工具，从而使用户制作影视节目的过程更加轻松。

1．本书主要内容

本书共 12 章，具体内容如下。

第 1 章介绍视频编辑的基础知识，包括线性编辑和非线性编辑简介、视频编辑相关术语、蒙太奇和常见的视音频格式等内容，以及 Premiere Pro CS5 的工作环境与新增功能，使读者更加熟悉 Premiere Pro CS5。

第 2 章主要介绍 Premiere Pro CS5 的编辑基础知识，包括项目文件创建、素材导入，以及在 Premiere 中管理素材的一些基本操作方法和使用技巧。

第 3 章详细讲解素材的编辑方法，不仅包括添加、修剪、组接素材等基本操作，还包括滚动编辑、波纹编辑和嵌套序列等较为复杂的视频剪辑技巧。

第 4 章介绍数码视频颜色理论的同时，讲解 Premiere 中的一些校正类视频特效，比如调整类、色彩校正类以及图像控制类特效等，帮助读者了解视频色彩变化的特效应用。

第 5 章讲述 Premiere 中字幕的创建与编辑方法，包括字幕属性的设置、字幕样式和图形对象的应用，以及字幕特效的创建方法。

第 6 章详细讲解 Premiere 中的关键帧创建与编辑方法，从而了解视频中动画的制作方法。同时概述预设动画特效的应用方法，提前了解特效的应用以及添加特效后的动画效果。

第 7 章介绍 Premiere 中的视频切换特效，主要包括视频转场的应用，以及影视界面中一些常用的视频转场特效。

第 8 章详细讲述 Premiere 中一些常用视频特效的添加与设置方法。配合关键帧，在视频中创建特效动画，从而丰富视频画面效果。

第 9 章根据视频素材中颜色、明暗关系等因素，分类介绍【键控】特效组中的遮罩特效，掌握多个视频素材合成技巧。

第 10 章分别介绍音频素材的编辑方法以及 Premiere 的调音台功能，其中包括音频素材的剪辑、音频转场特效以及混合音轨的创建方法等。

第 11 章介绍影视节目制作完成后影片的合成与输出，其中包括 Adobe Media Encoder 的应用，以及如何使用 Adobe Encore 创建 DVD 影片。

第12章为综合实例，分别通过电子相册与婚庆视频实例的制作，使读者能够更快地掌握利用Premiere制作影视节目的方法与技巧。

2. 本书主要特色

- **课堂练习** 本书安排了丰富的“课堂练习”，以实例形式演示Premiere Pro CS5的操作知识，便于读者模仿学习操作，同时方便了教师组织授课内容。
- **彩色插图** 本书制作了大量精美的实例，网页设计效果，从而帮助读者掌握Premiere Pro CS5的应用。
- **网站互动** 我们在网站上提供了扩展内容的资料链接，便于读者继续学习相关知识。
- **思考与练习** 复习题测试读者对本章所介绍内容的掌握程度；上机练习理论结合实际，引导读者提高上机操作能力。

3. 本书使用对象

本书内容从普通拍摄视频用户入手，按照视频导入、剪辑、色彩校正、字幕添加、视频转场、视频特效、视频合成、视频输出等顺序进行编写，同时知识内容全面、结构完整、图文并茂、通俗易懂，配有丰富的实例。可帮助读者深入掌握Premiere软件的操作应用知识，适合相关专业的学生、视频处理爱好者，以及没有任何视频编辑经验，但是希望自己制作影视节目的普通家庭读者。

参与本书编写的除了封面署名人员外，还有王敏、马海军、祁凯、孙江玮、田成军、刘俊杰、赵俊昌、王泽波、张银鹤、刘治国、何方、李海庆、王树兴、朱俊成、康显丽、崔群法、孙岩、倪宝童、王立新、王咏梅、辛爱军、牛小平、贾栓稳、赵元庆、郭磊、杨宁宁、郭晓俊、方宁、王黎、安征、亢凤林、李海峰等。由于时间仓促，水平有限，疏漏之处在所难免，欢迎读者朋友登录清华大学出版社的网站www.tup.com.cn与我们联系，帮助我们改进提高。

编　者

2011年4月

目　录

第 1 章

初识 Premiere Pro CS5

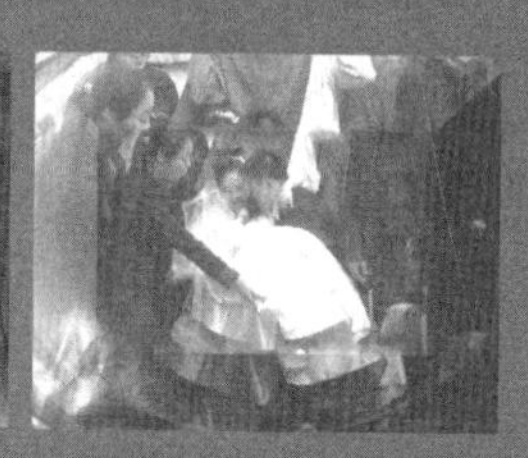

早在人类文明发展之初，人们便渴望获得一种将生活片段记录下来的能力，而绘画便是实现上述愿望的第一种方法。随着电影、电视等技术的相继出现和发展，使得人们将生活片段以影像资料的方式进行记录和回放的想法得以实现。而美国人 E·S·鲍特更是通过剪接、编排电影胶片的方式来编辑电影，从而成为运用交叉剪辑手法为电影增加戏剧效果的第一位导演，影像编辑的概念由此产生。

时至今日，视频编辑技术经过多年的发展，已经由起初直接剪切胶片的形式发展到借助计算机进行数字化编辑的阶段。然而，无论是通过什么方法来编辑视频，其实质都是组接视频片段的过程。但是，要想使组接的这些片段符合人们的逻辑思维，并具有一定的艺术性和欣赏性，便需要视频编辑人员掌握相应的理论和视频编辑知识。为此，本章不仅简要概述视频编辑知识与影视制作知识，还介绍了一个非线性编辑视频的软件——Premiere Pro CS5，使每一位用户都能够在极短的时间内了解并熟悉视频编辑。

本章学习要点：

- 了解数字视频
- 非线性编辑知识
- 影视编辑蒙太奇
- Premiere Pro CS5 工作环境

1.1 数字视频基础

当前，数字技术正以异常迅猛的速度席卷全球的视频编辑与处理领域，数字视频开始取代模拟视频，并逐渐成为新一代的视频应用标准。

1.1.1 电视制式

在电视系统中，发送端将视频信息以电信号形式进行发送，电视制式便是在期间实现图像、伴音及其他信号正常传输与重现的方法与技术标准，因此也称为电视标准。电视制式的出现，保证了电视机、视频及视频播放设备之间所用标准的统一或兼容，为电视行业的发展做出了极大的贡献。目前，应用最为广泛的彩色电视制式主要有 3 种类型，下面将对其分别进行介绍。

提 示

在电视技术的发展过程中，陆续出现了黑白制式和彩色制式两种不同的制式类别，其中彩色制式由黑白制式发展而来，并实现了黑白信号与彩色信号间的相互兼容。

1. NTSC 制式

NTSC 制式由美国国家电视标准委员会（National Television System Committee）制定，主要应用于美国、加拿大、日本、韩国、菲律宾，以及中国台湾等国家和地区。由于采用了正交平衡调幅的技术方式，因此 NTSC 制式也称为正交平衡调幅制电视信号标准，优点是视频播出端的接收电路较为简单。不过，由于 NTSC 制式存在相位容易失真、色彩不太稳定（易偏色）等缺点，因而此类电视都会提供一个手动控制的色调电路供用户选择使用。

符合 NTSC 制式的视频播放设备至少拥有 525 行扫描线，分辨率为 720×480 电视线，工作时采用隔行扫描方式进行播放，帧速率为 29.97fps，因此每秒约播放 60 场画面。

2. PAL 制式

PAL 制式是由前联邦德国在 NTSC 制式基础上研制出来的一种改进方案，其目的主要是为了克服 NTSC 制式对相位失真的敏感性。PAL 制式的原理是将电视信号内的两个色差信号分别采用逐行倒相和正交调制的方法进行传送。这样一来，当信号在传输过程中出现相位失真时，便会由于相邻两行信号的相位相反而起到互相补偿作用，从而有效地克服了因相位失真而引起的色彩变化。此外，PAL 制式在传输时受多径接收而出现彩色重影的影响也较小。不过，PAL 制式的编/解码器较 NTSC 制式的相应设备要复杂许多，信号处理也较麻烦，接收设备的造价也较高。

PAL 制式也采用了隔行扫描的方式进行播放，共有 625 行扫描线，分辨率为 720×576 电视线，帧速率为 25fps。目前，PAL 彩色电视制式广泛应用于德国、中国、中国香港、英国、意大利等国家和地区。然而即便采用的都是 PAL 制，不同国家和地区的 PAL 制式电视信号也有一定的差别。例如，我国采用的是 PAL-D 制式，英国、中国香港、中国澳门使用的是PAL-I制式，新加坡使用的是PAL-B/G或D/K制式等。

3. SECAM制式

SECAM是法文的缩写，意为“顺序传送彩色信号与存储恢复彩色信号制”，是由法国在1966年制定的一种彩色电视制式。与PAL制式相同的是，该制式也克服了NTSC制式相位易失真的缺点，但在色度信号的传输与调制方式上却与前两者有着较大差别。总体来说，SECAM制式的特点是彩色效果好、抗干扰能力强，但兼容性相对较差。

在使用中，SECAM制式同样采用了隔行扫描的方式进行播放，共有625行扫描线，分辨率720×576电视线，帧速率则与PAL制式相同。目前，该制式主要应用于俄罗斯、法国、埃及、罗马尼亚等国家。

1.1.2 高清概念全解析

近年来，随着视频设备制造技术、存储技术以及用户需求的不断提高，“高清数字电视”、“高清电影/电视”等概念逐渐流行开来。然而，什么是高清，高清能够为用户带来怎样的好处却不是每个人都非常的了解，因此接下来便将介绍部分与“高清”相关的名词与术语等知识。

1. 高清的概念

高清是人们针对视频画质而提出的一个名词，英文为“High Definition”，意为“高分辨率”。由于视频画面的分辨率越高，视频所呈现出的画面也就越为清晰，因此“高清”代表的便是高清晰度、高画质的视觉效果。

目前，将视频从画面清晰度来界定，大致可分为“普通清晰度”、“标准清晰度”和“高清晰度”这3种，各部分之间的标准如表1-1所示。

表1-1 视频画面清晰度分级参数详解

项目名称	普通视频	标清视频	高清视频
垂直分辨率	400i	720p或1080i	1080p
播出设备类型	LDTV 普通清晰度电视	SDTV 标准清晰度电视	HDTV 高清晰度电视
播出设备参数	480条垂直扫描线	720~1080条可见垂直扫描线	1080条可见垂直扫描线
部分产品	DVD视频盘等	HD DVD、Blu-ray视频盘等	HD DVD、Blu-ray视频盘等

提 示

目前，人们在描述视频分辨率时，通常都会在分辨率乘法表达式后添加p或i的标识，以表明视频在播放时是采用逐行扫描（p）还是隔行扫描（i）。

2. 高清电视

高清电视，又叫“HDTV”，是由美国电影电视工程师协会确定的高清晰度电视标准格式。一般所说的高清，通常指的就是高清电视。目前，常见的电视播放格式主要有以下几种。

- ❑ **D1 480i 格式** 与 NTSC 模拟电视清晰度相同，525 条垂直扫描线，480 条可见垂直扫描线，帧宽高比为 4：3 或 16：9，隔行/60Hz，行频为 15.25kHz。
- ❑ **D2 480p 格式** 与逐行扫描 DVD 规格相同，525 条垂直扫描线，480 条可见垂直扫描线，帧宽高比为 4：3 或 16：9，分辨率为 640×480，逐行/60Hz，行频为 31.5kHz。
- ❑ **D3 1080i 格式** 是标准数字电视显示模式，1125 条垂直扫描线，1080 条可见垂直扫描线，帧宽高比为 16：9，分辨率为 1920×1080，隔行/60Hz，行频为 33.75kHz。
- ❑ **D4 720p 格式** 是标准数字电视显示模式，750 条垂直扫描线，720 条可见垂直扫描线，帧宽高比为 16：9，分辨率为 1280×720，逐行/60Hz，行频为 45kHz。
- ❑ **D5 1080p 格式** 是标准数字电视显示模式，1125 条垂直扫描线，1080 条可见垂直扫描线，帧宽高比为 16：9，分辨率为 1920×1080，逐行扫描，专业格式。
- ❑ **其他** 此外还有 576i，是标准的 PAL 电视显示模式，625 条垂直扫描线，576 条可见垂直扫描线，帧宽高比为 4：3 或 16：9，隔行/50Hz，记为 576i 或 625i。

其中，所有能够达到 D3/4/5 播放标准的电视机，都可纳入“高清电视”的范畴。不过，只支持 D3 或 D4 标准的产品只能算做“标清”设备，而只有达到 D5 播出标准的产品才能称为“全高清（Full HD）”设备。

提 示

行频也称水平扫描率，是指电子枪每秒在荧光屏上扫描水平线的数量，以 kHz 为单位，属于显示设备的固定工作参数。显示设备的行频越大，其工作越为稳定。

1.1.3 数字视频压缩技术

数字视频压缩技术是指按照某种特定算法，采用特殊记录方式来保存数字视频信号的技术。目前，使用较多的数字视频压缩技术有 MPEG 系列技术和 H.26X 系列技术，下面将对其分别进行介绍。

1. MPEG

MPEG（Moving Pictures Experts Group，动态图像专家组）标准是由 ISO（International Organization for Standardization，国际标准化组织）所制定并发布的视频、音频、数据压缩技术，目前共有 MPEG-1、MPEG-2、MPEG-4、MPEG-7 及 MPEG-21 等多个不同版本。其中，MPEG 标准的视频压缩编码技术利用了具有运动补偿的帧间压缩编码技术以减小时间冗余度，利用 DCT 技术以减小图像空间冗余度，并在数据表示上解决了统计冗余度的问题，因此极大地增强了视频数据的压缩性能，为存储高清晰度的视频数据奠定了坚实的基础。

❑ **MPEG-1**

MPEG-1 是专为 CD 光盘所定制的一种视频和音频压缩格式，采用了块方式的运动补偿、离散余弦变换（DCT）、量化等技术，其传输速率可达 1.5Mbps。MPEG-1 的特点是随机访问，拥有灵活的帧率、运动补偿可跨越多个帧等；不足之处在于，压缩比还不够大，且图像质量较差，最大清晰度仅为352×288。

❑ **MPEG-2**

MPEG-2制定于1994年，其设计目的是为了提高视频数据传输率。MPEG-2能够提供3～10Mbps的数据传输率，在NTSC制式下可流畅输出720×486分辨率的画面。

❑ **MPEG-4**

与MPEG-1和MPEG-2相比，MPEG-4不再只是一种具体的数据压缩算法，而是一种为满足数字电视、交互式绘图应用、交互式多媒体等多方面内容整合及压缩需求而制定的国际标准。MPEG-4标准将众多的多媒体应用集成于一个完整框架内，旨在为多媒体通信及应用环境提供标准的算法及工具，从而建立起一种能够被多媒体传输、存储、检索等应用领域普遍采用的统一数据格式。

2. H.26X

H.26X系列压缩技术是由ITU（国际电传视讯联盟）所主导，旨在使用较少的带宽传输较多的视频数据，以便用户获得更为清晰的高质量视频画面。

❑ **H.263**

H.263是国际电联ITU-T专为低码流通信而设计的视频压缩标准，其编码算法与之前版本的H.261相同，但在低码率下能够提供较H.261更好的图像质量，两者之间存在如下差别。

- H.263的运动补偿使用半像素精度，而H.261则用全像素精度和循环滤波。
- 数据流层次结构的某些部分在H.263中是可选的，使得编解码可以拥有更低的数据率或更好的纠错能力。
- H.263包含4个可协商的选项以改善性能。
- H.263采用无限制的运动向量以及基于语法的算术编码。
- 采用事先预测和与MPEG中的P-B帧一样的帧预测方法。
- H.263支持更多的分辨率标准

此后，ITU-T又于1998年推出了H.263+（即H.263第2版），该版本进一步提高了压缩编码性能，并增强了视频信息在易误码、易丢包异构网络环境下的传输。由于这些特性，使得H.263压缩技术很快取代了H.261，成为主流视频压缩技术之一。

❑ **H.264**

H.264是目前H.26X系列标准中最新版本的压缩技术，其目的是为了解决高清数字视频体积过大的问题。H.264由MPEG组织和ITU-T联合推出，因此它既是ITU-T的H.264，又是MPEG-4的第10部分，因此无论是MPEG-4 AVC、MPEG-4 Part 10，还是ISO/IEC 14496-10，实质上与H.264都完全相同。

与H.263及以往的MPEG-4相比，H.264最大的优势在于拥有很高的数据压缩比率。在同等图像质量条件下，H.264的压缩比是MPEG-2的2倍以上，是原有MPEG-4的1.5～2倍。这样一来，观看H.264数字视频将大大节省用户的下载时间和数据流量费用。

1.2 数字视频编辑基础

现阶段，人们在使用影像录制设备获取视频后，通常还要对其进行剪切、重新编排等一系列处理，然后才会将其用于播出。在上述过程中，对源视频进行的剪切、编排及其他操作统称为视频编辑操作，而当用户以数字方式来完成这一任务时，整个过程便称为数字视频编辑。

1.2.1 线性编辑与非性线编辑

在电影电视的发展过程中，视频节目的制作先后经历了“物理剪辑”、“电子编辑”和“数字编辑”3 个不同发展阶段，其编辑方式也先后出现了线性编辑和非线性编辑。接下来，将分别介绍这两种不同的视频编辑方式。

1．线性编辑

线性编辑是一种按照播出节目的需求，利用电子手段对原始素材磁带进行顺序剪接处理，从而形成新的连续画面的技术。在线性编辑系统中，工作人员通常使用组合编辑手段将素材磁带顺序编辑后，以插入编辑片段的方式对某一段视频画面进行同样长度的替换。因此，当人们需要删除、缩短或加长磁带内的某一视频片段时，线性编辑便无能为力了。

在以磁带为存储介质的“电子编辑”阶段，线性编辑是一种最为常用且重要的视频编辑方式，其特点如下。

❑ **技术成熟、操作简便**

线性编辑所使用的设备主要有编辑放像机和编辑录像机，但根据节目需求还会用到多种编辑设备。不过，由于在进行线性编辑时可以直接、直观地对素材录像带进行操作，因此整体操作较为简单。

❑ **编辑过程烦琐、只能按时间顺序进行编辑**

在线性编辑过程中，素材的搜索和录制都必须按时间顺序进行，编辑时只有完成前一段编辑后，才能开始编辑下一段。

为了寻找合适素材，工作人员需要在录制过程中反复地前卷和后卷素材磁带，这样不但浪费时间，还会对磁头、磁带造成一定的磨损。重要的是，如果要在已经编辑好的节目中插入、修改或删除素材，都要严格受到预留时间、长度的限制，无形中给节目的编辑增加了许多麻烦，同时还会造成资金的浪费。最终的结果便是，如果不花费一定的时间，便很难制作出艺术性强、加工精美的电视节目。

❑ **线性编辑系统所需设备较多**

在一套完整的线性编辑系统中，所要用到的编辑设备包括编辑放像机、编辑录像机、遥控器、字幕机、特技器、时基校正器等设备。要全套购买这些设备，不仅投资较高，而且设备间的连线多、故障率也较高，重要的是出现故障后的维修也较为复杂。

提 示

在线性视频编辑系统中，各设备间的连线分为视频线、音频线和控制线 3 种类型。

2．非线性编辑

进入 20 世纪 90 年代后，随着计算机软/硬件技术的发展，计算机在图形图像处理方面的技术逐渐增强，应用范围也覆盖至广播电视的各个领域。随后，出现了以计算机为中心，利用数字技术编辑视频节目的方式，非线性视频编辑由此诞生。

从狭义上讲，非线性编辑是指剪切、复制和粘贴素材时无须在存储介质上对其进行重新安排的视频编辑方式。从广义上讲，非线性编辑是指在编辑视频的同时，还能实现诸多处理效果，例如添加视觉特技、更改视觉效果等操作的视频编辑方式。

与线性编辑相比，非线性编辑的特点主要集中体现在以下方面。

❑ 素材浏览

在查看素材时，不仅可以瞬间开始播放，还可以使用不同速度进行播放，或实现逐幅播放、反向播放等。

❑ 编辑点定位

在确定编辑点时，用户既可以手动操作进行粗略定位，也可以使用时码精确定位编辑点。由于不再需要花费大量时间来搜索磁带，因此大大地提高了编辑效率，如图 1-1 所示。

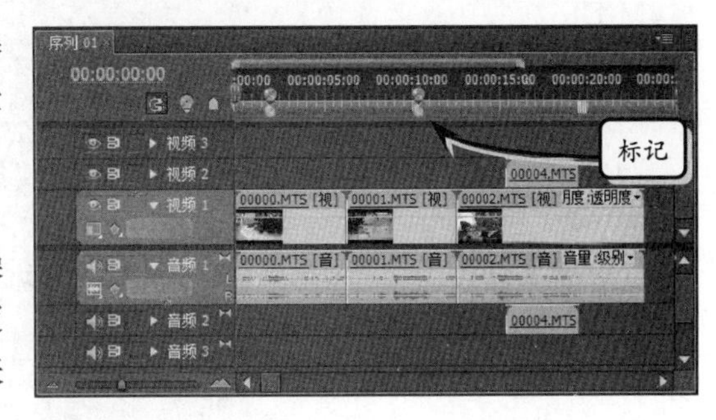

图 1-1 视频编辑素材上的各种标记

❑ 调整素材长度

非线性编辑允许用户随时调整素材长度，并可通过时码标记实现精确编辑。此外，非线性编辑方式还吸取了电影剪接时简便直观的优点，允许用户参考编辑点前后的画面，以便直接进行手工剪辑。

❑ 素材的组接

在非线性编辑系统中，各段素材间的相互位置可随意调整。因此，用户可以在任何时候删除节目中的一个或多个片段，或向节目中的任意位置插入一段新的素材。

❑ 素材的复制和重复使用

在非线性编辑系统中，由于用到的所有素材全都以数字格式进行存储，因此在复制素材时不会引起画面质量的下降。此外，同一段素材可以在一个或多个节目中反复使用，而且无论使用多少次，都不会影响画面质量。

❑ 便捷的特效制作功能

在非线性编辑系统中制作特技时，通常可以在调整特技参数的同时观察特技对画面的影响，如图 1-2 所示。此外，根据节目需求，人们可随时扩充和升级软件的特效模块，从而方便地增加新的特技功能。

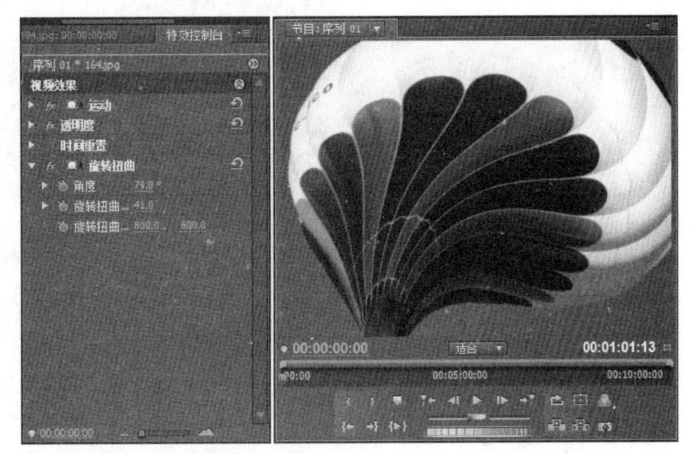

图 1-2 轻松制作特技效果

提 示

非线性编辑系统中的特技效果独立于素材本身出现。也就是说，用户不仅可以随时为素材添加某种特殊效果，还可随时去除该效果，以便将素材还原至最初的样式。

❑ 声音编辑

基于计算机的非线性编辑系统能够方便的从 CD 唱盘、MIDI 文件中采集音频素材。而且，在使用编辑软件进行多轨声音的合成时，也不会受到总音轨数量的限制。

❑ 动画制作与合成

由于非线性编辑系统的出现，动画的逐帧录制设备已被淘汰。而且，非线性编辑系统除了可以实时录制动画以外，还能够通过抠像的方法实现动画与实拍画面的合成，从而极大地丰富了影视节目制作手段，如图 1-3 所示。

图 1-3 由动画明星和真实人物共同“拍摄”的电影

1.2.2 非线性编辑系统的构成

非线性编辑的实现，要靠软件与硬件两方面的共同支持，而两者间的组合，便称为非线性编辑系统。目前，一套完整的非线性编辑系统，其硬件部分至少应包括一台多媒体计算机，此外还需要视频卡、IEEE 1394 卡以及其他专用板卡（如特技卡）和外围设备，如图 1-4 所示。

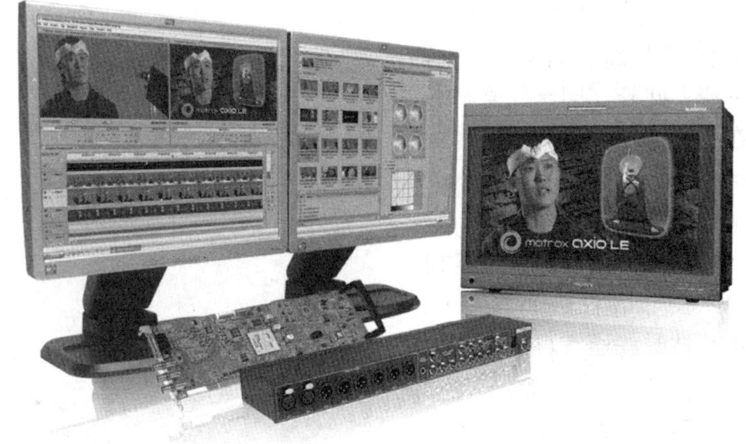

图 1-4 非线性编辑系统中的部分硬件设备

其中，视频卡用于采集和输出模拟视频，也就是担负着模拟视频与数字视频之间相互转换的功能，图 1-5 所示即为一款视频卡。

从软件上看，非线性编辑系统主要由非线性编辑软件、二维动画软件、三维动画软件、图像处理软件和音频处理软件等外围软件构成。

提 示

现如今，随着计算机硬件性能的提高，编辑处理视频对专用硬件设备的依赖越来越小，而软件在非线性编辑过程中的作用则日益突出。因此，熟练掌握一款像 Premiere 之类的非线性编辑软件便显得尤为关键。

图 1-5 非线性编辑系统中的视频卡

1.2.3 非线性编辑的工作流程

无论是在哪种非线性编辑系统中，其视频编辑工作流程都可以简单地分为输入、编辑和输出 3 个步骤。当然，由于不同非线性编辑软件在功能上的差异，上述步骤还可进一步的细化。接下来本节将以 Premiere 为例，简单介绍非线性编辑视频时的整个工作流程。

1．素材采集与输入

素材是视频节目的基础，因此收集、整理素材后将其导入编辑系统，便成为正式编辑视频节目前的首要工作。利用 Premiere 的素材采集功能，用户可以方便地将磁带或其他存储介质上的模拟音/视频信号转换为数字信号后存储在计算机中，并将其导入至编辑项目，使其成为可以处理的素材。

提 示

在采集数字格式的音/视频素材文件时，Premiere 所进行的操作只是将其“复制/粘贴”至计算机中的某个文件夹内，并将这些数字音/视频文件添加至视频编辑项目内。

除此之外，Premiere 还可以将其他软件处理过的图像、声音等素材直接纳入到当前的非线性编辑系统中，并将上述素材应用于视频编辑的过程中。

2．素材编辑

多数情况下，并不是素材中的所有部分都会出现在编辑完成的视频中。很多时候，视频编辑人员需要使用剪切、复制、粘贴等方法，选择素材内最合适的部分，然后按一定顺序将不同素材组接成一段完整视频，而上述操作便是编辑素材的过程。如图 1-6 所示，即为视频编辑人员在对部分素材进行编辑时的软件截图。

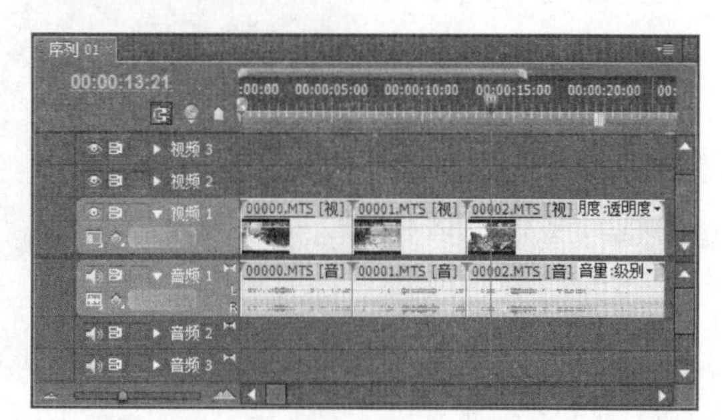

图 1-6 编辑素材中的工作截图

3. 特技处理

由于拍摄手段与技术及其他原因的限制，很多时候人们都无法直接得到所需要的画面效果。例如，在含有航空镜头的影片中，很多镜头便无法通过常规方法来获取。此时，视频编辑人员便需要通过特技处理的方式，来向观众呈现此类很难拍摄或根本无法拍摄到的画面效果，如图 1-7 所示。

图 1-7 对视频进行合成类特效处理

提 示

对于视频素材而言，特技处理包括转场、特效、合成叠加；对于音频素材，特技处理包括转场、特效等。

4. 添加字幕

字幕是影视节目的重要组成部分，在这方面 Premiere 拥有强大的字幕制作功能，操作也极其简便。除此之外，Premiere 还内置了大量的字幕模板，很多时候用户只需借助字幕模板，便可以获得令人满意的字幕效果，如图 1-8 所示。

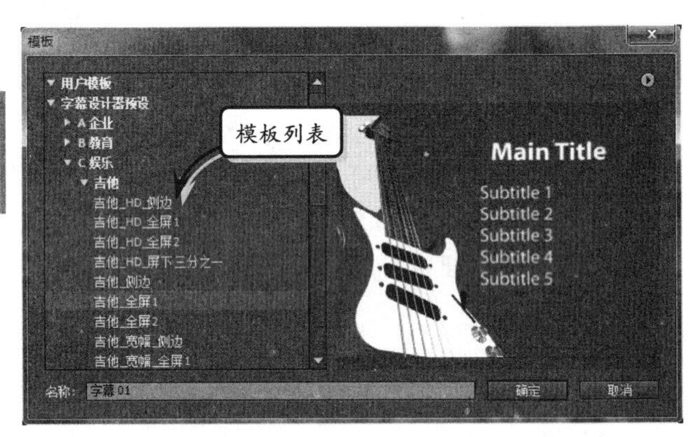

图 1-8 Premiere 内置的字幕模板

5. 输出影片

视频节目在编辑完成后，就可以输出回录到录像带上。当然，根据需要也可以将其输出为视频文件，以便发布到网上，或者直接刻录成 VCD 光盘、DVD 光盘等，如图 1-9 所示。

图 1-9 使用 Adobe Encore CS4 将编辑项目输出为光盘

1.3 影视创作基础知识

对于一名影视节目编辑人员来说，除了需要熟练掌握视频编辑软件的使用方法外，还应当掌握一定的影视创作基础知识，能够更好地进行影视节目的编辑工作。

1.3.1 蒙太奇与影视剪辑

蒙太奇是法文 montage 的译音，意为文学、音乐与美术的组合体，原本属于建筑学用语，用来表现装配或安装等。在电影创作过程中，蒙太奇是导演向观众展示影片内容的叙述手法和表现手段。接下来，本节将通过以下两点来简单介绍影视创作中的蒙太奇。

1. 蒙太奇的含义

在视频编辑领域，蒙太奇的含义存在狭义和广义之分。其中，狭义的蒙太奇专指对镜头画面、声音、色彩等诸元素编排、组合的手段。也就是说，是在后期制作过程中，将各种素材按照某种意图进行排列，从而使之构成一部影视作品。由此可见，蒙太奇是将摄像机拍摄下来的镜头，按照生活逻辑、推理顺序、作者的观点倾向及其美学原则联结起来的手段，是影视语言符号系统中的一种修辞手法。

从广义上来看，蒙太奇不仅仅包含后期视频编辑时的镜头组接，还包含影视剧作从开始到完成的整个过程中，创作者们的一种艺术思维方式。

提 示

从硬件方面来说，镜头是照相机、摄像机及其他拥有类似设备上的组成部件；如果从视频编辑领域来看，镜头则是一组连续的视频画面。

2. 蒙太奇的功能

在现代影视作品中，一部影片通常由 500～1000 个镜头组成。每个镜头的画面内容、运动形式，以及画面与音响组合的方式，都包含着蒙太奇因素。可以说，一部影片从拍摄镜头时就已经在使用蒙太奇了，而蒙太奇的作用便主要体现在以下几个方面。

❑ **概括与集中**

通过镜头、场景、段落的分切与组接，可以对素材进行选择和取舍，选取并保留主要的、本质的部分，省略烦琐、多余的部分。这样一来，就可以突出画面重点，从而强调特征显著且富有表现力的细节，以达到高度概括和集中画面内容的目的，如图 1-10 所示。

图 1-10 以逐渐放大的方式突出主体

❑ 吸引观众的注意力，激发观众的联想

在编排影视节目之前，视频素材中的每个独立镜头都无法向人们表达出完整的寓意。然而，通过蒙太奇手法将这些镜头进行组接后，便能够达到引导观众注意力、影响观众情绪与心理，并激发观众丰富联想力的目的。这样一来，便使得原本无意义的镜头成为观众更好理解影片的工具，此外还能够激发观众的参与心理，从而形成主客体间的共同“创造”。

提 示

制造悬念便是蒙太奇思想的一种具体表现，也是当代影视作品吸引观众注意力、激发观众联想的常用方法。

❑ 创造独特的画面时间

通过对镜头的组接，运用蒙太奇的方法可以对影片中的时间和空间进行任意的选择、组织、加工和改造，从而形成独特的表述元素——画面时空。与早期的影视作品相比，画面时空的运用使得影片的表现领域变得更为广阔，素材的选择取舍也异常灵活，因此更适于表现丰富多彩的现实生活。

❑ 形成不同的节奏

节奏是情节发展的脉搏，是画面表现形式与内容是否统一的重要表现，也是对画面情感和气氛的一种修饰和补充。它不仅关系到镜头造型，还涉及影片长度与分配问题，因此其发展过程不仅要根据剧情的进展来确定，还要根据拍摄对象的运动速度和摄像机的运动方式来确定。

在后期编辑过程中，蒙太奇正是通过对镜头的造型形式、运动形式，以及影片长度的控制，实现画面表现形式与内容的密切配合，从而使画面在观众心中留下深刻印象。可以看出，人们不仅可以利用蒙太奇来增强画面的节奏感，还可将自己（创作者）的思想融入到故事中去，从而创造或改变画面中的节奏。

❑ 表达寓意，创造意境

在对镜头进行分切和组接的过程中，蒙太奇可以利用多个镜头间的相互作用产生新的含义，从而产生一种单个画面或声音所无法表述的思想内容。这样一来，创作者便可以方便地利用蒙太奇来表达抽象概念、特定寓意，或创造出特定的意境，如图 1-11 所示。

图 1-11 多镜头效果

1.3.2 组接镜头的基础知识

无论是怎样的影视作品，结构上都是将一系列镜头按一定次序组接后所形成的。然而，这些镜头之所以能够延续下来，并使观众将它们接受为一个完整融合的统一体，是因为这些镜头间的发展和变化秉承了一定的规律。因此，在应用蒙太奇思想组接镜头之前，还需要了解一些镜头组接时的规律与技巧。

1. 镜头组接规律

为了清楚的向观众传达某种思想或信息，组接镜头时必须遵循一定的规律，归纳后可分为以下几点。

❑ 符合观众的思想方式与影片表现规律

镜头的组接必须要符合生活与思维的逻辑关系。如果影片没有按照上述原则进行编排，必然会由于逻辑关系的颠倒，使观众难以理解。

❑ 景别的变化要采用“循序渐进”的方法

通常来说，一个场景内“景”的发展不宜过分剧烈，否则便不易与其他镜头进行组接。相反，如果“景”的变化不大，同时拍摄角度的变换亦不大，也不利与其他镜头的组接。

例如，在编排同一机位、同景别，恰巧又是同一主体的两个镜头时，由于画面内景物的变化较小，因此将两镜头简单组接后会给人一种镜头不停重复的感觉。在这种情况下，除了重新进行拍摄外，还可采用过渡镜头，使表演者的位置、动作发生变化后再进行组接。

综上所述，在拍摄时“景”的发展变化需要采取循序渐进的方法，并通过渐进式地变换不同视觉距离进行拍摄，以便各镜头间的顺利连接。在应用这一技巧的过程中，人们逐渐发现并总结出一些典型的组接句型，如表 1-2 所示。

表 1-2　镜头组接句型介绍

名　称	含　义
前进式句型	该叙述句型是指景物由远景、全景向近景、特写过渡的方法，多用来表现由低沉到高昂向上的情绪或剧情的发展
后退式句型	该叙述句型是由近到远，表示由高昂到低沉、压抑的情绪，在影片中的表现为从细节画面扩展到全景画面的过程
环行句型	这是一种将前进式和后退式句型结合使用的方式。在拍摄时，通常会在全景、中景、近景、特写依次转换完成后，再由特写依次向近景、中景、远景进行转换。在思想上，该句型可用于展现情绪由低沉到高昂，再由高昂转向低沉的过程

❑ 镜头组接中的拍摄方向与轴线规律

所谓“轴线规律”，是指在多个镜头中，拍摄机的位置应始终位于主体运动轴线的同一线，以保证不同镜头内的主体在运动时能够保持一致的运动方向。否则，在组接镜头时，便会出现主体“撞车”的现象，此时的两组镜头便互为跳轴画面。在视频的后期编辑过程中，跳轴画面除了特殊需要外基本无法与其他镜头相组接。

❑ 遵循“动接动”、“静接静”的原则

当两个镜头内的主体始终处于运动状态，且动作较为连贯时，可以将动作与动作组接在一起，从而达到顺畅过渡、简洁过渡的目的，该组接方法称为“动接动”。

与之相应的是，如果两个镜头的主体运动不连贯，或者它们的画面之间有停顿时，则必须在前一个镜头内的主体完成一套动作后，才能与第二个镜头相组接。并且，第二个镜头必须是从静止的镜头开始，该组接方法便称为“静接静”。在“静接静”的组接过程中，前一个镜头结尾停止的片刻叫“落幅”，后一个镜头开始时静止的片刻叫做“起幅”，起幅与落幅的时间间隔大约为 1～2s。

此外，在将运动镜头和固定镜头相互组接时，同样需要遵循这个规律。例如，一个固定镜头需要与一个摇镜头相组接时，摇镜头开始要有“起幅”；当摇镜头要与固定镜头组接时，摇镜头结束时必须要有“落幅”，否则组接后的画面便会给人一种跳动的视觉感。

提 示

摇镜头是指在拍摄时，摄像机的机位不动，只有机身作上、下、左、右的旋转等运动。在影视创作中，摇镜头可用于介绍环境、从一个被摄主体转向另一个被摄主体、表现人物运动、表现剧中人物的主观视线、表现剧中人物的内心感受等。

2. 镜头组接的节奏

在一部影视作品中，作品的题材、样式、风格，以及情节的环境气氛、人物的情绪、情节的起伏跌宕等元素都是确定影片节奏的依据。然而，要想让观众能够很直观地感觉到这一节奏，不仅需要通过演员的表演、镜头的转换和运动，以及场景的时空变化等前期制作因素，还需要运用组接的手段，严格掌握镜头的尺寸、数量与顺序，并在删除多余枝节后才能完成。也就是说，镜头组接是控制影片节奏的最后一个环节。

然而在实施上述操作的过程中，影片内每个镜头的组接，都要以影片内容为出发点，并在以此为基础的前提下来调整或控制影片节奏。例如，在一个宁静祥和的环境中，如果出现了快节奏的镜头转换，往往会让观众感觉到突兀，甚至心理上难以接受，而这显然并不合适。相反，在一些节奏强烈、激荡人心的场面中，如果猛然出现节奏极其舒缓的画面，便极有可能冲淡画面的视觉冲击效果。

3. 镜头组接的时间长度

在剪辑、组接镜头时，每个镜头停滞时间的长短，不仅要根据内容难易程度和观众的接受能力来决定，还要考虑到画面构图及画面内容等因素。例如，在处理远景、中景等包含内容较多的镜头时，便需要安排相对较长的时间，以便观众看清这些画面上的内容；对于近景、特写等空间较小的画面，由于画面内容较少，因此可适当减少镜头的停留时间。

此外，画面内的一些其他因素，也会对镜头停留时间的长短起到制约作用。例如，画面内较亮的部分往往比较暗的部分更能引起人们的注意，因此在表现较亮部分时可适当减少停留时间；如果要表现较暗的部分，则应适当延长镜头的停留时间。

1.3.3 镜头组接蒙太奇简介

在镜头组接的过程中，蒙太奇具有叙事和表意两大功能，并可分为叙事蒙太奇、表现蒙太奇和理性蒙太奇 3 种基本类型。并且，在此基础上还可对其进行进一步的划分，下面便将对这 3 种不同类型的镜头组接蒙太奇进行简单介绍。

1. 叙事蒙太奇

叙事蒙太奇的特征是以交代情节、展示事件为主旨，按照情节发展的时间流程、因果关系来分切组合镜头、场面和段落，从而引导观众理解剧情。因此，采用该蒙太奇思想组接而成的影片脉络清晰、逻辑连贯、明白易懂。

在叙事蒙太奇的应用过程中，根据具体情况的不同，还可将其分为以下几种情况。

❑ **平行蒙太奇**

这种蒙太奇的表现方法是将不同时空（或同时异地）发生的两条或两条以上的情节线并列表现，虽然是分头叙述但却统一在一个完整的结构之中。因此，具有情节集中、节省篇幅、扩大影片信息量，以及增强影片节奏等优点；并且，几条线索的平行展现，也利于情节之间的相互烘托和对比，从而增强影片的艺术感染效果。

❑ **交叉蒙太奇**

交叉蒙太奇又称交替蒙太奇，是一种将同一时间不同地域所发生的两条或数条情节线，迅速而频繁地交替组接在一起的剪辑手法。在组织的各条情节线中，其中一条情节线的变化往往影响其他情节的发展，各情节线相互依存，并最终汇合在一起。与其他手法相比，交叉蒙太奇剪辑技巧极易引起悬念，造成紧张激烈的气氛，并且能够加强矛盾冲突的尖锐性，是引导观众情绪的有力手法，多用于惊险片、恐怖片或战争题材的影片。

❑ **重复蒙太奇**

这是一种类似于文学复叙方式的影片剪辑手法，其方式是在关键时刻反复出现一些包含寓意的镜头，以达到刻画人物、深化主题的目的。

❑ **连续蒙太奇**

该类型蒙太奇的特点是沿着一条情节线索进行发展，并且会按照事件的逻辑顺序，有节奏地连续叙事，而不像平行蒙太奇或交叉蒙太奇那样同时处理多条情节线。与其他类型的剪辑方式相比，连续蒙太奇有着叙事自然流畅、朴实平顺的特点。但是，由于缺乏时空与场面的变换，连续蒙太奇无法直接展示同时发生的情节，以及多情节内的对列关系，并且容易带来拖沓冗长、平铺直叙之感。

2. 表现蒙太奇

表现蒙太奇是以镜头对列为基础，通过关联镜头在形式或内容上的相互对照、冲击，从而产生单个镜头本身所不具有的丰富涵义，以表达某种情绪或思想，从而达到激发观众进行联想与思考的目的。

❑ **抒情蒙太奇**

这是一种在保证叙事和描写连贯性的同时，通过与剧情无关的镜头来表现人物思想和情感，以及事件发展的手法。最常见、最易被观众所感受到的抒情蒙太奇，往往是在一段叙事场面之后，恰当地切入象征情绪情感的其他镜头。

❑ **心理蒙太奇**

该类型的剪辑手法是进行人物心理描写的重要手段，能够通过画面镜头组接或声画有机结合，形象而生动地展示出人物的内心世界。常用于表现人物的梦境、回忆、闪念、幻觉、遐想、思索等精神活动。这种蒙太奇在剪接技巧上多用交叉、穿插等手法，其特点是画面和声音形象的片断性、叙述的不连贯性和节奏的跳跃性，并且会使声画形象带有剧中人物强烈的主观性。

❑ 隐喻蒙太奇

通过镜头或场面的对列进行类比，含蓄而形象地表达创作者的某种寓意。这种手法往往将不同事物之间某种相似的特征突现出来，以引起观众的联想，领会导演的寓意和领略事件的情绪色彩。

❑ 对比蒙太奇

类似文学中的对比描写，即通过镜头或场面之间在内容（如贫与富、苦与乐、生与死、高尚与卑下、胜利与失败等）或形式（如景别大小、色彩冷暖、声音强弱、动静等）间的强烈对比，从而产生相互冲突的作用，以表达创作者的某种寓意及其他思想。

3. 理性蒙太奇

这是通过画面之间的思想关联，而不是单纯通过一环接一坏的连贯性叙事来表情达意的蒙太奇手法。理性蒙太奇与连贯性叙事的区别在于，即使所采用的画面属于实际经历过的事实，但这种事实所表达的总是主观印象。其中，理性蒙太奇又包括杂耍蒙太奇、反射蒙太奇和思想蒙太奇等类别。

1.3.4 声画组接蒙太奇简介

人类历史上最早出现的电影是没有声音的，画面主要是以演员的表情和动作来引起观众的联想，以及来完成创作思想的传递。随后，人们通过幕后语言配合或者人工声响（如钢琴、留声机、乐队伴奏）的方式与屏幕上的画面相互结合，从而提高了声画融合的艺术效果。

随后，人们开始将声音作为影视艺术的一种表现元素，并利用录音、声电光感应胶片技术和磁带录音技术，将声音作为影视艺术的一个组成因素合并到影视节目之中。

1. 影视语言

影视艺术是声音与画面艺术的结合物，两者离开其中之一都不能称为现代影视艺术。在声音元素里，包括了影视的语言因素。在影视艺术中，对语言的要求不同于其他艺术形式，有着自己特殊的要求和规则。

❑ 语言的连贯性，声画和谐

在影视节目中，如果把语言分解开来，会发现它不像一篇完整的文章，出现语言断续，跳跃性大，而且段落之间也不一定有严密的逻辑性。但是，如果将语言与画面相配合，就可以看出节目整体的不可分割性和严密的逻辑性。这种逻辑性表现在语言和画面不是简单的相加，也不是简单的合成，而是互相渗透、互相溶解、相辅相成。

在声画组合中，有些时候是以画面为主，说明画面的抽象内涵；有些时候是以声音为主，画面只是作为形象的提示。由此可以看出，影视语言可以深化和升华主题，将形象的画面用语言表达出来；可以抽象概括画面，将具体的画面表现为抽象的概念；可以表现不同人物的性格和心态；还可以衔接画面，使镜头过渡流畅；还可以省略画面，将一些不必要的画面省略掉。

❑ 语言的口语化、通俗化

影视节目面对的观众具有多层次化，除了一些特定影片外，都应该使用通俗语言。所谓的通俗语言，就是影片中使用的口头语言。如果语言出现费解、难懂的问题，便会让观众造成听觉上的障碍，并妨碍到视觉功能，从而直接影响观众对画面的感受和理解，当然也就不能取得良好的视听效果。

❑ 语言简练概括

影视艺术是以画面为基础的，所以影视语言必须简明扼要，点明即止。影片应主要由画面来表达，让观众在有限的时空里展开遐想，自由想象。

❑ 语言准确贴切

由于影视画面是展示在观众眼前的，任何细节对观众来说都是一览无余的，因此要求影视语言必须相当精确。每句台词，都必须经得起观众的考验。这就不同于广播语言，即便在有些时候不够准确也能混过听众的听觉。在视听画面的影视节目前，观众既看清画面，又听声音效果，互相对照，一旦有所差别，便很容易被观众发现。

2. 语言录音

影视节目中的语言录音包括对白、解说、旁白、独白、杂音等。为了提高录音效果，必须注意解说员的素质、录音技巧以及录音方式。

❑ 解说员的素质

一个合格的解说员必须充分理解稿本，对稿本的内容、重点做到心中有数，对一些比较专业的词语必须理解；在读的时候还要抓准主题，确定语音的基调，也就是总的气氛和情调。在配音风格上要表现爱憎分明，刚柔相济，严谨生动；在台词对白上必须符合人物形象的性格，解说的语音还要流畅、流利，而不能含混不清。

❑ 录音

录音在技术上要求尽量创造有利的物质条件，保证良好的音质音量，能够尽量在专业录音棚进行。在录音的现场，要有录音师统一指挥，默契配合。在进行解说录音的时候，需要先将画面进行编辑，然后再让配音员观看后做配音。

❑ 解说的形式

在影视节目的解说中，解说的形式多种多样，因此需要根据影片内容而定。不过大致上可以将其分为 3 类：第一人称解说、第三人称解说以及第一人称解说与第三人称交替解说的自由形式。

3. 影视音乐

在日常生活中，音乐是一种用于满足人们听觉欣赏需求的艺术形式。不过，影视节目中的音乐却没有普通音乐中的独立性，而是具有一定的目的性。也就是说，由于影视节目在内容、对象、形式等方面的不同，决定了影视节目音乐的结构和目的在表现形式上各有特点。此外，影视音乐具有融合性，即影视音乐必须同其他影视因素结合，这是因为音乐本身在表达感情的程度上往往不够准确，但在与语言、音响和画面融合后，便可以突破这种局限性。

提 示

影视音乐按照所服务影片的内容，可分为故事片音乐、新闻片音乐、科教片音乐、美术片音乐以及广告片音乐等；按照音乐的性质，可分为抒情音乐、描绘性音乐、说明性音乐、色彩性音乐、喜剧性音乐、幻想性音乐、气氛性音乐以及效果性音乐等；按照影视节目的段落划分音乐类型，可分为片头主题音乐，片尾音乐、片中插曲以及情节性音乐等。

1.3.5 影视节目制作的基本流程

一部完整的影视节目从策划、前期拍摄、后期编辑到最终完成，其间需要进行众多的繁杂的步骤。不过，单就后期编辑制作而言，整个项目的制作流程却并不是很复杂，接下来本节便将对其进行简单介绍。

1. 准备素材

在使用非线性编辑系统制作节目时，需要首先向系统中输入所要用到的素材。多数情况下，编辑人员要做的工作是将磁带上的音视频信号转录到磁盘中。在输入素材时，应该根据不同系统的特点和不同的编辑要求，决定使用的数据传输接口方式和压缩比，一般来说应遵循以下原则。

- 尽量使用数字接口，如 QSDI 接口、CSDI 接口、SDI 接口和 DV 接口。
- 对同一种压缩方法来说，压缩比越小，图像质量越高，占用的存储空间越大。
- 采用不同压缩方式的非线性编辑系统，在录制视频素材时采用的压缩比可能不同，但却有可能获得同样的图像质量。

2. 节目制作

节目制作是非线性编辑系统中最为重要的一个环节，编辑人员在该环节需要进行的工作主要集中在以下方面。

- **素材浏览** 在非线性编辑系统中查看素材拥有极大的灵活性，因为既可以让素材以正常速度播放，也可在实现快速重放、慢放和单帧播放等。
- **定位编辑点** 可实时定位是非线性编辑系统的最大优点，这为编辑人员节省了大量卷带搜索的时间，从而极大地提高了编辑效率。
- **调整素材长度** 通过时码编辑，非线性编辑系统能够提供精确到帧的编辑操作。
- **组接素材** 通过使用计算机，非线性编辑系统的工作人员能够快速、准确地在节目中的任一位置插入一段素材，也可以实现磁带编辑中常用的插入和组合编辑。
- **应用特技** 通过数字技术，为影视节目应用特技变得易常简单，而且能够在应用特技的同时观看到应用效果。
- **添加字幕** 字幕与视频画面的合成方式有软件和硬件两种。其中，软件字幕使用的是特技抠像方法，而硬件字幕则是通过视频硬件来实现字幕与画面的实时混合叠加。
- **声音编辑** 大多数基于计算机的非线性编辑系统都能够直接从 CD 唱盘、MIDI 文件中录制波形声音文件，并利用同样数字化的音频编辑系统进行处理。

- **动画制作与合成** 非线性编辑系统除了可以实时录制动画外，还能通过抠像实现动画与实拍画面的合成，极大地丰富了节目制作的手段。

3．非线性编辑节目的输出

在非线性编辑系统中，节目在编辑完成后主要通过以下 3 种方法进行输出。

- **输出到录像带**

这是联机非线性编辑时最常用的输出方式，操作要求与输入素材时的要求基本相同，即优先考虑使用数字接口，其次是分量接口、S-Video 接口和复合接口。

- **输出 EDL 表**

在某些对节目画质要求较高，即使非线性编辑系统采用最小压缩比仍不能满足要求时，可以考虑只在非线性编辑系统上进行初编。然后，输出 EDL 表至 DVW 或 BVW 编辑台进行精编。

- **直接用硬盘播出**

该方法可减少中间环节，降低视频信号的损失。不过，在使用时必须保证系统的稳定性，有条件的情况下还应准备备用设备。

1.4 常用数字音视频格式介绍

非线性编辑的出现，使得视频影像的处理方式进入了数字时代。与之相应的是，影像的数字化记录方法也更加多样化，下面便将对目前常见的一些音视频编码技术和文件格式进行简单介绍。

1.4.1 常见视频格式

现如今，视频编码技术的不断发展，使得视频文件的格式种类也变得极为丰富。为了更好地编辑影片，必须熟悉各种常见的视频格式，以便在编辑影片时能够灵活使用不同格式的视频素材，或者根据需要将制作好的影视作品输出为最为适合的视频格式。

1．MPEG/MPG/DAT

MPEG/MPG/DAT 类型的视频文件都是由 MPEG 编码技术压缩而成的视频文件，被广泛应用于 VCD/DVD 和 HDTV 的视频编辑与处理等方面。其中，VCD 内的视频文件由 MPEG 1 编码技术压缩而成（刻录软件会自动将 MPEG 1 编码的视频文件转换为 DAT 格式），DVD 内的视频文件则由 MPEG 2 压缩而成。

2．AVI

AVI 是由微软公司所研发的视频格式，其优点是允许影像的视频部分和音频部分交错在一起同步播放，调用方便、图像质量好，缺点是文件体积过于庞大。

3．MOV

这是由 Apple 公司所研发的一种视频格式，是基于 QuickTime 音视频软件的配套格式。在 MOV 格式刚刚出现时，该格式的视频文件仅能够在 Apple 公司所生产的 Mac 机上进行播放。此后，Apple 公司推出了基于 Windows 操作系统的 QuickTime 软件，MOV 格式也逐渐成为使用较为频繁的视频文件格式。

4．RM/RMVB

这是按照 Real Networks 公司所制定的音频/视频压缩规范而创建的视频文件格式。其中，RM 格式的视频文件只适于本地播放，而 RMVB 除了能够进行本地播放外，还可通过互联网进行流式播放，从而使用户只需进行极短时间的缓冲，便可不间断地长时间欣赏影视节目。

5．WMV

这是一种可在互联网上实时传播的视频文件类型，其主要优点在于可扩充的媒体类型、本地或网络回放、可伸缩的媒体类型、流的优先级化、多语言支持、扩展性等。

6．ASF

ASF（Advanced Streaming Format，高级流格式）是微软公司为了和现在的 Real Networks 竞争而发展出来的一种可直接在网上观看视频节目的文件压缩格式。ASF 使用了 MPEG 4 压缩算法，其压缩率和图像的质量都很不错。

1.4.2 常见音频格式

在影视作品中，除了使用影视素材外，还需要大量的音频文件，来增加影视作品的听觉效果。因此，熟悉常见的音频格式也非常重要。

1．WAV

WAV 音频文件也称为波形文件，是 Windows 本身存放数字声音的标准格式。WAV 音频文件是目前最具通用性的一种数字声音文件格式，几乎所有的音频处理软件都支持 WAV 格式。由于该格式文件存放的是没有经过压缩处理，而直接对声音信号进行采样得到的音频数据，所以 WAV 音频文件的音质在各种音频文件中是最好的，同时它的体积也是最大的，1 分钟 CD 音质的 WAV 音频文件大约有 10MB。由于 WAV 音频文件的体积过于庞大，所以不适合于在网络上进行传播。

2．MP3

MP3 是一种采用了有损压缩算法的音频文件格式。由于 MP3 在采用心理声学编码技术的同时结合了人们的听觉原理，因此剔除了将某些人耳分辨不出的音频信号，从而实现了高达 1:12 或 1:14 的压缩比。

此外，MP3 还可以根据不同需要采用不同的采样率进行编码，如 96Kbps、112Kbps、128Kbps 等。其中，使用 128Kbps 采样率所获得 MP3 的音质非常接近于 CD 音质，但其大小仅为 CD 音乐的 1/10，因此成为目前最为流行的一种音乐文件。

3. WMA

WMA 是微软公司为了与 Real Networks 公司的 RA 以及 MP3 竞争而研发的新一代数字音频压缩技术，其全称为 Windows Media Audio，特点是同时兼顾了高保真度和网络传输需求。从压缩比来看，WMA 比 MP3 更优秀，同样音质 WMA 文件的大小是 MP3 的一半或更少，而相同大小的 WMA 文件又比 RA 的质量要好。总体来说，WMA 音频文件既适合在网络上用于数字音频的实时播放，同时也适用于在本地计算机上进行音乐回放。

4. MIDI

严格来说，MIDI 并不是一种数字音频文件格式，而是电子乐器与计算机之间进行通讯的一种通讯标准。在 MIDI 文件中，不同乐器的音色都被事先采集下来，每种音色都有一个唯一的编号，当所有参数都编码完毕后，就得到了 MIDI 音色表。在播放时，计算机软件即可通过参照 MIDI 音色表的方式将 MIDI 文件数据还原为电子音乐。

1.5 Premiere Pro 简介

Premiere Pro CS5 是由 Adobe 公司所开发的一款非线性视频编辑软件，被广泛应用于电视栏目包装、广告制作、影视后期编辑等领域，并逐渐延伸到家庭视频编辑中，是目前影视编辑领域内应用最为广泛的视频编辑与处理软件。

1.5.1 Premiere Pro 的主要功能

作为一款应用广泛的视频编辑软件，Premiere Pro 具有从前期素材采集到后期素材编辑与特效制作等一系列功能，为人们制作高品质数字视频作品提供了完整的创作环境。

1. 剪辑与编辑素材

Premiere Pro 拥有多种素材编辑工具，让用户能够轻松剪除视频素材中的多余部分，并对素材的播放速度、排列顺序等内容进行调整。

2. 制作特效

Premiere Pro 预置有多种不同效果、不同风格的音视频特效滤镜。在为素材应用这些特效滤镜后，可使素材实现曝光、扭曲画面、立体相册等众多效果，如图 1-12 所示。

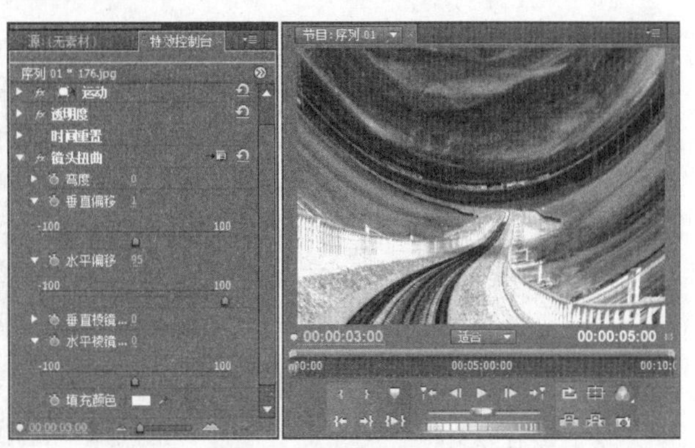

图 1-12 为素材应用特效滤镜

3. 为相邻素材添加转场

Premiere Pro 拥有闪白、黑场、淡入淡出等多种不同类型、不同样式的视频转场效果，能够让各种样式的镜头实现自然过渡。如图 1-13 所示，即为 2 张素材图片在使用“油漆飞溅”转场后的变换效果。

图 1-13 在素材间应用转场效果

注 意

在实际编辑视频素材的过程中，在两个素材片段间应用转场时必须谨慎，以免给观众造成突兀的感觉。

4. 创建与编辑字幕

Premiere Pro 拥有多种创建和编辑字幕的工具，灵活运用这些工具能够创建出各种效果的静态字幕和动态字幕，从而使影片内容更加丰富，如图 1-14 所示。

图 1-14 创建字幕

5. 编辑、处理音频素材

声音也是现代影视节目中的一个重要组成部分，为此 Premiere Pro 也为用户提供了强大的音频素材编辑与处理功能。在 Premiere Pro 中，用户不仅可以直接修剪音频素材，还可制作出淡入淡出、回声等不同的音响效果，如图 1-15 所示。

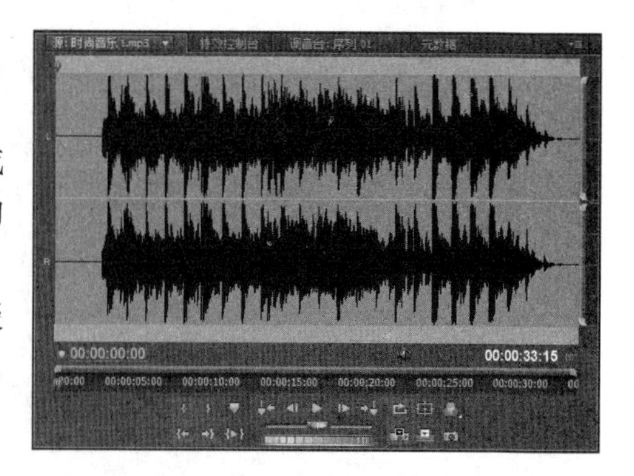

图 1-15 对音频素材进行编辑操作

6. 影片输出

当整部影片编辑完成后，Premiere Pro 可以将编辑后的众多素材输出为多种格式的媒体文件，如 AVI、MOV 等格式的数字视频，如图 1-16 所示。或者，将素材输出为 GIF、TIFF、TGA 等格式的静态图片后，再借助其他软件做进一步的处理。

图 1-16 导出影视作品

1.5.2 Premiere Pro CS5 的新增功能

作为 Premiere Pro 系列软件中的最新版本，Adobe 公司在 Premiere Pro CS5 中增加、增强了许多新的功能和改变，这些变化不仅让 Premiere Pro 变得更为强大，还增强了 Premiere Pro 的易用性。

1. 全新键控特效

抠像是后期工作经常会遇到的一个问题，而在视频合成中，也经常对具有蓝色或绿色背景的视频进行抠图。在 Premiere Pro CS5 中新添加了键控特效——极致键，该键控特效是用来针对图像或者视频进行抠图，从而完成合成效果，如图 1-17 所示。

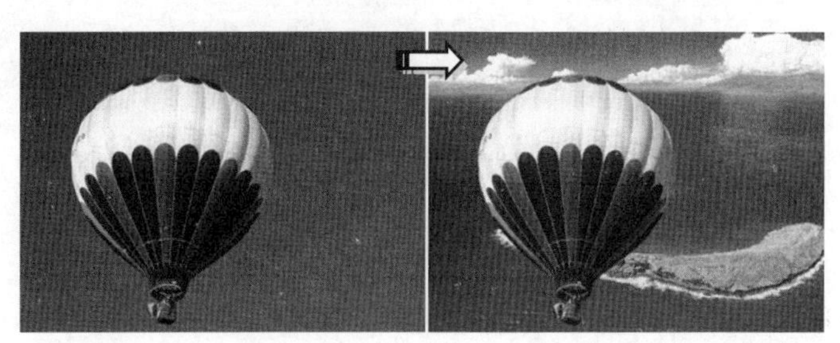

图 1-17 极致键特效

2. 无磁带编辑模式

在 Premiere Pro CS5 中，提供了更多的无磁带素材格式导入到其中。特别是越来越多高清 DV 的出现，所以视频格式倾向于高清摄像机拍摄的素材格式。比如 XDCAM HD50（sony）、AVCCAM（sony）、AVC-intra（Digital Moving Picture Exchage）、RED Digital camera 与 DSLR cameras canon 5D 或 7D。

3．视频编辑的改进

Premiere Pro 是专门用来进行视频剪辑以及合成的软件，所以 CS5 版本中，在原有的剪辑工具基础上，还添加了新的剪辑工具，并且某些工具还需要自定义该工具的快捷键。比如【滚动编辑工具】，该工具可以在两个素材之间进行素材拼接。也就是说，通过该工具的使用能够将前一段素材剪切，而与后一段素材进行衔接，如图 1-18 所示。

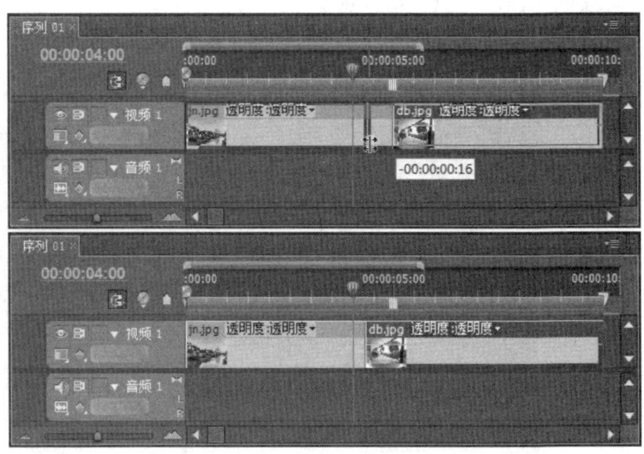

图 1-18　视频拼接

要想对播放时间进行精确地设置，比如在某个时间点上结束，而下一个素材文件衔接在结束点上，这就需要在【键盘自定义】命令中，设置【滚动下一编辑到 CTI】命令的快捷键。这时，在时间线上确定时间指针的位置，按该快捷键，即可完成该操作，如图 1-19 所示。

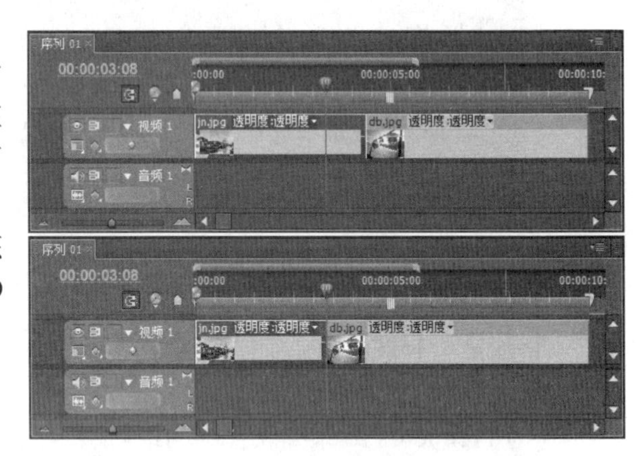

图 1-19　【滚动下一编辑到 CTI】命令

4．输出上的改进

在 Premiere Pro CS5 中的【导出】命令中，添加了 Final Cut Por XML 命令，执行该命令能够将编辑文件转换为苹果机格式的文件。而在【媒体】对话框中添加了【导出】按钮，单击该按钮能够直接将编辑文件导出为视频文件，而不用单击【队列】按钮，打开 Adobe Media Encoder 软件进行再编辑。

1.6　Premiere Pro CS5 工作环境

在视频编辑时，对工作环境的认识是必不可少的，虽然在默认的工作环境中即可满足各种操作的需求，但是根据工作的需要，更加合理地设置 Premiere 工作环境，便可以更加快速地完成影片编辑工作。

1.6.1　Premiere Pro CS5 工作界面

当启动 Adobe Premiere Pro CS5 后，首先弹出欢迎界面，如图 1-20 所示。在该界面中，除了固定的【新建项目】、【打开项目】与【帮助】图标外，还列出了最近使用项目的常用文件。

这时，单击某个图标，或者直接单击“最近使用项目”列表下的某个文件名称，即可进行编辑面板中，如图 1-21 所示。

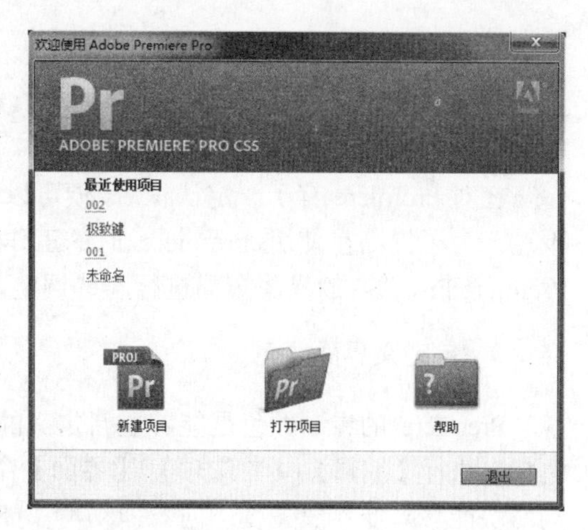

图 1-20 欢迎界面

在 Premiere Pro CS5 界面中包括项目、节目、时间线、工具栏等各种面板，下面分别介绍各面板的主要功能。

- ❑ **【项目】面板** 该面板主要分为 3 个部分，分别为素材属性区、素材列表和工具按钮。其主要作用是管理当前编辑项目内的各种素材资源，此外还可在素材属性区域内查看素材属性并快速预览部分素材的内容。

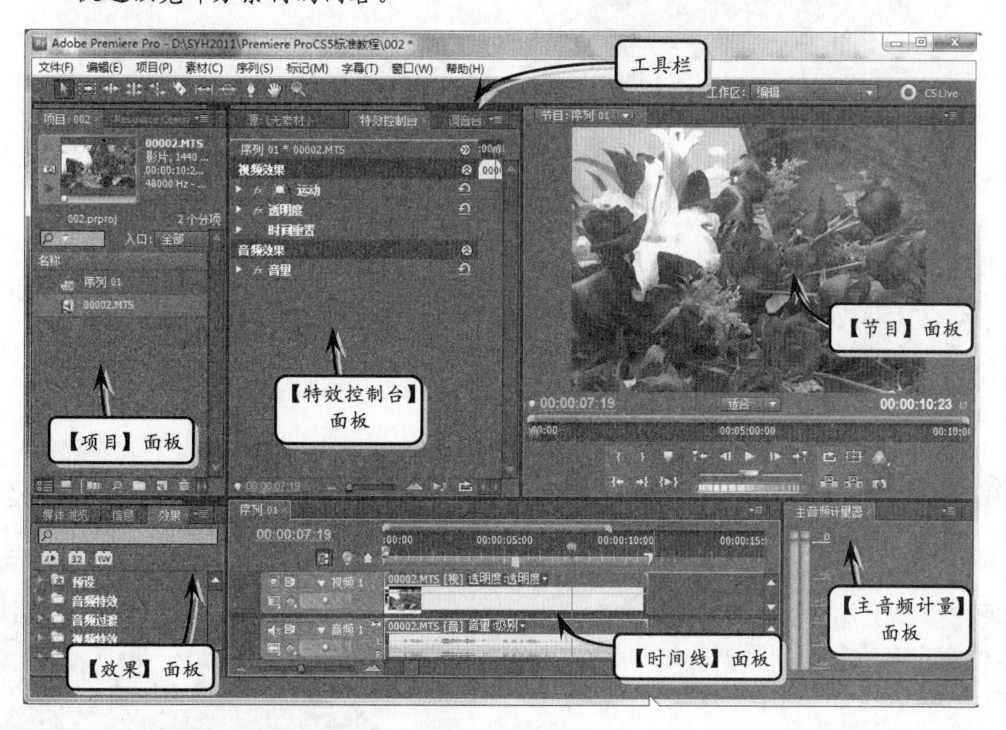

图 1-21 Premiere Pro CS5 工作界面

- ❑ **【时间线】面板** 该面板是人们在对音、视频素材进行编辑操作时的主要场所之一，共由视频轨道、音频轨道和一些工具按钮组成。
- ❑ **【节目】面板** 该面板用于在用户编辑影片时预览操作结果，该面板共由监视器窗格、当前时间指示器和影片控制按钮所组成。
- ❑ **【效果】面板** 该面板中列出了能够应用于素材的各种 Premiere Pro 特效滤镜，其中包括预置、音频特效、音频过渡、视频特效和视频切换 5 个大类。
- ❑ **【特效控制台】面板** 该面板用于调整素材的运动、透明度和时间重置，并具备为其设置关键帧的功能。
- ❑ **工具栏** 其主要用于对时间线上的素材进行剪辑、添加或移除关键帧等操作。

1.6.2 自定义 Premiere Pro CS5

在对 Premiere 有了一定认识后，便可以开始使用 Premiere 来编辑、制作影片剪辑了。不过，为了提高在使用 Premiere 时的工作效率，在正式开始编辑影片剪辑前还应当对 Premiere Pro CS5 的界面布局进行一些调整，使其更加符合自己的操作习惯。

1. 自定义界面颜色

Premiere 的界面颜色是能够重新定义的，但是定义的是界面的亮度，并不是界面的色相。执行【编辑】|【首选项】|【界面】命令，在弹出的【首选项】对话框中，向左拖动滑块能够降低界面亮度；向右拖动滑块能够提高界面亮度，如图 1-22 所示。

图 1-22 界面颜色自定义

2. 配置工作环境

在 Premiere Pro CS5 中，系统为用户预置了 5 套不同的工作区布局方案，以便用户在进行不同类型的编辑工作时，能够达到更高的工作效率。

“编辑”工作区布局方案是 Premiere Pro CS5 默认使用的工作区布局方案，其特点在于该布局方案为用户进行项目管理、查看源素材和节目播放效果、编辑时间线等多项工作进行了布局优化，使用户在进行此类操作时能够快速找到所需面板或工具，如图 1-23 所示。

图 1-23 “编辑”工作区

“元数据”工作区布局方案以【项目】面板和【元数据】面板为主，以方便用户管理素材，如图 1-24 所示。

“效果”工作区布局方案侧重于对素材进行特效类的处理，因此在工作界面中以【特效控制台】面板、【节目】面板和【时间线】面板为主，如图 1-25 所示。

图 1-24　“元数据”工作区

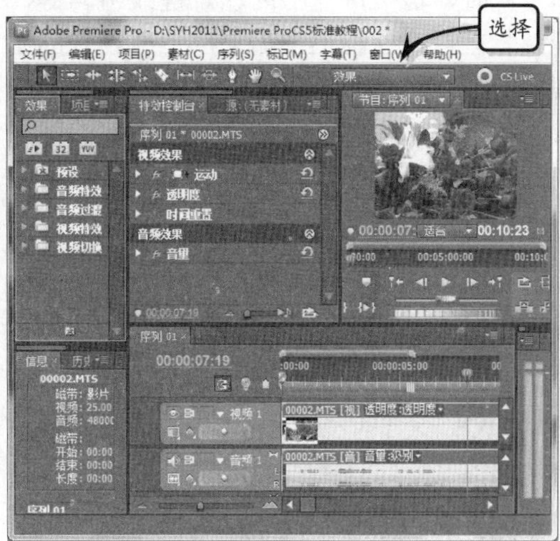

图 1-25　“效果”工作区

“色彩校正”工作区布局方案多在调整影片色彩时使用，在整个工作环境中，由【效果】面板和 3 个不同的监视器面板所组成，如图 1-26 所示。

“音频”工作区布局方案是一种侧重于音频编辑的工作区布局方案，因此整个界面以【调音台】面板为主，用于显示素材画面的【节目】面板反倒变得不是那么重要，如图 1-27 所示。

图 1-26　“色彩校正”工作区

图 1-27　“音频”工作区

3．设置快捷键

在 Premiere Pro 中，用户不仅可以通过对其参数的设置来自定义操作界面、视频的采集以及缓存设置等，还可以通过自定义快捷键的方式来简化编辑操作。

执行【编辑】|【自定义快捷键】命令后，系统将会弹出【键盘快捷键】对话框。在该对话框中，默认显示 Premiere Pro CS5 内的所有菜单及操作快捷键选项，如图 1-28 所示。

在【注释】列表内选择某一菜单命令或操作项后，单击【快捷键】列表中的相应选项，此时即可按键盘上的任意键或组合键，以便将其设为该菜单命令或操作项的键盘快捷键。在这一过程中，如果用户所设置的键盘快捷键与其他菜单命令或操作项的键盘快捷键相冲突，Premiere Pro CS5 会给出相应提示信息，如图 1-29 所示。此时，用户便需要在单击【撤销】按钮后，重复之前的键盘快捷键设置操作，直到所设置的键盘快捷键不会出现冲突为止，然后便可单击【确定】按钮保存设置。

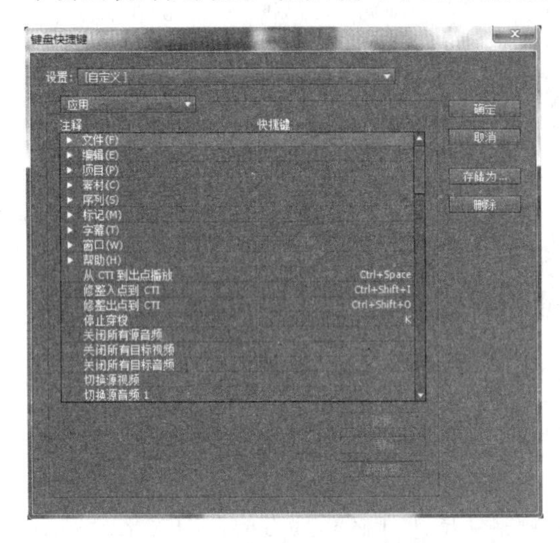

图 1-28 【键盘快捷键】对话框

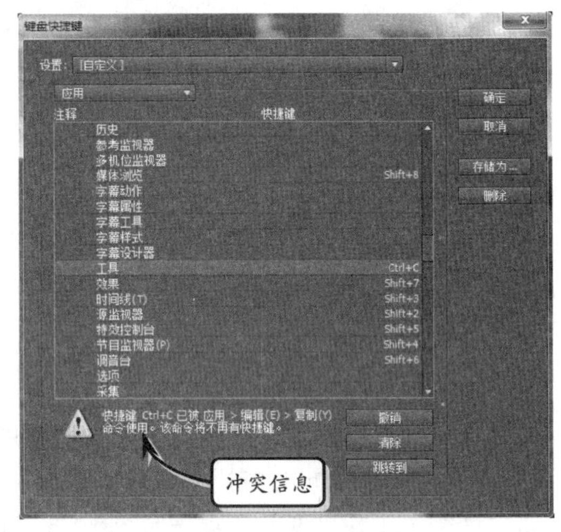

图 1-29 设置键盘快捷键

1.7 思考与练习

一、填空题

1．应用最为广泛的彩色电视制式主要有__________、PAL 制式和__________3 种类型。

2．__________是人们针对视频画质而提出的一个名词，英文为“High Definition”，意为“高分辨率”。

3．对源视频进行的剪切、编排及其他操作统称为视频编辑操作，而当用户以数字方式来完成这一任务时，整个过程便称为__________。

4．__________是一种按照播出节目的需求，利用电子手段对原始素材磁带进行顺序剪接处理，从而形成新的连续画面的技术。

5．__________是指剪切、复制和粘贴素材时无须在存储介质上对其进行重新安排的视频编辑方式。

二、选择题

1．__________是将摄像机拍摄下来的镜头，按照生活逻辑、推理顺序、作者的观点倾向及其美学原则联结起来的手段，是影视语言符号系统中的一种修辞手法。

A．线性编辑　　B．非线性编辑

C．数字视频编辑　　D．蒙太奇

2．__________的特征是以交代情节、展示事件为主旨，按照情节发展的时间流程、因果关系来分切组合镜头、场面和段落，从而引导观众理解剧情。

A．叙事蒙太奇　　B．表现蒙太奇

C．理性蒙太奇　　D．蒙太奇

3．__________是以镜头对列为基础，通过关联镜头在形式或内容上的相互对照、冲击，从而产生单个镜头本身所不具有的丰富涵义，以表达某种情绪或思想。

A．叙事蒙太奇　　B．表现蒙太奇

C．理性蒙太奇　　D．蒙太奇

4．__________是通过画面之间的思想关联，而不是单纯通过一环接一坏的连贯性叙事来表情达意的蒙太奇手法。

A．叙事蒙太奇　　B．表现蒙太奇

C．理性蒙太奇　　D．蒙太奇

5．Premiere 的界面颜色是通过执行【编辑】|【首选项】|【__________】命令来实现的。

A．常规　　B．界面

C．标签色　　D．媒体

三、问答题

1．简述线性编辑与非线性编辑的区别。
2．概述蒙太奇简介。
3．常见的视频格式有哪些？
4．怎样改变 Premiere 界面颜色？
5．怎么自定义快捷键？

四、上机练习

1．使【特效控制台】面板独立显示

在默认情况下，所有面板均是在 Premiere 界面中。要想将某个面板独立显示，只要右击该面板，选择【浮动面板】命令即可，如图 1-30 所示。

2．改变 Premiere 界面颜色

当第一次启动 Premiere 后，该界面的颜色为默认的深灰色。要想改变界面颜色，只要执行【编辑】|【首选项】|【界面】命令，向左或向右拖动滑块即可改变界面颜色，如图 1-31 所示。

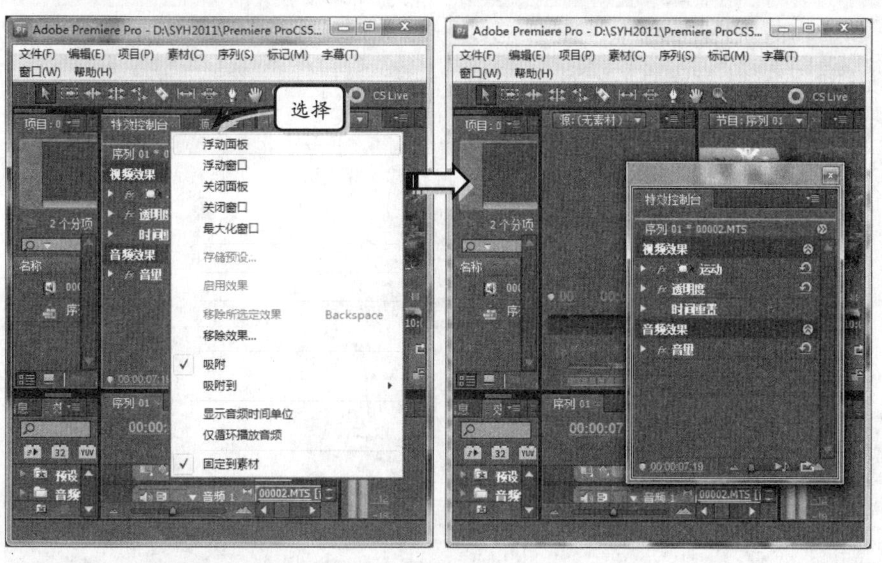

图 1-30　浮动面板

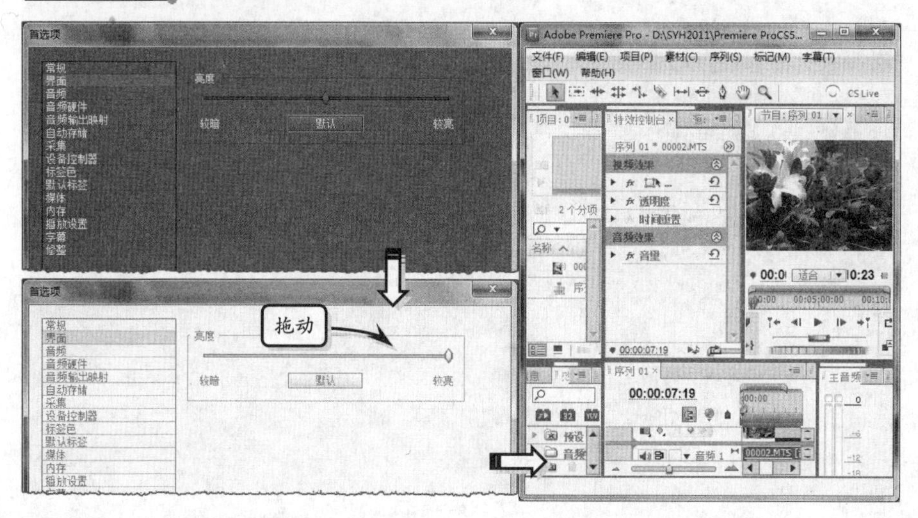

图 1-31　改变界面颜色

第 2 章 管理项目与素材

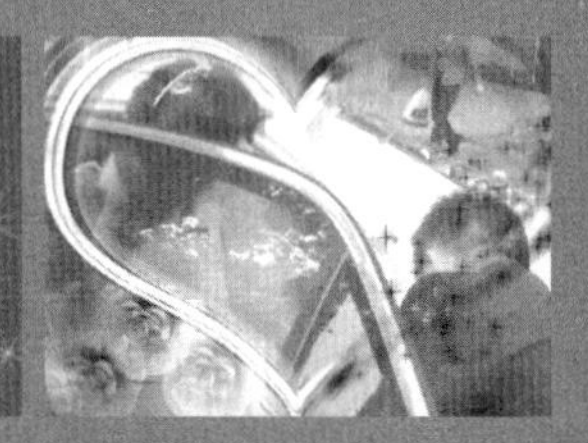

在对 Premiere Pro CS5 的基本操作界面和运行环境有了初步的了解以后，在对素材进行编辑之前，需要读者进行项目的创建和管理以及对素材的合理导入，这是轻松进行素材编辑的基本前提。

本章学习要点：

- 创建和配置项目
- 创建序列
- 设置首选项
- 采集和导入素材
- 管理素材

2.1 创建和配置项目

在 Premiere Pro CS5 中，创建项目是为获得某个视频剪辑而产生的任务集合，或者理解为对某个视频文件的编辑处理工作而创建的框架。在制作影片时，由于所有操作都是围绕项目进行的，因此对 Premiere 项目的各项管理、配置工作便显得尤其重要。

2.1.1 创建项目

Premiere Pro CS5 中，所有的影视编辑任务都以项目的形式呈现，因此创建项目文件是 Premiere 软件进行视频制作的首先工作。为此，Premiere 提供了多种创建项目的方法。

可通过欢迎界面创建项目。启动 Premiere Pro CS5 后，系统将自动弹出欢迎界面。在该界面中，系统列出了部分最近使用的项目，以及“新建项目”、“打开项目”和“帮助”这 3 个不同功能的按钮，如图 2-1 所示。此时只需单击【新建项目】按钮，即可创建项目。

提 示

在欢迎界面中，直接单击【退出】按钮后，系统将关闭 Premiere Pro CS5 软件启动程序。

另外，也可在 Premiere Pro CS5 主界面内新建项目。在菜单栏中执行【文件】|【新建】|【项目】命令，即可新建项目。

提 示

在主界面内中创建项目，主要是在已经创建项目的前提下，进行新项目的创建。

图 2-1 Premiere Pro CS5 欢迎界面

2.1.2 项目设置

执行创建项目的命令后，系统将自动弹出【新建项目】对话框，在该对话框中可以对项目的配置信息进行一系列设置，使其满足读者在编辑视频时的工作基本环境。

1. 设置常规信息

在默认情况下，显示【新建项目】对话框中的【常规】选项卡，可以设置项目文件的名称和保存位置，还可以对视频画面安全区、音/视频显示格式等选项进行调整，如图 2-2 所示。

提 示

在【新建项目】对话框中，单击【确定】按钮将退出 Premiere Pro 软件启动程序。

在【常规】选项卡中，各个选项的含义与功能如下。

- **活动与字幕安全区域** 为了确保影片中的字幕和动作能够完整展现在电视机等播放设备的画面中，可通过在【活动与字幕安全区域】选项组中设置垂直与水平距离的方式，标识安全区域的范围。
- **视频和音频显示格式** 在【视频】和【音频】选项组中，【显示格式】选项的作用都是设置素材文件在项目内的标尺单位。
- **采集格式** 当需要从摄像机等设备内获取素材时，【采集格式】选项的作用便是要求 Premiere Pro 以规定的采集方式来获取素材内容。

另外，可在 Premiere Pro CS5 主界面中执行【项目】|【项目设置】|【常规】命令，选择【常规】选项卡，除了名称和保存位置选项，可进行其他设置，如图 2-2 所示。

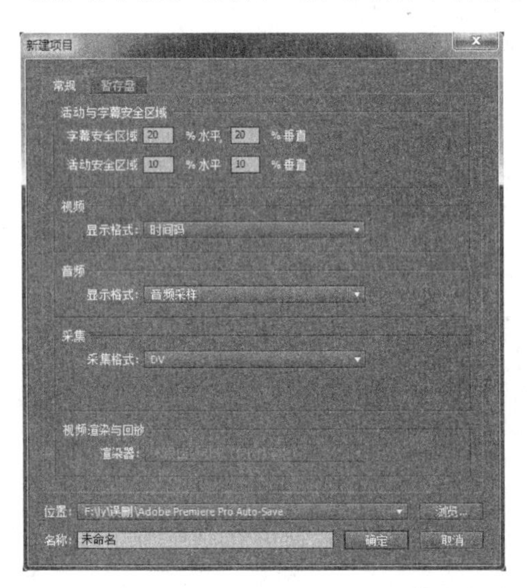

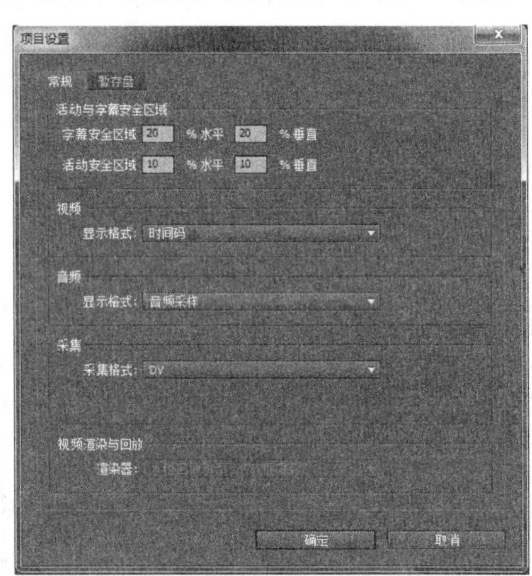

图 2-2 新建项目中的“常规”选项卡和项目设置中的“常规”选项卡

2. 配置暂存盘

在【新建项目】对话框内选择【暂存盘】选项卡，以便设置采集到的音/视频素材、视频预览文件和音频预演文件的保存位置，单击【新建项目】对话框中的【确定】按钮，即可完成项目文件的创建工作，如图 2-3 所示。

另外，可在 Premiere Pro CS5 主界面中执行【项目】|【项目设置】|【暂存盘】命令，选择【暂存盘】选项卡，可进行相关设置，如图 2-3 所示。

注 意

在【暂存盘】选项卡中，由于各个临时文件夹的位置被记录在项目中，因此严禁在项目设置完成后更改所设临时文件夹的名称与保存位置，否则将造成项目所用文件的链接丢失，导致无法进行正常的项目编辑工作。

2.1.3 创建并设置序列

Premiere 内所有组接在一起的素材，以及这些素材所应用的各种滤镜和自定义设置，都必须被放置在一个被称为“序列”的 Premiere 项目元素内。可以看出，序列对项目的重要性极其重要，因为只有当项目内拥有序列时，用户才可进行影片的编辑操作。

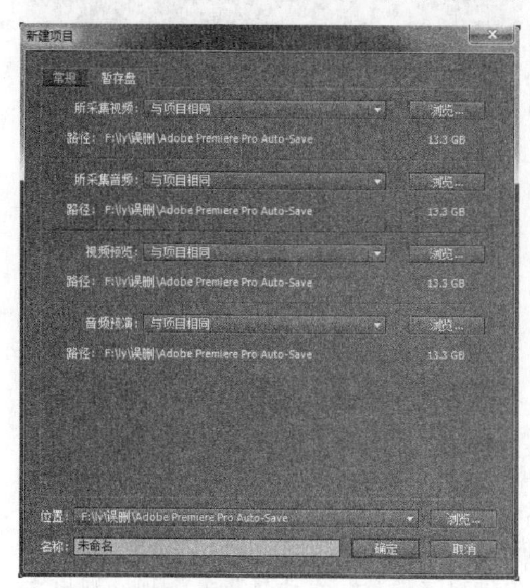

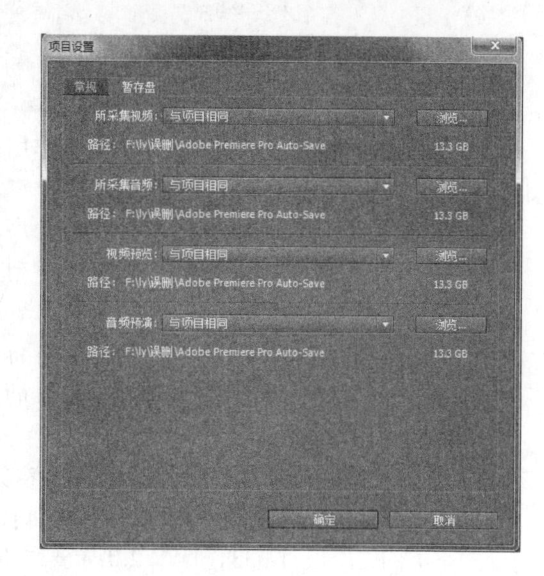

图 2-3　新建项目中的“暂存盘”选项卡和项目设置中的“暂存盘”选项卡

1. 在新建项目时创建序列

新建项目文件后，Premiere 将自动弹出【新建序列】对话框。在默认显示的【序列预置】选项卡中，Premiere 分门别类地列出了众多序列预置方案，在选择某种预置方案后，还可在右侧文本框内查看相应的方案描述信息与部分参数，如图 2-4 所示。

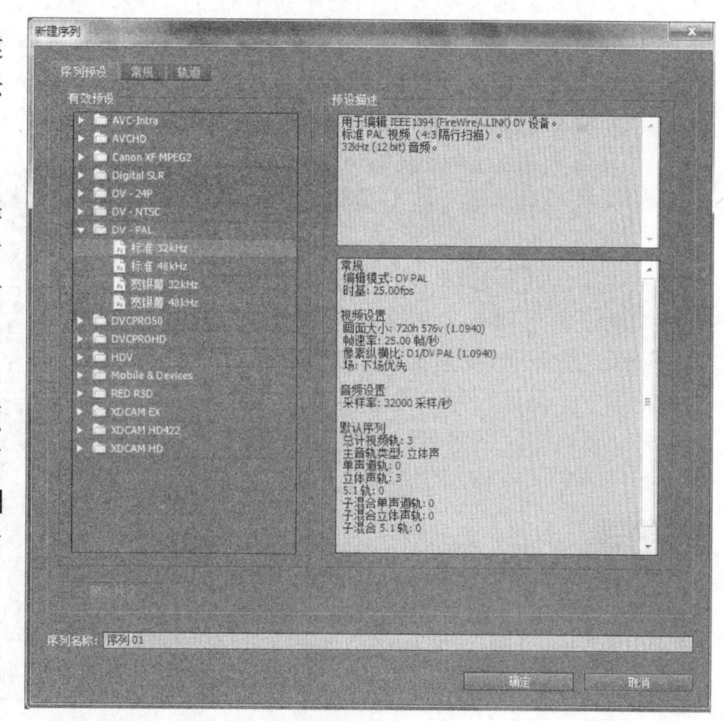

图 2-4　【新建序列】对话框

如果 Premiere 提供的预置方案都不符合需求，还可通过调整【常规】与【轨道】选项卡内各序列参数的方式，自定义序列配置信息。在【常规】选项卡中，读者可对序列所采用的编辑模式、时间基准，以及视频画面和音频所采用的标准进行调整，如图 2-5 所示。

注　意

根据选项的不同，部分序列配置选项将呈灰色未激活状态（无效或不可更改）；如果需要自定义所有序列配置参数，则应在【编辑模式】下拉列表内选择【桌面编辑模式】选项。

【常规】选项卡中的各个选项含义及作用如下。

- ❑ **编辑模式**　设定新序列将要以哪种序列预置方案为基础，来设置新的序列配置方案。
- ❑ **时基**　设置序列所应用的帧速率标准，在设置时应根据目标播出设备的规则进行调整。

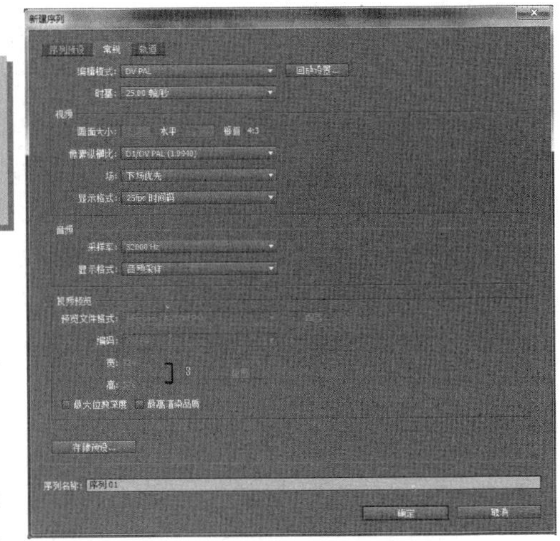

图 2-5　【常规】选项卡

- ❑ **视频**　调整与视频画面有关的各项参数，其中的【画面大小】选项用于设置视频画面的分辨率；【像素纵横比】下拉列表内则根据编辑模式的不同，包括有 0.9091、1.0、1.2121、1.333、1.5、2.0 等多种选项供用户选择；至于【场】选项，则用于设置扫描方式（隔行扫描或逐行扫描）；最后的【显示格式】选项用于设置序列中的视频标尺单位。
- ❑ **音频**　该选项组中的【采样率】用于统一控制序列内的音频文件采样率，而【显示格式】选项则用于调整序列中的音频标尺单位。
- ❑ **视频预览**　在该选项组中，【预览文件格式】用于控制 Premiere 将以哪种文件格式来生成相应序列的预览文件。当采用 Microsoft AVI 作为预览文件格式时，还可在【编码】下拉列表内挑选生成预览文件时采用的编码方式。此外，在启用【最大位数深度】和【最高渲染品质】复选框后，还可提高预览文件的质量。

完成【常规】选项卡中的设置后，选择【轨道】选项卡，在这里用户可以对序列所包含的音/视频轨道的数量和类型进行配置。另外，可单击【存储设置】按钮，对序列设置进行名称和描述设置，并进行序列形式存储，如图 2-6 所示。

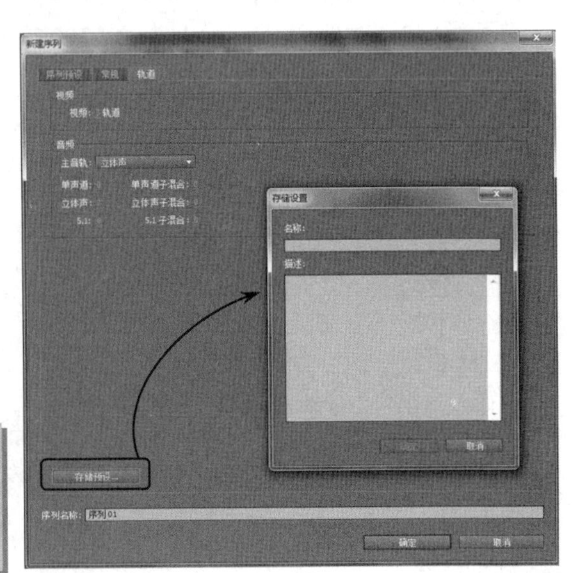

图 2-6　【轨道】选项卡

提　示

当新序列内的各项参数全部调整完成后，单击【确定】按钮，即可完成新序列的创建工作，并进入 Premiere Pro CS5 的主界面，进行素材的编辑。

2. 在项目内新建序列

作为编辑影片时的重要对象之一，一个序列往往无法满足用户编辑影片的需要。此时，可在【项目】面板内单击【新建分项】按钮，执行【序列】命令，从而打开【新建序列】对话框创建新的序列，如图 2-7 所示。

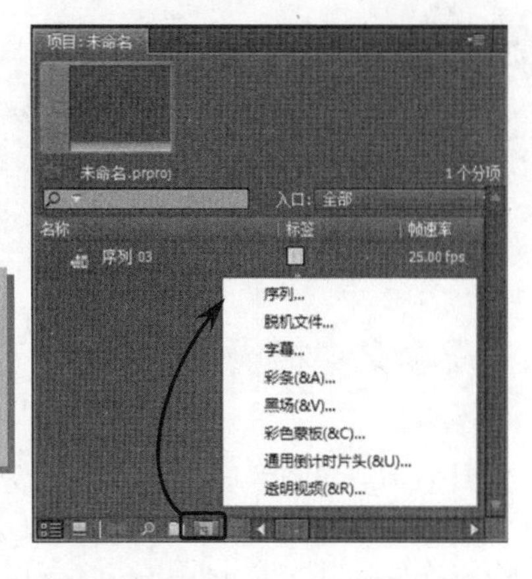

图 2-7 在【项目】面板创建更多的序列

提 示

在 Premiere Pro CS5 主界面菜单栏中，执行【文件】|【新建】|【序列】命令（快捷键 Ctrl+ N），可直接弹出【新建序列】对话框。而同级别中的其他创建命令将在以后的章节进行介绍。

2.2 保存和打开项目

在编辑影片的过程中，必须在对项目文件做出更改后及时进行保存，以避免发生意外情况时影响整个制作项目的工作进度。保存项目的另一作用在于，用户可随时对已保存的项目进行重新编辑，如对其中的错误或更新素材内容进行重新设置等。

2.2.1 保存项目文件

由于 Premiere Pro CS5 软件在创建项目之初便已经要求用户设置项目的保存位置，因此在保存项目文件时无须再次设置文件保存路径。此时，用户只需执行【文件】|【保存】命令，即可将更新后的编辑操作添加至项目文件内。

图 2-8 存储项目副本

1．保存项目副本

在编辑影片的过程中，如果需要阶段性的保存项目文件，选择保存项目副本是个不错的主意。执行【文件】|【存储副本】命令，即可在弹出的【存储项目】对话框中设置项目副本的文件名称与保存位置，如图 2-8 所示。

2．项目文件存储为

除了保存项目副本外，项目存储为文件也可起到生成项目副本的目的。操作时，执行【文件】|【存储为】命令，即可在弹出的【存储项目】对话框中使用新的名称保存项目文件，如图 2-9 所示。

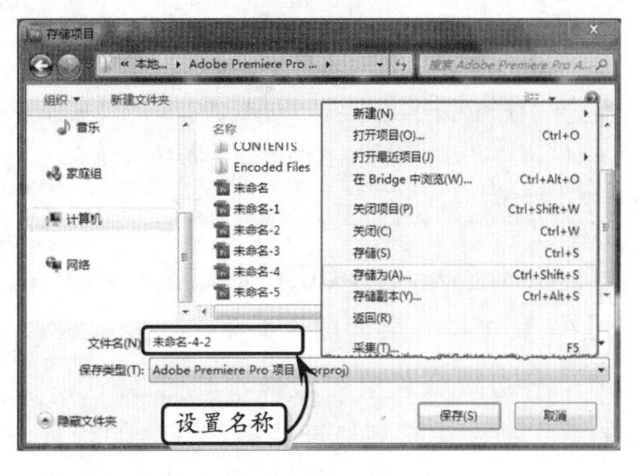

图 2-9 项目文件存储为

注 意

从功能上来看，存储副本和存储为的功能一致，都是在源项目的基础上创建新的项目。两者之间的差别在于，使用【存储副本】命令生成项目后，Premiere 中的当前项目仍然是源项目；而在【存储为】命令生成项目后，Premiere 将关闭源项目，并打开新生成的项目。

2.2.2 打开项目

打开 Premiere 项目文件的方法多种多样，例如在资源管理器内双击项目文件，或通过单击Premiere欢迎界面中的【打开项目】按钮来打开项目文件等。此外，还有多种打开项目文件的方法。

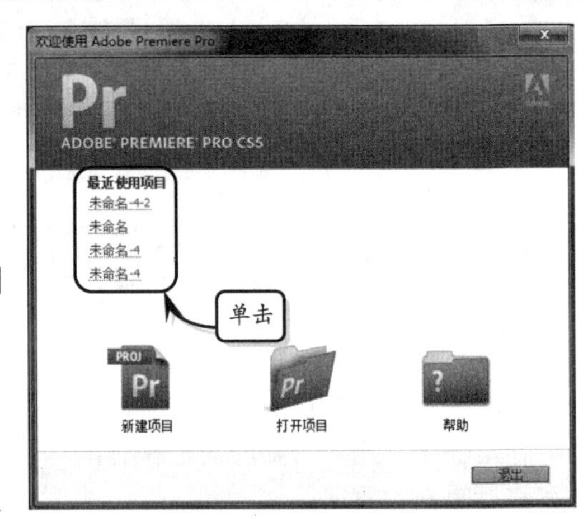

图 2-10 通过欢迎界面打开最近使用项目

1. 打开最近使用项目

启动 Premiere 后，Premiere 欢迎界面中会列出部分最近使用的影片编辑项目。此时，只需单击项目名称，即可打开相应的影片编辑项目，如图 2-10 所示。

2. 通过菜单命令打开项目

在打开某一项目的情况下，执行【文件】|【打开项目】命令，即可在弹出的【打开项目】对话框中选择所要打开的项目文件，如图 2-11 所示。

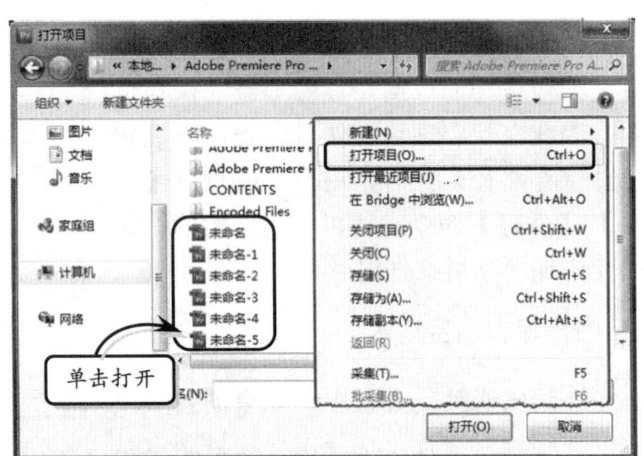

图 2-11 通过菜单命令打开项目

提 示

在 Premiere 软件中，只能编辑一个项目，因此在打开新项目的同时，将关闭当前项目。此时，如果当前项目内还有未保存的编辑操作，则 Premiere 还会提示用户进行保存。

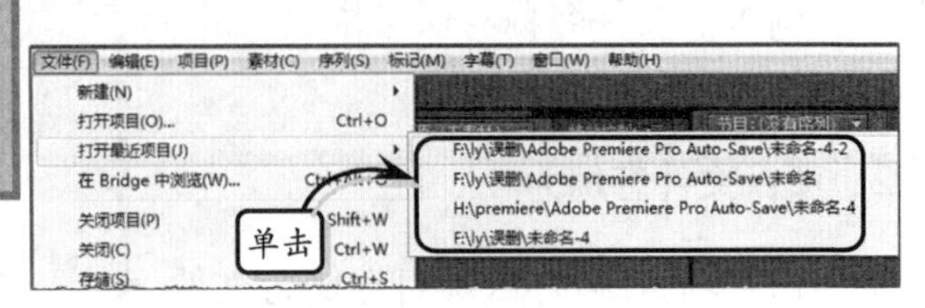

图 2-12 打开最近项目操作

除此之外，读者还可通过执行【文件】|【打开最近项目】命令，并在弹出的级联菜单内选择项目选项的方式，快速打开最近曾经打开过的项目，如图 2-12 所示。

2.3 导入素材

素材是编辑影片的基础，为此 Premiere Pro CS5 专门调整了自身对不同格式素材文件的兼容性，使得支持的素材类型更为广泛。目前，Premiere 导入素材时主要通过 3 种方式，通过菜单进行导入、利用【项目】面板和【媒体浏览】面板进行导入。此外，Premiere 软件可以对录制素材进行采集导入。

2.3.1 利用菜单导入素材

若要利用菜单导入素材，需启动 Premiere 项目，执行【文件】|【导入】命令。然后，在弹出的对话框内选择所要导入的图像、视频或音频素材，并单击【打开】按钮即可将其导入至当前项目，如图 2-13 所示。

图 2-13 菜单导入素材

素材添加至 Premiere 项目，所有素材都将显示在【项目】面板中。双击【项目】面板中的素材，还可在【源】窗口内查看素材并播放效果，如图 2-14 所示。

如果需要将某一文件夹中的所有素材全部导入至项目内，则可在选择该文件夹后，单击【导入】|【导入文件夹】按钮，如图 2-15 所示。

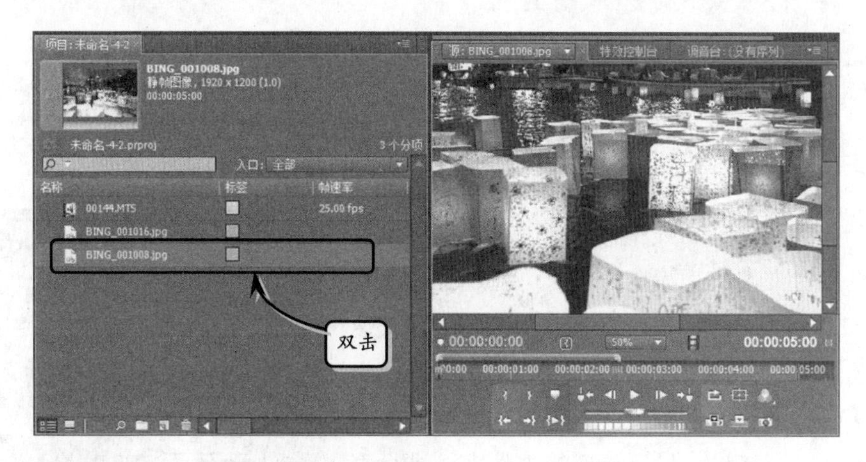

图 2-14 在【源】窗口查看效果

此时，【项目】面板内显示的将是所导入的素材文件夹，以及该文件夹中的所有素材文件，如图 2-16 所示。

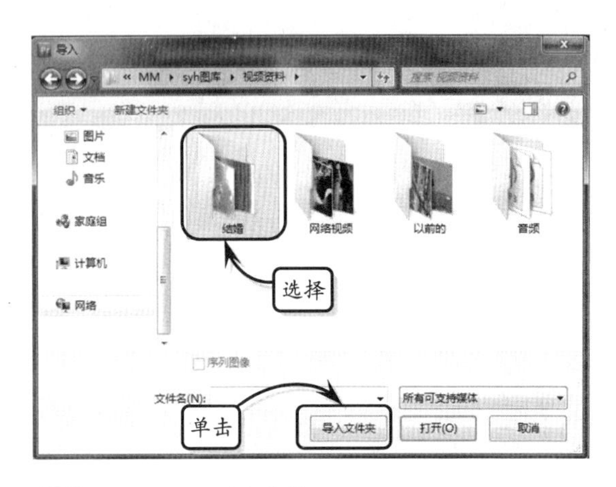

图 2-15 导入文件

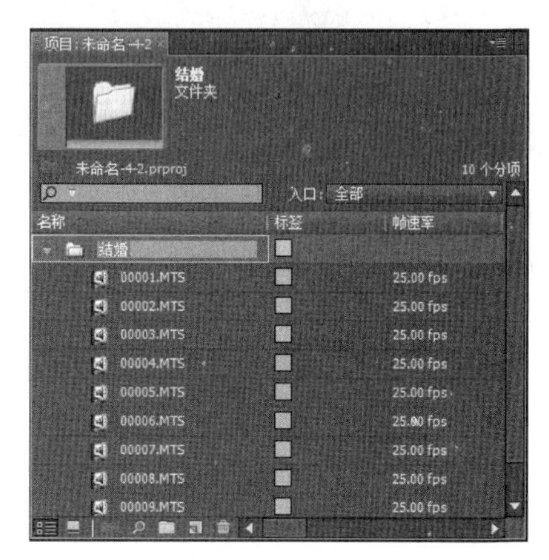

图 2-16 导入【项目】面板文件夹

2.3.2 通过项目导入素材

与使用菜单命令导入素材的方法相比，通过【项目】面板导入素材的优点是能够减少烦琐的菜单操作，从而使操作变得更高效、快捷。导入素材时，需要在【项目】面板空白处右击，执行【导入】命令，以打开【导入】对话框，如图 2-17 所示。

图 2-17 项目导入素材

提 示

在【项目】面板执行导入命令，将直接进入 Premiere 软件默认的上次访问的文件夹。

2.3.3 采用媒体浏览面板导入素材

在 Premiere Pro CS5 中，新增的【媒体浏览】面板可直接对文件进行筛选导入。可通过“最近使用目录”、“类型文件”和“检视为”选项进行快速素材筛选，如图 2-18 所示。

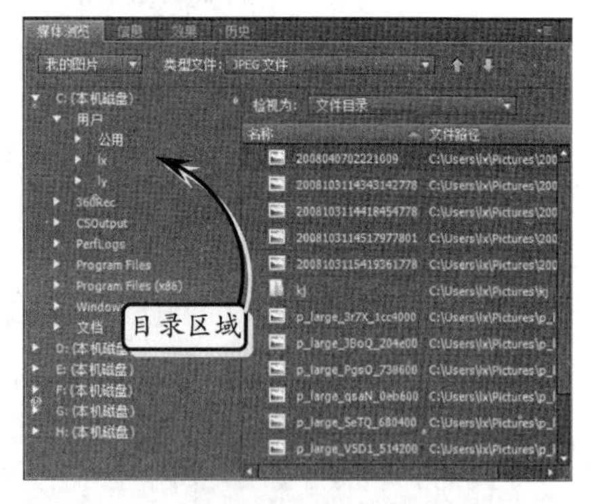

图 2-18 【媒体浏览】面板

在【媒体浏览】面板，读者可通过“最近使用目录”选项，直接进入最近访问的文件夹，进行直接导入。另外，可通过【类型文件】选项，过滤需要的文件类型，更加准确快速地访问文件。

2.3.4 采集素材

Premiere 中的素材可以分为两大类，一种是利用软件创作出的素材，另一种则是通过计算机从其他设备内导入的素材。这里将介绍通过采集卡导入视频素材，以及通过麦克风录制音频素材的方法。

1. 采集视频素材

所谓视频采集就是将模拟摄像机、录像机、LD 视盘机、电视机输出的视频信号，通过专用的模拟或者数字转换设备，转换为二进制数字信息后存储于计算机的过程。在这一过程中，采集卡是必不可少的硬件设备，如图 2-19 所示。

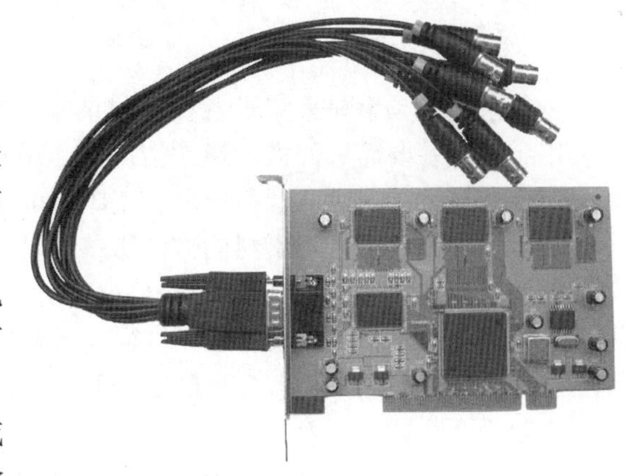

图 2-19 视频采集卡

在 Premiere 中，可以通过 1394 卡或具有 1394 接口的采集卡来采集信号和输出影片。对视频质量要求不高的用户，也可以通过 USB 接口，从摄像机、手机和数码相机上接收视频。当正确配置硬件后，便可启动 Premiere，并执行【文件】|【采集】命令（快捷键 F5），打开【采集】对话框，如图 2-20 所示。

提 示

此时由于还未将计算机与摄像机连接在一起，因此设备状态还是“采集设备脱机”，且部分选项将被禁用。

图 2-20 【采集】对话框

在【采集】面板中，左侧为视频预览区域，预览区域的下方则是采集视频时的设备控制按钮。利用这些按钮，可控制视频的播放与暂停，并设置视频素材的入点和出点。

在熟悉【采集】面板中的各项设置后，将计算机与摄像机连接在一起。稍等片刻后，【采集】面板中的选项将被激活，且“采集设备脱机”的信息也将变成“停止”信息。此时，单击【播放】按钮，当视频画面播放至适当位置时，单击【录制】按钮，即可开始采集视频素材。

采集完成后，单击【录制】按钮，Premiere 将自动弹出【保存已采集素材】对话框。在该对话框中，用户可对素材文件的名称、描述信息、场景等内容进行调整，完成后单击【确定】按钮，即可结束素材采集操作。此时，即可在【项目】面板内查看到刚刚采集获得的素材。

2. 采集音频素材

与复杂的视频素材采集设备相比，录制音频素材所要用到的设备要简单许多。通常情况下，用户只需拥有一台计算机、一块声卡和一个麦克风即可。

通常计算机录制音频素材的方法很多，其中最为简单的便是利用操作系统自带的 Windows 录音机程序进行录制。单击【开始】按钮，并执行【所有程序】|【附件】|【录音机】命令，打开【录音机】程序界面，如图 2-21 所示。

图 2-21 【录音机】程序界面

单击【录音机】程序界面中的【开始录制】按钮后，计算机便将记录从麦克风处获取的音频信息。此时，可以看到左侧【位置】选项中的时间在不断增长，如图 2-22 所示。

图 2-22 录制音频

单击【停止录制】按钮，即可弹出【另存为】对话框，将音频文件保存为媒体音频文件格式。然后将该音频文件导入 Premiere 的【项目】面板即可，如图 2-23 所示。

图 2-23 导入视频文件

2.4 管理素材

通常情况下，Premiere 项目中的所有素材都将直接显示在【项目】面板中，而且由于名称、类型等属性的不同，素材在【项目】面板中的排列方式往往会杂乱不堪，从而在一定程度上影响工作效率。为此，必须对项目中的素材进行统一管理，例如将相同类型的素材放置在同一文件夹内，或将相关联的素材放置在一起等。

2.4.1 管理素材的基本方法

Premiere Pro CS5 的【项目】面板内包含一组专用于管理素材的功能按钮，通过这些按钮，用户能够以不同的视图方式查看素材文件，或是从大量素材中快速查找所需要的素材。

1. 使用不同视图方式查看素材

为了便于用户管理素材，Premiere 共提供了“列表”与“图标”这两种不同的素材显示方式。默认情况下，素材将采用“列表视图”显示在【项目】面板中，此时用户可查看到素材名称、帧速率、视频出/入点、素材长度等众多素材信息，如图 2-24 所示。

在单击【项目】面板底部的【图标视图】按钮后，即可切换至“图标视图”模式。此时，所有素材将以缩略图方式显示在【项目】面板内，从而使得查看素材内容变得更为方便，如图 2-25 所示。

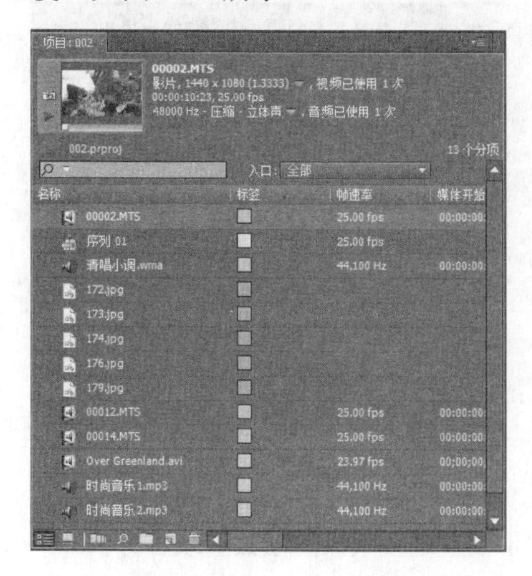

图 2-24　使用“列表视图”查看素材

图 2-25　使用“图标视图”查看素材

此外，在单击【项目】面板菜单按钮后，执行弹出菜单中的【缩略图】命令，还可在级联菜单内选择“图标视图”所用素材缩略图的大小，如图 2-26 所示。

2. 自动匹配到序列

Premiere 中的自动匹配到序列功能，不仅可以方便、快捷地将所选素材添加至序列中，还能够在各素材之间添加一种默认的过渡效果。若要使用该功能，只需从【项目】面板内选择适当的素材后，单击【自动匹配到序列】按钮，如图 2-27 所示。

图 2-26　调整素材缩略图的大小

图 2-27　单击【自动匹配到序列】按钮

此时，系统将弹出【自动匹配到序列】对话框。在该对话框内调整匹配顺序与转场过渡的应用设置后，单击【确定】按钮，即可自动按照设置将所选素材添加至序列中，如图 2-28 所示。

在【自动匹配到序列】对话框中，各选项所用参数的不同，会使得素材匹配至序列后的结果不同。为此，对【自动匹配到序列】对话框内各选项的作用讲解如下。

❑ 顺序

在【顺序】选项中，用户可以选择按照【项目】面板中的排列顺序在序列中放置素材，还可按照在【项目】面板中选择素材的顺序将其放置在序列中。

❑ 到序列

在该栏中，【放置】选项用于设置素材在序列中的位置；【方法】选项用于设置素材以插入或覆盖的形式添加到序列中；【素材重叠】选项则用于设置过渡效果的帧数量或者时长。

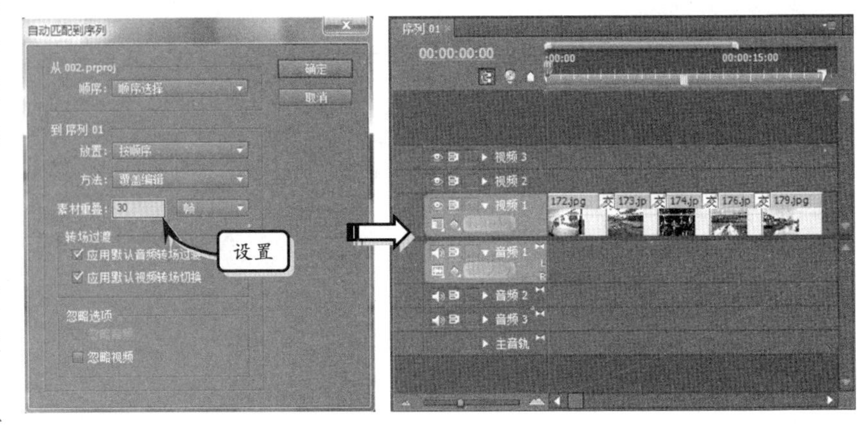

图 2-28 素材的自动匹配结果

❑ 转场过渡

在该栏中，启用相应的复选框，即可确定是否在素材间添加默认的音频和视频切换效果。

❑ 忽略选项

如果启用【忽略音频】复选框，则在序列内不会显示音频内容；若启用【忽略视频】复选框，则序列中将不显示视频内容。

3. 查找素材

随着项目进度的逐渐推进，【项目】面板中的素材往往会越来越多。此时，再通过拖曳滚动条的方式来查找素材会变得费时又费力。为此，Premiere 专门提供了查找素材的功能，从而极大地方便了用户操作。

查找素材时，如果了解素材名称，可先将【项目】面板的素材显示方式切换为“列表视图”后，直接在【项目】面板的搜索框内输入所查素材的部分或全部名称。此时，所有包含用户所输关键字的素材都将显示在【项目】面板内，如图 2-29 所示。

提 示

使用素材名称查找素材后，单击搜索框内的☒按钮，或者清除搜索框中的文字，即可在【项目】面板内重新显示所有素材。

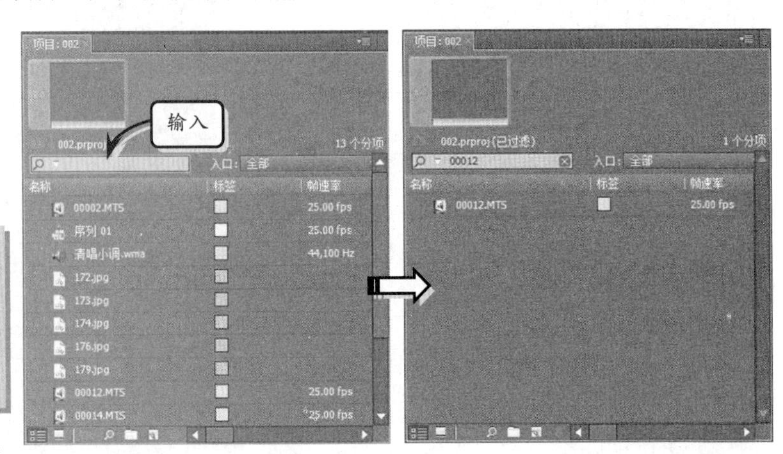

图 2-29 通过名称查找素材

如果仅仅通过素材名称无法快速找到

匹配素材，还可通过场景、磁带信息或标签内容等信息来查找相应素材。此时，应首先单击【项目】面板中的【查找】按钮，然后分别在“列”和“操作”栏内设置查找条件，并在【查找目标】栏中设置关键字，如图 2-30 所示。完成上述设置后，单击【查找】对话框中的【查找】按钮，即可在【项目】面板内看到查寻结果。

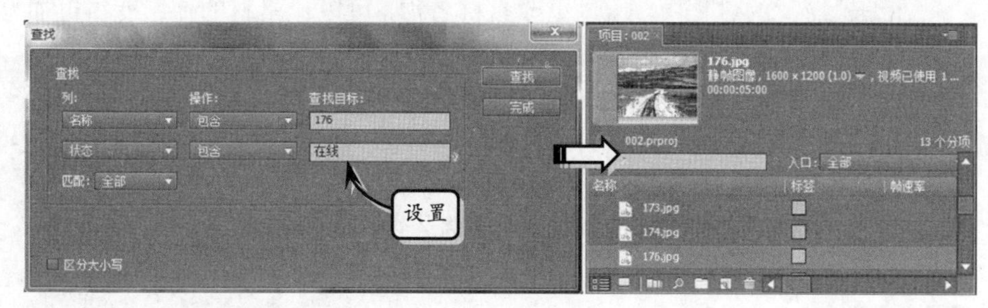

图 2-30 高级查找

4. 通过文件夹管理素材

若要利用容器管理素材，便需要首先创建容器。在【项目】面板中单击【新建文件夹】按钮后，Premiere 便将自动创建一个名为“文件夹 01”的容器，如图 2-31 所示。

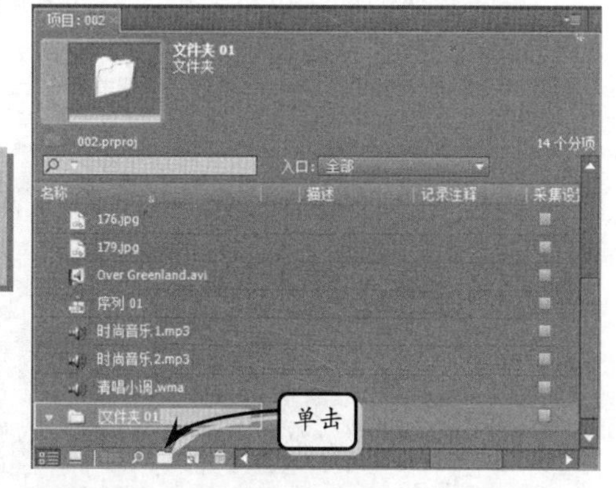

图 2-31 创建文件夹

技 巧

执行【文件】|【新建】|【文件夹】命令，或在右击【项目】面板空白处后，执行【新建文件夹】命令，也可在【项目】面板中创建容器。

文件夹在刚刚创建之初，其名称将处于可编辑状态，此时可通过直接输入文字的方式更改文件夹名称。完成文件夹重命名操作后，便可将部分素材拖曳至文件夹内，从而通过该文件夹管理这些素材，如图 2-32 所示。

提 示

在单击文件夹内的【伸展/收缩】按钮后，Premiere 将会根据当前文件夹的状态来显示或隐藏文件夹内容，从而减少【项目】面板中显示素材的数量。

此外，Premiere 还允许在文件夹中创建文件夹，从而通过嵌套的方式来管理分类更为复杂的素材。创建嵌套文件夹的要点在于，必须在选择已有文件夹的情况下创建新的文件夹，只有这样才能在所选文件夹内创建文件夹，如图 2-33 所示。

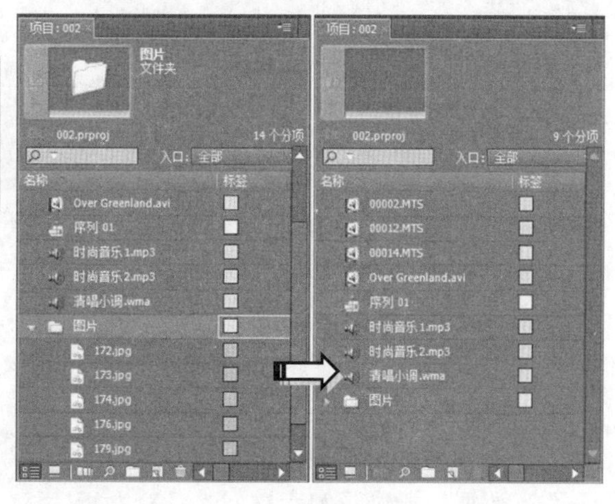

图 2-32 使用文件夹管理素材

5. 重命名与删除素材

在编辑影片的过程中，通过更改素材名称，可以让素材的使用变得更加方便、准确。此外，删除多余素材，也能够减少管理素材的复杂程度。

在【项目】面板中，单击素材名称后，素材名称将处于可编辑状态。此时，只需输入新的素材名称，即可完成重命名素材的操作，如图 2-34 所示。

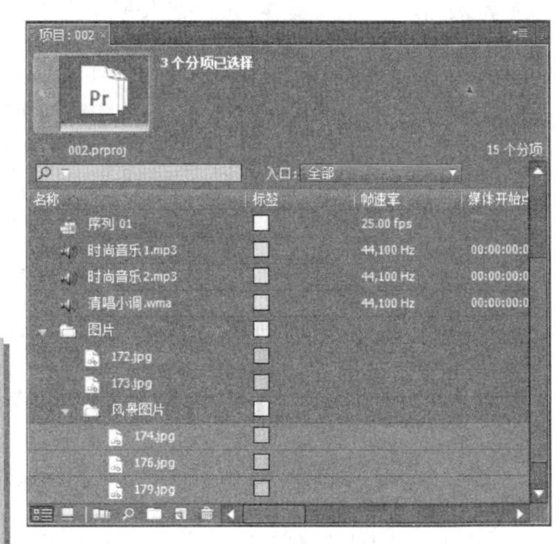

图 2-33 创建嵌套文件夹

注 意

若单击素材前的图标，将会选择该素材；若要更改其名称，则必须单击素材名称的文字部分。此外，右击素材后，执行【重命名】命令，也可将素材名称设置为可编辑状态，从而通过输入文字的方式对其进行重命名操作。

清除素材的操作虽然简单，但 Premiere 仍提供了多种操作方法。例如，在【项目】面板内选择素材后，单击【清除】按钮即可完成清除任务，如图 2-35 所示。

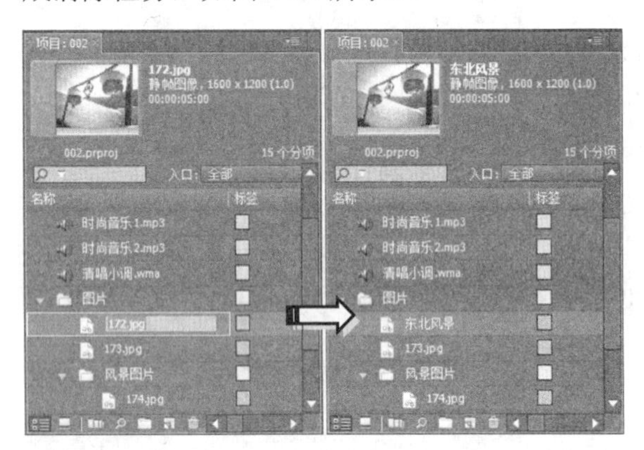

图 2-34 素材重命名

图 2-35 清除多余素材

需要指出的是，当所清除的素材已经应用于序列中时，Premiere 将会弹出警告对话框，提示序列中的相应素材会随着清除操作而丢失，如图 2-36 所示。

图 2-36 清除已使用的素材

6. 查看素材属性

素材属性是指包括素材尺寸、持续时间、画面分辨率、音频标识等信息在内的一系列数据。通过了解素材属性，有助于用户在编辑影片时选择最为适当的素材，从而为高效地制作优质影片奠定良好的基础。

在【项目】面板中，通过调整面板及各列的宽度，即可查看相关的属性信息。除此之外，用户还可右击所要查看的素材文件，执行【属性】命令，如图 2-37 所示。

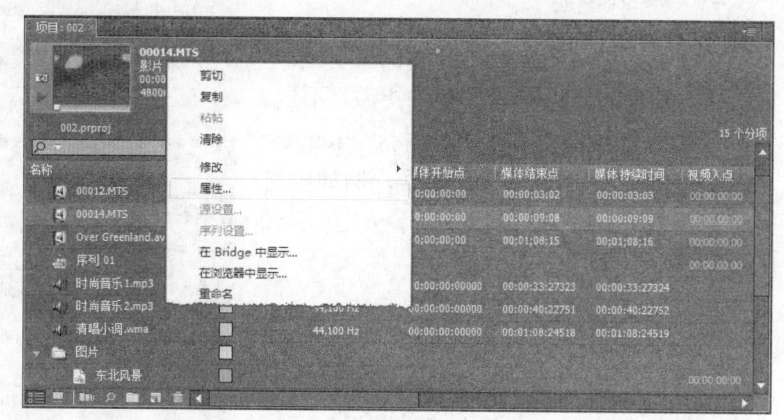

图 2-37 执行菜单命令

此时，在弹出的【属性】面板中，即可查看到所选素材的实际保存路径、文件类型、大小、分辨率等信息。根据所选素材类型的不同，在【属性】面板内能够看到的信息也会有所差别。例如在查看视频素材的属性时，【属性】面板内还将显示帧速率、平均数据速率等信息，如图 2-38 所示。

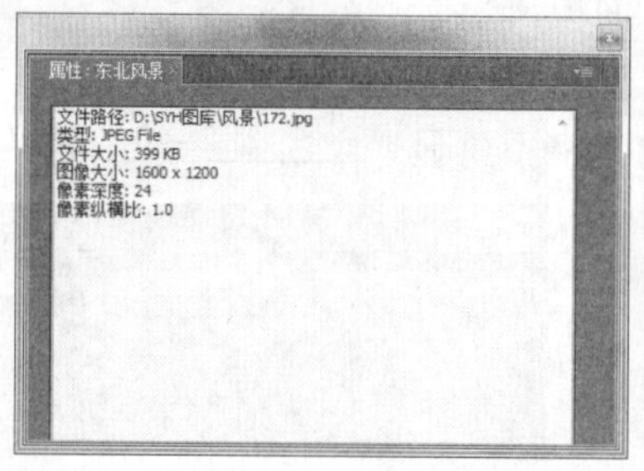

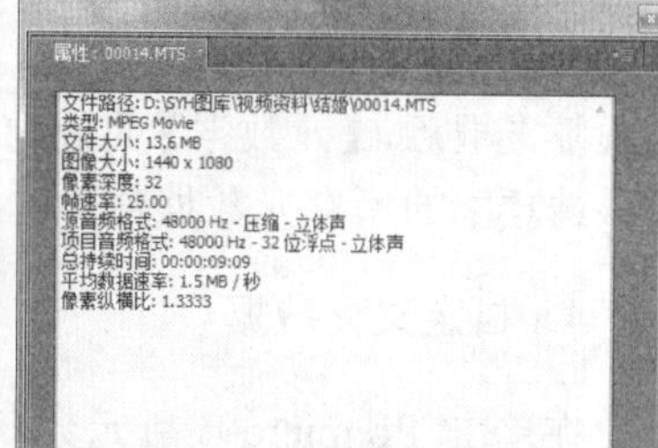

图 2-38 不同格式素材属性

2.4.2 管理元数据

元数据是一种描述数据的数据，在许多领域内都有其具体的定义和应用。在 Premiere 中，元数据存在于影视节目制作流程的各个环节，例如前期拍摄阶段会产生镜头名称、拍摄地点、景别等元数据；而后期编辑阶段则会产生镜头列表、编辑点和转场等元数据。当然，并不是所有的元数据都有用，可以根据实际需要进行筛选，仅保留关键的元数据。

1. 查看元数据

若要查看素材元数据，则应首先选择该素材文件，并执行【窗口】|【元数据】命令。此时，在打开的【元数据】面板中，即可查看所选素材的各项元数据，如图 2-39 所示。

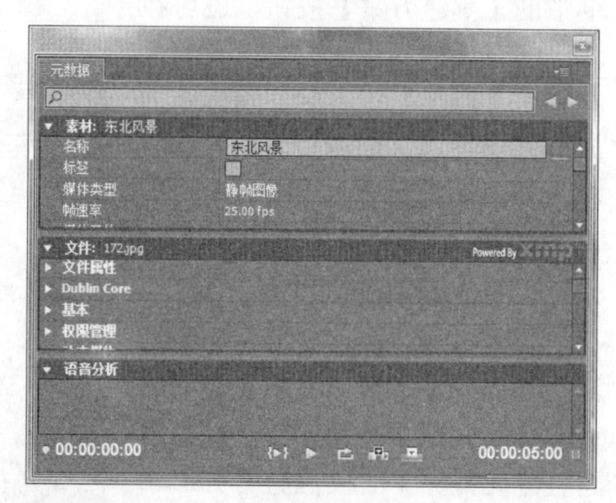

图 2-39 【元数据】面板

2. 编辑元数据

对于作用为描述素材信息的元数据来说，绝大多数的元数据项都无法更改。不过，为了让用户能够更好地管理素材，Premiere 允许用户修改素材的部分元数据，例如素材来源、描述信息、拍摄声景等，如图 2-40 所示。

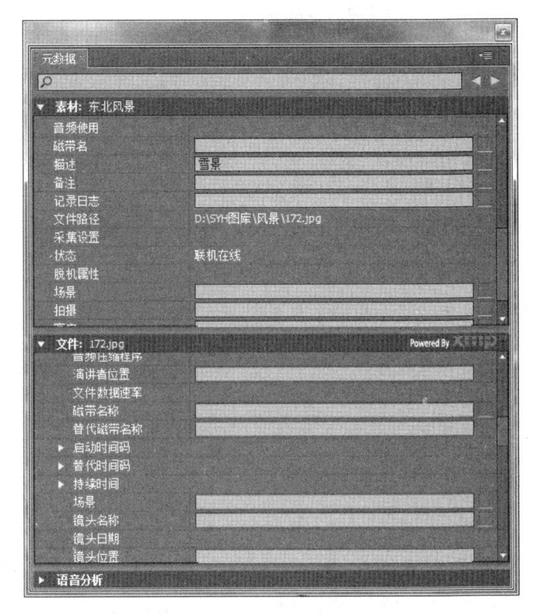

图 2-40 修改素材元数据

3. 设定元数据显示内容

默认情况下，【元数据】面板内显示的只是部分元数据信息。在单击【元数据】面板按钮后，执行【元数据显示】命令，即可在弹出的对话框内设置【元数据】面板所显示元数据的类别，如图 2-41 所示。当禁用某个选项复选框后，【元数据】面板内便将不再显示该选项中的所有元数据项。

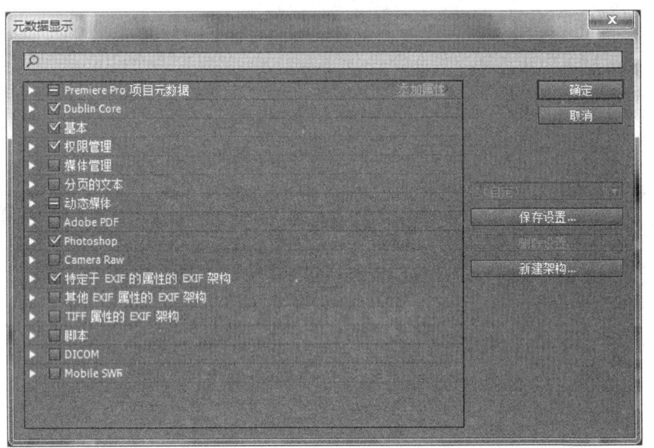

图 2-41 设置所显示元数据的类别

4. 自定义元数据

在单击“Premiere 项目元数据”项右侧的【添加属性】按钮，并在弹出的对话框内设置属性名称与属性值类型后，单击【确定】按钮，即可为“Premiere 项目元数据”项添加一个新的元数据条目，如图 2-42 所示。

如果单击【元数据显示】对话框中的【新建方案】按钮，还可在弹出的对话框内设置方案名称，并在单击【确定】按钮后，创建新的元数据信息项，如图 2-43 所示。在为其添加元数据条目后，用户便可利用该元数据信息项中的条目来记录相应元数据信息。

设置完成后，并且启用该选项，然后在【元数据显示】对话框中单击【确定】按钮。接下来，即可在【元数据】面板内查看并编辑刚刚添加的元数据选项了，如图 2-44 所示。

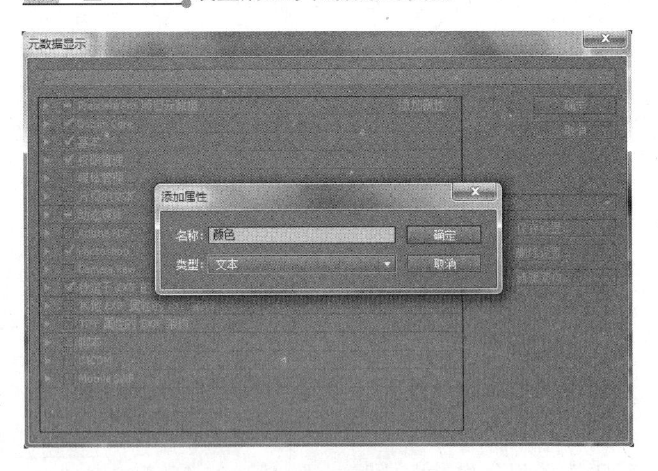

图 2-42 设置新的元数据信息项目

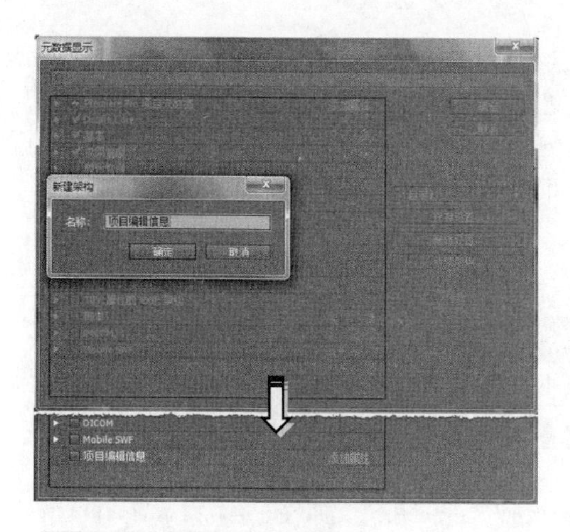

图 2-43 创建元数据项

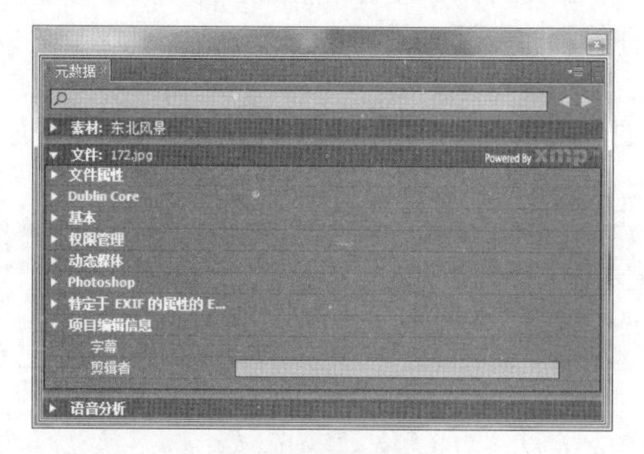

图 2-44 查看元数据选项

2.4.3 打包项目素材

制作一部稍微复杂的影视节目，所用到的素材便会数不胜数。在这种情况下，除了应当使用【项目】面板对素材进行管理外，还应将项目所用到的素材全部归纳于同一文件夹内，以便进行统一的管理。

要打包项目素材，应首先在 Premiere 主界面中执行【项目】|【项目管理】命令。在弹出的【项目管理】对话框中，从【素材源】区域内选择所要保留的序列，并在【生成项目】选项组内设置项目文件归档方式后，单击【确定】按钮即可，如图 2-45 所示。稍等片刻后，即可在【路径】选项所示文件夹中，找到一个采用“已复制_”加项目名为名称的文件夹，其内部即包含当前项目的项目文件，以及所用素材文件的副本。

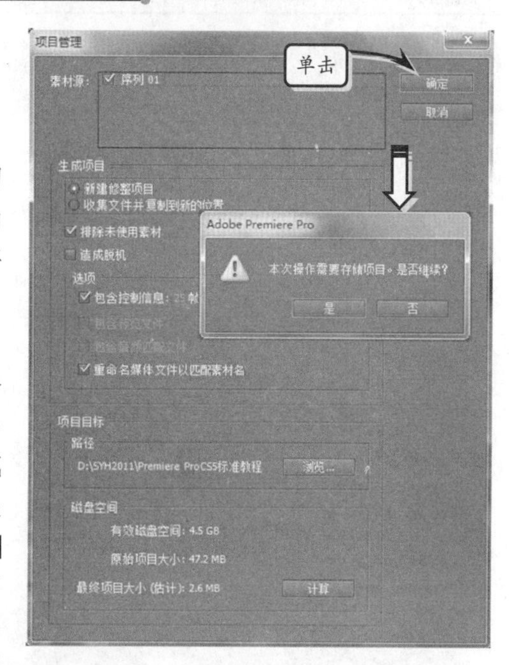

图 2-45 打包项目

2.4.4 脱机文件

脱机文件是指项目内的当前不可用素材文件，其产生原因多是由于项目所引用素材文件已经被删除或移动。当项目中出现脱机文件时，如果在【项目】面板中选择该素材文件，【素材源】或【节目】面板内便将显示该素材的媒体脱机信息，如图 2-46 所示。

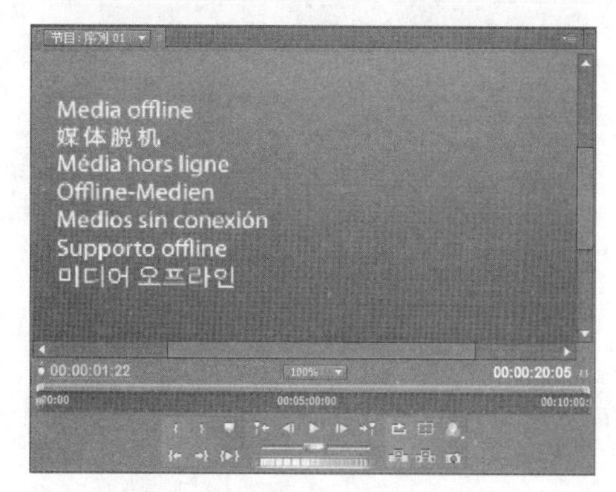

图 2-46 脱机文件

在打开包含脱机文件的项目时，Premiere 会在弹出的对话框内要求用户重定位脱机文件。此时，如果用户能够指出脱机素材新的文件存储位置，则项目便会解决该素材文件的媒体脱机问题。

在提示重定位脱机文件的对话框中，用户可选择查找或跳过该素材，或者将该素材创建为脱机文件，对话框中的部分选项作用如表 2-1 所示。

表 2-1 脱机文件提示对话框按钮作用

名　称	功　能
查找	单击该按钮，将弹出【搜索结果】对话框，用户可通过该对话框重定位脱机素材
跳过	将在项目文件中暂时跳过要查找的脱机素材
脱机	将需要要查找的文件创建为脱机文件
全部跳过	当项目中含有多个脱机素材时，单击该按钮将会跳过所有文件的重定位提示对话框
全部脱机	单击该按钮，即可将项目中所有需要重定位的媒体素材创建为脱机文件

2.5 课堂练习：整理影片素材

本节整理影片素材。制作影片的前提就是素材要准备完整，那么本例就通过学习创建项目，导入影片素材，预览影片效果等整理素材。最后，保存项目，完成影片的整理，如图 2-47 所示。

图 2-47 动画效果

操作步骤

1 启动 Premiere，在【新建项目】对话框中，单击【浏览】按钮，选择文件的保存位置。在【名称】栏中输入“整理影片素材”文本，单击【确定】按钮，如图 2–48 所示。

2 在弹出的【新建序列】对话框中，选择【有效序列】列表框中的“标准 48kHz”，单击【确定】按钮，即可创建“整理影片素材”文件，如图 2–49 所示。

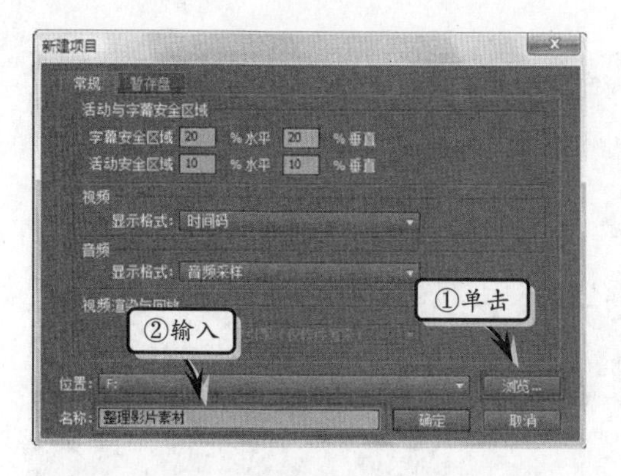

图 2-48 创建项目

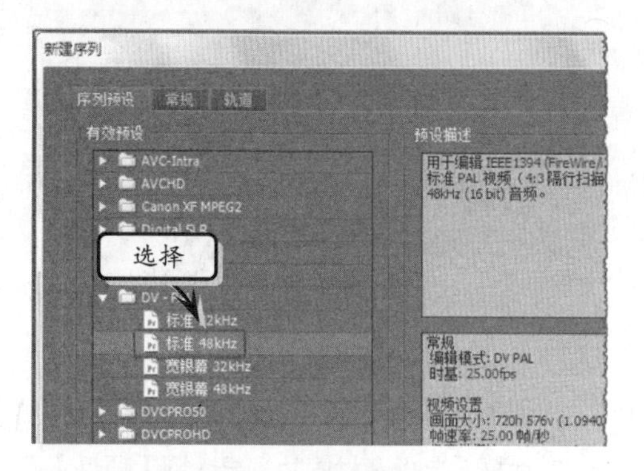

图 2-49 设置序列

3 在【项目】面板中右击，执行【导入】命令，在弹出的【导入】对话框中选择素材，导入到【项目】面板中。如图 2-50 所示。

提 示

在【项目】面板中双击空白处，也可以打开【导入】对话框，导入素材。

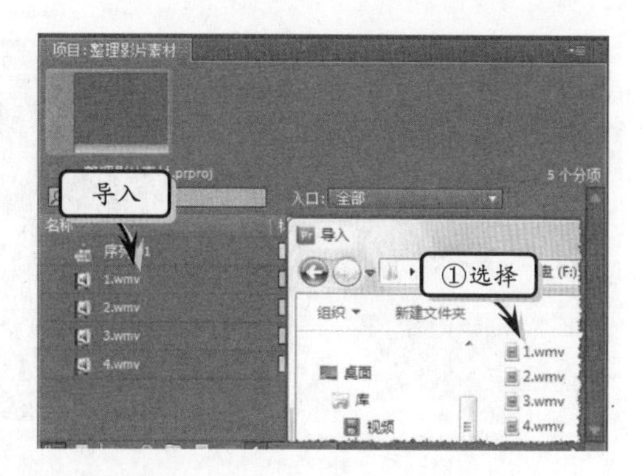

图 2-50 导入素材

4 选择【项目】面板中的素材，拖入到【时间线】面板的“视频 1”轨道上。在【节目】面板中单击【播放-停止切换】按钮，即可预览影片。最后，保存文件为“整理影片素材.prproj”，完成影片的整理，如图 2-51 所示。

图 2-51 播放并保存文件

2.6 课堂练习：制作简单的电子相册

本例制作简单的电子相册。通过学习利用菜单导入素材图片，将素材拖至创建的文件夹中。创建电子相册项目，并在【节目】面板中预览动画效果，完成简单电子相册的制作，如图 2-52 所示。

操作步骤

1 启动 Premiere，在【新建项目】面板中，单击【浏览】按钮，选择文件保存位置。在【名称】栏中输入“电子相册”，单击【确定】按钮，如图 2-53 所示。

2 在弹出的【新建序列】对话框中，选择【有效序列】列表框中的“标准 48kHz”，输入序列名称为“极地之美”，单击【确定】按钮，即可创建电子相册文件，如图 2-54 所示。

图 2-52 电子相册效果

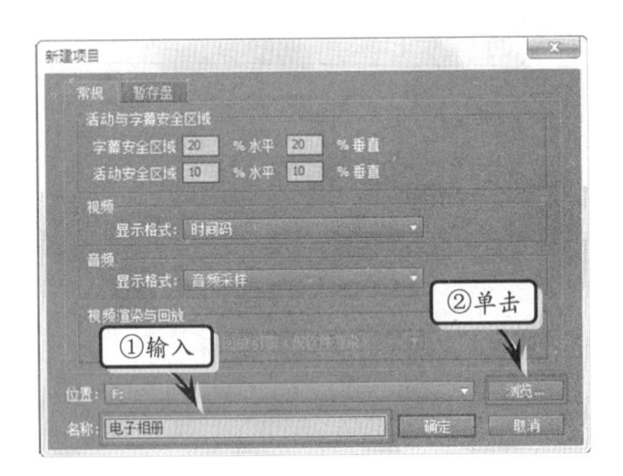

图 2-53 新建项目

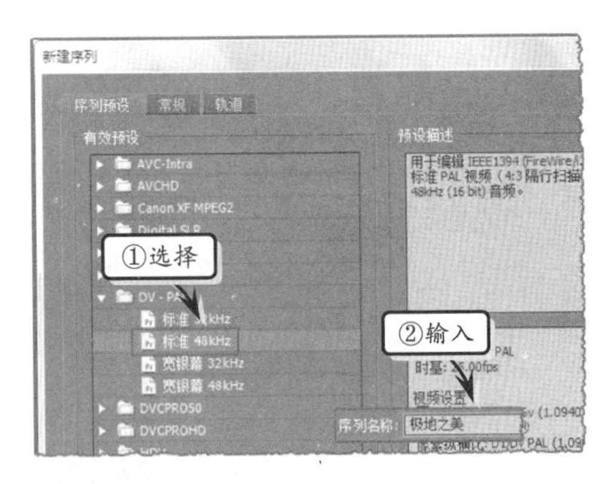

图 2-54 设置序列

3 执行【文件】|【导入】命令，打开【导入】对话框，选择素材图片，导入到【项目】面板中。在【项目】面板中单击【新建文件夹】按钮，新建“素材”文件夹，如图 2-55 所示。

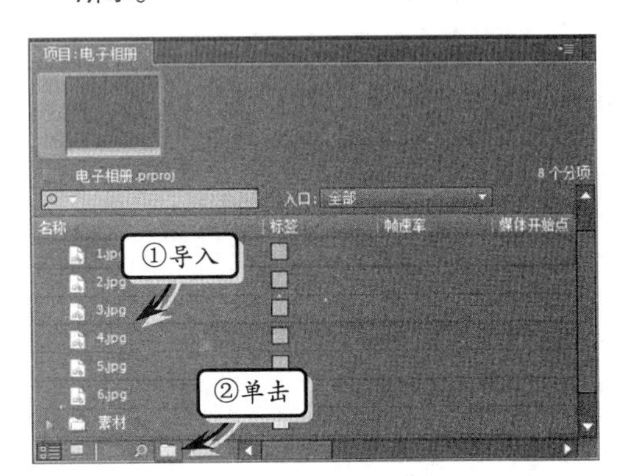

图 2-55 导入素材并创建文件夹

4 选择所有素材图片，将其拖至“素材”文件夹中。选择所有素材图片，拖入【时间线】面板的“视频 1”轨道上。按空格键预览动画效果，如图 2-56 所示。最后，保存文件，完成电子相册的制作。

图 2-56 预览动画

技 巧

在【项目】面板中，选择“素材”文件夹，拖入“视频 1”轨道上，也可以将所有图片导入。

2.7 思考与练习

一、填空题

1．启动 Premiere Pro CS5 后，直接单击欢迎界面中的【__________】按钮，即可创建新的影片编辑项目。

2．在使用 Premiere 制作影片的过程中，所有操作都是围绕__________进行的，因此对其进行的各项管理、配置工作便显得尤为重要。

3．Premiere 中的素材分为两大类，一类是利用软件创作出的素材，另一种则是通过__________从其他设备内导入的素材。

4．__________是将模拟摄像机、录像机、LD 视盘机、电视机输出的视频信号，通过专用的模拟或者数字转换设备，转换为二进制数字信息后存储于计算机的过程。

5．在【项目】面板中，Premiere 共提供了图标和__________两种不同的视图模式。

二、选择题

1．在【新建项目】对话框的【常规】选项卡中，用户可直接对项目文件的名称和保存位置，以及__________和音/视频显示格式等内容进行调整。

A．轨道数量　　B．序列参数
C．视频画面安全区　　D．暂存盘位置

2．保存项目副本和项目另存为的区别在于__________。

A．当前项目会随着项目另存为操作的结束而发生改变，保存项目副本则不会
B．多数情况下，两种操作的结果是一样的
C．当前项目会随着保存项目副本操作的结束而发生改变，另存为项目则不会
D．无任何差别

3．在采集视频的过程中，能够辅助用户进行采集工作的硬件设备叫做__________。

A．视频卡　　B．电视卡
C．显卡　　D．视频采集卡

4．将素材导入 Premiere 后，素材将会出现在【__________】面板中。

A．素材源　　B．项目
C．时间线　　D．媒体浏览

5．__________是用来描述数据的数据，它在 Premiere 中的作用是描述素材的镜头名称、拍摄地点、编辑点和转场等。

A．元标签　　B．源数据
C．元数据　　D．初始数据

三、问答题

1．怎样创建新项目？
2．如何保存项目副本？
3．简述素材导入方法。
4．如何将素材分类？
5．如何查看特定素材？

四、上机练习

1．创建空白项目

Premiere 中的空白文件并不是一次性创建

完成的，而是通过一系列的选项设置创建完成的。启动 Premiere 后，单击欢迎界面中的【新建项目】图标，在弹出的【新建项目】对话框中，设置“位置”与“名称”选项，决定项目文件的存储位置与名称。然后单击【确定】按钮，在弹出的【新建序列】对话框中，设置相关选项，或者直接单击该对话框中的【确定】按钮，来完成空白文件的创建，如图 2-57 所示。

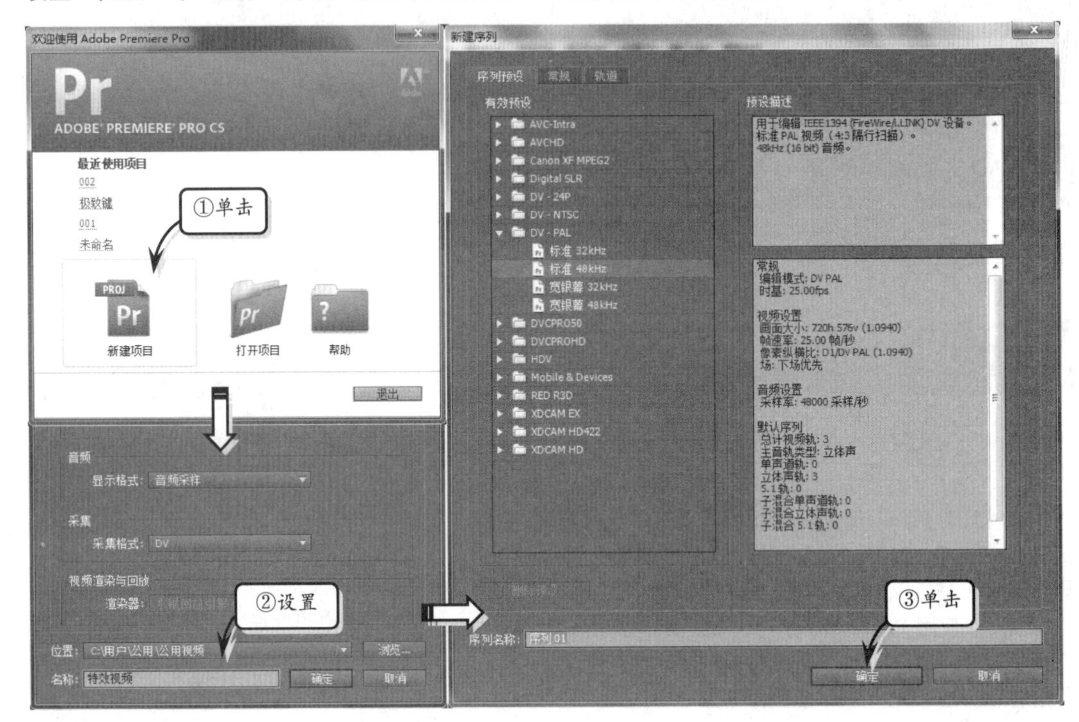

图 2-57 创建空白项目文件

2. 导入素材文件

Premiere 中的素材导入非常简单，只要在【项目】面板中双击，即可打开【导入】对话框。选择素材文件后，单击【打开】按钮即可将选中的素材导入到【项目】面板中，如图 2-58 所示。

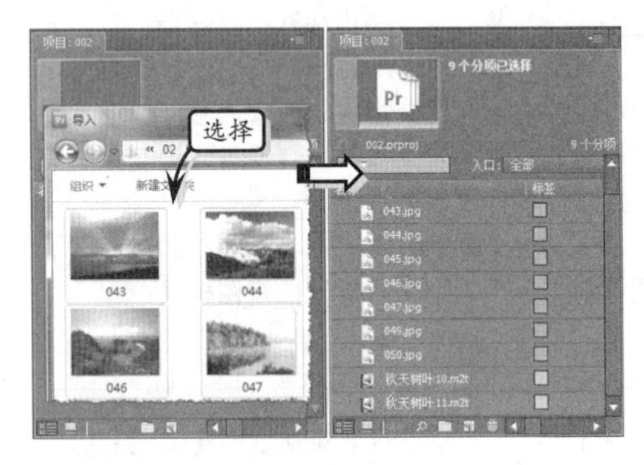

图 2-58 导入素材

第3章

编辑视频素材

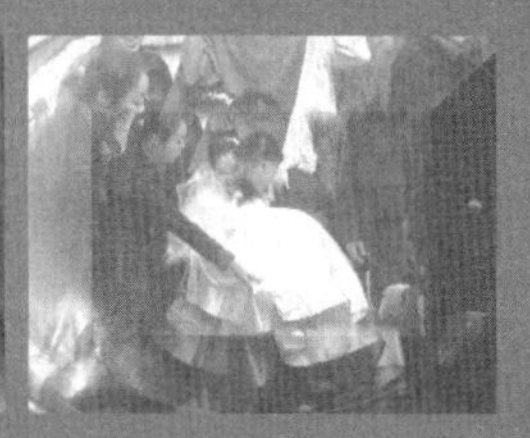

视频效果制作中必不可少的一个环节，就是对视频素材进行编辑与修剪，而 Premiere 的强大功能也是视频素材的剪辑与合成。在 Premiere Pro CS5 中，对视频素材的编辑共分为分割、排序、修剪等多种操作，此外还可利用编辑工具对素材进行一些较为复杂的编辑操作，使其符合影片要求的素材，并最终完成整部影片的剪辑与制作。

在该章中，除了能够学习到编辑影片素材时用到的各种选项与面板外，还将对创建新元素、剪辑素材和多重序列的应用等内容进行讲解，使其能够更好地学习 Premiere 编辑影片素材的各种方法与技巧。

本章学习要点：

- 认识素材源与节目监视器
- 了解时间线面板的使用方法
- 学习素材的基本编辑方法
- 应用视频编辑工具

3.1 应用时间线面板

视频素材的编辑与剪辑，前提是将视频素材放置在【时间线】面板中。在该面板中，不仅能够将不同的视频素材按照一定顺序排列在时间线上，还可以对其进行播放时间的编辑。

3.1.1 时间线面板概述

在【时间线】面板中，时间轴标尺上的各种控制选项决定了查看影片素材的方式，以及影片渲染和导出的区域，如图 3-1 所示。

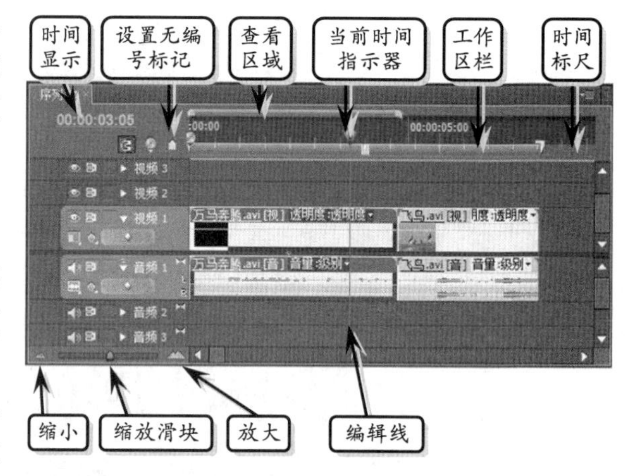

图 3-1 时间线上的标尺选项

1. 时间标尺

时间标尺是一种可视化时间间隔显示工具。默认情况下，Premiere 按照每秒所播放画面的数量来划分时间轴，从而对应于项目的帧速率。不过，如果当前正在编辑的是音频素材，则应在【时间线】面板的关联菜单内执行【显示音频单位】命令后，将标尺更改为按照毫秒或音频采样率等音频单位进行显示，如图 3-2 所示。

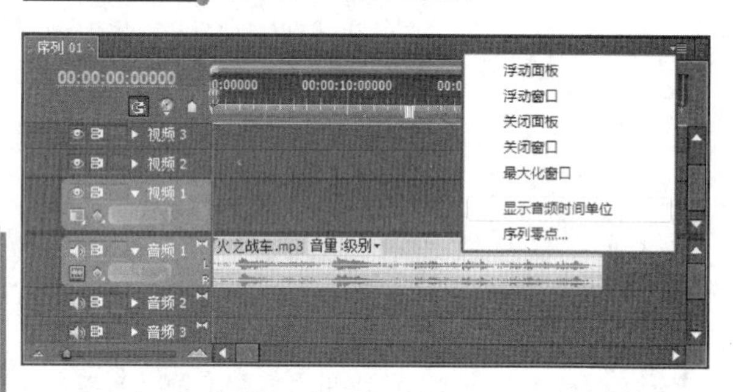

图 3-2 使用音频单位划分标尺

提 示

执行【项目】|【项目设置】|【常规】命令后，即可在弹出对话框内的【音频】选项组中，设置时间标尺在显示音频素材时的单位。

2. 当前时间指示器

当前时间指示器（CTI）是一个蓝色的三角形图标，其作用是标识当前所查看的视频帧，以及该帧在当前序列中的位置。在时间标尺中，既可以采用直接拖动当前时间指示器的方法来查看视频内容，也可在单击时间标尺后，将当前时间指示器移至鼠标单击处的某个视频帧，如图 3-3 所示。

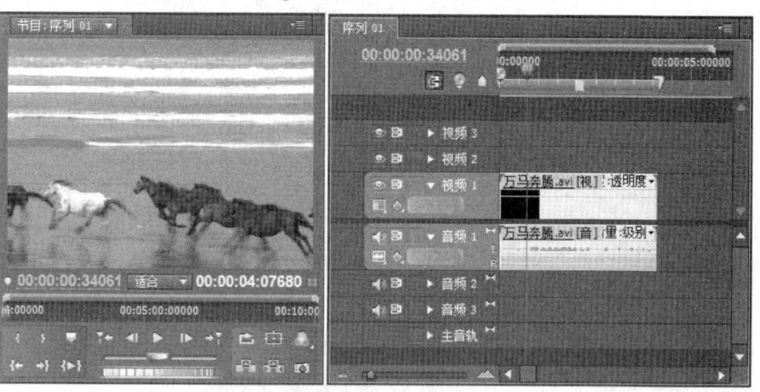

图 3-3 查看指定视频帧

3. 时间显示

时间显示与当前时间指示器相互关联，当用户移动时间标尺上的当前时间指示器时，时间显示区域中的内容也会随之发生变化。同时，当用户在时间显示区域上左右拖动鼠标时，也可控制当前时间指示器在时间标尺上的位置，从而达到快速浏览和查看素材的目的。

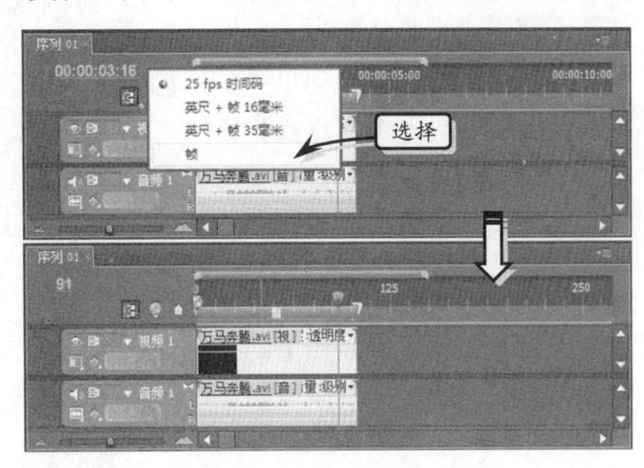

图 3-4 调整时间显示单位

在单击时间显示区域后，还可根据时间显示单位的不同，输入相应数值，从而将当前时间指示器精确移动至时间线上的某一位置，如图 3-4 所示。

4. 查看区域栏

查看区域栏的作用是确定出现在时间线上的视频帧数量。当用户拖动查看区域栏两端的锚点，从而使其长度减少时，【时间线】面板在当前可见区域内能够显示的视频帧将逐渐减少，而时间标尺上各时间标记间的距离将会随之延长；反之，时间标尺内将显示更多的视频帧，并减少时间线上的时间间隔，如图 3-5 所示。

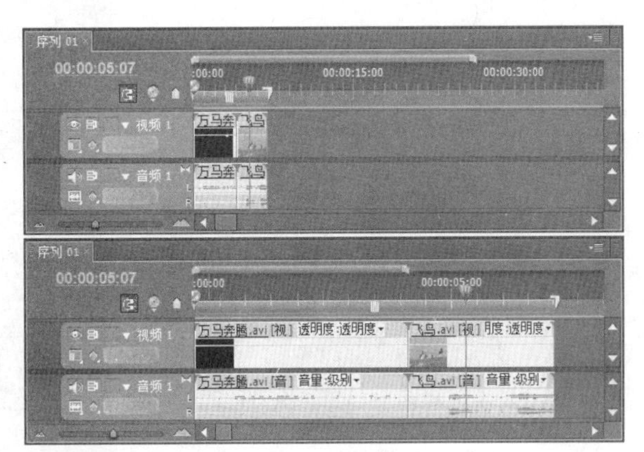

图 3-5 调整查看区域栏

此外，上述功能也可通过使用【缩小】和【放大】按钮，或者调整【缩放】滑块的方法来实现。在单击【缩小】按钮，或向左拖动【缩放】滑块后，时间标尺上将会显示更多的视频帧，并减少时间线上的时间间隔；如果单击【放大】按钮，或向右拖动【缩放】滑块，时间标尺上将会减少视频帧的显示数量，但各时间标记间的距离将会相应延长。

3.1.2 轨道图标和选项

轨道是【时间线】面板最为重要的组成部分，其原因在于这些轨道能够以可视化的方式来显示音视频素材、过渡和效果。而且，利用【时间线】面板内的轨道选项，还可控制轨道的显示方式，或添加和删除轨道，并在导出项目时决定是否输出特定轨道。在 Premiere Pro CS5 中，各轨道的图标及选项如图 3-6 所示。

1. 切换轨道输出

在视频轨道中，【切换轨道输出】按钮用于控制是否输出视频素材。这样一来，便可以在播放或导出项目时，防止在【节目】面板内查看相应轨道中的影片。

在音频轨道中，【切换轨道输出】按钮则使用“喇叭”图标来表示，其功能是在播放或导出项目时，决定是否输出相应轨道中的音频素材。

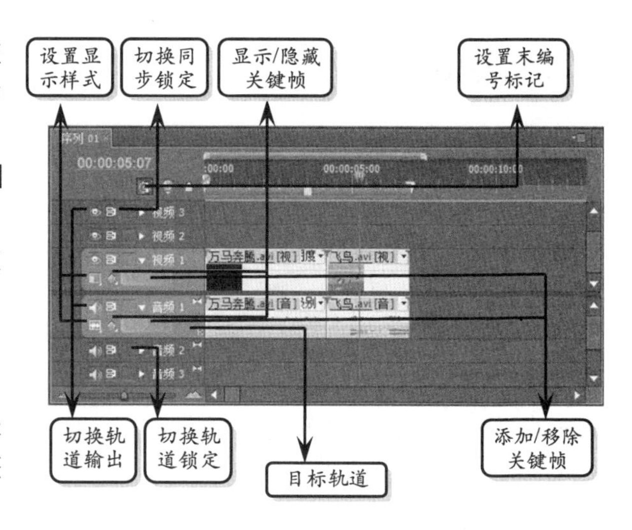

图 3-6 轨道图标及选项

2. 切换同步锁定

切换同步锁定功能允许用户在处理相关联的音视频素材时，单独调整音频或视频素材在时间线上的位置，而无需解除两者之间的关联属性，如图 3-7 所示。

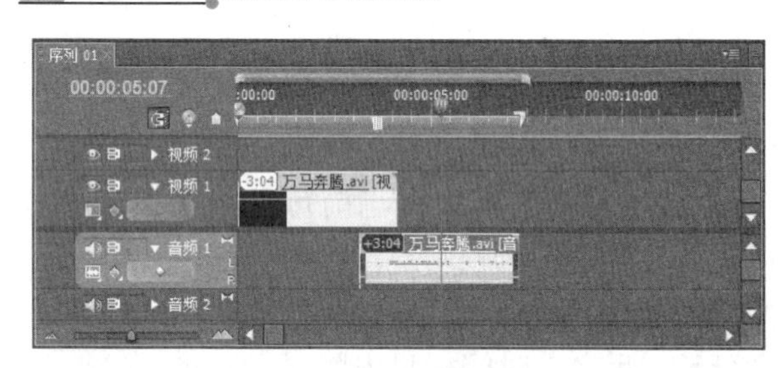
图 3-7 用异步方式调整素材

3. 切换轨道锁定

该选项的功能是锁定相应轨道上的素材及其他各项设置，以免因误操作而破坏已编辑好的素材。当单击该选项按钮，使其出现“锁”图标时，表示轨道内容已被锁定，此时无法对相应轨道进行任何修改，如图 3-8 所示；再次单击【切换轨道锁定】按钮后，即可去除选项上的“锁”图标，并解除对相应轨道的锁定保护。

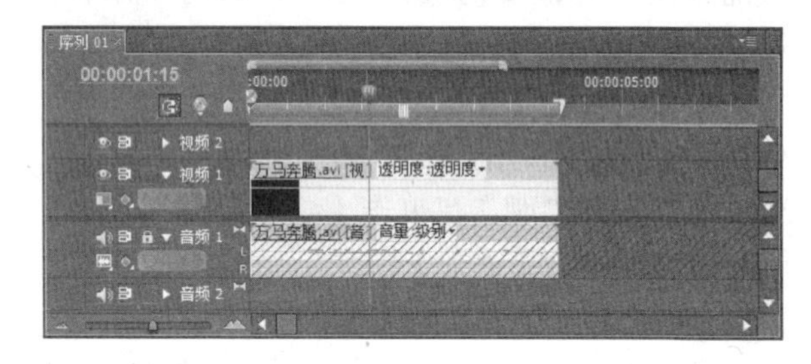
图 3-8 锁定轨道

4. 设置显示样式

为了便于用户查看轨道上的各种素材，Premiere 分别为视频素材和音频素材提供了多种显示方式。在视频轨道中，单击【设置显示样式】按钮后，即可在弹出的菜单内进行选择，各样式的显示效果如图 3-9 所示。

对于轨道上的音频素材，Premiere 也提供了两种显示方式。应用时，只需单击【设置显示样式】按钮，并在弹出的菜

图 3-9 使用不同方式查看轨道上的视频素材

单内进行选择后，即可采用新的方式查看轨道上的音频素材，如图 3-10 所示。

3.1.3 轨道命令

图 3-10 使用不同方式查看轨道上的音频素材

在编辑影片时，往往要根据编辑需要而添加、删除轨道，或对轨道进行重命名操作。下面将讲解对轨道进行上述操作的方法。

1. 重命名轨道

在【时间线】面板中，右击轨道后，执行【重命名】命令，即可进入轨道名称编辑状态。此时，输入新的轨道名称后，按 Enter 键，即可为相应轨道设置新的名称，如图 3-11 所示。

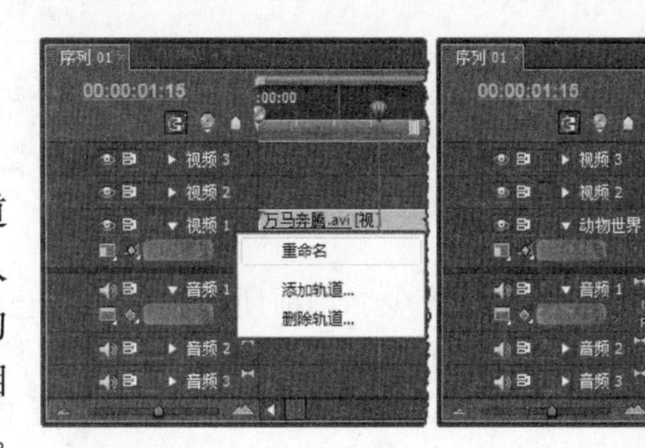

图 3-11 轨道重命名

2. 添加轨道

当影片剪辑使用的素材较多时，增加轨道的数量有利于提高影片编辑效率。此时，可以在【时间线】面板内右击轨道，并执行【添加轨道】命令，如图 3-12 所示。

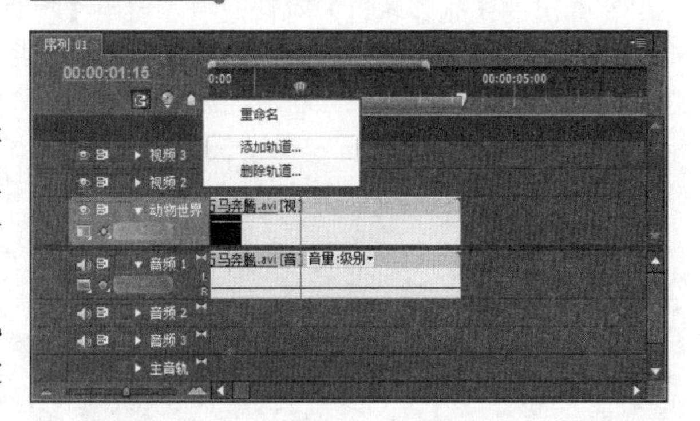

图 3-12 执行【添加轨道】命令

在【添加视音轨】对话框的【视频轨】选项组中，【添加】选项用于设置新增视频轨道的数量，而【放置】选项即用于设置新增视频轨道的位置。在单击【放置】下拉按钮后，即可在弹出的下拉列表内设置新轨道的位置，如图 3-13 所示。

完成上述设置后，单击【确定】按钮，即可在【时间线】面板的相应位置处添加所设数量的视频轨道，如图 3-14 所示。

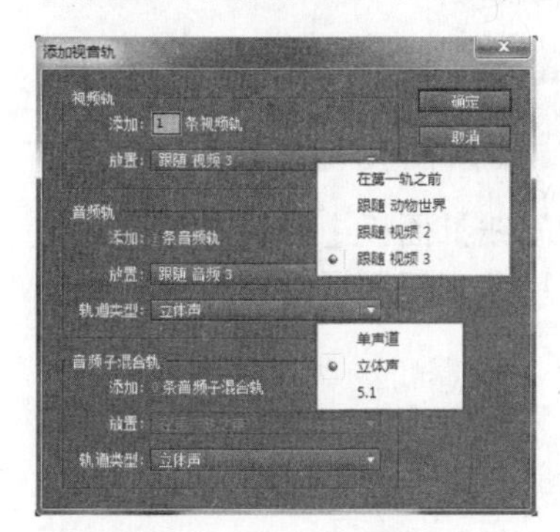

图 3-13 设置新轨道

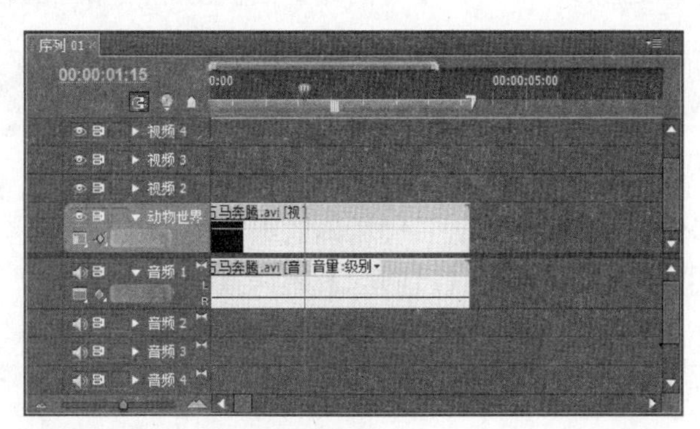

图 3-14 成功添加轨道

注 意

按照 Premiere 的默认设置，轨道名称会随其位置的变化而发生改变。例如，当以跟随视频 1 的方式添加 1 条新的视频轨道时，新轨道会以“视频 2”的名称出现，而原有的“视频 2”轨道则会被重命名为“视频 3”轨道，原“视频 3”轨道则会被重命名为“视频 4”轨道，并依次类推。

在【添加视音轨】对话框中，使用相同方法在【音频轨】和【音频子混合轨】选项组内进行设置后，即可在【时间线】面板内添加新的音频轨道。

提 示

在添加【音频轨】和【音频子混合轨】时，还要在相应选项内的【轨道类型】下拉列表中选择音频轨道的类型，用户可根据影片需求进行选择。

3．删除轨道

当影片所用的素材较少，当前所包含的轨道已经能够满足影片编辑的需要，并且含有多余轨道时，可通过删除空白轨道的方法，减少项目文件的复杂程度，从而在输出影片时提高渲染速度。操作时，应首先在【时间线】面板内右击轨道，并执行【删除轨道】命令，如图 3-15 所示。

在弹出的【删除轨道】对话框中，启用【视频轨】选项组内的【删除视频轨】复选框。然后，在该复选框下方的下拉列表框内选择所要删除的轨道，完成后单击【确定】按钮，即可删除相应的视频轨道，如图 3-16 所示。

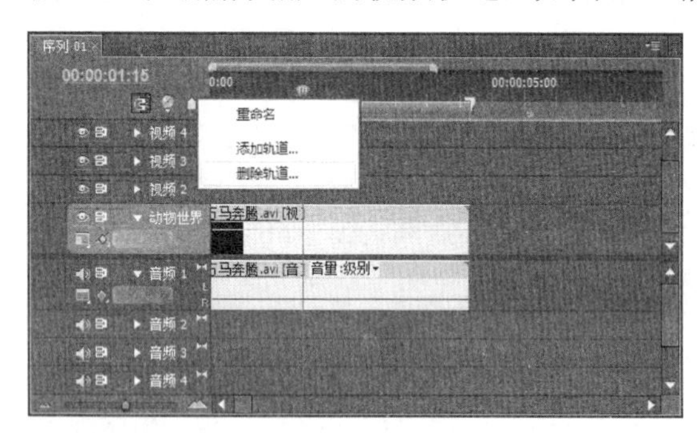

图 3-15 准备删除多余轨道

图 3-16 删除“视频 4”轨道

在【删除轨道】对话框中，使用相同方法在【音频轨】和【音频子混合轨】选项组内进行设置后，即可在【时间线】面板内删除相应的音频轨道。

3.2 使用监视器

在 Premiere Pro 中，用户可直接在监视器面板或【时间线】面板中编辑各种素材剪辑。不过，如果要进行各种精确的编辑操作，就必须先使用监视器面板对素材进行预处理后，再将其添加至【时间线】面板内。

3.2.1 源监视器与节目监视器概览

Premiere Pro 中的监视器面板不仅可在影片制作过程中预览素材或作品，还可用于精确编辑和修剪剪辑。根据监视器面板类型的不同，接下来将分别对【源】监视器面板和【节目】监视器面板进行讲解。

1.【源】监视器面板

【源】监视器面板的主要作用是预览和修剪素材，编辑影片时只需双击【项目】面板中的素材，即可通过【源】监视器面板预览其效果，如图 3-17 所示。在面板中，素材画面预览区的下方为时间标尺，底部则为播放控制区。在【源】监视器面板中，各个控制按钮的作用如表 3-1 所示。

图 3-17　查看素材播放效果

表 3-1　【源】监视器面板部分控件的作用

图　标	名　称	作　用
	查看区域栏	用于放大或缩小时间标尺
无	时间标尺	用于表示时间，其间的“当前时间指示器”用于表示当前所播放视频画面所处的具体位置
	设置入点	设置素材进入时间
	设置出点	设置素材结束时间
	设置未编号标记	添加自由标记
	跳转到入点	无论当前位置在何处，都将直接跳至当前素材的入点处
	跳转到出点	无论当前位置在何处，都将直接跳至素材出点
	播放入点到出点	播放入点至出点之间的素材内容
	跳转到前一标记	跳转至当前时间之前的标记处
	步退	以逐帧的方式倒放素材
	播放-停止切换	控制素材画面的播放与暂停
	步进	以逐帧的方式播放素材
	跳转到下一标记	跳转至当前时间之后的标记处
	飞梭	快速控制视频画面向前或向后移动
	微调	以逐帧方式控制视频画面向前或向后移动

2.【节目】监视器面板

从外观上来看，【节目】面板与【源】面板基本一致。与【源】面板不同的是，【节目】面板用于查看各素材在添加至序列，并进行相应编辑之后的播出效果，如图 3-18 所示。

图 3-18　查看节目播放效果

3.2.2　监视器面板的时间控制与安全区域显示

与直接在【时间线】面板中进行的编辑操作相比，在监视器面板中编辑影片剪辑的优点是能够方便地精确控制时间。例如，除了能够通过直接输入当前时间的方式来精确定位外，还可通过飞梭、步进、步退等多个工具来微调当前播放时间。

除此之外，在拖动时间区域标杆两端的锚点后，时间区域标杆变得越长，则时间标尺所显示的总播放时间越长；时间区域标杆变得越短，则时间标尺所显示的总播放时间也越短，如图 3-19 所示。

提　示

在拖动监视器面板中的【飞梭】按钮时，随着【飞梭】按钮向左或向右偏离中心位置，监视器也会以回放或正常播放的方式展示影片剪辑内容。而且，【飞梭】按钮距离中心位置的距离越远，播放影片剪辑的速度就越快。

图 3-19　时间区域标杆在不同状态下的效果对比

Premiere 中的安全区分为字幕安全区和动作安全区两种类型，其作用是标识字幕或动作的安全活动范围。安全区的范围在创建项目时便已设定，且一旦设置后将无法进行更改。

在监视器面板中，单击面板中的【安全框】按钮后，即可显示或隐藏画面中的安全框，如图 3-20 所示。其中，内侧的安全框为字幕安全框，外侧的为动作安全框。

图 3-20　显示安全框

3.3　在序列中编辑素材

Premiere 中真正的视频编辑并不是在监视器中进行的，而是在【时间线】面板中完成的。比如添加素材、复制、移动以及修剪素材等，在【时间线】面板中不仅能够进行最基本的视频编辑，还能够重新设置视频的播放速度与时间，以及视频与音频之间的关系。

3.3.1　添加素材

添加素材是编辑素材的首要前提，其操作目的是将【项目】面板中的素材移至时间线内。为了提高影片的编辑效率，Premiere 为用户提供了多种添加素材的方法，下面便将对其分别进行介绍。

1．使用命令添加素材

在【项目】面板中，选择所要添加的素材后，右击该素材，并在弹出菜单内执行【插入】命令，即可将其添加至时间线内的相应轨道中，如图 3-21 所示。

技 巧

在【项目】面板内选择所要添加的素材后，在英文输入法状态下按快捷键“,”，也可将其添加至时间线内。

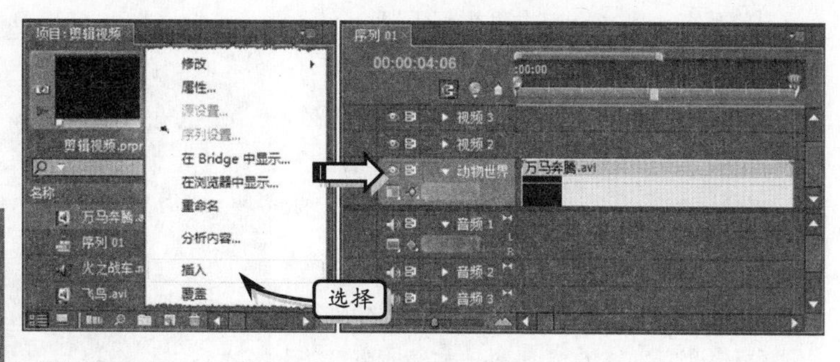

图 3-21 通过命令将素材添加至时间线

2. 将素材直接拖至【时间线】面板

在 Premiere 工作区中，直接将【项目】面板中的素材拖曳至【时间线】面板中的某一轨道后，也可将所选素材添加至相应轨道内，如图 3-22 所示。并且能够将多个视频素材拖至同一时间线上，从而添加多个视频素材。

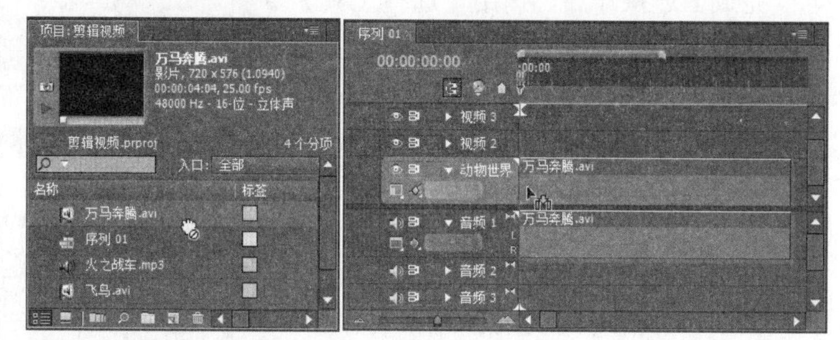

图 3-22 以拖曳方式添加素材

3.3.2 简单编辑素材

将视频素材放置在【时间线】面板中，不仅能够将多个视频素材合成一个视频效果，还可以在【时间线】面板中进行复制、移动以及素材的修剪等操作，从而使视频画面效果更加紧凑。

1. 复制与移动素材

可重复利用素材是非线性编辑系统的特点之一，而实现这一特点的常用手法便是复制素材片段。不过，对于无需修改即可重复使用的素材来说，向时间线内重复添加素材与复制时间线已有素材的结果相同。但是，当需要重复使用的是修改过的素材时，便只能通过复制时间线已有素材的方法来实现。

单击工具栏中的【选择工具】按钮后，在时间线上选择所要复制的素材，并在右击该素材后执行【复制】命令，如图 3-23 所示。

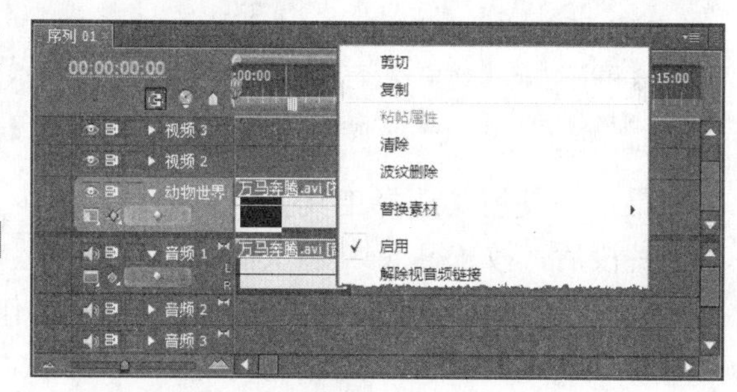

图 3-23 复制素材

接下来，将当前时间指示器移至空白位置处后，按 Ctrl+V 键，即可将刚刚复制的素材粘贴至当前位置，如图 3-24 所示。

注　意

在粘贴素材时，新素材会以当前位置为起点，并根据素材长度的不同，延伸至相应位置。在该过程中，新素材会覆盖其长度范围内的所有其他素材，因此在粘贴素材时必须将当前时间指示器移至拥有足够空间的空白位置处。

图 3-24　粘贴素材

完成上述操作后，使用【选择工具】依次向前拖动各个素材，调整其位置，使相邻素材之间没有间隙。在移动素材的过程中，应避免素材出现相互覆盖的情况，如图 3-25 所示。

2. 修剪素材

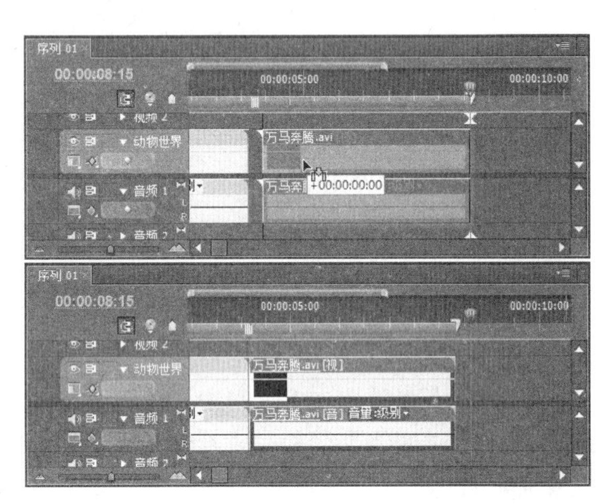

图 3-25　移动素材

在制作影片时用到的各种素材中，很多时候只需要使用素材内的某个片段。此时，便需要对源素材进行裁切后，删除多余的素材片段。要删除某段素材片段，首选拖动时间标尺上的当前时间指示器，将其移至所需要裁切的位置，如图 3-26 所示。

接下来，在工具栏内选择【剃刀工具】后，在当前时间指示器的位置处单击时间线上的素材，即可将该素材裁切为两部分，如图 3-27 所示。

提　示

在裁切素材时，移动当前时间指示器的目的是确认裁切画面的具体位置。而且，在将【剃刀工具】图标前的虚线与编辑线对齐后，即可从当前视频帧的位置来裁切源素材。

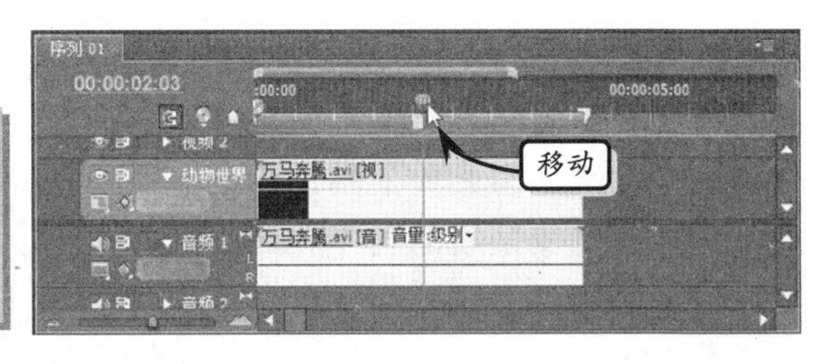

图 3-26　确定时间点

最后，使用【选择工具】单击多余素材片段后，按 Delete 键将其删除，如图 3-28 所示，即可完成裁切素材多余部分的操作。如果所裁切的视频素材带有音频部分，则音频部分也会随同视频部分被分为两个片段。

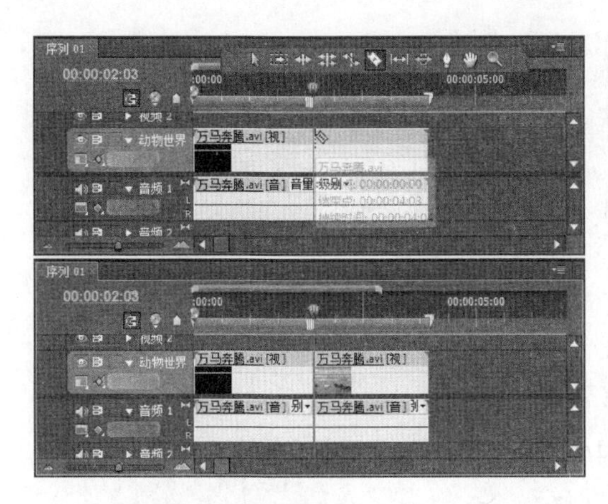

图 3-27 裁切素材

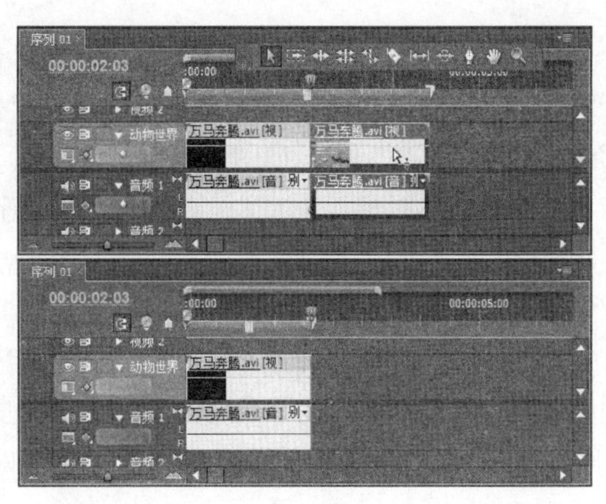

图 3-28 删除素材片段

3.3.3 调整素材的播放速度与时间

Premiere 中的每种素材都有其特定的播放速度与播放时间。通常情况下，音视频素材的播放速度与播放时间由素材本身所决定，而图像素材的播放时间则为 5s。不过，根据影片编辑的需求，很多时候需要调整素材的播放速度或播放时间。

1. 调整图片素材的播放时间

将图片素材添加至时间线后，将鼠标光标置于图片素材的末端。当光标变为“双向箭头”图标时，向右拖动鼠标，即可随意延长其播放时间，如图 3-29 所示。如果用户向左拖动鼠标，则可缩短图片的播放时间。

提 示

如果图片素材的左侧存在间隙，使用相同方法向左拖动图片素材的前端，也可延长其播放时间。不过，无论是拖动图片素材的前端或末端，都必须在相应一侧含有间隙时才能进行。也就是说，如果图片素材的两侧没有间隙，则 Premiere 将不允许用户通过拖动素材端点的方式来延长其播放时间。

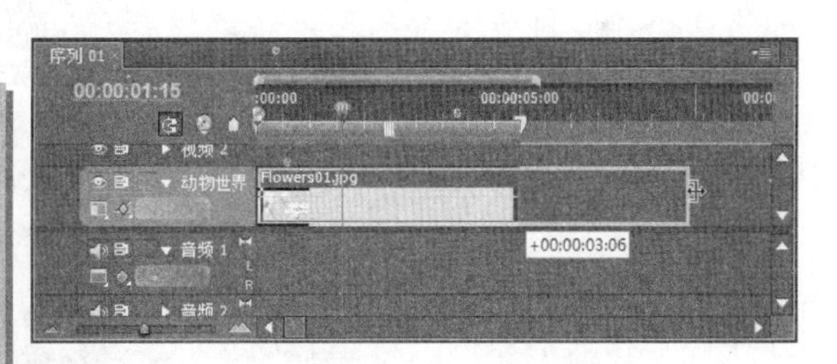

图 3-29 调整图片素材的播放时间

2. 调整视频播放速度

当所要调整的是视频素材时，通过拖动只能够改变视频播放时间，由于播放速度并未发生变化，因此造成的结果便是素材内容的减少。如果需要在不减少画面内容的前提下调整素材的播放时间，便只能通过更改播放速度的方法来实现。方法是，在【时间线】面板内右击视频素材后，执行【速度/持续时间】命令，如图 3-30 所示。

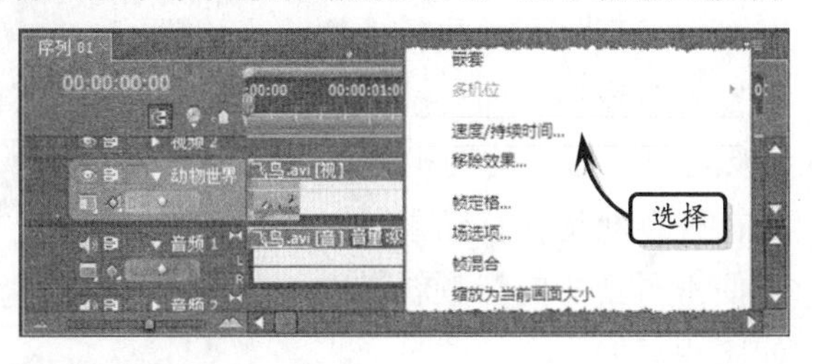

图 3-30 执行命令

在【素材速度/持续时间】对话框中，将“速度”设置为 50%后，即可将相应视频素材的播放时间延长一倍，如图 3-31 所示。

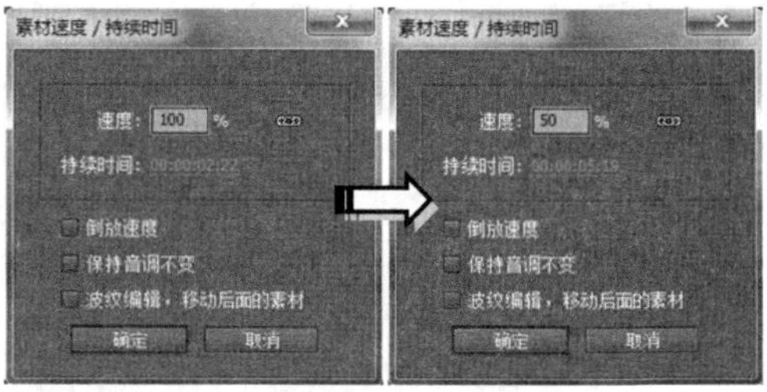

如果需要精确控制素材的播放时间，则应在【素材速度/持续时间】对话框内调整“持续时间”选项，如图 3-32 所示。

图 3-31　降低素材播放速度

此外，在【素材速度/持续时间】对话框内启用【倒放速度】复选框后，还可颠倒视频素材的播放顺序，使其从末尾向前进行倒序播放，如图 3-33 所示。

图 3-32　精确控制素材播放时间

3.3.4　音视频素材分离

除了默片（无声电影）或纯音乐外，几乎所有的影片都是图像与声音的组合。换句话说，所有的影片都由音频和视频两部分组成，而这种相关的素材又可以分为硬相关和软相关两种类型。

在进行素材导入时，当素材文件中既包括音频又包括视频时，该素材内的音频与视频部分的关系即称为硬相关。在影片编辑过程中，如果人为地将两个相互独立的音频和视频素材联系在一起，则两者之间的关系即称为软相关。

图 3-33　倒序播放

对于一段既包含音频又包含视频的素材来说，由于音频部分与视频部分存在硬相关的原因，对素材所进行的复制、移动和删除等操作，将同时作用于素材的音频部分与视频部分，如图 3-34 所示。

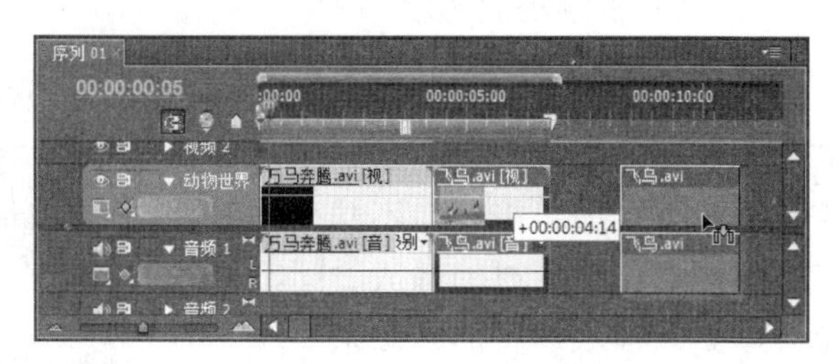

图 3-34　同时移动视频与音频素材

根据需要，在【时间线】面板内右击上述素材，并执行【解除音视频链接】命令后，即可解除相应素材内音频与视频部分的硬相关联系。此时，当在视频轨道内移动素材时，相应操作便不再会影响音频轨道内的素材，如图 3-35 所示。

3.4 装配序列

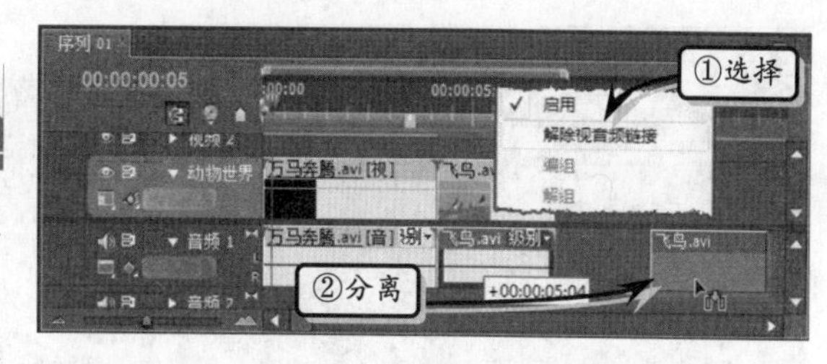

图 3-35 解除音视频素材的硬相关联系

由于拍摄的视频素材并不一定完全应用到最终效果中，这时就需要适当的剪辑以及不同时间点的插入等。当熟悉了监视器面板与【时间线】面板后，就可以将两者结合，针对不同视频素材的设置、剪辑与合成，从而组合自己的视频短片。

3.4.1 设置素材的出点与入点

入点和出点的功能是标识素材可用部分的起始时间与结束时间，以便 Premiere 有选择的调用素材，即只使用出点与入点区间之内的素材片段。简单地说，出点和入点的作用是在添加素材之前，将素材内符合影片需求的部分挑选出来后直接使用。

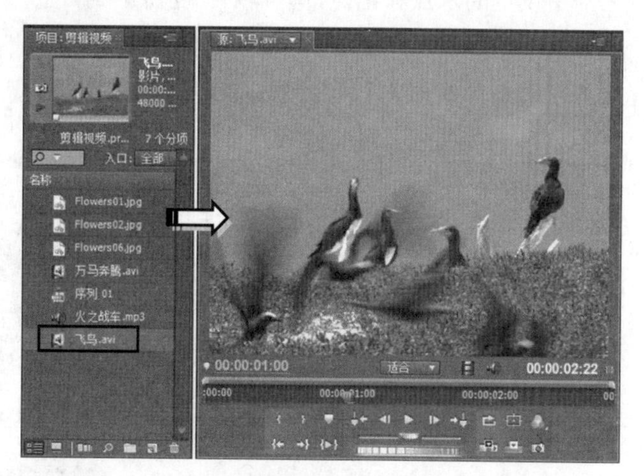

图 3-36 将素材添加至【源】监视器面板

按照 Premiere 的操作要求，设置素材出入点的操作必须在【源】监视器面板内进行，因此在操作前必须先将【项目】面板内的素材添加至【源】面板中，如图 3-36 所示。

在【源】面板中，确定当前时间指示器的位置后，单击【设置入点】按钮，即可在当前视频帧的位置上添加入点标记，如图 3-37 所示。

图 3-37 设置素材入点

接下来，在【源】面板内再次调整当前时间指示器的位置后，单击【设置出点】按钮，即可在当前视频帧的位置上添加出点标记，如图 3-38 所示。

此时，入点与出点之间的内容即为素材内所要保留的部分。在将该素材添加至时间线后，可发现素材的播放时间与内容已经发生了变化：Premiere 将不再播放入点与出点区间以外的素材内容，如图 3-39 所示。

图 3-38　设置素材出点

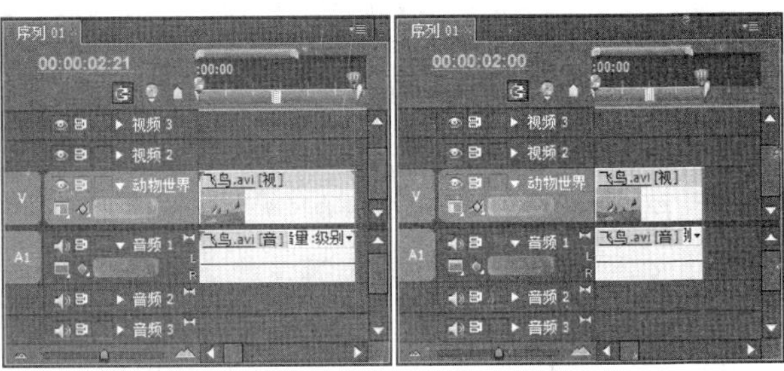

图 3-39　源素材与设置出入点后的素材对比

在随后的编辑操作中，如果不再需要之前所设定的入点和出点，只需右击【源】面板内的时间标尺后，执行【清除素材标记】|【入点和出点】命令即可，如图 3-40 所示。

图 3-40　清除素材上的出点与入点

注　意

对于同一素材源来说，清除出点与入点的操作不会影响已添加至时间线上的素材副本，但当用户再次将素材从【项目】面板添加至时间线时，Premiere 会按照新的素材设置来应用该素材。

3.4.2　添加与编辑标记

编辑影片时，在素材或时间线上添加标记后，可以在随后的编辑过程中快速切换至标记的位置，从而实现快速查找视频帧，或与时间线上的其他素材快速对齐的目的。

1. 为素材添加标记

在【源】面板中，确定当前时间指示器的位置后，单击【设置未编号标记】按钮▽，即可在当前视频帧的位置处添加无编号的标记，如图 3-41 所示。

图 3-41　添加未编号标记

此时，将含有未编号标记的素材添加至时间线上后，即可在素材上看到标记符号，如图 3-42 所示。在含有硬相关联系的音视频素材中，所添加的未编号标记将同时作用于素材的音频部分和视频部分。

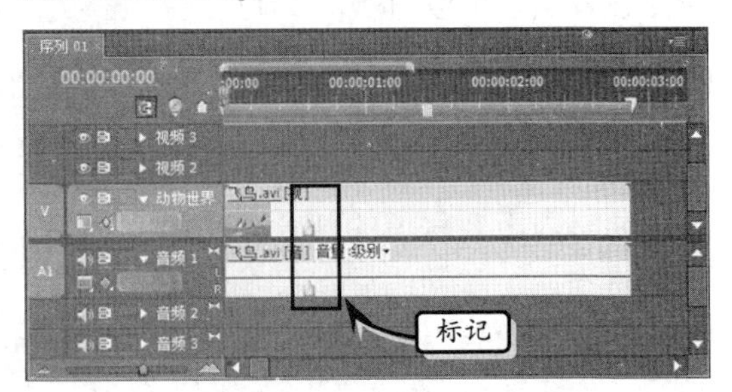

图 3-42　包含未编号标记的素材

2. 在时间标尺上设置标记

不仅可以为【素材源】面板内的素材添加标记，还可在【时间线】面板内直接为序列添加标记。这样一来，便可快速将素材与某个固定时间相对齐。

在【时间线】面板中，将当前时间指示器移动至合适位置后，单击面板内的【设置未编号标记】按钮，即可在当前标尺的位置上添加无编号标记，如图 3-43 所示。

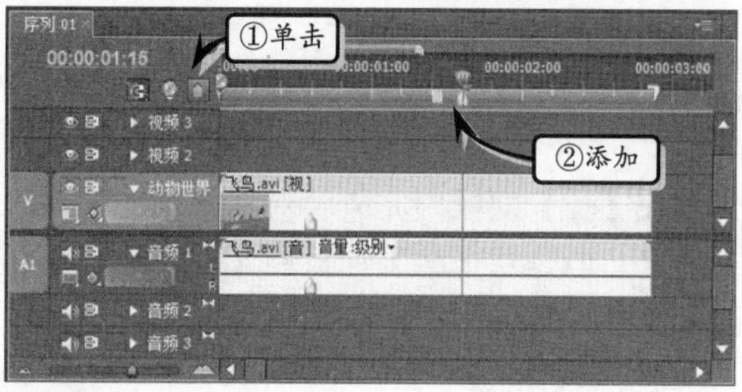

图 3-43 在时间线标尺上添加未编号标记

3. 标记的应用

为素材或时间线添加标记后，便可以利用这些标记来完成对齐素材或查看素材内的某一视频帧等操作，从而提高影片编辑的效率。

❑ 对齐素材

在【时间线】面板内拖动含有标记的素材时，利用素材内的标记可快速与其他轨道内的素材对齐，或将当前素材内的标记与其他素材内的标记对齐，如图 3-44 所示。

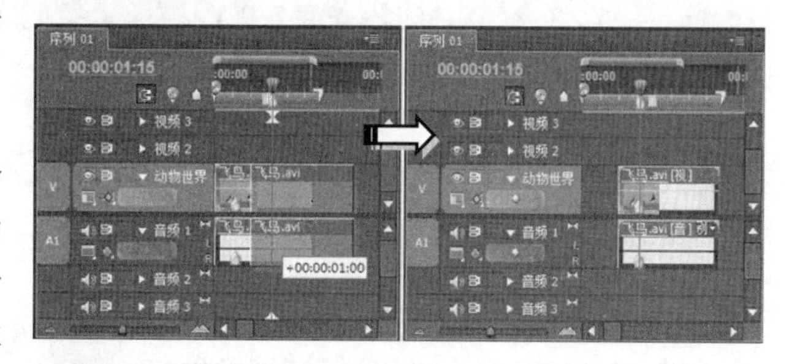

图 3-44 使用标记对齐素材

❑ 查找标记

在【源】面板中，单击面板内的【跳转到前一标记】按钮，即可将当前时间指示器快速移动至前一标记处，如图 3-45 所示。如果单击【跳转到下一标记】按钮，则可将当前时间指示器移至下一标记处。

图 3-45 查找素材内的标记

如果要在【时间线】面板内查找标记，只需在右击【时间线】面板内的时间标尺后，执行【跳转序列标记】|【前一个】命令，即可将当前时间指示器快速移动至前一标记处；如果执行【跳转序列标记】|【下一个】命令，则可将当前时间指示器移至下一标记处如图 3-46 所示。

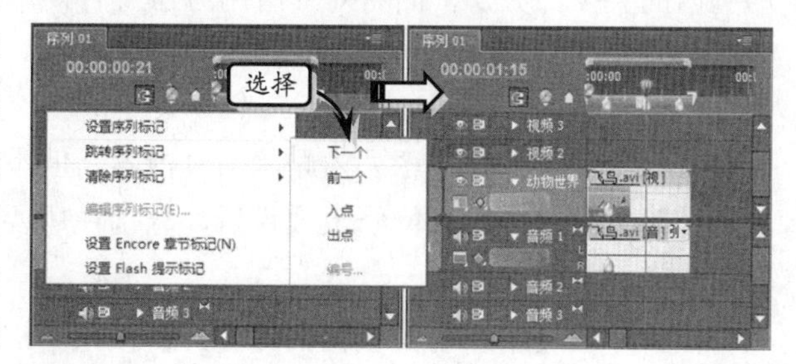

图 3-46 在时间线上查找标记

3.4.3 插入和叠加视频

在【源】面板内完成要对素材进行的各种操作后，便可以将调整后的素材添加至时间线上。但是从【源】面板向【时间线】面板中添加视频素材，包括两种添加方法——插入与叠加。

1．插入编辑

在当前时间线上没有任何素材的情况下，在【源】面板中右击，执行【插入】命令向时间线内添加素材的结果，与直接向时间线添加素材的结果完全相同。不过，将【当前时间指示器】移至时间线已有素材的中间时，单击【源】面板中的【插入】按钮，Premiere 便会将时间线上的素材一分为二，并将【源】面板内的素材添加至两者之间，如图 3-47 所示。

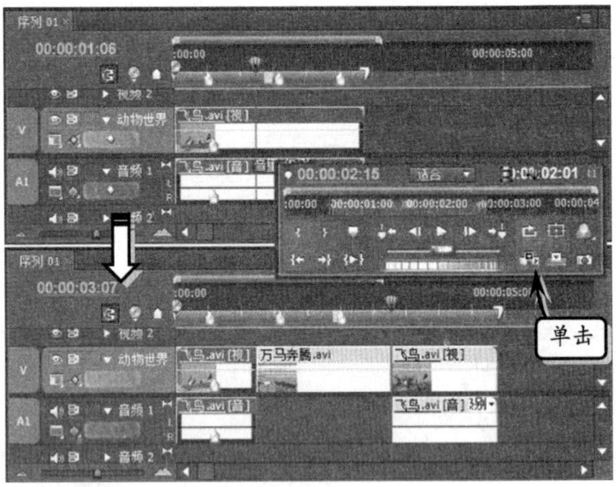

图 3-47　插入编辑素材

2．覆盖编辑

与插入编辑不同，当用户采用覆盖编辑的方式在时间线已有素材中间添加新素材时，新素材将会从当前时间指示器处替换相应时间的原有素材片段，如图 3-48 所示。其结果便是，时间线上的原有素材内容会减少。

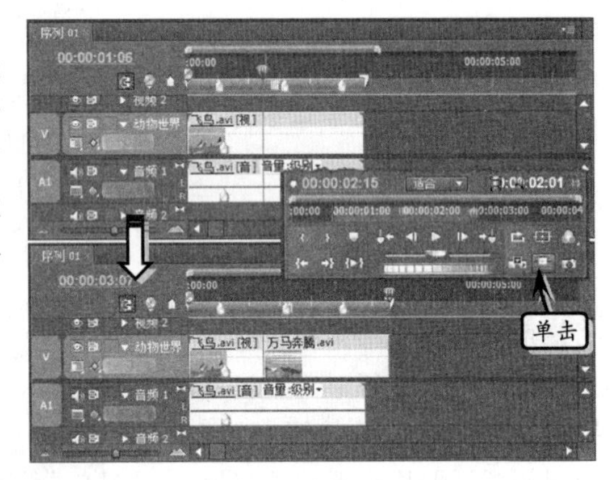

图 3-48　以覆盖编辑方式添加素材

3.4.4 提升与提取编辑

在【节目】面板中，Premiere 为用户提供了两个方便的素材剪除工具，以便快速删除序列内的某个部分，下面将对其应用方法进行简单介绍。

1．提升编辑操作

提升操作的功能是从序列内删除部分内容，但不会消除因删除素材内容而造成的间隙，其编辑方法是，打开待修改项目后，分别在所要删除部分的首帧和末帧位置处设置入点与出点，如图 3-49 所示。

然后，单击【节目】面板内的【提升】按钮，即可从入点与出点处裁切素材后，将出入点区间内的素材删除，如图 3-50 所示。无论出入点区间内有多少素材，都将在执行提升操作时被删除。

2. 提取编辑操作

与提升操作不同的是，提取编辑会在删除部分序列内容的同时，消除因此而产生的间隙，从而减少序列的持续时间。例如在【节目】面板中为序列设置入点与出点后，单击【节目】面板中的【提取】按钮，其结果如图 3-51 所示。

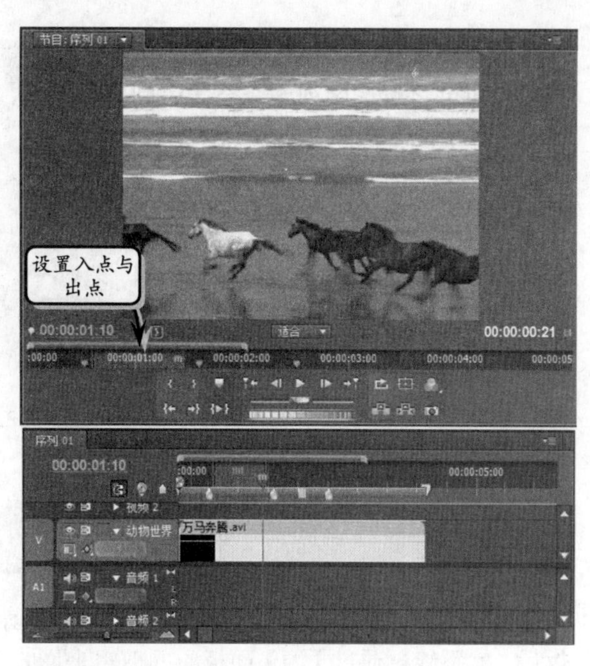

图 3-49 设置入点与出点

图 3-50 执行提升操作

3.4.5 使用多重序列

时间线内多个素材的组合称为"序列"，而时间线与序列的区别是：一个时间线中可以包含多个序列，而每个序列内则装载着各种各样的视频素材。

1. 创建新序列

按照默认设置，在创建项目文件时便会创建一个序列。此外，根据影片的编辑需要，还可以在一个项目文件中创建多个序列。方法是，在【项目】面板中，单击【新建分项】按钮，选择【序列】命令，在弹出的【新建序列】对话框中设置相应选项后，即可创建一个新序列，如图 3-52 所示。

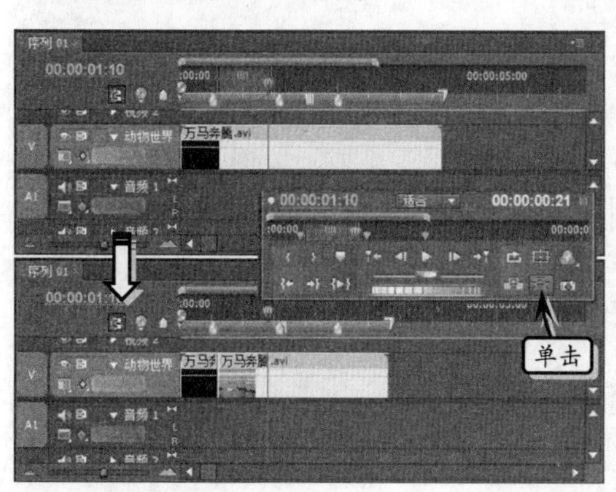

图 3-51 执行提取操作

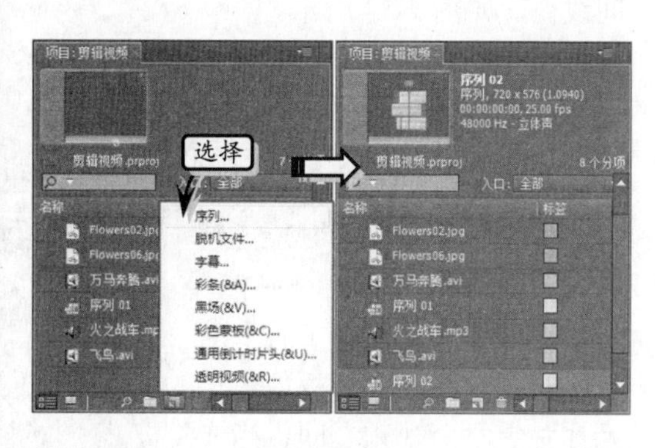

图 3-52 创建新建序列

2. 嵌套序列

当项目内包含多个序列进行操作时，只需要在右击【项目】面板中的序列后，执行【插入】命令，或直接将其拖至轨道中，即可将所选序列嵌套至【时间线】面板中的目标序列内，如图 3-53 所示。

利用该特性，可以将复杂的项目分解为多个短小的序列，再将它们组合在一个序列中，从而降低影片编辑的难度。并且，每次嵌套序列时，都可以在【时间线】面板内对其进行修剪、添加视频转场或特效等操作。

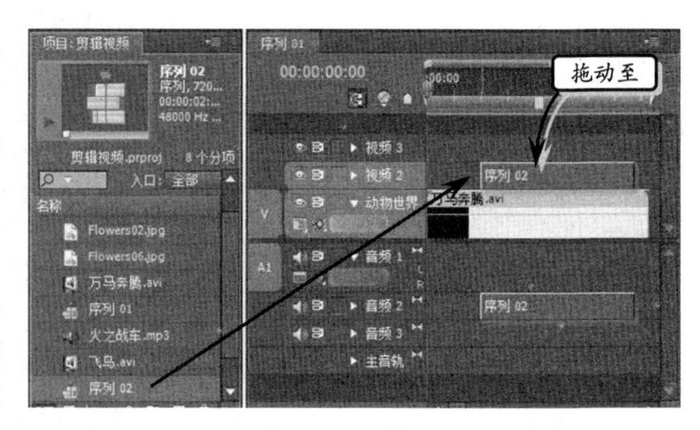

图 3-53 嵌套序列

3.5 应用视频编辑工具

虽然通过【源】面板能够进行视频素材的剪辑，但是当视频素材导入【时间线】面板后，就不能再通过【源】面板中的剪辑来影响【时间线】面板中的视频。所以，在【时间线】面板中进行视频剪辑，能够更加灵活与方便，特别是针对两个或两个以上的视频短片。

3.5.1 滚动编辑

利用【滚动编辑工具】，可以在【时间线】面板内通过直接拖动相邻素材边界的方法，同时更改编辑两侧素材的入点或出点。方法是打开待修改的项目文件后，分别为素材“万马奔腾”和素材“飞鸟”设置出入点，并将其添加至时间线内，如图 3-54 所示。

注 意

在进行滚动编辑操作时，必须为所编辑的两素材设置入点和出点。否则，将无法进行两个素材之间的调节操作。

图 3-54 编辑项目

选择【滚动编辑工具】后，在【时间线】面板内将该光标置于两个视频之间，当光标变为“双层双向箭头”图标时向左拖动鼠标，如图 3-55 所示。

提 示

如果之前使用【滚动编辑工具】向右拖动，则会在序列持续播放时间不变的情况下，减少素材“飞鸟”的播放时间与播放内容，而为素材“万马奔腾”增加相应的播放时间与播放内容。

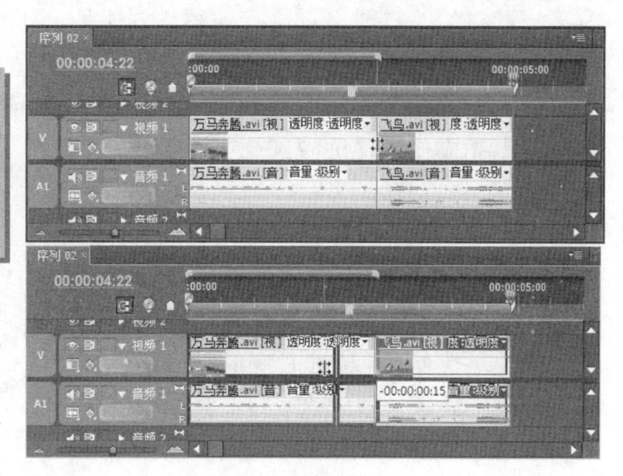

图 3-55 滚动编辑操作

上述操作的功能是在序列上向左移动素材“万马奔腾”出点的同时，将素材“飞鸟”的入点也在序列上向左移动相应距离。从而在不更改序列持续时间的情况下，增加素材“飞鸟”在序列内的持续播放时间，并减少素材“万马奔腾”在序列内相应的播放时间。

虽然使用【滚动编辑工具】能够改变播放时间，但是不能够精确地确定视频的出点或入点。Premiere Pro CS5 新增的剪辑工具则能够在精确的时间点位置进行剪辑，但是需要进行自定义快捷键。

方法是，执行【编辑】|【键盘自定义】命令，在弹出的【键盘快捷键】对话框中，选中列表中的【滚动下一编辑到 CTI】选项，然后单击右侧的【快捷键】区域，在键盘中按 Ctrl+Shift+↑键，定义其为该选项的快捷键；选中列表中的【滚动前一编辑到 CTI】选项，然后单击右侧的【快捷键】区域，在键盘中按 Ctrl+Shift+↓键，定义其为该选项的快捷键，如图 3-56 所示。

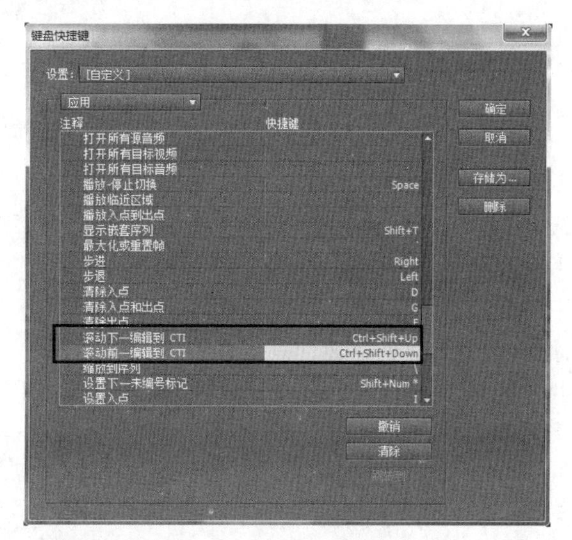

图 3-56 自定义快捷键

当单击【确定】按钮后关闭该对话框，然后在【时间线】面板中确定当前时间指示器的位置。按 Ctrl+Shift+↓键，即可延长前视频出点位置，以及后视频入点位置，如图 3-57 所示。

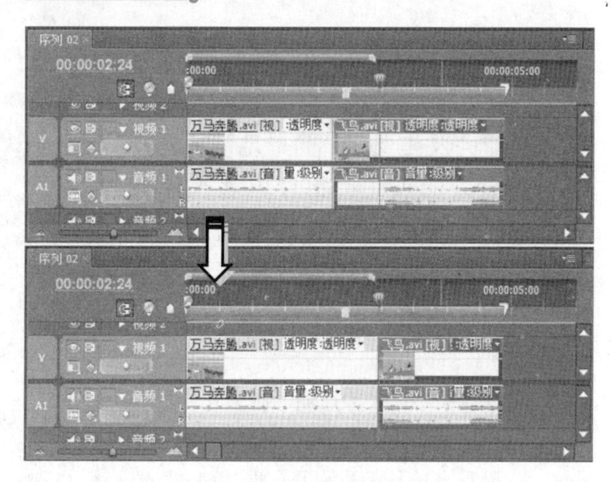

图 3-57 精确剪辑视频

3.5.2 波纹编辑

与滚动编辑不同的是，波纹编辑能够在不影响相邻素材的情况下，对序列内某一素材的入点或出点进行调整。方法是，打开待修改项目后，选择【波纹编辑工具】，并在【时间线】面板内将其置于素材“万马奔腾”的末尾。当光标变为“右括号与双击箭头”图标时，向左拖动鼠标，如图 3-58 所示。

在上述操作中,【波纹编辑工具】会在序列上向左移动素材“万马奔腾”的出点，从而减少其播放时间与内容。与此同时，素材“飞鸟”不会发生任何变化，但该素材在序列上的位置却会随着素材“万马奔腾”持续时间的减少而调整相应的距离。因此，序列不会由于素材“万马奔腾”持续时间的减少而出现空隙，但其持续时间随素材“万马奔腾”持续时间的减少而相应缩短。

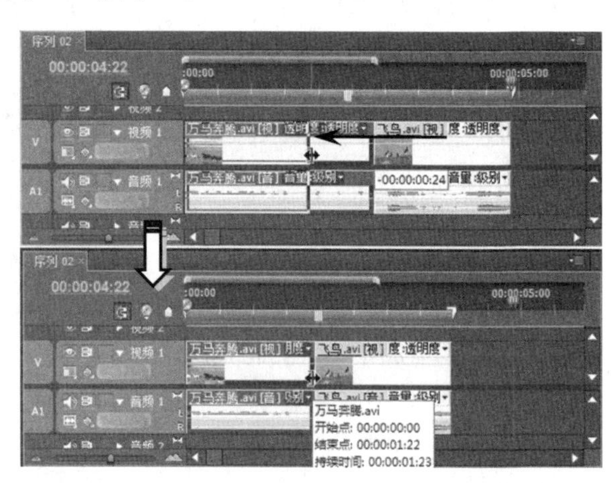

图 3-58 波纹编辑操作

3.5.3 滑移编辑

利用 Premiere 所提供的滑移编辑工具，可以在保持序列持续时间不变的情况下，同时调整序列内某一素材的入点与出点，并且不会影响该素材两侧的其他素材。打开项目后，分别为 3 个图像素材设置入点与出点，并将其添加至时间线内，如图 3-59 所示。

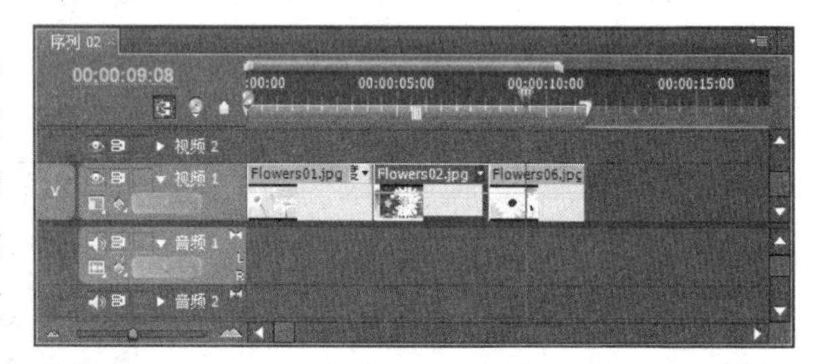

图 3-59 添加素材

选择工具栏板内的【错落工具】后，在【时间线】面板内将其置于中间素材上，并向左拖动鼠标，如图 3-60 所示。

上述操作不会对序列的持续时间产生任何影响，但序列内中间素材的播放内容却会发生变化。简单地说，之前素材出点处的视频帧将会出现在修改后素材的出入点区间内，而素材原出点后的某一视频帧则会成为修改后素材出点处的视频帧。

图 3-60 同时调整中间素材的入点与出点

3.5.4 滑动编辑

与滑移编辑一样的是，滑动编辑也

能够在保持序列持续时间不变的情况下，在序列内修改素材的入点和出点。不过，滑动编辑所修改的对象并不是当前所操作的素材，而是与该素材相邻的其他素材。

选择工具栏内的【滑动工具】后，在【时间线】面板内将其置于中间素材上，并向左拖动鼠标，如图 3-61 所示。

上述操作的结果是，序列内左侧素材的出点与右侧素材的入点同时向左移动，左侧素材的持续时间有所减少，而右侧素材的持续时间则有所增加。而且，右侧素材所增加的持续时间与左侧素材所减少的持续时间相同，整个序列的持续时间保持不变。至于中间素材，其播放内容与持续时间都不会发生变化。

图 3-61 滑动编辑操作

3.6 课堂练习：编辑手表广告

本例编辑一手表产品的广告。产品广告的制作，在很大程度上取决于后期对产品广告的编辑。在制作本例的过程中，主要通过学习设置出点和入点，确定影片的开始和结束时间。再利用【剃刀工具】剪辑视频素材，删除音频等操作，最后保存文件，完成产品广告的编辑，如图 3-62 所示。

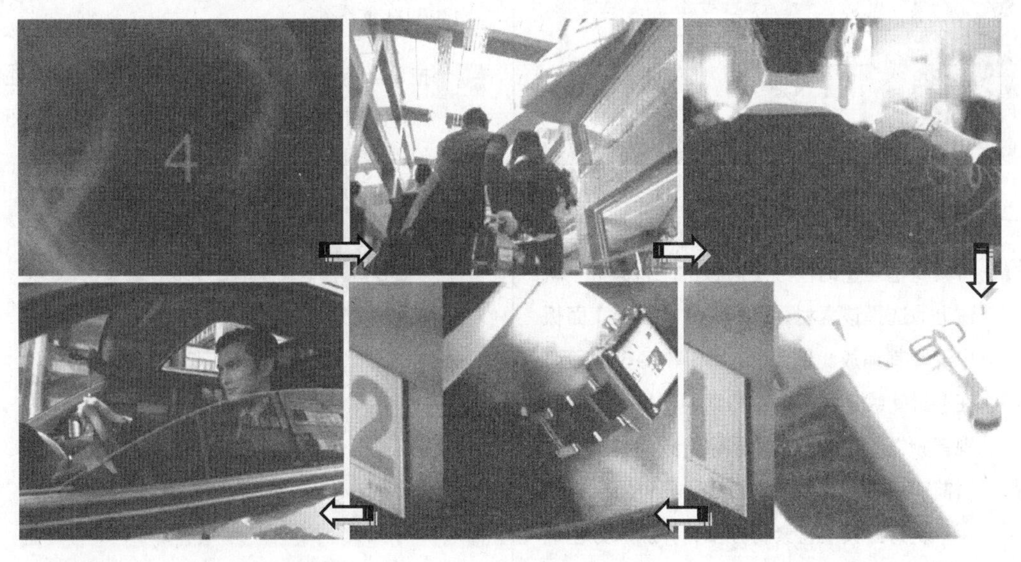

图 3-62 手表广告效果

操作步骤

1 启动 Premiere，在【新建项目】对话框中单击【浏览】按钮，选择文件的保存位置。在【名称】栏中输入“编辑手表广告”文本，单击【确定】按钮，创建项目，如图 3-63 所示。

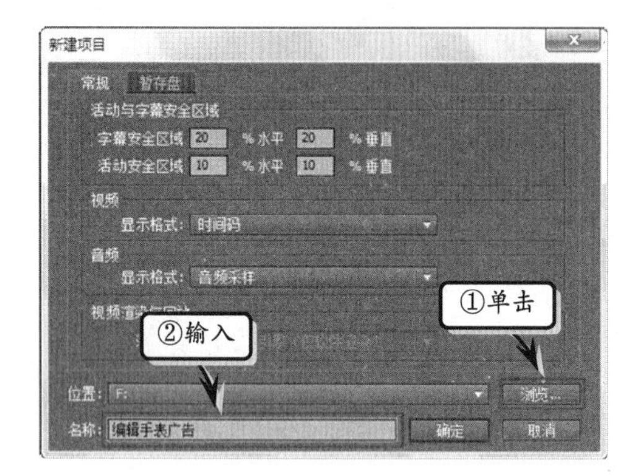

图 3-63 新建项目

2 在【项目】面板中右击，执行【导入】命令，在【导入】对话框中选择视频素材，导入到【项目】面板中，如图 3-64 所示。

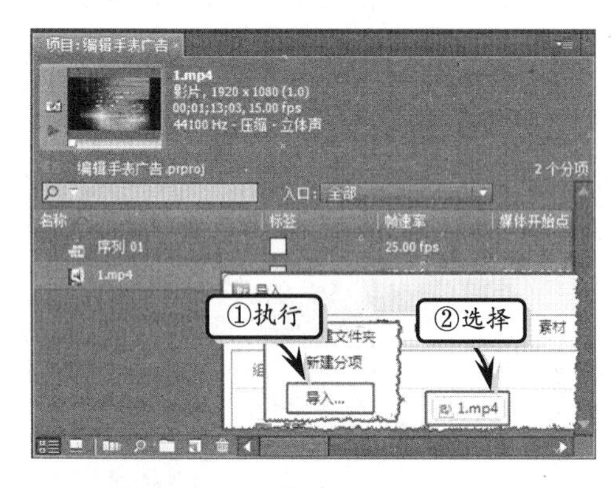

图 3-64 导入素材

3 将素材拖至【时间线】面板的“视频 1”轨道上。选择该素材，在【特效控制台】面板中设置其缩放比例为 70，如图 3-65 所示。

4 在【时间线】面板中右击素材，执行【解除视音频链接】命令，并删除音频素材。拖动当前时间指示器至 00:00:05:16 位置处，使用【剃刀工具】将素材分割，并删除分割后的前半部分素材，如图 3-66 所示。

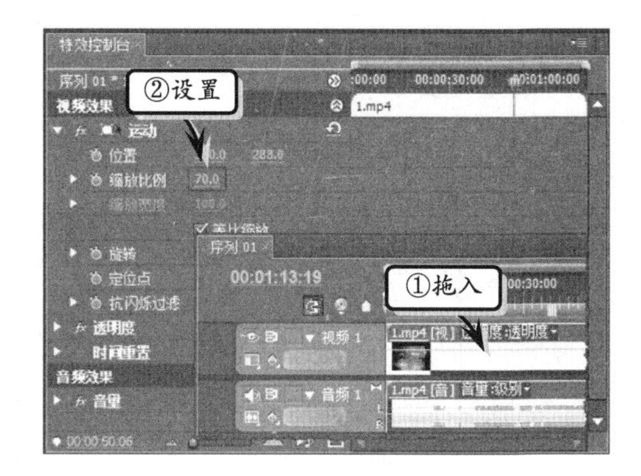

图 3-65 设置“缩放比例”

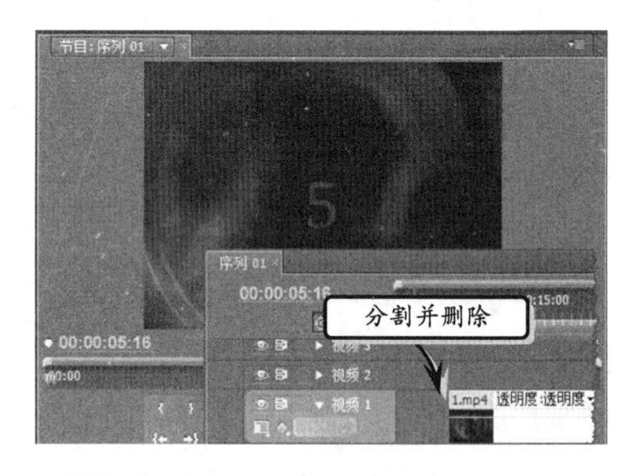

图 3-66 切割并删除素材

提 示

在【时间线】面板中将分割后的素材拖至 00:00:00 位置处。

5 拖动当前时间指示器至 00:00:01:03 位置处，在【节目】面板中，单击【设置入点】按钮，设置视频的入点时间，如图 3-67 所示。

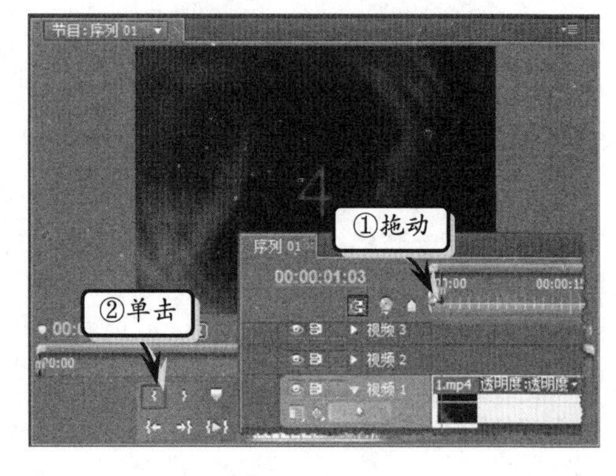

图 3-67 设置素材的入点

6 在【时间线】面板中，拖动当前时间指示器至 00:00:02:19 位置处，使用【剃刀工具】将素材切割。再拖动当前时间指示器至 00:00:04:13 位置处，将素材分割，并删除中间部分素材，如图 3-68 所示。

图 3-68 删除素材

7 拖动当前时间指示器至 00:01:02:16 位置处，在【节目】面板中，单击【设置出点】按钮，设置视频素材的出点位置，如图 3-69 所示。单击【播放入点到出点】按钮，可以观看出入点之间的视频。最后，保存文件，完成产品广告的编辑。

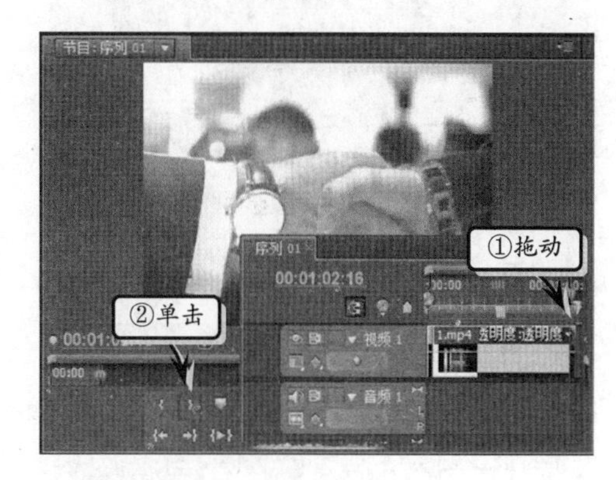

图 3-69 设置出点

3.7 课堂练习：影片的快慢镜头制作

本例制作影片的快慢镜头特效。在制作的过程中，主要通过学习切割素材，复制素材，设置其速度持续时间，以调整影片的播放速度，制作快慢镜头。再复制素材，制作出画中画效果，保存文件，完成快慢镜头特效的制作，如图 3-70 所示。

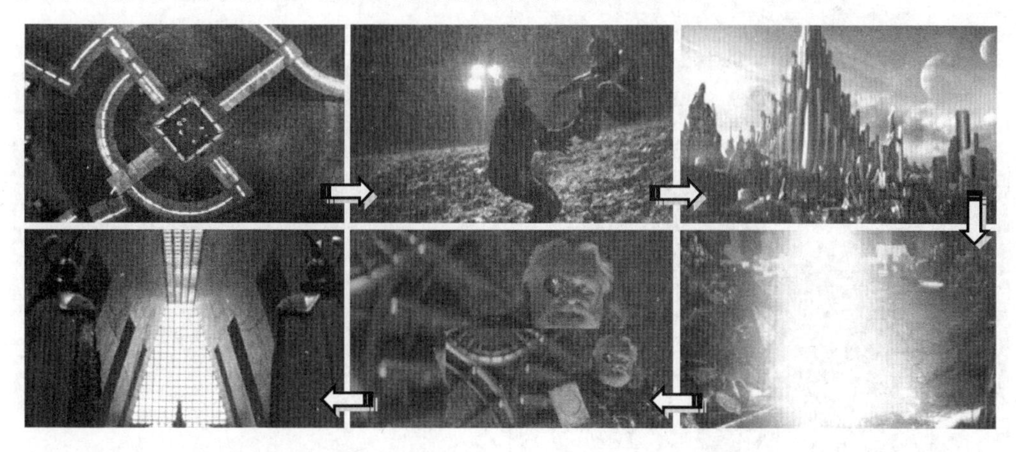

图 3-70 影片的快慢镜头制作

操作步骤

1 启动 Premiere，在【新建项目】对话框中，单击【浏览】按钮，选择文件的保存位置。在【名称】栏中输入“影片的快慢镜头制作”文本，单击【确定】按钮，创建新项目，如图 3-71 所示。

2 在【项目】面板中双击，打开【导入】对话框，选择素材，导入该面板中。将素材拖入【时间线】面板的“视频 1”轨道上，如图

3-72 所示。

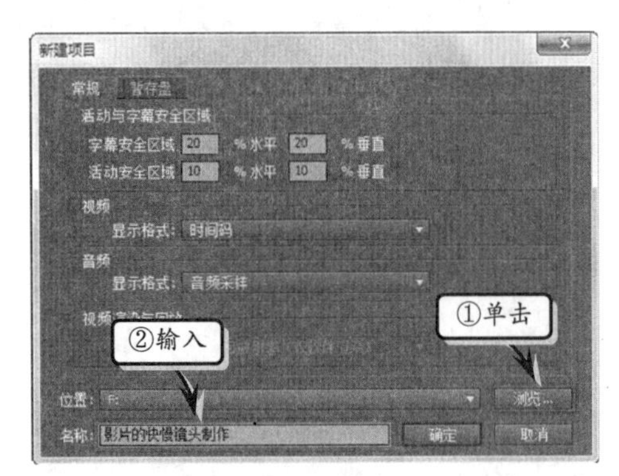

图 3-71 新建项目

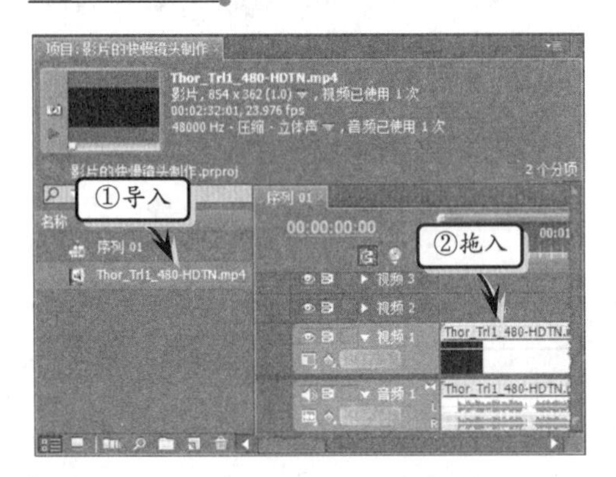

图 3-72 导入素材

3 拖动当前时间指示器至 00:00:07:13 位置处，在【节目】面板中单击【设置入点】按钮，设置视频的入点时间，如图 3-73 所示。

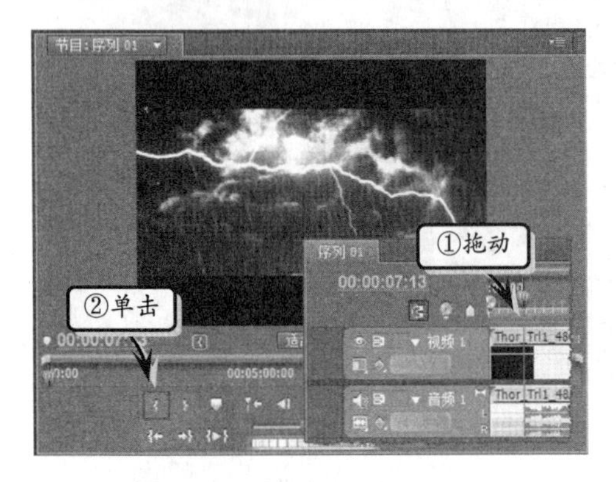

图 3-73 设置入点

4 在【时间线】面板中，拖动当前时间指示器至 00:00:25:00 位置处，使用【剃刀工具】将素材分割。再拖动当前时间指示器至 00:00:26:00 位置处，将素材分割。右击分割后的中间部分素材，执行【速度/持续时间】命令，设置速度为 40%，如图 3-74 所示。

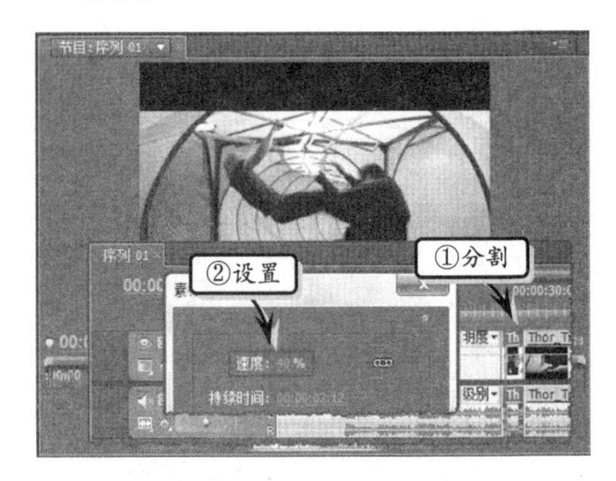

图 3-74 设置速度

提 示

在【时间线】面板中，先将后半部分素材向后移动，设置中间素材的速度时间后，再将其向前移动，避免素材的叠加。

5 再使用【剃刀工具】分割素材，右击分割后的中间部分素材，执行【速度/持续时间】命令，在【素材速度】对话框中设置“速度”为 200%，如图 3-75 所示。

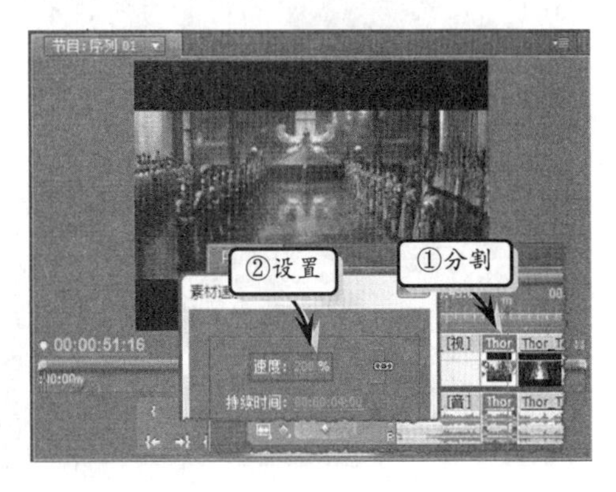

图 3-75 切割素材

提 示

拖动当前时间指示器至 00:00:48:19 位置处，将素材分割，再拖至 00:00:56:16 位置处，将素材分割。

6 使用【剃刀工具】分割素材，选择分割后的中间部分素材，右击，执行【复制】命令。按 Ctrl+V 键将其复制到该轨道的空白处，右击，执行【解除视音频链接】命令，并删除其音频，如图 3-76 所示。

图 3-76 复制素材

提　示

拖动当前时间指示器至 00:01:07:19 位置处，将素材分割，再拖至 00:01:22:19 位置处，将素材分割。

7 拖动当前时间指示器至 00:01:07:19 位置处，选择“视频 2”轨道，使用【选择工具】将上步复制的素材移至“视频 2”轨道上，如图 3-77 所示。

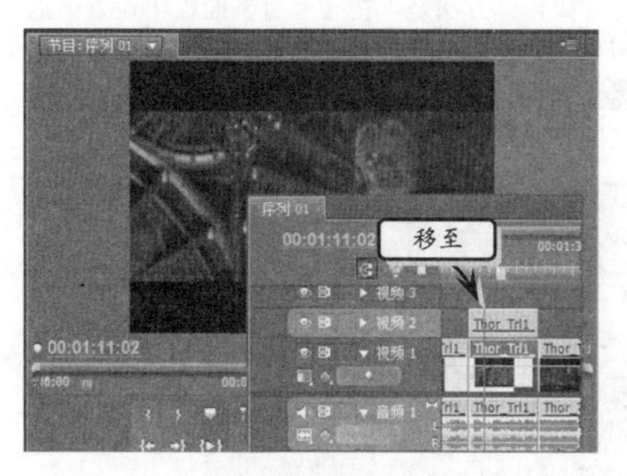

图 3-77 移动素材

8 选择“视频 2”轨道上的素材，在【特效控制台】面板中，展开【运动】选项，设置【缩放比例】为 50，【位置】参数为 529×376，如图 3-78 所示。

图 3-78 设置参数

9 拖动当前时间指示器至 00:02:12:06 位置处，在【节目】面板中单击【设置出点】按钮，设置影片的出点时间。单击【节目】面板的【播放入点到出点】按钮，可预览动画效果，如图 3-79 所示。最后，保存文件，完成快慢镜头特效的制作。

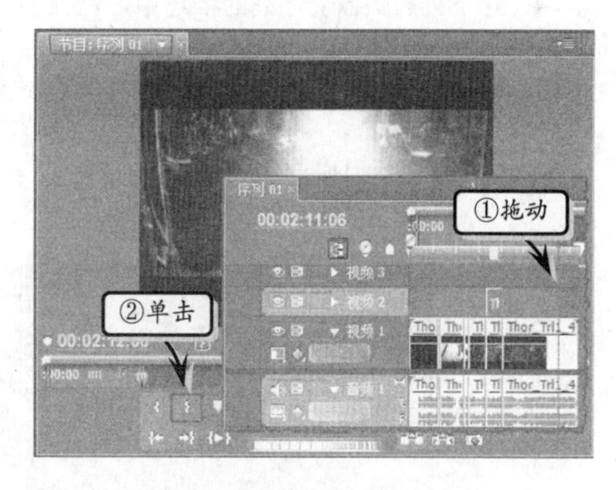

图 3-79 预览动画

3.8 思考与练习

一、填空题

1. __________是一个蓝色的三角形图标，其作用是标识当前所查看的视频帧，以及该帧在当前序列中的位置。

2. 所有的影片都由音频和视频两部分组成，

而这种相关的素材又可以分为硬相关和__________两种类型。

3. 在【时间线】面板中，通过单击__________可以添加标记。

4. 通过单击【源】面板中的__________，可以替换轨迹中的部分视频。

5. 利用__________工具，可以在【时间线】面板内通过直接拖动相邻素材边界的方法，同时更改编辑两侧素材的入点或出点。

二、选择题

1. 拖动【时间线】面板中的__________，能够查看视频效果。

A. 缩放滑块　　B. 当前时间指示器

C. 查看区域　　D. 时间标尺

2. 以下选项中，无法在【源】监视器面板内进行的操作是__________。

A. 设置入点与出点

B. 设置标记

C. 预览素材内容

D. 分离素材中的音频与视频部分

3. 会将时间线上的已有素材一分为二，并将新素材添加至两者之间的操作是__________。

A. 插入编辑　　B. 叠加编辑

C. 提升编辑　　D. 提取编辑

4. 在下列有关嵌套序列的描述中，错误的是__________。

A. 合理使用嵌套序列可降低影片编辑难度

B. 合理使用嵌套序列可提高影片编辑效率

C. 合理使用嵌套序列可优化主序列的序列装配结构

D. 嵌套序列只会影响影片输出速度，无其他任何益处

5. 能够在保持序列持续时间不变的前提下，同时调整序列内某一素材的入点与出点，且不会影响该素材两侧其他素材的操作是__________。

A. 滚动编辑　　B. 波纹编辑

C. 滑移编辑　　D. 滑动编辑

三、问答题

1. 简述【源】面板与【节目】面板之间的区别。

2. 如何复制轨迹中的视频片段？

3. 要使用工具栏中的编辑工具编辑【时间线】面板中的视频，在导入其中时，需要如何设置视频素材？

4. 提升与提取之间有什么区别？

5. 怎样才能够在不更改序列持续时间的情况下，缩小其中一个视频的播放时间？

四、上机练习

1. 在保持播放时间不变的情况下删除视频中的某一段效果

在一段视频中删除某一段视频效果，要想不会消除因删除素材内容而造成的间隙，需要进行提升操作。方法是，在【节目】面板中设置出点与入点后，单击【节目】面板内的【提升】按钮 ，即可从入点与出点处裁切素材后，将出入点区间内的素材删除，如图 3-80 所示。

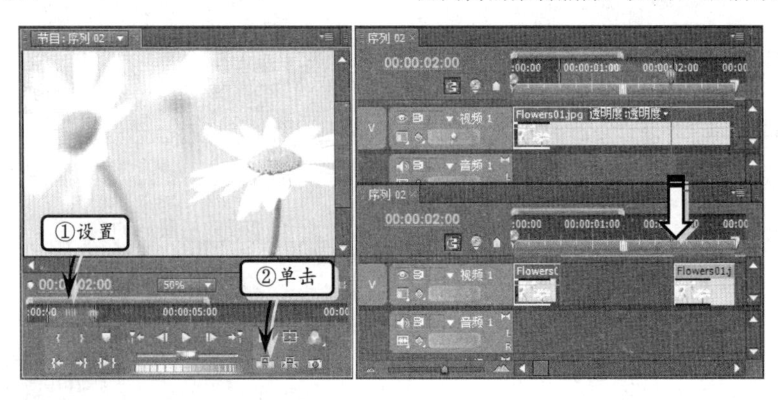

图 3-80　删除部分视频

2. 在视频中插入另外一个视频

当【时间线】面板中添加视频素材后，将当前时间指示器放置在视频片段的某个时间点。然后将【项目】面板中的另外一个视频素材放置在

【源】面板中，最后单击该面板中的【插入】按钮，即可在当前时间指示器所在的位置插入另外一段视频，而当前时间指示器右侧的原视频片段向右偏移，如图 3-81 所示。

图 3-81　插入视频

第 4 章

调整和校正视频色彩

当拍摄的视频素材导入 Premiere，并且将不需要的视频片段删除，以及将琐碎的视频片段组合为完整的视频效果后，就需要对视频画面进行色彩校正或者调整画面色调。这是因为在拍摄时，无法控制视频拍摄地点的光照条件以及其他物体对光照的影响，从而会使拍摄出来的视频过于暗淡，影响视频画面的整体效果。

在本章中，将着重讨论 Premiere 在调整、校正和优化素材色彩方面的技术与方法。在介绍时，会首先从 Premiere 所支持的 RGB 颜色模型开始，然而依次介绍 Premiere 所提供的各种视频增强选项。

本章学习要点：

- 色彩理论知识
- 图像控制类特效
- 色彩校正类特效
- 调整类特效

4.1 颜色模式

现阶段，大多数影视节目的最终播放平台仍以电视、电影等传统视频平台为主，但制作这些节目的编辑平台却大都以计算机为基础。这就使得以计算机为运行平台的非线性编辑软件在处理和调整图像时往往不会基于电视工程学技术，而是采用了计算机创建颜色方法的基本原理。因此，在学习使用 Premiere 调整视频素材色彩之前，需要首先了解并学习一些关于色彩及计算机颜色理论的重要概念。

4.1.1 色彩与视觉原理

对人们来说，色彩是由于光线刺激眼睛而产生的一种视觉效应。也就是说，光色并存，人们的色彩感觉离不开光，只有在含有光线的场景内人们才能够“看”到色彩。

1. 光与色

从物理学的角度来看，可见光是电磁波的一部分，其波长大致为 400～700nm，因此该范围又被称为可视光线区域。人们在将自然光引入三棱镜后发现，光线被分离为红、橙、黄、绿、青、蓝、紫 7 种不同的色彩，因此得出自然光是由七种不同颜色光线组合而成的结论。这种现象，被称为光的分解，而上述七种不同颜色的光线排列则被称为光谱，其颜色分布方式是按照光的波长进行排列的，如图 4-1 所示。可以看出，红色的波长最长，而紫色的波长最短。

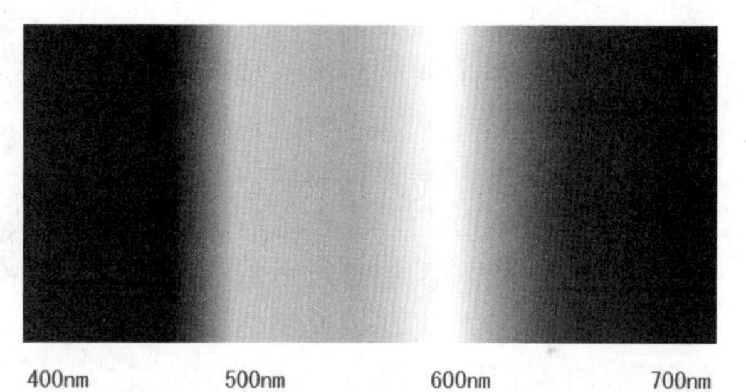

图 4-1 可见光的光谱

在自然界中，光以波动的形式进行直线传输，具有波长和振幅两个因素。以人们的视觉效果来说，不同的波长会产生颜色的差别，而不同的振幅强弱与大小则会在同一颜色内产生明暗差别。

2. 物体色

自然界的物体五花八门、变化万千，它们本身虽然大都不会发光，但都具有选择性地吸收、反射、透射光线的特性。当这些物体将某些波长的光线吸收后，人们所看到的便是剩余光线的混合色彩，即物体的表面色。当然，由于任何物体对光线不可能全部吸收或反射，因此并不存在绝对的黑色或白色。

物体对色光的吸收、反射或透射能力，会受到物体表面肌理状态的影响。因此，物体对光的吸收与反射能力虽是固定不变的，但物体的表面色却会随着光源色的不同而改变，有时甚至失去其原有的色相感觉。也就是说，所谓的物体“固有色”，实际上不过是常见光线下人们对此物体的习惯认识而已。例如在闪烁、强烈的各色霓虹灯光下，所有的建筑几乎都会失去原有本色，从而显得奇异莫测，如图 4-2 所示。

4.1.2 色彩三要素

图 4-2 霓虹灯光中的城市

在色度学中，颜色通常被定义为一种通过眼睛传导的感官印象，即视觉效应。同触觉、嗅觉和痛觉一样，视觉的起因是刺激，而该刺激便来源于光线的辐射。

在日常生活中，人们在观察物体色彩的同时，也会注意到物体的形状、面积、材质、肌理，以及该物体的功能及其所处的环境。通常来说，这些因素也会影响人们对色彩的感觉。为了寻找规律性，人们对感性的色彩认知进行分析，并最终得出了色相、亮度和饱和度这 3 种构成色彩的基本要素。

提 示

色度学是一门研究彩色计量的科学，其任务在于研究人眼彩色视觉的定性和定量规律及应用。

1. 色相

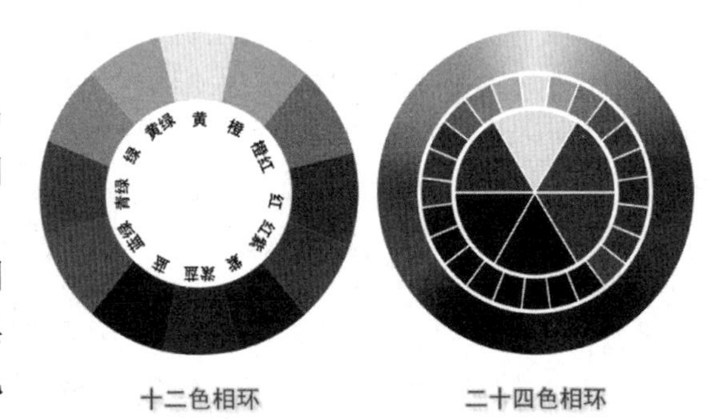

图 4-3 色相环

色相指色彩的相貌，是区别色彩种类的名称，根据不同光线的波长进行划分。也就是说，只要色彩的波长相同，其表现出的色相便相同。在之前所提到的七色光中，每种颜色都表示着一种具体的色相，而它们之间的差别便属于色相差别，图 4-3 所示即为十二色相环与二十四色相环示意图。

简单地说，当人们在生活中称呼某一颜色的名称时，脑海内所浮现出的色彩，便是色相的概念。也正是由于色彩具有这种具体的特征，人们才能够感受到一个五彩缤纷的世界。

提 示

色相也称为色泽，饱和度也称为纯度或者彩度，亮度也称为明度。国内的部分行业对色彩的相关术语也有一些约定成俗的叫法，因此名称往往也会有所差别。

图 4-4 清新、自然的绿色

人们在长时间的色彩探索中发现，不同色彩会让人们产生相对的冷暖感觉，即色性。一般来说，色性的起因是基于人类长期生活中所产生的心理感受。例如，绿色能够给人清新、自然的感觉。如果是在雨后，则由于环境的衬托，上述感觉会更为突出和明显，如图 4-4 所示。

然而在日常生活中，人们所处的环境并不会只包含一种颜色，而是由各种各样的色彩所组成。因此，自然环境对人们心理的影响往往不是由一种色彩所决定，而是多种色彩相互影响后的结果。例如，单纯的红色会给人一种热情、充满活力的感觉，但却过于激烈；在将黄色与红色搭配后，却能够消除红色所带来的亢奋感，并带来活泼、愉悦的感觉，如图 4-5 所示。

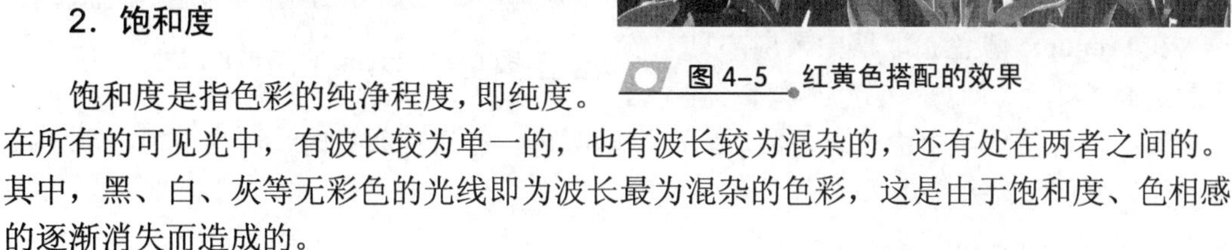

图 4-5 红黄色搭配的效果

2．饱和度

饱和度是指色彩的纯净程度，即纯度。在所有的可见光中，有波长较为单一的，也有波长较为混杂的，还有处在两者之间的。其中，黑、白、灰等无彩色的光线即为波长最为混杂的色彩，这是由于饱和度、色相感的逐渐消失而造成的。

从色彩纯度的方面来看，红、橙、黄、绿、青、蓝、紫这几种颜色是纯度最高的颜色，因此又被称为纯色。

从色彩的成分来看，饱和度取决于该色彩中的含色成分与消色成分（黑、白、灰）之间的比例。简单地说，含色成分越多，饱和度越高；消色成分越多，饱和度越低。例如，当在绿色中混入白色时，虽然仍旧具有绿色相的特征，但其鲜艳程度会逐渐降低，成为淡绿色；当混入黑色时，则会逐渐成为暗绿色；当混入亮度相同的中性灰时，色彩会逐渐成为灰绿色，如图 4-6 所示。

图 4-6 不同的饱和度

3．亮度

亮度是所有色彩都具有的属性，指色彩的明暗程度。在色彩搭配中，亮度关系是颜色搭配的基础。一般来说，通过不同亮度的对比，能够突出表现物体的立体感与空间感。

就色彩在不同亮度下所显现的效果来看，色彩的亮度越高，颜色就越淡，并最终表现为白色；与这相对应的是，色彩的亮度越低，颜色就越重，并最终表现为黑色，如图 4-7 所示。

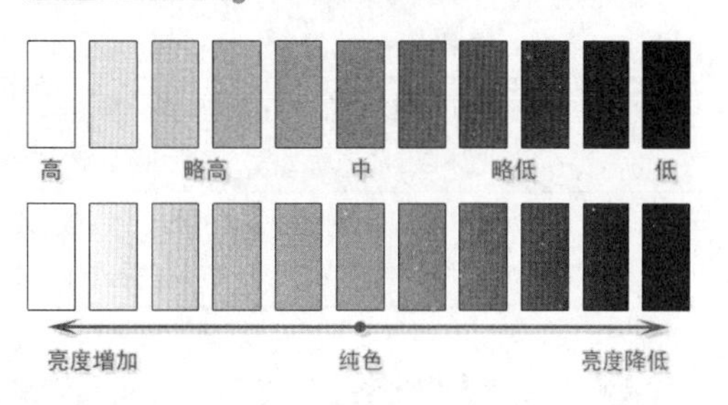

图 4-7 不同亮度的色彩

4.1.3 RGB 颜色理论

RGB 色彩模式是工业界的一种颜色标准，其原理是通过对红（Red）、绿（Green）、蓝（Blue）这 3 种颜色通道的变化，以及它们相互之间的叠加来得到各式各样的颜色。

RGB 标准几乎包括了人类视力所能感知的所有颜色，是目前运用最为广泛的颜色系统之一。

当用户需要编辑颜色时，Premiere 可以让用户从 256 个不同亮度的红色，以及相同数量及亮度的绿色和蓝色中进行选择。这样一来，3 种不同亮度的红色、绿色和蓝色在相互叠加后，便会产生超过 1670 多万种（256×256×256）的颜色供用户选择，图 4-8 所示即为 Premiere 按照 RGB 颜色标准为用户所提供的颜色拾取器。

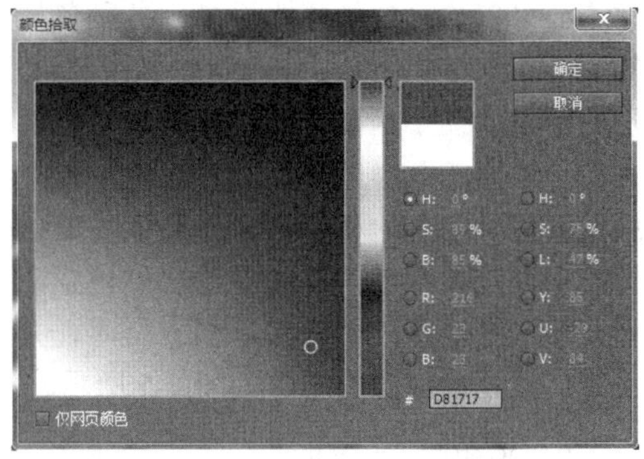

图 4-8 Premiere 颜色拾取器

在 Premiere 颜色拾取器中，用户只需依次指定 R（红色）、G（绿色）和 B（蓝色）的亮度，即可得到一个由三者叠加后所产生的颜色。在选择颜色时，用户可根据需要按照表 4-1 所示混合公式进行选择。

表 4-1 两原色相同所产生的颜色

混合公式	色板
RGB 两原色等量混合公式：	
R（红）+G（绿）生成 Y（黄）（R=G） G（绿）+B（蓝）生成 C（青）（G=B） B（蓝）+R（红）生成 M（洋红）（B=R）	
RGB 两原色非等量混合公式：	
R（红）+G（绿↓减弱）生成 Y→R（黄偏红） 红与绿合成黄色，当绿色减弱时黄偏红	
R（红↓减弱）+G（绿）生成 Y→G（黄偏绿） 红与绿合成黄色，当红色减弱时黄偏绿	
G（绿）+B（蓝↓减弱）生成 C→G（青偏绿） 绿与蓝合成青色，当蓝色减弱时青偏绿	
G（绿↓减弱）+B（蓝）生成 C→B（青偏蓝） 绿和蓝合成青色，当绿色减弱时青偏蓝	
B（蓝）+R（红↓减弱）生成 M→B（品红偏蓝） 蓝和红合成品红，当红色减弱时品红偏蓝	
B（蓝↓减弱）+R（红）生成 M→R（品红偏红） 蓝和红合成品红，当蓝色减弱时品红偏红	

4.2 图像控制类特效

图像控制类型视频特效的主要功能是更改或替换素材画面内的某些颜色，从而达到突出画面内容的目的。而在该特效组中，不仅包含调节画面亮度的特效、灰度的特效，还包括改变固定颜色以及整体颜色的颜色调整特效。

4.2.1 灰度亮度特效

【灰度系统校正】特效的作用是通过调整画面的灰度级别，从而达到改善图像显示效果，优化图像质量的目的。与其他视频特效相比，灰度系数校正的调整参数较少，调整方法也较为简单。当降低“灰度系统（Gamma）”选项的取值时，将提高图像内灰度像素的亮度；当提高“灰度系统（Gamma）”选项的取值时，则将降低灰度像素的亮度。

例如，在图 4-9 所示的画面中，降低“灰度系统(Gamma)”选项的取值后，处理后的画面有种提高环境光源亮度的效果；当“灰度系统(Gamma)”选项的取值升高时，则有一种环境内的湿度加大，从而使得色彩更加鲜艳的效果。

图 4-9 灰度系数校正使用前后效果对比

4.2.2 饱和度特效

日常生活中的视频通常情况下为彩色的，要想制作灰度效果的视频，可以通过 Premiere 中【图像控制】特效组中的【色彩传递】与【黑白】特效。前者能够将视频画面逐渐转换为灰度，并且保留某种颜色；后者则是将画面直接变成灰度。

色彩传递视频特效的功能，是指定颜色及其相近色之外的彩色区域全部变为灰度图像。默认情况下在为素材应用色彩传递视频特效后，整个素材画面都会变为灰色，如图 4-10 所示。

此时，在【特效控制台】面板内的【色彩传递】选项中，单击【颜色】吸管按钮。然后，在监视器窗口内单击所要保留的颜色，即可去除其他部分的色彩信息，如图 4-11 所示。

图 4-10 色彩传递特效应用前后效果对比

图 4-11 选择所要传递的色彩

由于【相似性】选项参数较低的缘故，单独调节【颜色】选项还无法满足过滤画面色彩的需求。此时，只需适当提高“相似性”选项的取值，即可逐渐改变保留色彩区域的范围，如图 4-12 所示。

图 4-12　应用不同【相似性】参数时的效果

【特效控制台】面板中，除了能够直接通过更改选项参数的方法来调整特效的应用效果外，还可在【色彩传递】选项组内单击【设置】按钮，打开【色彩传递设置】对话框。在该对话框中，可分别在【素材示例】和【输出示例】监视器窗口内直接查看素材剪辑与特效应用后的画面效果，如图 4-13 所示。

图 4-13　【色彩传递设置】对话框

在【色彩传递设置】对话框中，启用【反向】复选框后，即可将所选色彩更改为灰色，如图 4-14 所示。至于【色彩传递设置】对话框内的其他参数，与“色彩传递”选项内的参数含义相同。

图 4-14　去除所选颜色区域的色彩信息

提　示

【黑白】特效的作用就是将彩色画面转换为灰度效果。该特效没有任何的参数，只要将该特效添加至轨迹中，即可将彩色画面转换为黑白色调。

4.2.3　颜色平衡

【颜色平衡】视频特效能够通过调整素材内的 R、G、B 颜色通道，达到更改色相、调整画面色彩和校正颜色的目的。

在【特效控制台】面板的【颜色平衡（RGB）】特效中，“红色”、“绿色”和“蓝色”选项后的数值分别代表红色成分、绿色成分和蓝色成分在整个画面内的色彩比重与亮度。简单地说，当 3 个选项的参数值相同时，表示红、绿、蓝 3 种成分色彩的比重无变化，则素材画面色调在应用特效前后无差别，但画面整体亮度却会随数值的增大或减小而提高或降低，如图 4-15 所示。

当画面内的某一色彩成分多于其他色彩成分时，画面的整体色调便会偏向于该色彩成分；当降低某一色彩成分时，画面的整体色调便会偏向于其他两种色彩成分的组合。例如，在逐渐增加“绿色”选项参数值的过程中，素材画面内的洋红成分越来越少，绿色与黄色更加鲜艳，而浅紫色的花瓣变成白色，如图4-16所示。

图 4–15　数值相同时调整画面亮度

图 4–16　改变画面中的绿色成分

4.2.4　颜色替换

【颜色替换】特效能够将画面中的某个颜色替换为其他颜色，而画面中的其他颜色不发生变化。要实现该效果，只要将该特效添加至轨迹中，并且在【特效控制台】面板中分别设置“目标颜色”与“替换颜色”选项，即可改变画面中的某个颜色，如图 4-17 所示。

技　巧

在设置“目标颜色”与“替换颜色”选项颜色时，既可以通过单击色块来选择颜色，也可以使用【吸管工具】在【节目】面板中单击来确定颜色。

由于【相似性】选项参数较低的缘故，单独设置【替换颜色】选项还无法满足过滤画面色彩的需求。此时，只需适当提高【相似性】选项的参数值，即可逐渐改变保留色彩区域的范围，如图 4-18 所示。

图 4–17　颜色替换

图 4–18　设置【相似性】参数

在该特效右侧单击【设置】按钮，在弹出的【颜色替换设置】对话框中能够进行同样的设置。并且还可以通过启用【纯色】复选框，将要替换颜色的区域填充为纯色效果，如图 4-19 所示。

图 4-19 启用【纯色】选项

4.3 色彩校正类特效

通过拍摄得到的视频，其画面会根据拍摄当天的周围情况、光照等自然因素，出现亮度不够、低饱和度或者偏色等问题。其他类型的视频特效虽然也能够在一定程度上解决上述问题，但色彩校正类特效在色彩调整方面的控制选项更为详尽，因此对画面色彩的校正效果更为专业，可控性也较强。

4.3.1 校正色彩特效

在 Premiere Pro CS5 中，【色彩校正】类特效包括 17 个特效，其中，快速色彩校正、亮度校正、RGB 色彩校正以及三路色彩校正特效是专门针对校正画面偏色的特效。其中，分别从亮度、色相等问题进行校正。

1. 快速色彩校正

将【快速色彩校正】特效拖至“视频 1”轨道的素材上，打开【特效控制台】面板，如图 4-20 所示，图中只显示了一部分参数选项。在该面板中，通过设置该特效的参数，可以得到不同的效果。

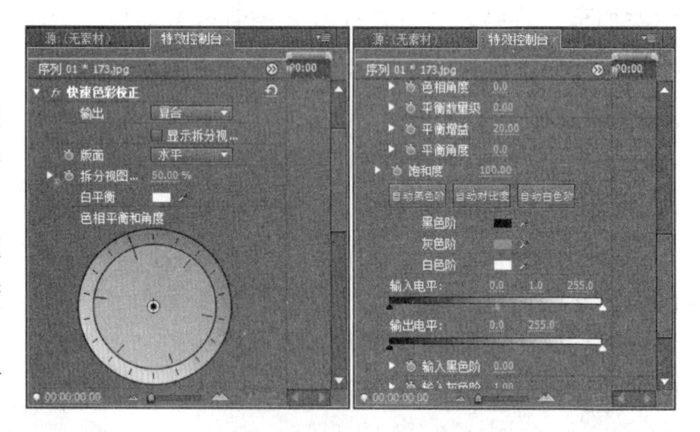

图 4-20 【快速色彩校正】特效选项

- ❑ **输出** 该下拉列表设置输出选项。其中包括复合、Luma 与蒙版 3 种类型。如果启用【显示拆分视图】选项，则可以设置为分屏预览效果。
- ❑ **版面** 该下拉列表用于设置分屏预览布局，包含水平和垂直两种预览模式。
- ❑ **拆分视图百分比** 该选项用于设置分配比例。
- ❑ **白平衡** 该选项用于设置白色平衡、参数越大，画面中的白色就越多。
- ❑ **色相平衡和角度** 该调色盘是调整色调平衡和角度的，可以直接使用它来改变画面的色调，如图 4-21 所示。
- ❑ **色相角度** 该选项用于设置色彩平衡的数量。

- **平衡数量级** 该选项用于增加白平衡。
- **平衡增益** 该选项用于设置色彩的饱和度。
- **平衡角度** 该选项用于设置白平衡角度。

图 4-21 对比图

“自动黑色阶”、“自动对比度”与“自动白色阶”按钮分别改变素材中的黑白灰程度，也就是素材的暗调、中间调和亮度。当然，同样可以设置下面的“黑色阶”、“灰色阶”和“白色阶”选项来自定义颜色。

“输入电平”与“输出电平”选项分别设置图像中的输入和输出范围，可以拖动滑块改变输入和输出的范围。

2. 亮度校正

【亮度校正】特效是针对视频画面的明暗关系。将该特效拖至轨迹中的素材时，在【特效控制台】面板中的特效选项与“快速色彩校正”特效部分相同。其中，“亮度”和“对比度”选项是该特效特有的，如图 4-22 所示。

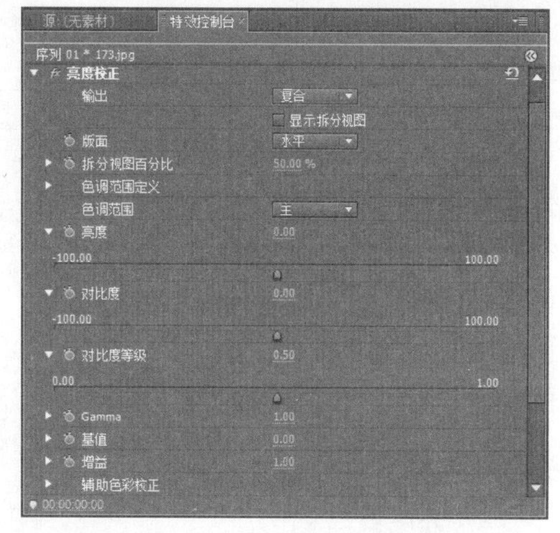

图 4-22 【亮度校正】特效选项

在【特效控制台】面板中，拖动亮度滑块向左，可以降低画面亮度；向右拖动滑块，可以提高画面亮度。而拖动对比度滑块向左，能够降低画面对比度；向右拖动滑块，能够加强画面对比度，如图 4-23 所示。

图 4-23 对比图

3. RGB 色彩校正

【RGB 色彩校正】特效中的参数大部分已经做过介绍，不同的是它包含一个 RGB 参数设置选项。通过改变红、绿、蓝中的参数来改变图像的颜色，图 4-24 所示为【RGB 色彩校正】特效的效果图。

图 4-24 对比图

4. 三路色彩校正

【三路色彩校正】特效是通过 3 个调色盘来调节不同色相的平衡和角度，该特效的其他参数和前面讲到的特效参数是相同的。图 4-25 所示为调节 3 个调色盘得到的效果图。

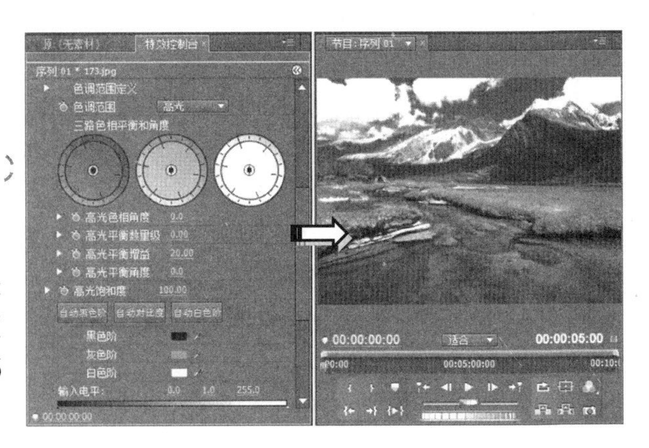

图 4-25 【三路色彩校正】特效

4.3.2 亮度调整特效

【亮度与对比度】以及【亮度曲线】特效专门针对视频画面的明暗关系，其中，前者能够大致地进行亮度与对比度调整；后者则能够针对 256 个色阶进行亮度或者对比度调整。

1. 亮度与对比度

【亮度与对比度】特效可以对图像的色调范围进行简单的调整。将该特效添加至素材时，在【特效控制台】面板中，该特效只有“亮度”和“对比度”两个选项，分别进行左右滑块的拖动，能够改变画面中的明暗关系，如图 4-26 所示。

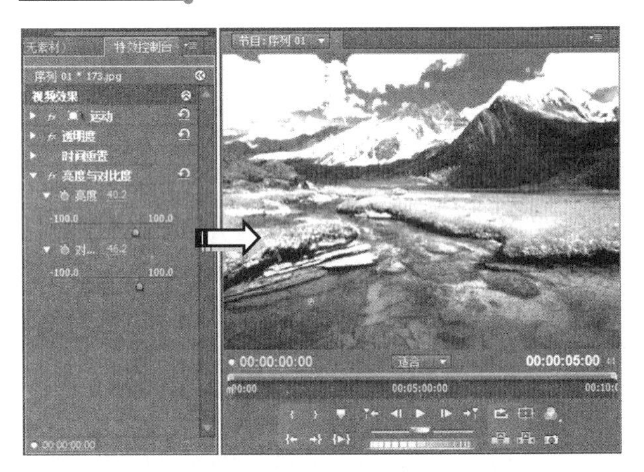

图 4-26 【亮度与对比度】特效

2. 亮度曲线

【亮度曲线】特效虽然也用来设置视频画面的明暗关系，但是该特效能够更加细致地进行调节，如图 4-27 所示。其调节方法是，在【亮度波形】方格中，向上单击并拖动曲线，能够提亮画面；向下单击并拖动曲线，能够降低画面亮度。如果同时调节，能够加强画面对比度。

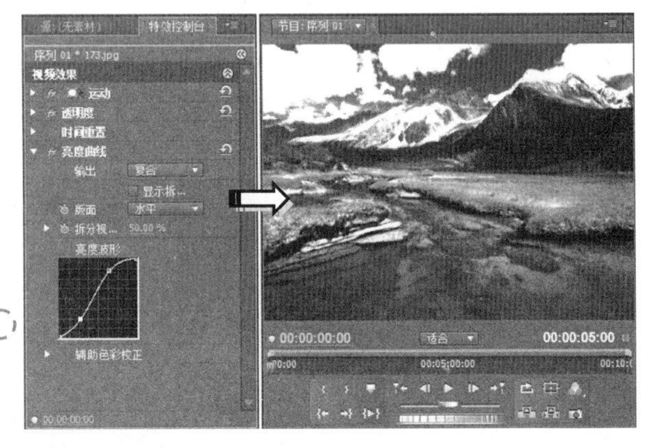

图 4-27 【亮度曲线】特效

4.3.3 饱和度调整特效

视频色彩校正特效组中，还包括一些控制画面色彩饱和度的特效，比如分色、染色以及色彩平衡（HLS）特效。其中，有些特效是专门控制色彩饱和度效果的，有些则在饱和度控制的基础上，改变画面色相。

1. 分色

【分色】特效是专门用来控制视频画面的饱和度效果的，其中还可以在保留某种色相的基础上降低饱和度。将该特效添加至轨迹素材时，在【特效控制台】面板中显示该特效的各个选项，如图 4-28 所示。

当【要保留的颜色】选项为画面中没有的颜色时，那么在提高【脱色量】参数值后，即可将彩色画面逐渐转换为灰度画面，如图 4-29 所示。

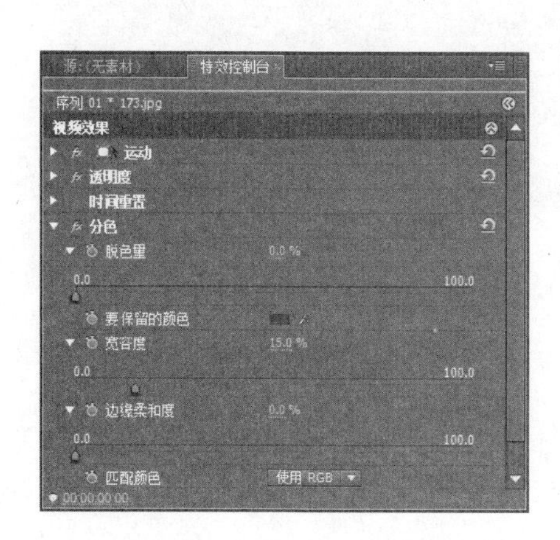

图 4-28 【分色】特效选项

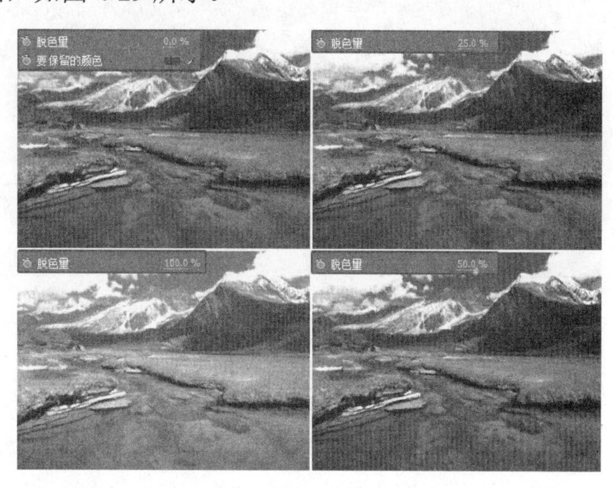

图 4-29 彩色转灰度

当【要保留的颜色】选项设置为画面中的某种色相时，再次提高【脱色量】参数值，即可在保留该色相的同时，将画面中的其他颜色转换为灰度，如图 4-30 所示。

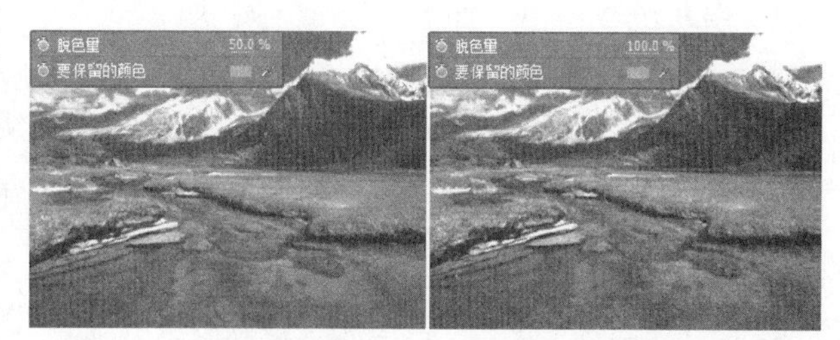

图 4-30 保留某颜色

该特效中的“宽容度”与“边缘柔和度”选项，则是用来设置保留色相的容差范围。如果两者的参数值越大，保留颜色的范围越大；参数值越小，保留颜色的范围越小，如图 4-31 所示。

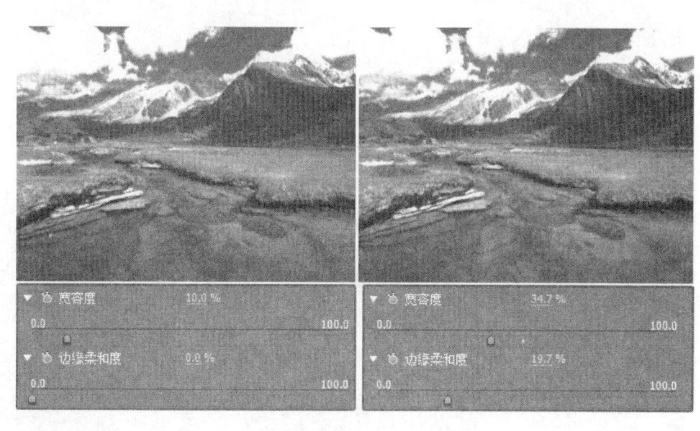

图 4-31 保留颜色范围变化

2．染色

【染色】特效同样能够将彩色视频画面转换为灰度效果，但是还能够将彩色视频画面转换为双色调效果。在默认情况下，将该特效添加至素材后，彩色画面直接转换为灰度图，如图 4-32 所示。

技 巧

当降低【着色数量】参数值后，视频画面就会呈现低饱和度效果。

如果单击“将黑色映射到”与“将白色映射到”色块，选择黑白灰以外的颜色，那么就会得到双色调效果，如图 4-33 所示。

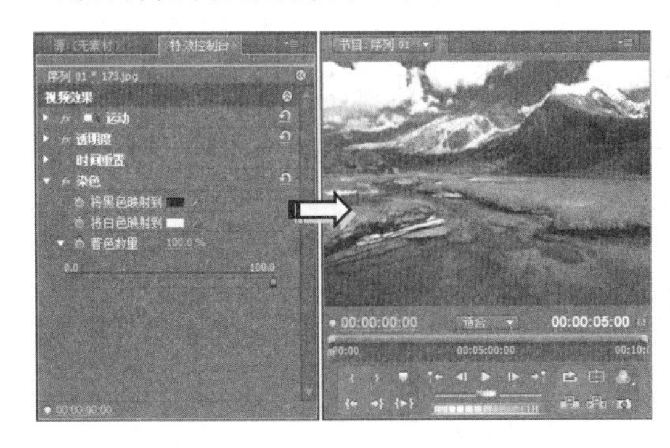

图 4-32 【染色】特效

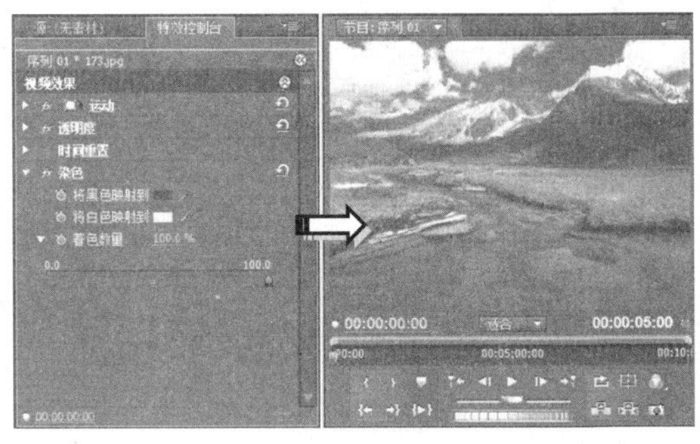

图 4-33 双色调效果

3. 色彩平衡（HLS）

【色彩平衡（HLS）】特效不仅能够降低饱和度，还能够改变视频画面的色调与亮度。将该特效添加至素材后，直接在【色相】选项右侧单击输入数值，或者该选项下方的色调圆盘，从而改变画面色调，如图 4-34 所示。

向左拖动【明度】选项滑块降低画面亮度；向右拖动该滑块提高画面亮度，但是会呈现一层灰色或白色，如图 4-35 所示。

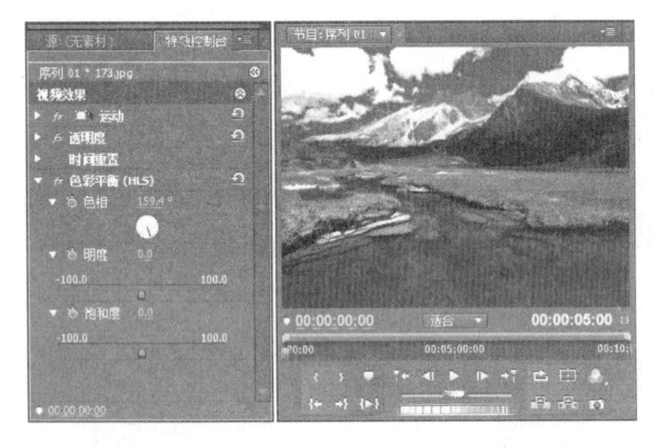

图 4-34 【色彩平衡（HLS）】特效

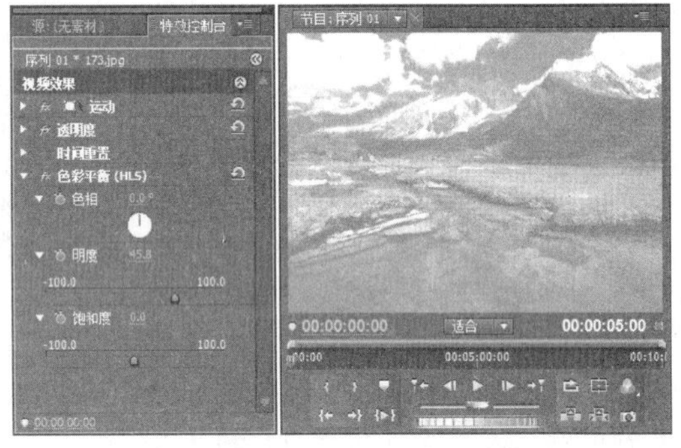

图 4-35 设置明度

【饱和度】选项是用来设置画面饱和度效果的，向左拖动该选项滑块能够降低画面饱和度；向右拖动该选项滑块能够增强画面饱和度，如图 4-36 所示。

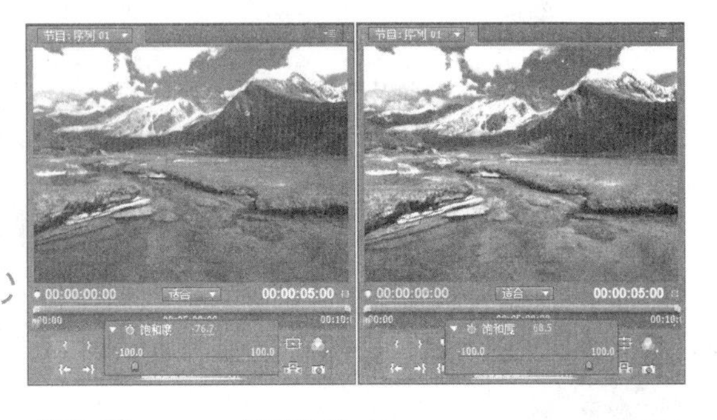

图 4-36 设置饱和度

4.3.4 复杂颜色调整特效

在【色彩校正】特效组中，不仅能够针对校正色调、亮度调整以及饱和度调整进行特效设置，还可以为视频画面进行更加综合的颜色调整设置。其中，包括整体色调的变换，与固定颜色的变换。

1. RGB 曲线

【RGB 曲线】特效能够调整素材画面的明暗关系和色彩变化，并且能够平滑调整素材画面内的 256 级灰度，画面调整效果会更加细腻。将该特效添加至素材后，【特效控制台】面板中将显示该特效的选项，如图 4-37 所示。

该特效与【亮度曲线】特效的调整方法相同，只是后者只能够针对明暗关系进行调整，前者则既能够调整明暗关系，还能够调整画面的色彩关系，如图 4-38 所示。

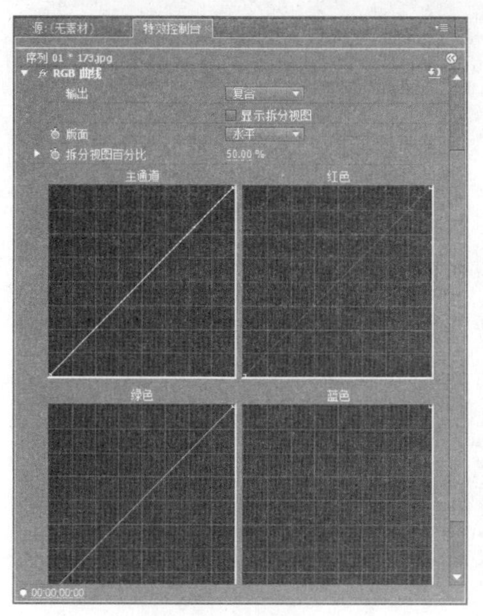

图 4-37 【RGB 曲线】特效

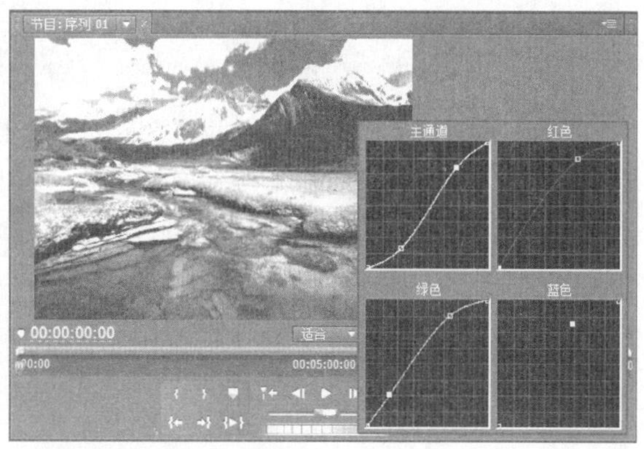

图 4-38 调整色彩

2. 色彩平衡

【色彩平衡】特效能够分别为画面中的高光、中间调以及暗部区域进行红、蓝、绿色调的调整。其设置方法非常简单，只要将该特效添加至素材后，在【特效控制台】面板中拖动相应的滑块，或者直接输入数值，即可改变相应区域的色调效果，如图 4-39 所示。

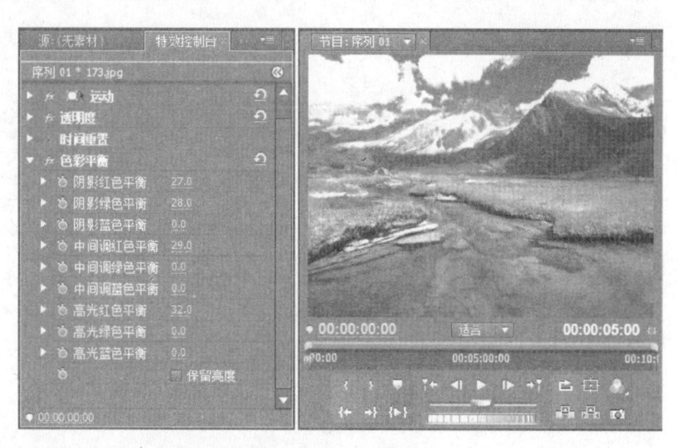

图 4-39 【色彩平衡】特效

3. 通道混合

【通道混合】特效是根据通道颜色进行调整视频画面效果的，在该特效中分别为红色、绿色、蓝色准备了该颜色到其他多种颜色的设置，从而实现了不同颜色的设置，如图 4-40 所示。

在该特效中，还可以通过启用【单色】选项，将彩色视频画面转换为灰度效果。如果在启用该选项后，继续设置颜色选项，那么就会改变灰度效果中各个色相的明暗关系，从而改变整幅画面的明暗关系，如图 4-41 所示。

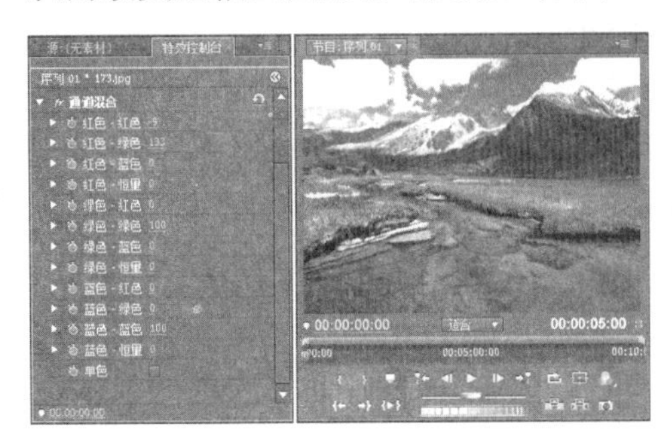

图 4-40 【通道混合】特效

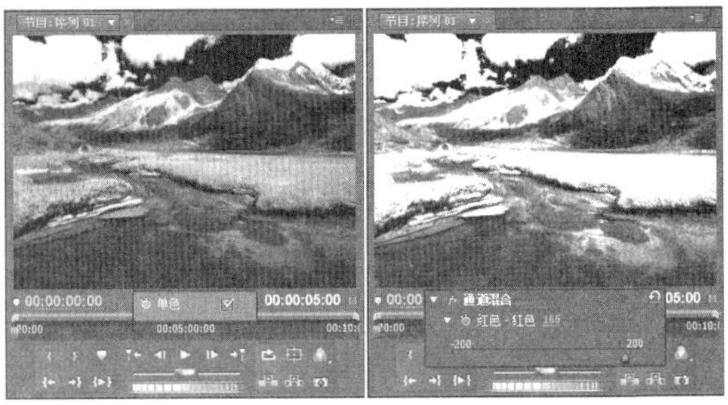

图 4-41 转换为灰度效果

4. 更改颜色与转换颜色

要想对视频画面中的某个色相或色调进行变换，则可以通过添加【更改颜色】或者【转换颜色】特效来实现。这两个特效均是选择画面中的某种颜色后，将其转换为其他颜色。

【更改颜色】特效虽然可以改变某种颜色，但是能够将其转换为任何色相，并且还可以设置该颜色的亮度、饱和度以及匹配宽容度与匹配柔和度，如图 4-42 所示。

而【转换颜色】特效则是通过设置要转换的现有颜色，以及转换后的颜色来进行颜色转换的。但是同样能够通过设置“宽容度”和“柔和度”选项，来控制颜色转换范围，如图 4-43 所示。

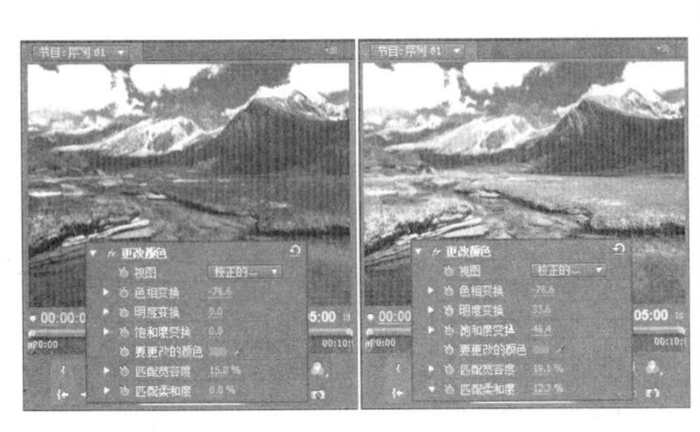

图 4-42 【更改颜色】特效

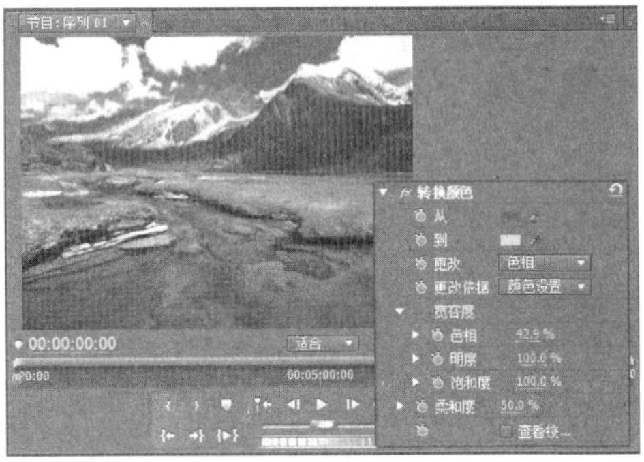

图 4-43 【转换颜色】特效

提　示

该特效中的【宽容度】选项并不是单纯的一个参数，而是一组参数，在该选项中还可以再次设置“色相”、“明度”与“饱和度”参数。

4.4 调整类特效

调整类特效主要通过调整图像的色阶、阴影或高光，以及亮度、对比度等方式，达到优化影像质量或实现某种特殊画面效果的目的。

4.4.1 阴影/高光

【阴影/高光】特效能够基于阴影或高光区域，使其局部相邻像素的亮度提高或降低，从而达到校正由强逆光而形成的剪影画面，如图4-44所示。

图 4-44 阴影/高光视频特效应用前后效果对比

在【特效控制台】面板中，展开“阴影/高光”选项后，主要通过“阴影数量”和“高光数量”等选项来调整该视频特效的应用效果。

图 4-45 提高画面暗部的亮度

❑ 阴影数量

控制画面暗部区域的亮度提高数量，取值越大，暗部区域变得越亮。例如，在适当提高“阴影数量”的值后，画面内的吊脚楼变得更为明显，如图4-45所示。

❑ 高光数量

控制画面亮部区域的亮度降低数量，取值越大，高光区域的亮度越低。

❑ 与原始图像混合

该选项的作用类似于为处理后的画面设置不透明度，从而将其与原画面叠加后生成最终效果。

❑ 更多选项

该选项为一个选项组，其中包括阴影/高光色调宽度、阴影/高光半径、中间调对比度等各种选项。通过这些选项的设置，可以改变阴影区域的调整范围。

4.4.2 色阶

在Premiere数量众多的图像效果调整特效中，色阶是较为常用，且较为复杂的视频特效之一。色阶视频特效的原理是通过调整素材画面内的阴影、中间调和高光的强度级别，从而校正图像的色调范围和颜色平衡。

为素材添加色阶视频特效后，在【特效控制台】面板内列出一系列该特效的选项，用来设置视频画面的明暗关系以及色彩转换，如图4-46所示。

图 4-46 【色阶】特效选项

如果在设置参数时较为烦琐，还可以单击【色阶】选项中的【设置】按钮，即可弹出【色阶设置】对话框，如图 4-47 所示。

通过对话框中的直方图，可以分析当前图像颜色的色调分布，以便精确地调整画面颜色。其中，对话框中各选项的作用如下。

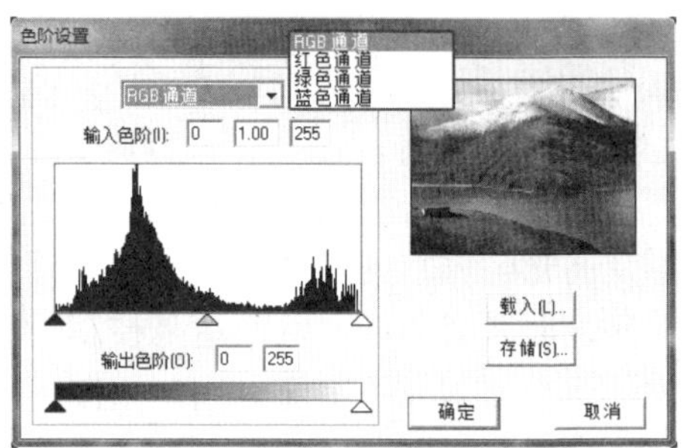

图 4-47 【色阶设置】对话框

❑ 输入阴影

控制图像暗调部分，取值范围为 0～255。增大参数值后，画面会由阴影向高光逐渐变暗，如图 4-48 所示。

❑ 输入中间调

控制中间调在黑白场之间的分布，数值小于 1.00 图像则变暗；大于 1.00 时图像变亮，如图 4-49 所示。

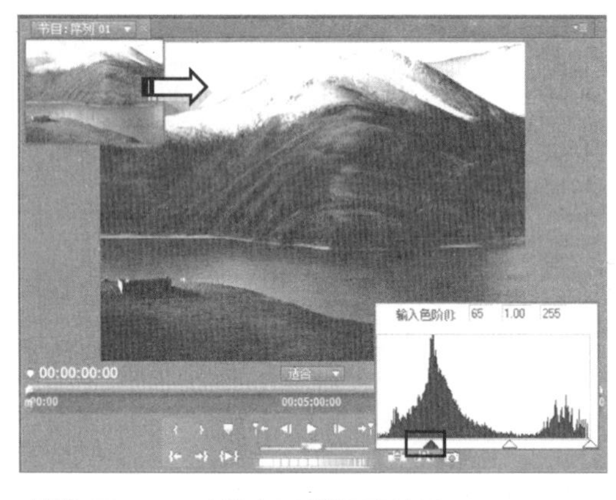

图 4-48 输入阴影设置效果

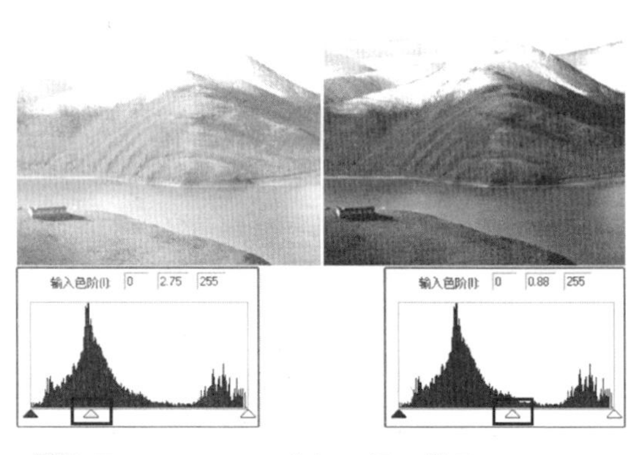

图 4-49 不同中间调设置效果

❑ 输入高光

控制画面内的高光部分，数值范围为 2～255。减小取值时，图像由高光向阴影逐渐变亮，如图 4-50 所示。

❑ 输出阴影

控制画面内最暗部分的效果，其取值越大，画面内最暗部分与纯黑色的差别也就越大。综合看来，增大"输出阴影"选项的取值，会让画面如图 4-51 所示。

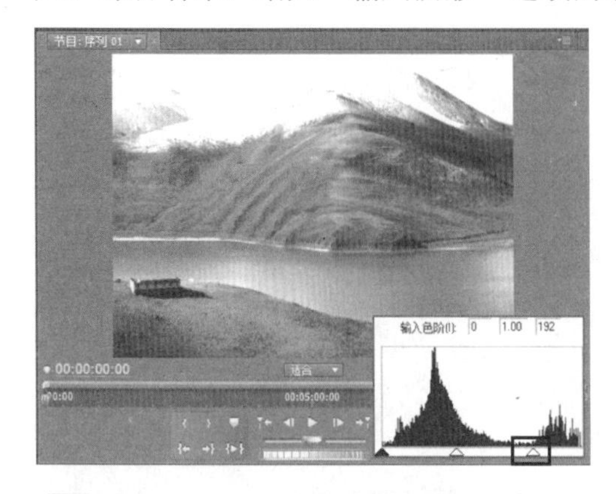

图 4-50 输入高光设置效果

图 4-51 调整画面暗部

提 示

使用色阶视频特效调整画面的输出阴影与输出亮度，其效果与调整画面对比度相类似。

❑ **输出高光**

控制画面内最亮部分的效果，其默认值为 255。在降低该参数的取值后，画面内的高光效果将变得暗淡，且参数值越低，效果越明显，如图 4-52 所示。

❑ **通道选项**

该选项根据图像颜色模式而改变，可以对每个颜色通道设置不同的输入色阶与输出色阶值，如图 4-53 所示。

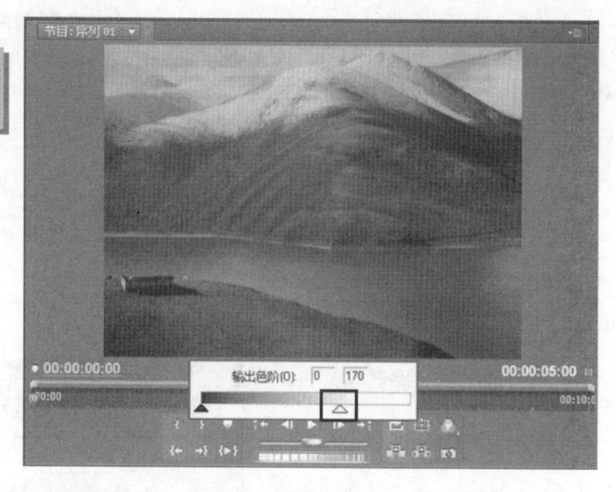

图 4-52 降低画面亮度

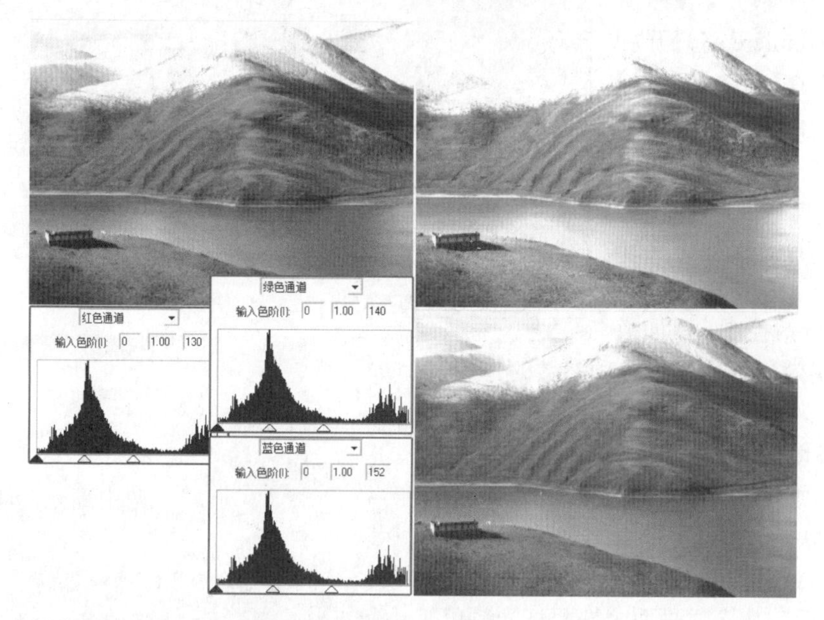

图 4-53 调整不同通道的色阶

在【色阶设置】对话框中，直方图内的黑色条谱分别表示画面内每个亮度级别的像素数量，以展示像素在画面中的分布情况。在实际工作中，借助直方图可以精确、细致地调整画面的对比度，如图 4-54 所示。

图 4-54 调整素材画面的对比度

提 示

与【色阶】特效相关的还包括“自动色阶”、“自动颜色”与“自动对比度”特效，这些特效的添加能够自动校正画面的色调效果，不需要再设置。

4.4.3 照明效果

利用该视频特效，用户可通过控制光源数量、光源类型及颜色，实现为画面内的场景添加真实光照效果的目的。例如，为画面添加聚光灯效果，如图 4-55 所示。

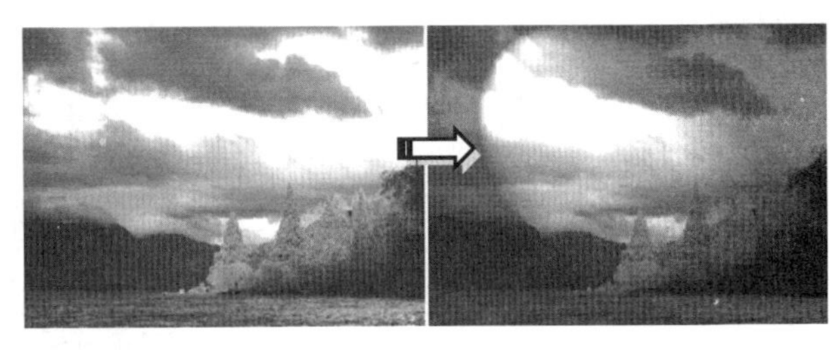

图 4-55 聚光灯效果

1. 默认灯光设置

应用照明效果视频特效后，Premiere 共提供了 5 盏光源供用户使用。按照默认设置，Premiere 将只开启一盏灯光，在【特效控制台】面板内单击【照明效果】选项后，即可在【节目】面板内通过锚点调整该灯光的位置与照明范围，如图 4-56 所示。

图 4-56 调整灯光位置与照明范围

在【特效控制台】面板中，【照明效果】选项内各项参数的作用及含义如下。

❑ **环境照明色**

该选项用来设置光源色彩，在单击该选项右侧色块后，即可在弹出的对话框中设置灯光颜色。或者，也可在单击色块右侧的【吸管】按钮后，从素材画面内选择灯光颜色，如图 4-57 所示。

图 4-57 设置光源颜色

❑ **环境照明强度**

该选项用于调整环境照明的亮度，其取值越小，光源强度越小；反之则越大，如图 4-58 所示。

提 示

由于光照效果叠加的原因，在不调整灯光强度的情况下，可调整光照范围内的光照效果也会随着环境照明强度的增加而不断增加。

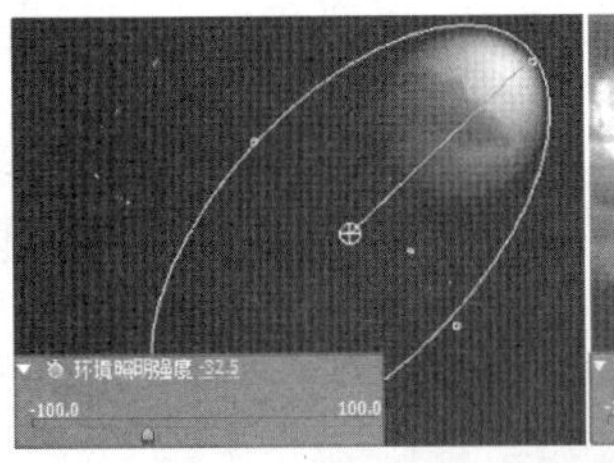

图 4-58 设置照明强度

❑ **表面光泽**

调整物体高光部分的亮度与光泽度。

❑ 表面质感

通过调整光照范围内的中性色部分，从而达到控制光照效果细节表现力的目的。

❑ 曝光度

控制画面的曝光强度。在灯光为白色的情况下，其作用类似于调整环境照明的强度，但【曝光度】选项对光照范围内的画面影响也较大。

图 4-59 光照控制选项

2. 精确调节灯光效果

若要更为精确地控制灯光，可在【照明效果】选项内单击相应灯光前的【展开】按钮后，通过各个灯光控制选项进行调节，如图 4-59 所示。

在 Premiere 提供的光照控制选项中，除图内已经标出的控制参数外，其他参数的含义如下。

❑ 聚焦

用于控制焦散范围的大小与焦点处的强度，取值越小，焦散范围越小，焦点亮度也越低；反之，焦散范围越大，焦点处的亮度也越高，如图 4-60 所示。

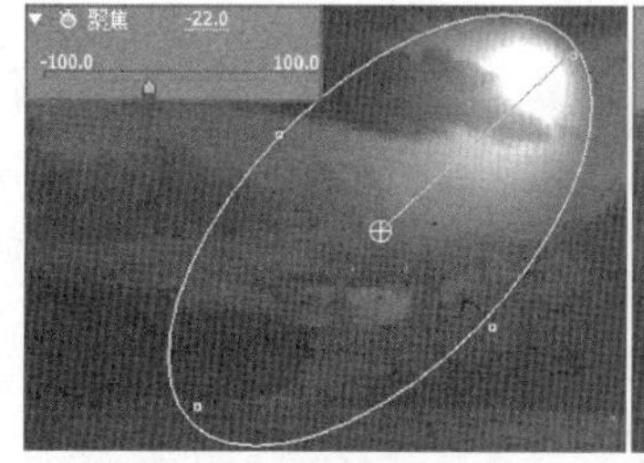

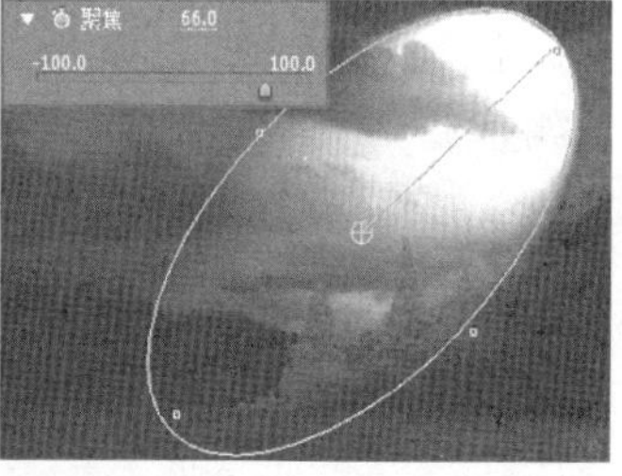

图 4-60 不同聚焦参数的效果对比

❑ 灯光类型

Premiere 为用户提供了全光源、点光源和平行光 3 种不同类型的光源。其中，点光源的特点是仅照射指定的范围，例如之前所看到的聚光灯效果。

技 巧

虽然在默认情况下，只有一个光照效果。但是只要在其他光照选项列表中选择灯光类型，即可添加第二个光照效果，甚至更多。

平行光的特点是以光源为中心，向周围均匀地散播光线，强度则随着距离的增加而不断衰减，如图 4-61 所示。

图 4-61 平行光效果

至于全光源，特点是光源能够均匀地照射至素材画面的每个角落。在应用全光源类型的灯光时，除了可以通过【强度】选项来调整光源亮度外，还可利用【主要半径】选项，通过更改光源与素材平面之间的距离，达到控制照射强度的目的，如图 4-62 所示。

4.4.4 其他调整特效

图 4-62 利用主要半径调整全光源照射强度

在调整类特效组中，除了上述颜色调整特效外，还包括有些亮度调整、色彩调整以及黑白效果调整的特效。

1. 卷积内核

【卷积内核】是 Premiere 内部较为复杂的视频特效之一，其原理是通过改变画面内各个像素的亮度值来实现某些特殊效果，其参数面板如图 4-63 所示。

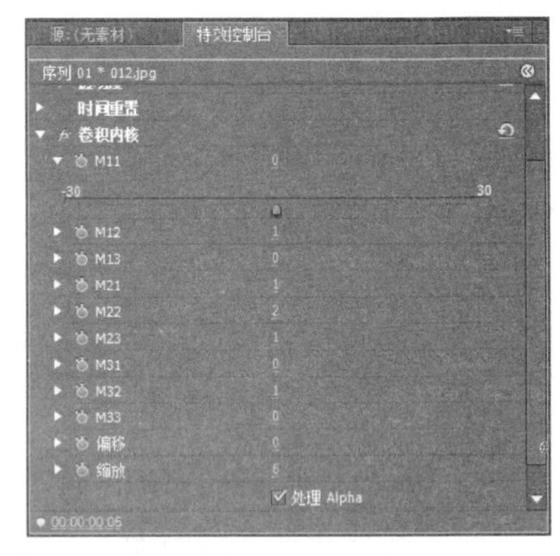

图 4-63 【卷积内核】特效

在【特效控制台】面板内的【卷积内核】选项中，M11～M33 这 9 项参数全部用于控制像素亮度，单独调整这些选项只能实现调节画面亮度的效果。然而，在组合使用这些选项后，便可以获得重影、浮雕，甚至让略微模糊的图像变得清晰起来，如图 4-64 所示。

在 M11～M33 这 9 项参数中，每 3 项参数分为一组，如 M11～M13 为一组、M21～M23 为一组、M31～M33 为一组。调整时，通常情况下每组内的第 1 项参数与第 3 项参数应包含一个正值和一个负值，且两数之和为 0，至于第 2 项参数则用于控制画面的整体亮度。这样一来，便可在实现立体效果的同时保证画面亮度不会出现太大变化。

图 4-64 卷积内核特效应用效果

2. 基本信号控制

基本信号控制特效的作用是调整素材的亮度、对比度，以及色相、饱和度等基本的影像属性，从而实现优化素材质量的目的。

为素材添加【基本信号控制】视频特效后，在【特效控制台】面板内展开【基本信号控制】选项，其各项参数如图 4-65 所示。

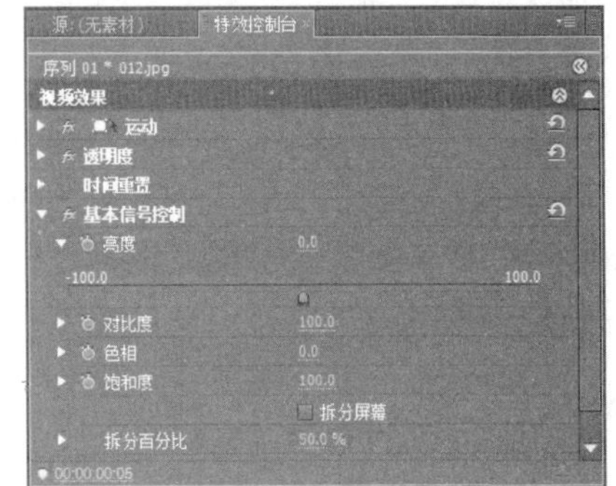

图 4-65 特效参数项

若要调整【基本信号控制】视频特效对影片剪辑的应用效果，可在【特效控制台】面板内的“基本信号控制”选项中通过更改下列参数来实现。

❑ **亮度**

调整素材画面的整体亮度，取值越小画面越暗，反之则越亮。在实现应用中，该选项的取值范围通常在–20～20 之间。

❑ 对比度

调节画面亮部与暗部间的反差，取值越小反差越小，表现为色彩变得暗淡，且黑白色都开始发灰；取值越大则反差越大，表现为黑色更黑，而白色更白，如图 4-66 所示。

图 4-66 不同对比度的效果对比

❑ 色相

该选项的作用是调整画面的整体色调。利用该选项，除了可以校正画面整体偏色外，还可创造一些诡异的画面效果，如图 4-67 所示。

图 4-67 调整画面色调

❑ 饱和度

用于调整画面色彩的鲜艳程度，取值越大色彩越鲜艳，反之则越暗淡，当取值为 0 时画面便会成为灰度图像，如图 4-68 所示。

图 4-68 调整画面色彩的饱和度

3. 提取

【提取】特效的功能是去除素材画面内的彩色信息，从而将彩色的素材画面处理为灰度画面，如图 4-69 所示。

在【特效控制台】面板中，不仅可以通过【提取】选项下的参数来控制画面效果，还可在单击【提取】特效选项中的【设置】按钮后，在弹出的【提取设置】对话框内直观地调节画面效果，如图 4-70 所示。

图 4-69 提取特效应用前后效果对比

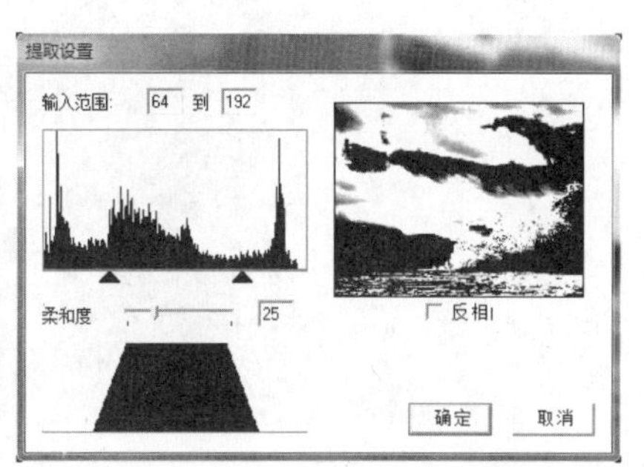

图 4-70 【提取设置】对话框

在【特效控制台】面板中，“提取”选项内的各项参数与【提取设置】对话框内的参数相对应，其功能如下。

❑ 输入黑色阶

该参数与【提取设置】对话框“输入范围”内的第一个参数相对应，其作用是控制画面内黑色像素的数量，取值越小，黑色像素越少。

❑ 输入白色阶

该参数与【提取设置】对话框“输入范围”内的第二个参数相对应，其作用是控制画面内白色像素的数量，取值越小，白色像素越少。

❑ 柔和度

控制画面内灰色像素的阶数与数量，取值越小，上述两项内容的数量也就越少，黑、白像素间的过渡就越为直接；反之，则灰色像素的阶数与数量越多，黑、白像素间的过渡就越为柔和、缓慢。

❑ 反相

当启用该复选框后，Premiere 便会置换图像内的黑白像素，即黑像素变为白像素、白像素变为黑像素，如图 4-71 所示。

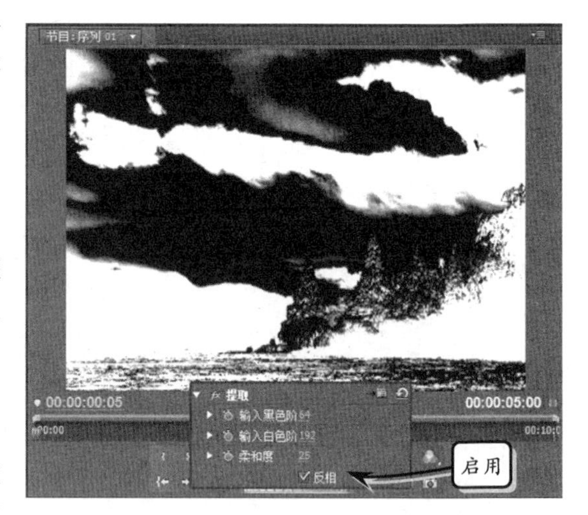

图 4-71 反相效果

4.5 课堂练习：制作温馨画面效果

本例运用色彩校正特效，调整视频画面的色彩，使整个画面看起来更加温馨。在拍摄的过程中，可能由于某些原因，画面色调比较暗，那么，可以在 Premiere 中对其进行色彩的调整。本例通过学习运用【色阶】调整画面的亮度，再运用【RGB 曲线】等视频特效，调整画面的色调，完成温馨画面效果的制作，如图 4-72 所示。

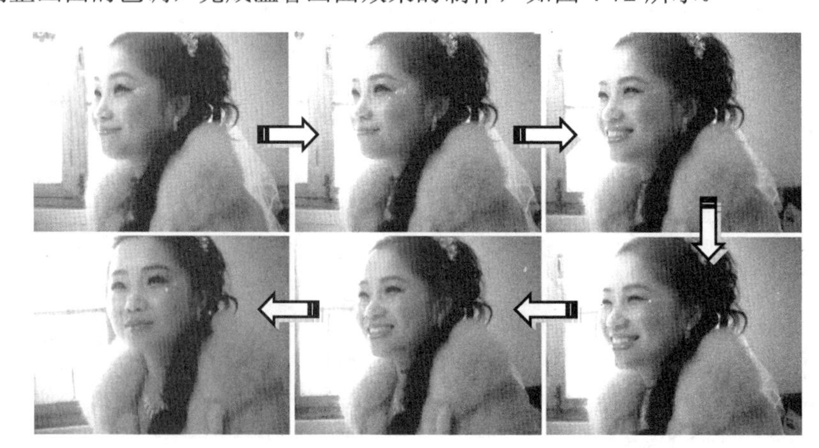

图 4-72 校正视频画面效果

操作步骤

1 启动 Premiere，在【新建项目】面板中单击【浏览】按钮，选择文件的保存位置。在【名称】栏中输入“制作温馨画面效果”文本，单击【确定】按钮，即可创建新项目，如图

4-73 所示。

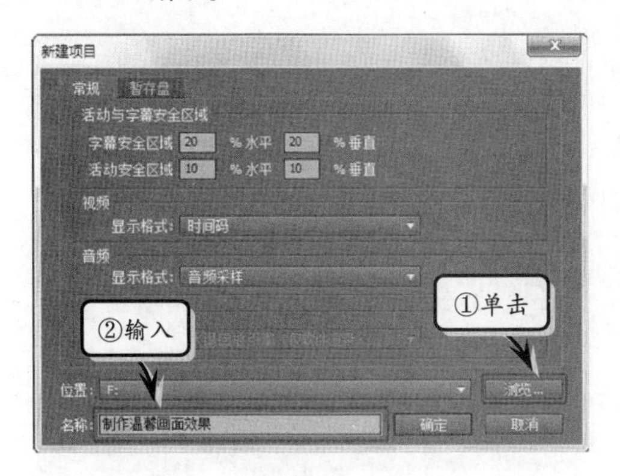

图 4-73　新建项目

2 在【项目】面板中双击空白处，打开【导入】对话框，选择素材，导入到【项目】面板中，如图 4-74 所示。

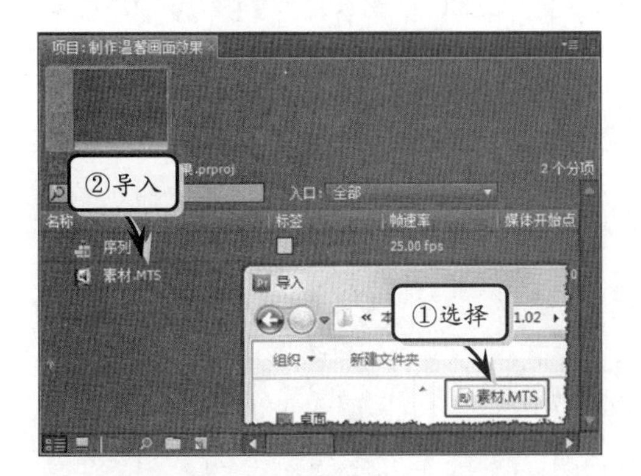

图 4-74　导入素材

3 在【项目】面板中，选择“素材.MTS”，将其拖入到【时间线】面板的“视频 1”轨道上，如图 4-75 所示。

图 4-75　拖入素材

4 在【时间线】面板中，右击素材，执行【解除视音频链接】命令，解除其链接，并删除音频，如图 4-76 所示。

图 4-76　删除音频

5 在【效果】面板中，展开“视频特效”文件夹下的“调整”子文件夹，选择【色阶】视频特效，添加到视频素材上，如图 4-77 所示。

图 4-77　添加【色阶】视频特效

6 在【特效控制台】面板中，展开【色阶】特效，设置“(RGB)输入”为 175，“(R)输入黑”为 5，“(R)输入白”为 239，“(R)输出黑”为 3。再设置其他参数，如图 4-78 所示。

提　示

【(B) 输入白】的参数为 227。可根据视频素材的明暗度，适当调整【色阶】参数。

7 在【效果】面板中，展开“视频特效”文件夹下的“色彩校正”子文件夹，选择【亮度与对比度】视频特效，添加到素材上，如图 4-79 所示。

图 4-78 设置【色阶】参数

图 4-79 添加【亮度与对比度】特效

8 在【特效控制台】面板中，展开【亮度与对比度】特效，设置“亮度”为 15，“对比度”为 25，如图 4-80 所示。

图 4-80 设置【亮度与对比度】参数

9 在【效果】面板中，选择“调整”文件夹下的【照明效果】视频特效，添加到素材上，如图 4-81 所示。

图 4-81 添加【照明效果】视频特效

10 在【特效控制台】面板中，展开“照明效果”特效下的“光照 1”特效。设置“照明颜色”为 FBEDC9，设置其“中心”为 710×545，“主要半径”为 51，“次要半径”为 32，如图 4-82 所示。

图 4-82 设置【照明效果】参数

提 示

设置【光照 1】的【环境照明色】为 FBEDC9。

11 在【效果】面板中，选择【RGB 曲线】特效，添加到素材上。在【特效控制台】面板中，分别调整“主通道”和“红色”曲线，如图 4-83 所示。

技 巧

在效果面板的【搜索】栏中直接输入要添加的特效名称，可快速查找该特效。

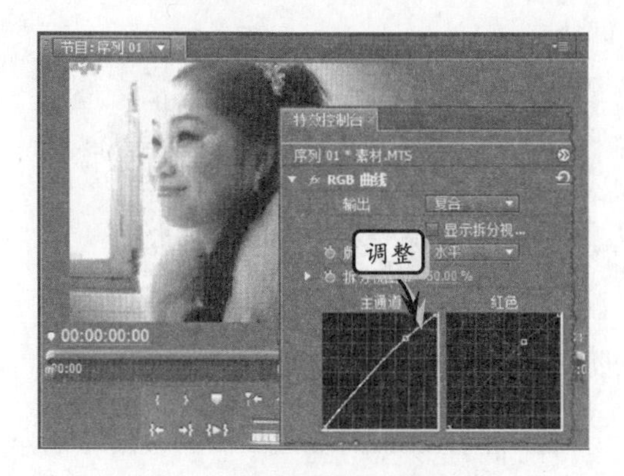

图 4-83　调整【RGB 曲线】

12 在【效果】面板中，选择【色彩平衡】视频特效，添加到素材上。在【特效控制台】面板中设置“中间调红”、“中间调绿”、“中间调蓝”均为 15，如图 4-84 所示。

图 4-84　调整【色彩平衡】参数

4.6　课堂练习：制作黑白电影效果

本例制作黑白电影放映效果。将彩色电影处理为黑白效果，在制作的过程中，通过添加【提取】特效，将画面处理为黑白色。再添加【卷积内核】等特效，调整画面的细节部分，完成黑白电影效果的制作，如图 4-85 所示。

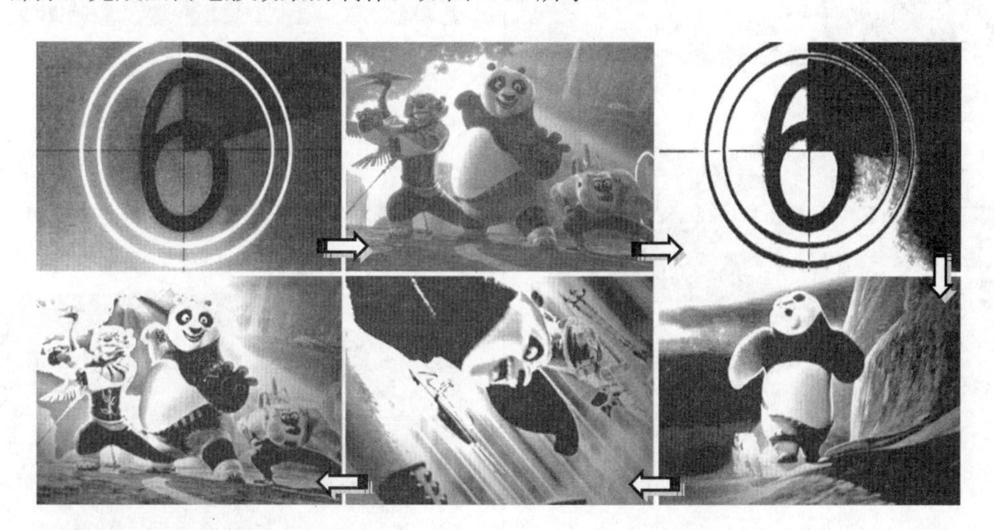

图 4-85　制作黑白电影效果

操作步骤

1 启动 Premiere，在【新建项目】面板中单击【浏览】按钮，选择文件的保存位置。在【名称】栏中输入“制作黑白电影”文本，单击【确定】按钮，创建新项目，如图 4-86 所示。

2 在【项目】面板中右击，执行【导入】命令，在弹出的【导入】对话框中，选择素材，导入到【项目】面板中，如图 4-87 所示。

3 在【项目】面板中选择所有的素材，将其拖到【时间线】面板的“视频 1”轨道上，如

图 4-88 所示。

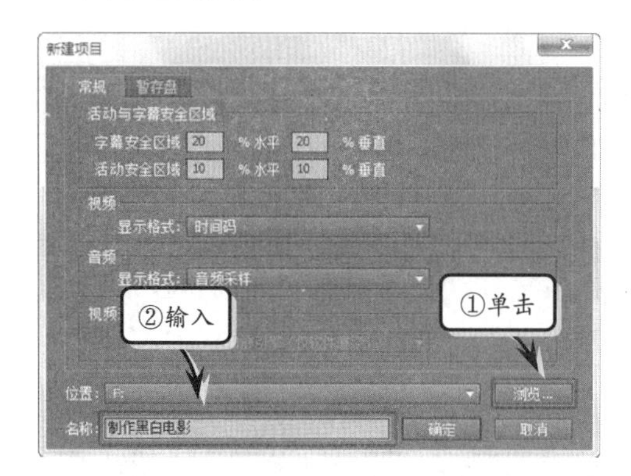

图 4-86 新建项目

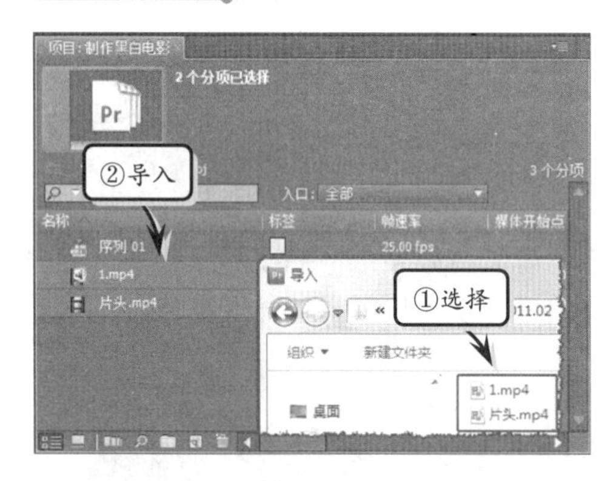

图 4-87 导入素材

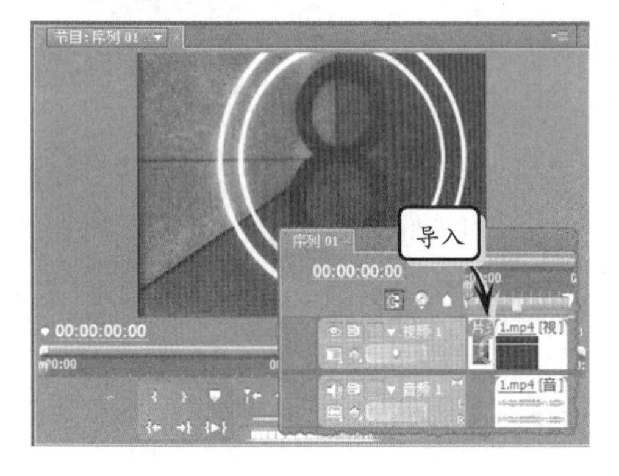

图 4-88 拖入素材

4 在【效果】面板中展开“视频特效”文件夹下的“调整”子文件夹，选择【提取】视频特效，添加到“视频 1”轨道的“片头.mp4”视频素材上，如图 4-89 所示。

5 【提取】特效的参数为默认，再为视频素材“1.mp4”添加【提取】视频特效，如图 4-90 所示。

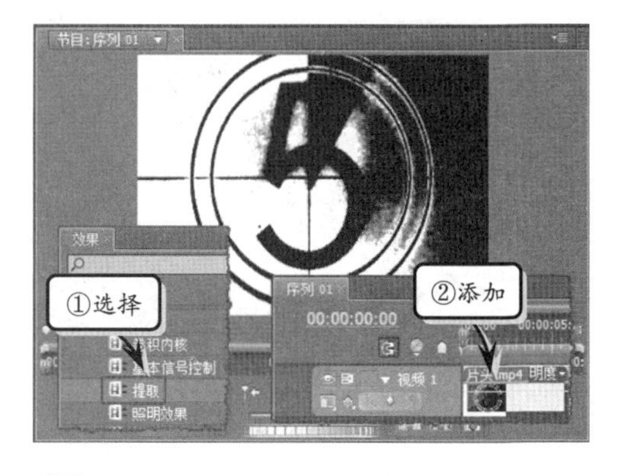

图 4-89 添加【提取】视频特效

图 4-90 添加【提取】视频特效

6 在【特效控制台】面板中，展开“提取”特效，设置“输入黑色阶”为 90，“输入白色阶”为 200，“柔和度”为 80，如图 4-91 所示。

图 4-91 调整【提取】特效参数

7 在【效果】面板中，展开“调整”文件夹，选择【阴影/高光】视频特效，添加到素材“1.mp4”上，如图 4-92 所示。

图 4-92　添加【阴影/高光】视频特效

8 【阴影/高光】特效的参数为默认，再为其添加“卷积内核”视频特效，如图 4-93 所示。

图 4-93　添加【卷积内核】视频特效

9 在【特效控制台】面板中，展开“卷积内核”特效，设置“M11”为 5，“缩放”为 10，如图 4-94 所示。

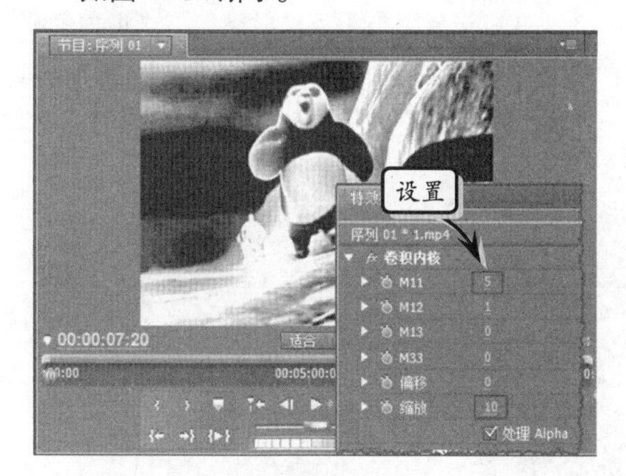

图 4-94　设置【卷积内核】参数

10 在【效果】面板中，选择“照明效果”视频特效添加到视频素材“1.mp4”上，如图 4-95 所示。

图 4-95　添加【照明效果】视频特效

11 在【特效控制台】面板中，展开“照明效果”特效，单击【灯光类型】下拉按钮，选择“点光源”。设置“中心”参数为 960，540，如图 4-96 所示。按空格键，预览动画效果。最后，保存文件，完成旧胶片电影效果的制作。

图 4-96　设置【照明效果】参数

提　示

设置其【环境照明】为 15。

4.7　思考与练习

一、填空题

1. ＿＿＿＿＿指色彩的相貌，是区别色彩种类的名称，根据不同光线的波长进行划分。

2. ＿＿＿＿＿视频特效的功能是将用户指定颜色及其相近色之外的彩色区域全部变为灰度

图像。

3. __________视频特效能够通过调整素材内的 R、G、B 颜色通道，达到更改色相、调整画面色彩和校正颜色的目的。

4. 阴影/高光视频特效能够基于__________或高光区域，使其局部相邻像素的亮度提高或降低，从而达到校正由强逆光而形成的剪影画面。

5. __________视频特效的功能是去除素材画面内的色彩信息。

二、选择题

1. 在下列有关光线及色彩的介绍中，描述有误的是__________。

A. 可见光可分解为红、橙、黄、绿、青、蓝、紫共 7 种不同的色彩
B. 在所有可见光中，红色光的波长最长
C. 在所有可见光中，紫色光的波长最长
D. 物体的“固有色”只是常见光线下人们对该物体的习惯认识

2. __________色彩模式是工业界的一种颜色标准，其原理是通过对红（Red）、绿（Green）、蓝（Blue）这 3 种颜色通道的变化，以及它们相互之间的叠加来得到各式各样的颜色。

A. RGB　　B. CMYK
C. HLS　　D. HSB

3.【亮度曲线】视频特效为用户提供的控制方式是__________。

A. 色阶调整图　　B. 曲线调整图
C. 坐标调整图　　D. 角度调整图

4. Premiere 中的照明效果视频特效共为用户准备了 3 种灯光类型，不包括下列哪种类型的灯光？__________

A. 全光源　　B. 点光源
C. 平行光　　D. 天光

5. 在应用提取视频特效后，若要更改画面内的黑色像素数量，则应当更改下面的哪个选项？__________

A. 输入黑色阶　　B. 输入白色阶
C. 柔和度　　D. 反相

三、问答题

1. 什么特效能够将彩色画面转换为灰度效果？分别有哪些？

2. 什么特效能够改变画面中的明暗关系？分别有哪些？

3. 颜色平衡与颜色平衡（HLS）特效有什么区别？

4. 照明效果特效能够添加几个光源效果？

5. 提取视频特效与脱色视频特效间的差别是什么？

四、上机练习

1. 制作怀旧视频效果

影视剧中用来回忆的往事，其视频画面经常使用单色来实现怀旧视频效果。要想将彩色画面转换为单色画面效果，则需要为素材添加【染色】特效，并且设置“将黑色映射到”与“将白色映射到”颜色值。然后添加【亮度曲线】特效，加强画面对比度效果即可，如图 4-97 所示。

图 4-97 怀旧视频效果

2. 制作艳阳天效果

下雪天很少出现太阳，要想在拍摄的雪景视频中出现艳阳天效果，则需要在视频中添加【照明效果】特效，为其添加“全光源”与“平行光”光照效果。而其光源颜色则选择接近太阳的浅黄色，如图 4-98 所示。其中，为了使视频画面更为清晰，这里还添加了【亮度曲线】特效，加强画面的对比度效果。

图 4-98 艳阳天视频效果

第 5 章

视频字幕

字幕是影视作品中的重要组成部分，能够帮助观众更好地理解影片的含义。此外，在各式各样的广告中，精美的字幕不仅能够起到为影片增光添彩的作用，还能够快速、直接地向观众传达信息。

在本章中除了会对 Premiere 字幕创建工具进行讲解外，还将对 Premiere 文本字幕和图形对象的创建方法，以及字幕样式、字幕模板的使用方法和字幕特效的编辑与制作过程进行介绍。

本章学习要点：

- 了解字幕工具
- 创建文本字幕
- 调整字幕属性
- 使用字幕模板

5.1 创建字幕

所谓字幕，是指在视频素材和图片素材之外，由用户自行创建的可视化元素，例如文字、图形等。而作为影片中的一个重要组成部分，字幕独立于视频、音频这些常规内容。为此，Premiere 为字幕准备了一个与音视频编辑区域完全隔离的字幕工作区，以便用户能够专注于字幕的创建工作。

5.1.1 认识字幕工作区

在 Premiere 中，所有字幕都是在字幕工作区域内创建完成的。在该工作区域中，不仅可以创建和编辑静态字幕，还可以制作出各种动态的字幕效果。要想打开字幕工作区，首先要执行【文件】|【新建】|【字幕】命令(快捷键 Ctrl+T)，直接单击【新建字幕】对话框中的【确定】按钮，即可弹出字幕工作区，如图 5-1 所示。在默认工具下，在工作区中部显示素材画面的区域内单击，即可输入文字内容。

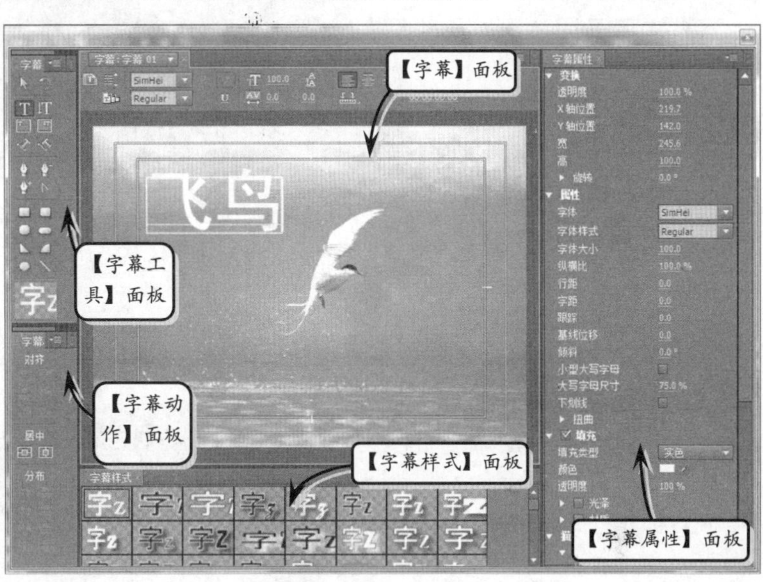

图 5-1 Premiere 字幕工作区

1.【字幕】面板

该面板是创建、编辑字幕的主要工作场所，不仅可在该面板内直观地了解字幕应用于影片后的效果，还可直接对其进行修改。【字幕】面板共分为属性栏和编辑窗口两部分，其中编辑窗口是创建和编辑字幕的区域，而属性栏内则含有“字体”、“字体样式”等字幕对象的常见属性设置项，以便快速调整字幕对象，从而提高创建及修改字幕时的工作效率，如图 5-2 所示。

图 5-2 【字幕】面板的组成

2.【字幕工具】面板

【字幕工具】面板内放置着制作和编辑

字幕时所要用到的工具。利用这些工具，不仅可以在字幕内加入文本，还可绘制简单的几何图形，以下是各个工具的详细作用。

- ❑ **选择工具** 利用该工具,只需在【字幕】面板内单击文本或图形后，即可选择这些对象。此时，所选对象的周围将会出现多个角点，如图 5-3 所示。在结合 Shift 键后，还可选择多个文本或图形对象。

图 5-3 选择字幕对象

- ❑ **旋转工具** 用于对文本进行旋转操作。
- ❑ **文字工具** 该工具用于输入水平方向上的文字。
- ❑ **垂直文字工具** 该工具用于在垂直方向上输入文字。
- ❑ **文本框工具** 可用于在水平方向上输入多行文字。
- ❑ **垂直文本框工具** 可在垂直方向上输入多行文字。
- ❑ **路径输入工具** 可沿弯曲的路径输入平行于路径的文本。
- ❑ **垂直路径输入工具** 可沿弯曲的路径输入垂直于路径的文本。
- ❑ **钢笔工具** 用于创建和调整路径，如图 5-4 所示。此外，还可通过调整路径的形状而影响由【路径输入工具】和【垂直路径输入工具】所创建的路径文字。

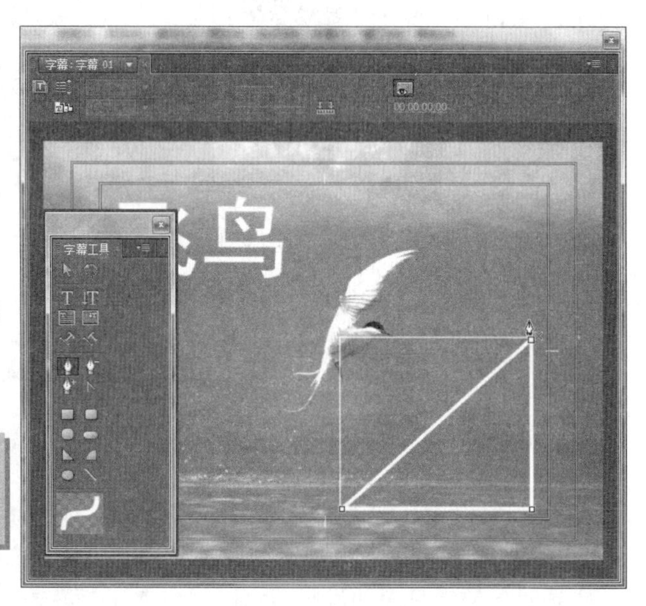

图 5-4 路径与路径节点

提 示

Premiere 字幕内的路径是一种既可反复调整的曲线对象，又具有填充颜色、线宽等文本或图形属性的特殊对象。

- ❑ **添加定位点工具** 可增加路径上的节点，常与【钢笔工具】结合使用。路径上的节点数量越多，用户对路径的控制也就越为灵活，路径所能够呈现出的形状也就越为复杂。
- ❑ **删除定位点工具** 可减少路径上的节点，也常与【钢笔工具】结合使用。当使用

【删除定位点工具】将路径上的所有节点删除后，该路径对象也会随之消失。

- ❑ **转换定位点工具** 路径内每个节点都包含两个控制柄，而【转换定位点工具】的作用便是通过调整节点上的控制柄，达到调整路径形状的作用，如图 5-5 所示。

图 5-5 调整节点控制柄

- ❑ **矩形工具** 用于绘制矩形图形，配合 Shift 键使用时可绘制正方形。
- ❑ **圆角矩形工具** 用于绘制圆角矩形，配合 Shift 键使用时可绘制出长宽相同的圆角矩形
- ❑ **切角矩形工具** 用于绘制八边形，配合 Shift 键时可绘制出正八边形。
- ❑ **圆矩形工具** 用于绘制形状类似于胶囊的图形，所绘图形与圆角矩形图形的差别在于：圆角矩形图形具有 4 条直线边，而圆矩形图形只有两条直线边。
- ❑ **三角形工具** 用于绘制不同样式的三角形。
- ❑ **圆弧工具** 用于绘制封闭的弧形对象。
- ❑ **椭圆工具** 用于绘制椭圆形。
- ❑ **直线工具** 用于绘制直线。

3.【字幕动作】面板

该面板内的工具用于在【字幕】面板的编辑窗口对齐或排列所选对象。其中，各工具的作用如表 5-1 所示。

表 5-1 对齐与分布工具的作用

	名 称	作 用
对齐	水平-左对齐	所选对象以最左侧对象的左边线为基准进行对齐
	水平居中	
	水平-右对齐	所选对象以最右侧对象的右边线为基准进行对齐
	垂直-顶对齐	所选对象以最上方对象的顶边线为基准进行对齐
	垂直居中	
	垂直-底对齐	所选对象以最下方对象的底边线为基准进行对齐
居中	水平居中	在垂直方向上，与视频画面的水平中心保持一致
	垂直居中	在水平方向上，与视频画面的垂直中心保持一致
分布	水平-左对齐	以左右两侧对象的左边线为界，使相邻对象左边线的间距保持一致
	水平居中	以左右两侧对象的垂直中心线为界，使相邻对象中心线的间距保持一致
	水平-右对齐	以左右两侧对象的右边线为界，使相邻对象右边线的间距保持一致
	水平平均	以左右两侧对象为界，使相邻对象的垂直间距保持一致

	名 称	作 用
分布	垂直-顶对齐	以上下两侧对象的顶边线为界，使相邻对象顶边线的间距保持一致
	垂直居中	以上下两侧对象的水平中心线为界，使相邻对象中心线的间距保持一致
	垂直-底对齐	以上下两侧对象的底边线为界，使相邻对象底边线的间距保持一致
	垂直平均	以上下两侧对象为界，使相邻对象的水平间距保持一致

注 意

至少应选择两个对象后，【对齐】选项组内的工具才会被激活，而【分布】选项组内的工具则至少要在选择3个对象后才会被激活。

4.【字幕样式】面板

该面板存放着Premiere内的各种预置字幕样式。利用这些字幕样式，用户只需创建字幕内容后，即可快速获得各种精美的字幕素材，如图5-6所示。其中，字幕样式可应用于所有字幕对象，包括文本与图形。

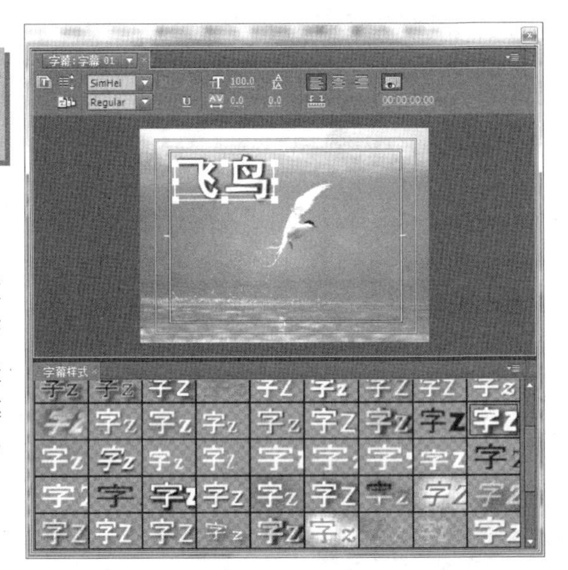

图 5-6 快速创建精美的字幕素材

5.【字幕属性】面板

在Premiere中，所有与字幕内各对象属性相关的选项都被放置在【字幕属性】面板中。利用该面板内的各种选项，用户不仅可对字幕的位置、大小、颜色等基本属性进行调整，还可为其定制描边与阴影效果，如图5-7所示。

提 示

Premiere内的各种字幕样式实质上是记录着不同属性的属性参数集，而应用字幕样式便是将这些属性参数集内的参数设置应用于当前所选对象。

图 5-7 调整字幕属性

5.1.2 创建各种类型字幕

文本字幕分为多种类型，除基本的水平文本字幕和垂直文本字幕外，Premiere能够创建路径文本字幕，以及动态字幕。

1. 创建水平文本字幕

水平文本字幕是指沿水平方向进行分布的字幕类型。在字幕工作区中，使用【输入工具】在【字幕】面板内的编辑窗口任意位置单击后，即可输入相应文字，从而创建水平文本字幕，如图 5-8 所示。在输入文本内容的过程中，按 Enter 键可实行换行，从而使接下来的内容另起一行。

此外，使用【区域文字工具】在编辑窗口内绘制文本框，并输文字内容后，还可创建水平多行文本字幕，如图 5-9 所示。

图 5-8 创建水平文本字幕

在实际应用中，虽然使用【输入工具】时只须按回车键即可获得多行文本效果，但仍旧与【区域文字工具】所创建的水平多行文本字幕有着本质的区别。例如，当使用【选择工具】拖动文本字幕的角点时，字幕文字将会随角点位置的变化而变形；但在使用相同方法调整多行文本字幕时，只是文本框的形状发生变化，从而使文本的位置发生变化，但文字本身却不会有什么改变，如图 5-10 所示。

图 5-9 创建水平多行文本字幕

2. 创建垂直文本字幕

垂直类文本字幕的创建方法与水平类文本字幕的创建方法极为类似。例如，使用【垂直文字工具】在编辑窗口内单击后，输入相应的文字内容即可创建垂直文本字幕；使用【垂直区域文字工具】在编辑窗口内绘制文本框后，输入相应文字即可创建垂直多行文本字幕，如图 5-11 所示。

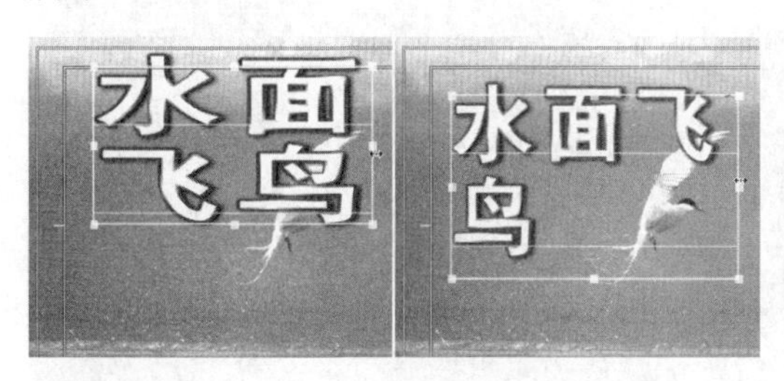

图 5-10 不同水平文本字幕间的差别

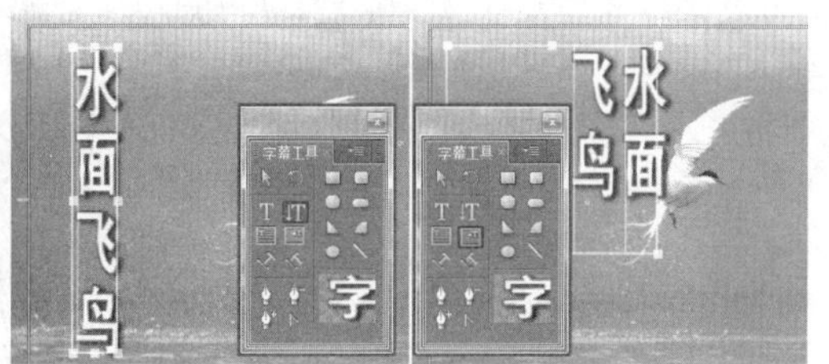

图 5-11 创建垂直类文本字幕

提 示

无论是普通的垂直文本字幕，还是垂直多行文本字幕，其阅读顺序都是从上至下、从右至左的顺序。

3. 创建路径文本字幕

与水平文本字幕和垂直文本字幕相比，路径文本字幕的特点是能够通过调整路径形状而改变字幕的整体形态，但必须依附于路径才能够存在。其创建方法如下。

使用【路径文字工具】单击字幕编辑窗口内的任意位置后，创建路径的第一个节点。使用相同方法创建第二个节点，并通过调整节点上的控制柄来修改路径形状，如图 5-12 所示。

完成路径的绘制后，使用相同的工具在路径中单击，直接输入文本内容，即可完成路径文本的创建，如图 5-13 所示。

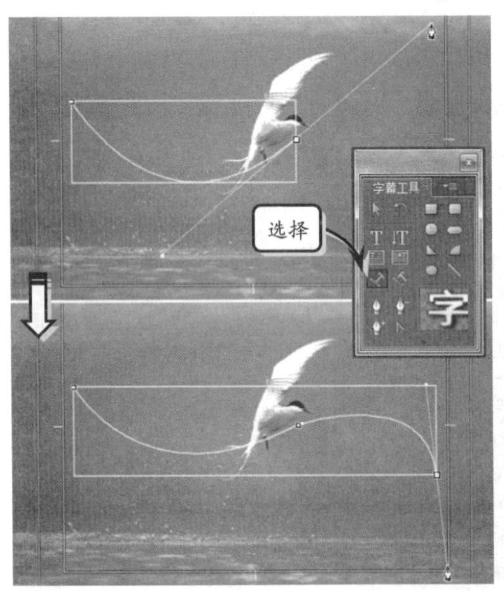

图 5-12 绘制路径

图 5-13 创建路径文本

注 意

创建路径文本字幕时必须重新创建路径，而无法在现有路径的基础上添加文本。

运用相同方法，使用【垂直路径文字工具】，则可创建出沿路径垂直方向的文本字幕，如图 5-14 所示。

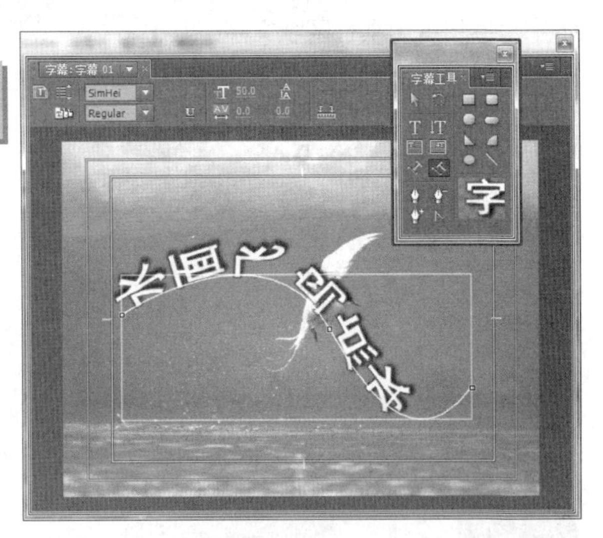

图 5-14 创建垂直路径文字

4. 创建动态字幕

根据素材类型的不同，可以将 Premiere 内的字幕素材分为静态字幕和动态字幕两大类型。在此之前所创建的都属于静态字幕，即本身不会运动的字幕；相比之下，动态字幕则是字幕本身即可运动的字幕类型。

❑ 创建游动字幕

游动字幕是指在屏幕上进行水平运动的动态字幕类型，分为从左至右游动和从右至左游动两种方式。其中，从右至左游动是游动字幕的默认设置，电视节目制作时多用于飞播信息，在 Premiere 中，游动字幕的创建方法如下。

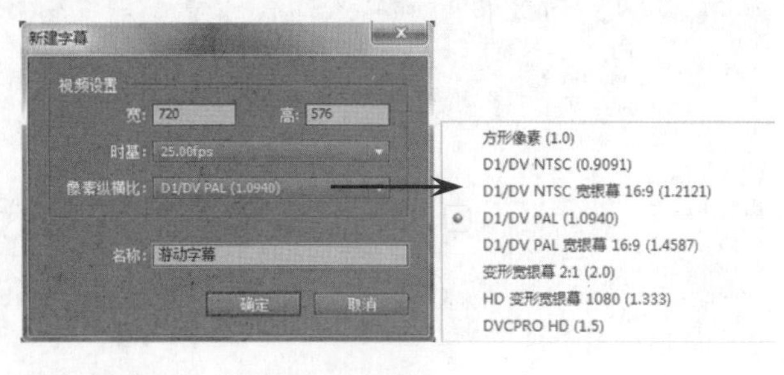

图 5-15　设置游动字幕属性

在 Premiere 主界面中，执行【字幕】|【新建字幕】|【默认游动字幕】命令后，在弹出的对话框内设置字幕素材的各项属性，如图 5-15 所示。

接下来，即可按照创建静态字幕的方法，在打开的字幕工作区内创建游动字幕。完成后，选择字幕文本，并执行【字幕】|【滚动/游动选项】命令后，在弹出的对话框内启用【开始于屏幕外】和【结束于屏幕外】复选框，如图 5-16 所示。在【滚动/游动选项】对话框中，各选项的含义及其作用如表 5-2 所示。

表 5-2　【滚动/游动选项】对话框内各选项的作用

选 项 组	选 项 名 称	作　用
字幕类型	静态	将字幕设置为静态字幕
	滚动	将字幕设置为滚动字幕
	左游动	设置字幕从右向左运动
	右游动	设置字幕从左向右运动
时间（帧）	开始于屏幕外	将字幕运动的起始位置设于屏幕外侧
	结束于屏幕外	将字幕运动的结束位置设于屏幕外侧
	预卷	字幕在运动之前保持静止的帧数
	缓入	字幕在到达正常播放速度之前，逐渐加速的帧数
	缓出	字幕在即将结束之时，逐渐减速的帧数
	后卷	字幕在运动之后保持静止的帧数

单击对话框内的【确定】按钮后，即可完成游动字幕的创建工作。此时，便可将其添加至【时间线】面板内，并预览其效果，如图 5-17 所示。

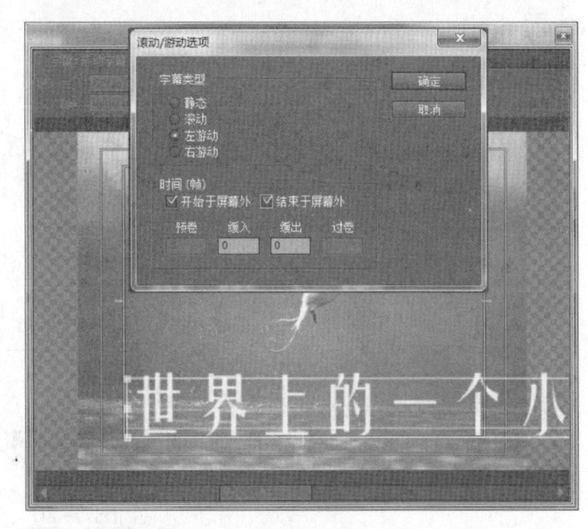

图 5-16　调整字幕游动设置

❑ 创建滚动字幕

滚动字幕的效果是从屏幕下方逐渐向上运动，在影视节目制作中多用于节目末尾演职员表的制作。在 Premiere 中，执行【字幕】|【新建字幕】|【默认滚动字幕】命令，并在弹出的对话框内设置字幕素材的属性后，即可参照静态字幕的创建方法，在字幕工作区内创建滚动字幕。然后执行【字幕】|【滚动/游动选项】命令后，设置

其选项即可，其播放效果如图 5-18 所示。

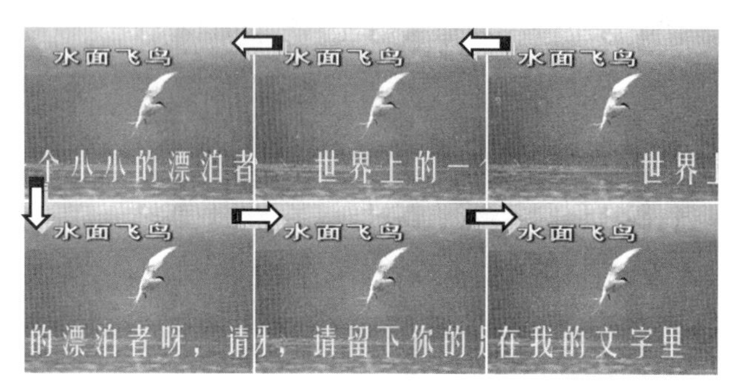

图 5-17 游动字幕效果

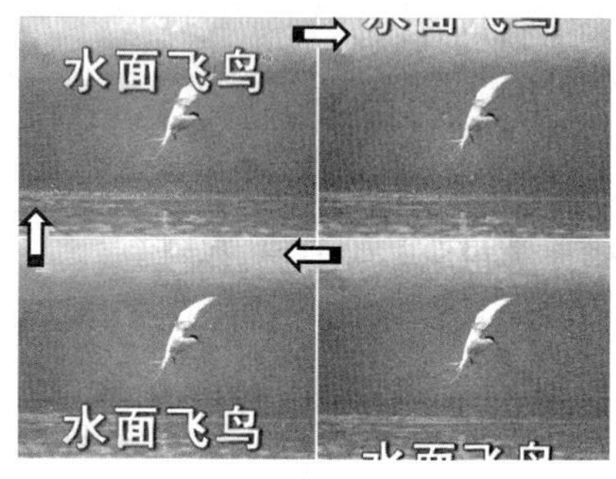

图 5-18 滚动字幕效果

5.2 应用图形字幕对象

在 Premiere 中，图形字幕对象主要通过【矩形工具】、【圆角矩形工具】、【切角矩形工具】等绘图工具绘制而成。接下来，将对创建图形对象，以及对图形对象进行变形和风格化处理时的操作方法进行讲解。

5.2.1 绘制图形

任何使用 Premiere 绘图工具可直接绘制出来的图形，都称为基本图形。而且，所有 Premiere 基本图形的创建方法都相同，只需选择某一绘制工具后，在字幕编辑窗口内拖动鼠标，即可创建相应的图形字幕对象，如图 5-19 所示。

图 5-19 绘制基本图形

提 示

默认情况下，Premiere 会将之前刚刚创建字幕对象的属性应用于新创建字幕对象本身。

在选择绘制的图形字幕对象后，还可在【字幕属性】面板内的【属性】选项组中，通过调整【绘图类型】下拉列表内的选项，将一种基本图形转化为其他基本图形，如图 5-20 所示。

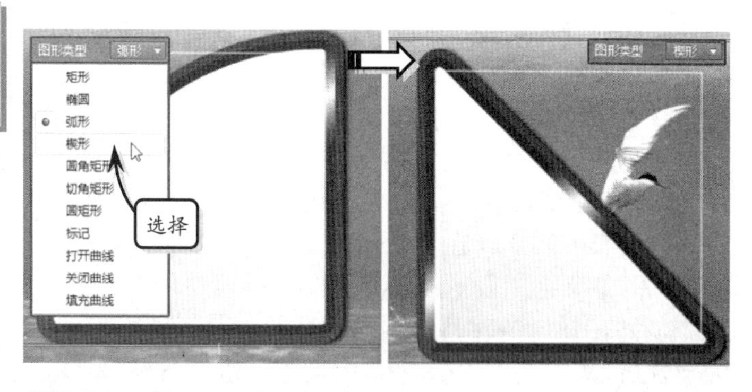

图 5-20 转换基本图形

5.2.2 贝塞尔曲线工具

在创建字幕的过程中，仅仅依靠 Premiere 所提供的绘图工具往往无法满足图形绘制的需求。此时，用户可通过变形图形对象，并配合使用【钢笔工具】、【转换定位点工具】等工具，实现创建复杂图形字幕对象的目的。

利用 Premiere 提供的【钢笔】类工具，能够通过绘制各种形状的贝赛尔曲线来完成复杂图形的创建工作。首先执行【文件】|【新建】|【彩色蒙版】命令，单击弹出的【新建彩色蒙版】对话框中的【确定】按钮，在弹出的【颜色拾取】对话框中选择颜色。最后在弹出的【选择名称】对话框中设置名称，即可将创建的彩色蒙版素材导入【时间线】面板内的轨迹中，如图 5-21 所示。

图 5-21 创建彩色蒙版

提 示

创建并在【时间线】面板内添加彩色蒙版素材并不是绘制复杂图形字幕的必要前提，但完成上述操作可以使【字幕】面板拥有一个单色的绘制区域，从而便于用户的图形绘制操作。

接着创建字幕，在【字幕工具】面板内选择【钢笔工具】按钮后，在【字幕】面板的绘制区内创建第一个路径节点，如图 5-22 所示。在创建节点时，按下鼠标左键后拖动鼠标，可以调出该节点的两个节点控制柄，从而便于随后对路径的调整操作。

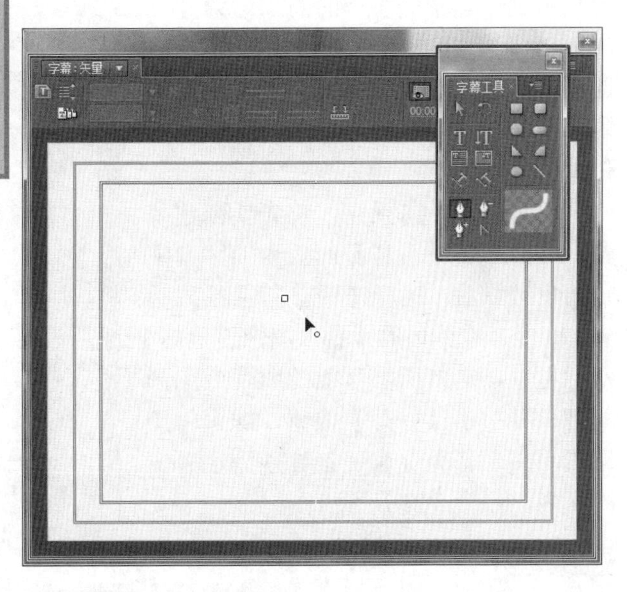

图 5-22 创建路径节点

使用相同方法，连续创建多个带有节点控制柄的路径节点，并使其形成字幕图形的基本外轮廓，如图 5-23 所示。

在【字幕工具】面板内选择【转换定位点工具】后，调整各个路径节点的节点控制柄，从而改变字幕对象外轮廓的形状，如图 5-24 所示。

提 示

在这一过程中，还可以使用【添加定位点工具】单击当前路径后，在当前路径上添加一个新的节点。或者使用【删除定位点工具】单击当前路径上的路径节点后，即可以删除这些节点。

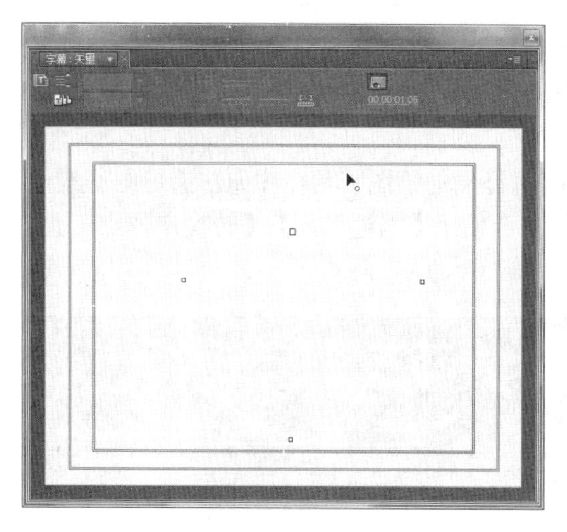

图 5-23 绘制路径

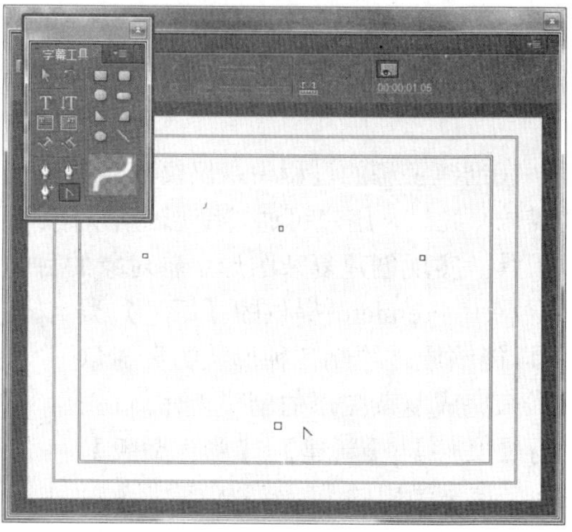

图 5-24 调整路径节点

5.2.3 创建标志

绘图并不是 Premiere 的主要功能，因此仅仅依靠 Premiere 数量有限的绘图工具往往无法满足创建精美字幕的需求。为此，Premiere 提供了导入标志元素的功能，以便用户将图形或照片导入字幕工作区内，并将其作为字幕的创作元素进行使用。

要想导入标志元素，首先要创建字幕。然后右击【字幕】面板内的字幕编辑窗口区域后，执行【标志】|【插入标志】命令。在弹出的【导入图像为标志】对话框中，选择所要添加的照片或图形文件，并单击【打开】按钮，即可将所选素材文件作为标志元素导入到字幕工作区内，如图 5-25 所示。

图 5-25 导入标志素材

提 示

调整标志元素的大小后，在字幕编辑窗口内右击标志元素，并执行【标志】|【重置标志大小】命令，即可恢复标志元素的原始大小；如果执行的是【标志】|【重置标志纵横比】命令，则可恢复其原始的长宽比例。

最后，添加字幕文本，并设置其属性后，即可得到之前所看到的字幕素材。图形在作为徽标导入 Premiere 后会遮盖其下方的内容，因此当需要导入非矩形形状的徽标时，必须将图形文件内非徽标部分设置为透明背景，以便正常显示这些区域下的视频画面。

5.3 编辑字幕属性

字幕的创建离不开字幕属性的设置，只有对“变换”、“填充”、“描边”等选项组内的各个参数进行精心调整后，才能够获得各种精美的字幕。

5.3.1 调整字幕基本属性

在【字幕属性】面板的【变换】选项组中，用户可以对字幕在屏幕画面中的位置、尺寸大小与角度等属性进行调整。其中，各参数选项的作用如下。

- **透明度** 决定字幕对象的透明程度，为 0 时完全透明，为 100% 时不透明，如图 5-26 所示。

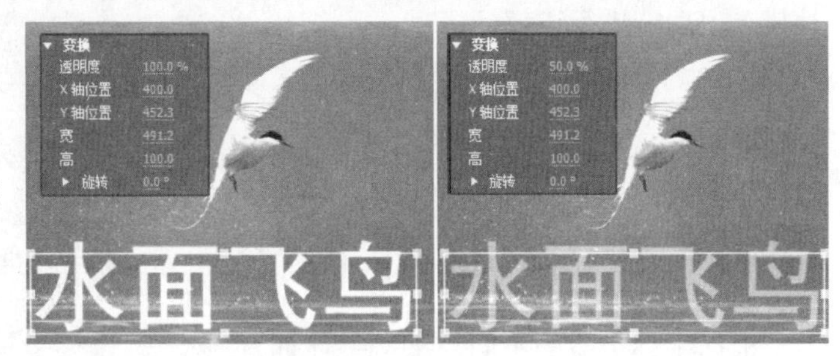

图 5-26 字幕透明度对比效果

- **X/Y 位置** “X 位置”选项用于控制对象中心距画面原点的水平距离，而“Y 位置”选项则用于控制对象中心距画面原点的垂直距离，如图 5-27 所示。
- **宽度/高度** “宽度”选项用于调整对象最左侧至最右侧的距离，而“高度”选项则用于调整对象最顶部至最底部的距离，如图 5-28 所示。

图 5-27 对象位置

图 5-28 设置宽度与高度参数

提 示

“X 位置”和“Y 位置”选项的参数单位为像素，其取值是−64000～64000，但只有当其取值在 (0,0) ～(画面水平宽度，画面垂直宽度) 之间时，字幕才会出现在视频画面之内，此外都将部分或全部位于视频画面之外。

- ❑ **旋转** 控制对象的旋转对象，默认为0°，即不旋转。输入数值，或者单击下方的角度圆盘，即可改变文本显示角度，如图5-29所示。

图 5-29 旋转文本

5.3.2 设置文本对象

在【字幕属性】面板中，【属性】选项组内的选项主要用于调整字幕文本的字体类型、大小、颜色等基本属性，接下来将对其选项功能进行讲解。

【字体】选项用于设置字体的类型，即可直接在【字体】列表框内输入字体名称，也可在单击该选项的下拉按钮后，在弹出的【字体】下拉列表内选择合适的字体类型，如图5-30所示。

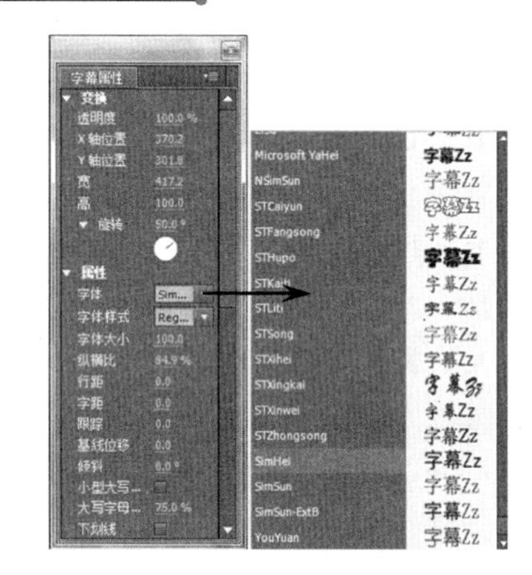

图 5-30 选择字体类型

根据字体类型的不同，某些字体拥有多种不同的形态效果，而【字体样式】选项便用于指定当前所要显示的字体形态。各样式选项的含义及作用如表5-3所示。

表 5-3 各样式选项的含义与作用

选项名称	含　义	作　用
Regular	常用	即标准字体样式
Bold	粗体	字体笔划要粗于标准样式
Italic	斜体	字体略微向右侧倾斜
Bold Italic	粗斜体	字体笔划较标准样式要粗，且略微向右侧倾斜
Narrow	瘦体	字体宽高比小于标准字体样式，整体效果略“窄”

注　意

并不是所有的字体都拥有多种样式，大多数字体仅拥有Regular样式。

【字体大小】选项用于控制文本的尺寸，其取值越大，则字体的尺寸越大；反之，则越小。而【纵横比】选项则是通过改变字体宽度来改变字体的宽高比，其取值大于100%时，字体将变宽；当取值小于100%时，字体将变窄，效果如图5-31所示。

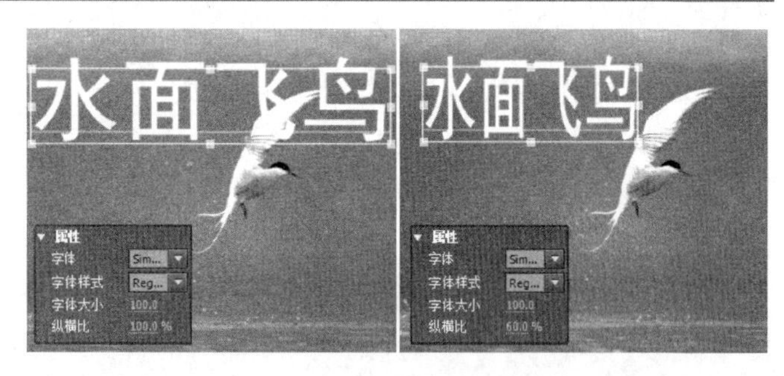

图 5-31 不同纵横比对比效果

【行距】选项用于控制文本

内行与行之间的距离，而【字距】则用于调整字与字之间的距离，如图 5-32 所示。

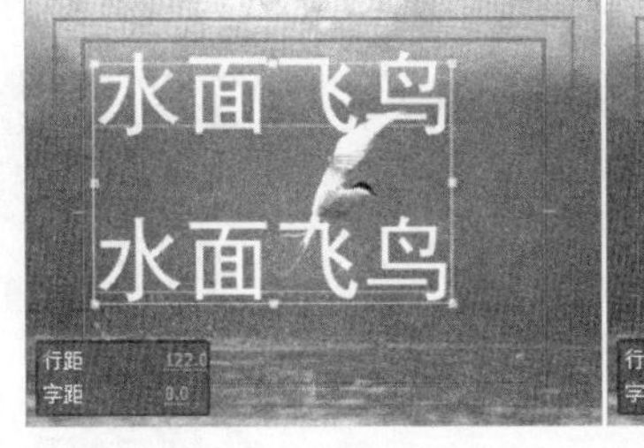

图 5-32　行距与字距

【跟踪】选项也可用于调整字幕内字与字之间的距离，其调整效果与【字距】选项的调整效果类似。两者之间的不同之处在于，【字距】选项所调整的仅仅是字与字之间的距离，而【跟踪】选项调整的则是每个文字所拥有的位置宽度，如图 5-33 所示。

从图中可以看出，随着【跟踪】选项参数值的增大，字幕的右边界逐渐远离最右侧文字的右边界，而调整【字距】选项却不会出现上述情况。

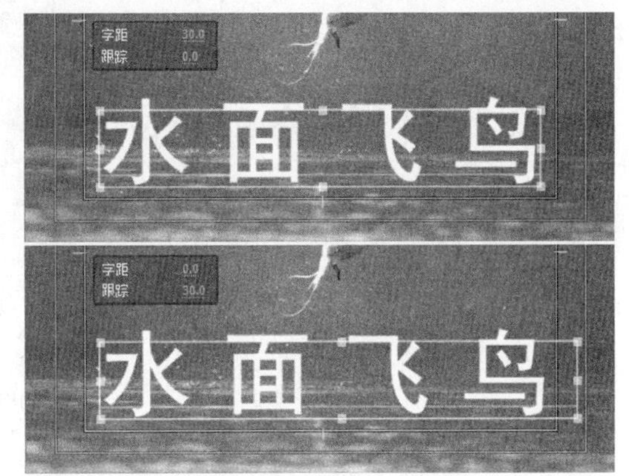

图 5-33　字距与跟踪对比效果

- ❑ **基线位移**　该选项用于设置文字基线的位置，通常在配合【字体大小】选项后用于创建上标文字或下标文字。
- ❑ **倾斜**　该选项用于调整字体的倾斜程度，其取值越大，字体所倾斜的角度也就越大。
- ❑ **小型大写字母和小型大写字母尺寸**　启用【小型大写字母】复选框后，当前所选择的小写英文字母将被转化为大写英文字母，而【小型大写字母尺寸】选项则用于调整转化后大写英文字母的字体大小。

提　示

【小型大写字母】选项只对小写英文字母有效，且只有在启用【小型大写字母】复选框后，【小型大写字母尺寸】选项才会起作用。

- ❑ **下划线**　启用该复选框后，Premiere 便会在当前字幕或当前所选字幕文本的下方添加一条直线。
- ❑ **扭曲**　在该选项中，分别通过调整 X 和 Y 选项的参数值，便可起到让文字变形的效果。其中，当 X 项的取值小于 0 时，文字顶部宽度减小的程度会大于底部宽度减小的程度，此时文字会呈现出一种金字塔般的形状；当 X 项的取值大于 0 时，文字则会呈现出一种顶大底小的倒金字塔形状，如图 5-34 所示。

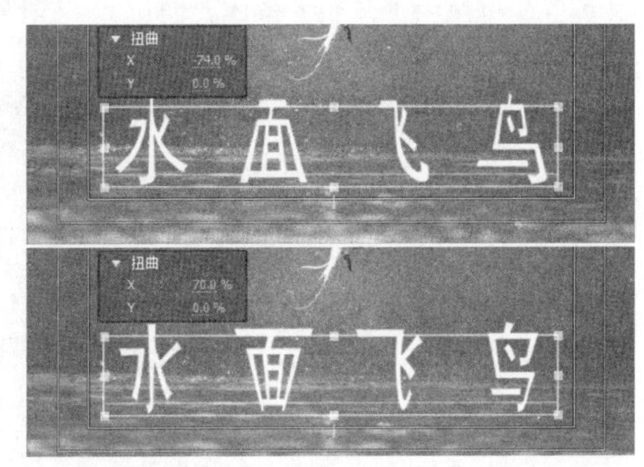

图 5-34　X 项扭曲效果

提　示

当 Y 项的取值小于 0 时，文字将呈现一种左小右大的效果；而当 Y 项的取值大于 0 时，文字则会呈现出一种左大右小的效果。

5.3.3　为字幕设置填充效果

完成字幕素材的内容创建工作后，通过在【字幕属性】面板内启用【填充】复选框，并对该选项内的各项参数进行调整，即可对字幕的填充颜色进行控制，如图 5-35 所示。如果不希望填充效果应用于字幕，则可在禁用【填充】复选框后，关闭填充效果，从而使字幕的相应部分成为透明状态。

注　意

如果决定关闭字幕元素的填充效果，则必须通过其他方式将字幕元素呈现在观众面前，如使用阴影效果或描边等。

图 5-35　启用【填充】选项

在开启字幕的填充效果后，Premiere 共提供了实色填充、渐变填充、四色填充等多种不同的填充样式。通过选择不同的填充方式，即可得到不同显示效果的文本。

1. 实色填充

实色填充又称单色填充，即字体内仅填充有一种颜色，图 5-36 所示即为关闭其他字幕效果后的实色填充字幕效果。如果单击【色彩】色块，即可在弹出的对话框内选择字幕的填充色彩。

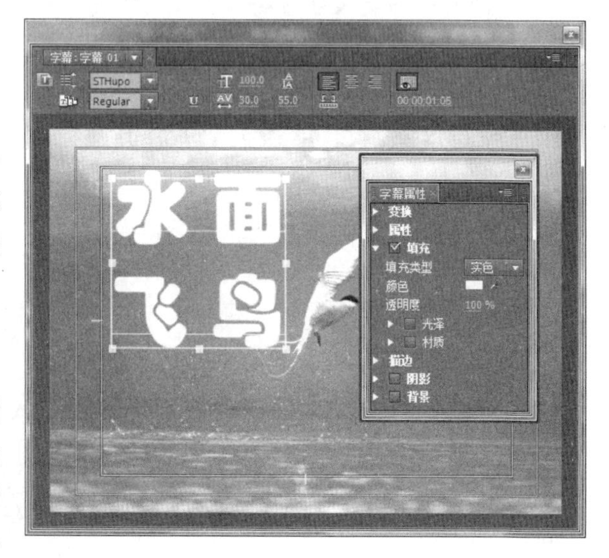

图 5-36　实色填充字幕效果

2. 线性渐变填充

线性渐变填充是从一种颜色逐渐过渡到另一种颜色的字幕填充方式，当选择【填充类型】为“线性渐变”，并且重新设置【颜色】选项中的不同颜色值，即可得到渐变填充效果，如图 5-37 所示。

在将【填充类型】设置为【线性渐变】选项后，【填充】选项组中的控制选项将会出现一些变化。在新的控制选项中，各个选项的作用及含义如下所示。

- ❑ **色彩**　该选项通过一条含有两个游标的色度滑杆来进行调整，色度滑杆的颜色便是字幕填充色彩。在色度滑杆上，游标的作用是确定线性渐变色彩在字幕上的位置分布情况。
- ❑ **色彩到色彩**　该选项的作用是调整线性渐变填充的颜色。在【色彩】色度滑杆上选择某一游标后，单击【色彩到色彩】色块，即可在弹出的对话框内设置线性渐变中的一种填充色彩；选择另一游标后，使用相同方法，即可设置线性渐变中的另一种填充色彩。
- ❑ **色彩到透明**　用于设置当前游标所代表填充色彩的透明度，100%为完全不透明，0%为完全透明。
- ❑ **角度**　用于设置线性渐变填充中的色彩渐变方向。
- ❑ **重复**　用于控制线性渐变在字幕上的重复排列次数，其默认取值为 0，表示仅在字幕上进行 1 次线性色彩渐变；在将其取值调整为 1 后，Premiere 将会在字幕上填充两次线性色彩渐变；如果【重复】选项的取值为 2，则进行 3 次线性渐变填充，其他取值效果可依次类推，效果如图 5-38 所示。

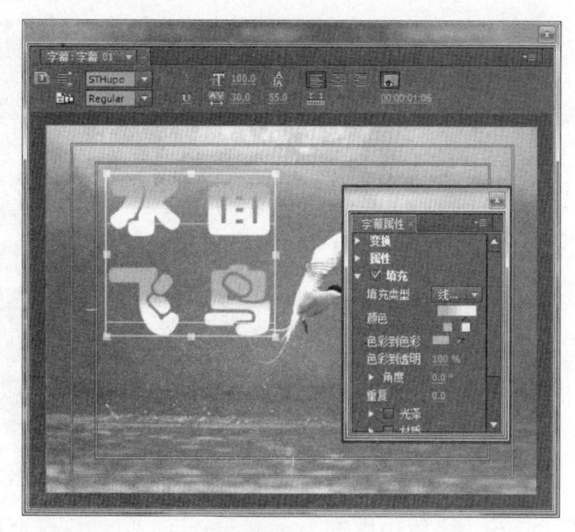

图 5-37　线性渐变

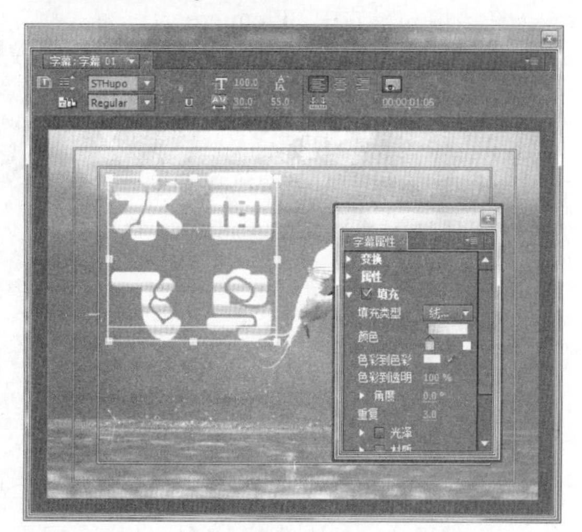

图 5-38　重复线性渐变效果

3．放射渐变填充

放射渐变填充也是从一种颜色逐渐过渡至另一种颜色的填充样式。与线性渐变所不同的是，放射渐变填充会将某一点作为中心点后，向四周扩散另一颜色，其效果如图 5-39 所示。

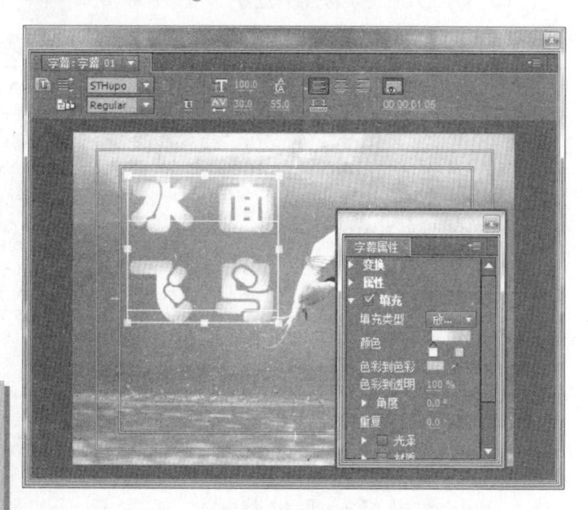

图 5-39　放射渐变填充效果

提　示

放射渐变填充的选项及选项含义与线性渐变填充样式的选项完全相同，因此其设置方法在此不再进行介绍。但是，由于放射渐变是从中心向四周均匀过渡的渐变效果，因而在此处调整【角度】选项不会影响放射渐变的填充效果。

4. 四色渐变填充

与线性渐变填充和放射渐变填充效果相比，四色渐变填充效果的最大特点在于渐变色彩由两种颜色增加至 4 种，从而便于实现更为复杂的色彩渐变，其填充效果如图 5-40 所示。

在四色渐变填充模式中，【色彩】颜色条 4 角的色块分别用于控制填充目标对应位置处的颜色，整体填充效果则由这 4 种颜色共同决定。

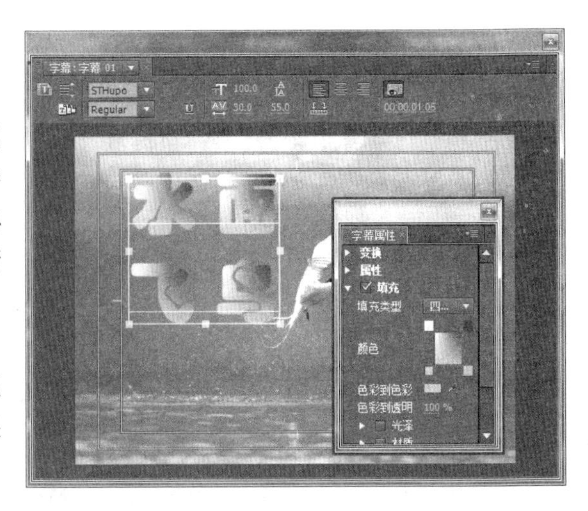

图 5-40 四色渐变效果

5. 斜角边填充

在该填充模式中，Premiere 通过为字幕对象设置阴影色彩的方式，来模拟一种中间较高，边缘逐渐降低的三维浮雕效果，如图 5-41 所示。

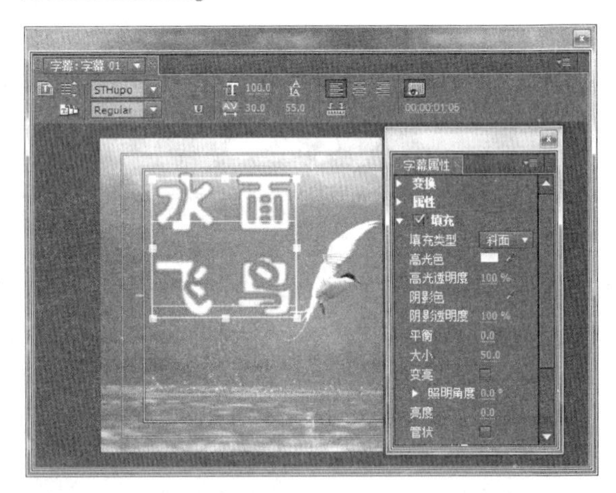

图 5-41 斜面渐变效果

将【填充类型】设置为【斜角边】选项后，【填充】选项组内的各填充选项作用如下。

- **高亮颜色/高亮透明** 【高亮颜色】选项用于设置字幕文本的主体颜色，即字幕内“较高”部分的颜色；【高亮透明】选项则用于调整字幕主体颜色的透明程度，如图 5-42 所示。
- **阴影颜色/阴影透明** 【阴影颜色】选项用于设置字幕文本边缘处的颜色，即字幕内“较低”部分的颜色；【阴影透明】选项则用于调整字幕边缘颜色的透明程度。
- **平衡** 该选项用于控制字幕内“较高”部分与“较低”部分间的落差，效果表现为高亮颜色与阴影颜色之间在过渡时的柔和程度，其取值范围为 –100～100。在实际应用中，【平衡】选项的取值越大，高亮颜色与阴影颜色的过渡越柔和，

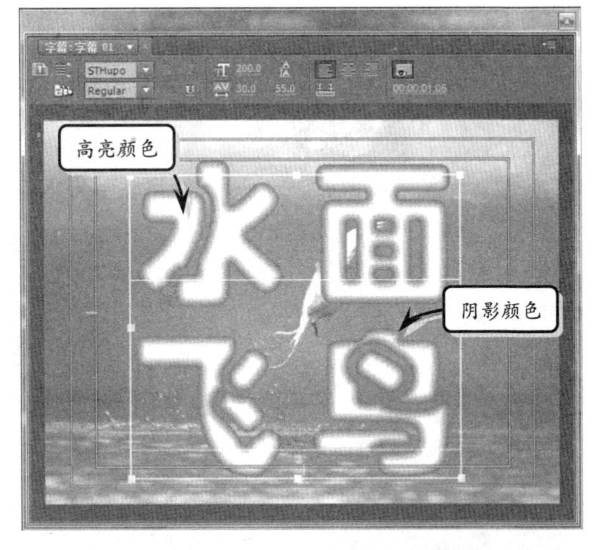

图 5-42 斜角边填充模式内的颜色分布情况

反之则较锐利，如图 5-43 所示。

- **大小** 该选项用于控制高亮颜色与阴影颜色的过渡范围，其取值越大，过渡范围越大；取值越小，则过渡范围越小，如图 5-44 所示。

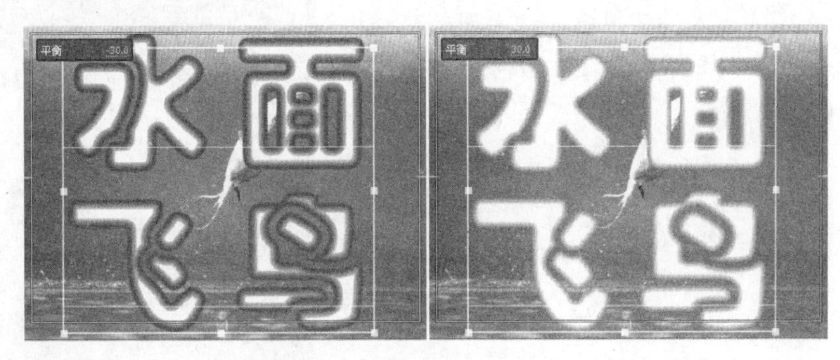

图 5-43 【平衡】选项调整效果

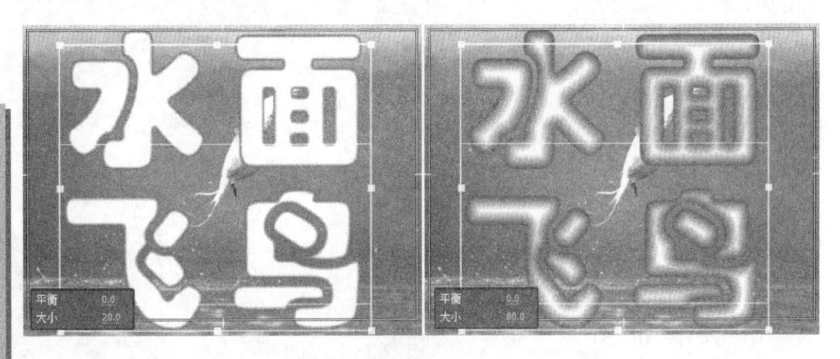

图 5-44 【大小】选项调整效果

提 示

【大小】选项的取值范围为 0～200，其取值为 0 时将不显示阴影颜色，此时的效果与实色填充效果相同。当【大小】选项的取值为 200 时，其效果与使用阴影颜色进行实色填充相类似。

- **变亮** 当启用该复选框后，Premiere 将会为当前字幕应用灯光效果，此时字幕文本的浮雕效果会更为明显，如图 5-45 所示。
- **亮度角度/亮度级别** 这是两个用于控制灯光效果的选项，因此只有在启用【变亮】复选框后才会影响字幕效果。其中，【亮度角度】用于调整灯光相对于字幕的照射角度，而【亮度级别】则用于控制灯光的光照强度。

图 5-45 启用【变亮】复选框后的效果

提 示

【亮度级别】选项的取值越小，光照强度越弱，阴影颜色在受光面和背光面的反差越小；反之，则光照强度越强，阴影颜色在受光面和背光面的反差也越大。当【亮度级别】选项的取值为-100 时，其效果与禁用【变亮】复选框，关闭灯光时的效果相同。

- ❑ **管状** 在启用该复选框后，字幕文本将呈现出一种由圆管环绕后的效果，如图 5-46 所示。

注 意

同一字幕文本上不可同时应用管状填充效果与变亮填充效果，且当开启变亮填充效果后，原字幕文本上的管状填充效果将被覆盖。

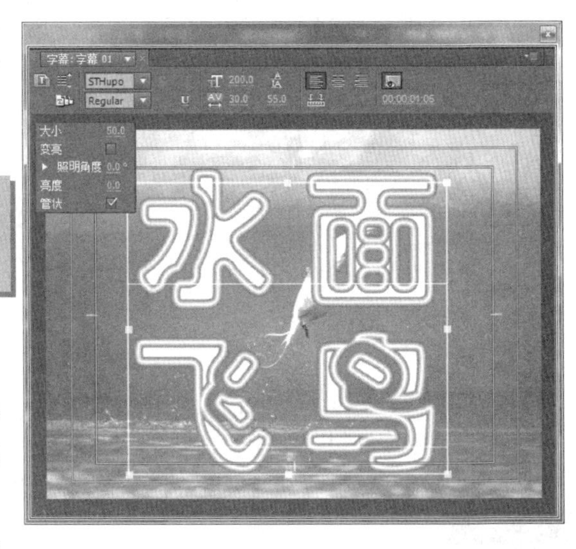

图 5-46 管状填充效果

6. 消除与残像填充

这两种填充模式都能够实现隐藏字幕的效果。两者的区别在于，消除填充模式能够暂时性地“删除”字幕文本，包括其阴影效果；而残像填充模式则只隐藏字幕本身，却不会影响其阴影效果。

下面，在为字幕添加描边与阴影效果后，通过对比斜角边模式、消除模式和残像模式的填充效果，来更为直观地了解消除模式与残像模式在填充效果上的差别，如图 5-47 所示。

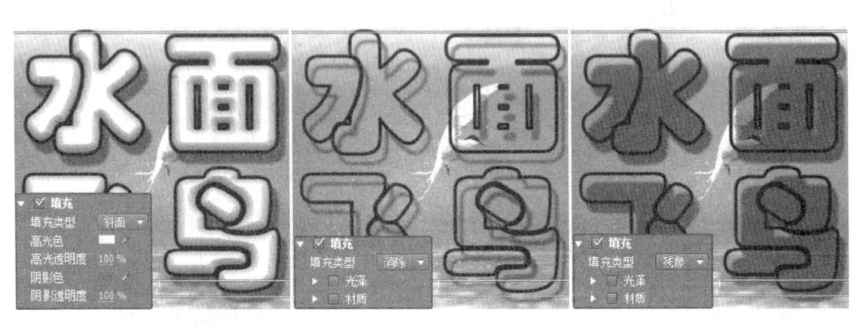

图 5-47 斜面、消除与残像填充效果的对比

提 示

上面所展示的斜面、消除与残像填充效果对比图中，黑色轮廓线为描边效果，灰色部分为阴影效果。在消除模式的填充效果图中，灰色部分为黑色轮廓线的阴影，而字幕对象本身的阴影已被隐藏。

7. 光泽与纹理

【光泽】与【纹理】选项属于字幕填充效果内的通用选项，即每种填充效果都拥有这两种设置，而且其作用也都相同。其中，光泽效果的功能是在字幕上叠加一层逐渐向两侧淡化的光泽颜色层，从而模拟物体表面的光泽感，效果如图 5-48 所示。【光泽】选项组内各个选

图 5-48 应用光泽效果后的字幕

项参数的作用如表 5-4 所示。

表 5-4 【光泽】选项组各选项的作用

选项	作　　用
色彩	用于设置光泽颜色层的色彩，可实现模拟有色灯光照射字幕的效果
透明度	用于设置光泽颜色层的透明程度，可起到控制光泽强弱的作用
大小	用于控制光泽颜色层的宽度，其取值越大，光泽颜色层所覆盖字幕的范围越大；反之，则越小
角度	用于控制光泽颜色层的旋转角度
偏移	用于调整光泽颜色层的基线位置，与【角度】选项配合使用后即可使光泽效果出现在字幕上的任意位置

相比之下，纹理填充效果较为复杂，其作用是隐藏字幕本身的填充效果，而显示其他纹理贴图的内容。在启用【纹理】复选框后，其效果如图 5-49 所示。

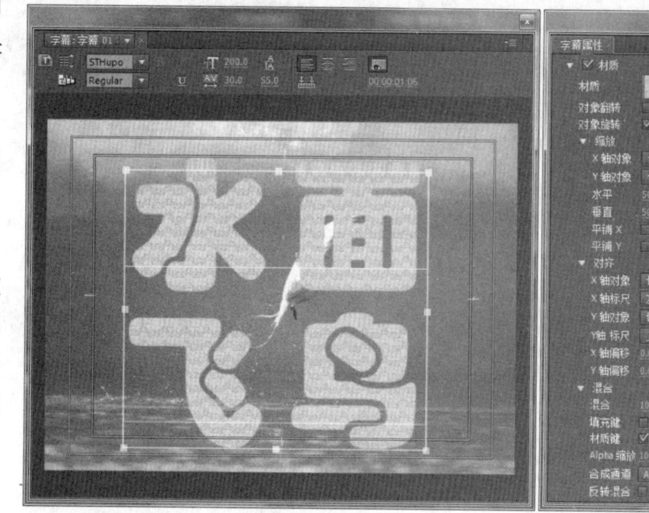

图 5-49 启用【纹理】选项

在【纹理】选项组中，常用选项的作用及其使用方法如下。

❑ 纹理

该选项用于预览和设置填充在字幕内的纹理图片，单击纹理预览区域内的图标后，即可在弹出的对话框内选择其他纹理图像。

❑ 缩放比例

该选项组内的各个参数用于调整纹理图像的长宽比例与大小。其中，【水平】和【垂直】选项用于控制纹理图像在应用于字幕时的宽度和高度。

注　意

【缩放比例】选项对纹理图像进行的是有损图像质量的变形操作，因此当纹理图像过小时，一味地调整纹理图像的缩放比例，会极大地影响字幕的显示效果。

【平铺 X】和【平铺 Y】选项的作用是控制纹理在水平方向和垂直方向上的填充方式。例如，在启用【平铺 X】复选框后，Premiere 便会在纹理图像的宽度小于字幕文本的宽度时，在水平方向上平铺当前纹理图像，从而使字幕文本在水平方向上的每一处都贴有纹理图像，如图 5-50 所示。

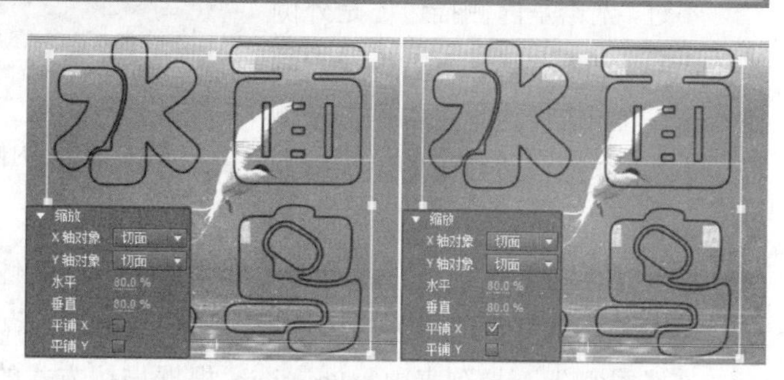

图 5-50 【平铺 X】选项开启与关闭效果对比

❑ 校准

该选项组内的各个参数用于调整纹理图像在字幕中的位置。例如，在将【X 偏移】选项的参数值从 0 调整为 20 后，即可在字幕文本内将纹理图像向右移动 20 个单位。

❑ 混合

默认情况下，Premiere 会在字幕开启纹理填充功能后，忽略字幕本身的填充效果。不过，【混合】选项组内的各个参数则能够在显示纹理效果的同时，使字幕显现出原本的填充效果。

其中，【混合】选项适用于调整纹理填充效果和字幕原有填充效果的比例，其取值范围为–100%～100%。当取值小于 0 时字幕的填充效果将以原有填充效果为主，且取值越小，字幕原有的填充效果越明显；当取值大于 0 时，字幕的填充效果将以纹理填充为主，且取值越大，纹理填充效果越明显，如图 5-51 所示。

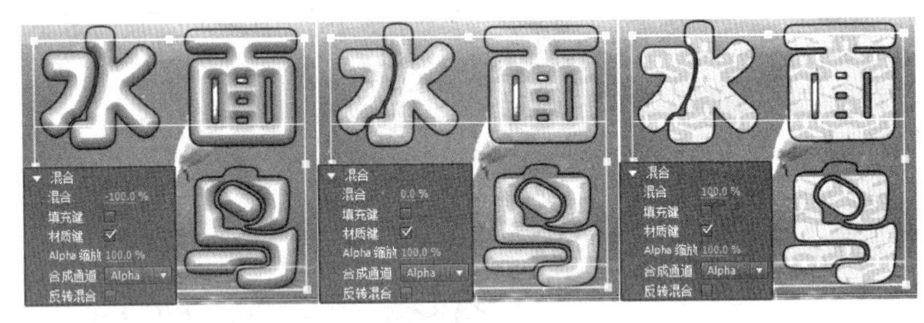

图 5-51 纹理填充与原有字幕填充的混合效果

提 示

当【混合】选项的取值为–100%时，纹理填充效果将完全不可见，而当该选项的取值为 100%时，字幕原有的填充效果将完全不可见。

5.3.4 对字幕进行描边

Premiere 将描边分为内侧描边和外侧描边两种类型，内侧描边的效果是从字幕边缘向内进行扩展，因此会覆盖字幕原有的填充效果；外侧描边的效果是从字幕文本的边缘向外进行扩展，因此会增大字幕所占据的屏幕范围，如图 5-52 所示。

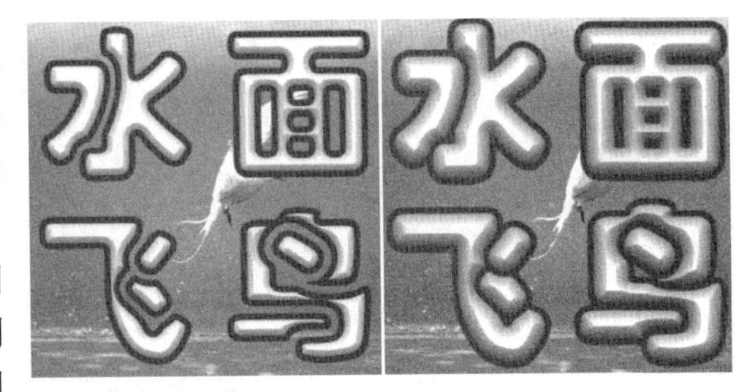

图 5-52 内侧描边和外侧描边

不过，无论是内侧描边还是外侧描边，其添加和修改方法，以及控制参数都完全相同。这里将以添加外侧描边为例，介绍描边效果的添加与编辑方法。

展开【描边】选项组后，单击【外侧边】选项右侧的【添加】按钮，即可为当前所选字幕对象添加默认的黑色描边效果，如图 5-53 所示。

在【类型】下拉列表中，Premiere 根据描边方式的不同提供了“深度”、“凸出”和“凹进” 3 种不同选项。下面，将对其描边效果和调整方法分别进行介绍。

1. 凸出描边

这是 Premiere 默认采用的描边方式，之前所看到的各种描边效果即为凸出描边效果。对于边缘描边效果来说，其描边宽度可通过【大小】选项进行控制，该选项的取值越大，描边的宽度也就越大，【色彩】选项则用于调整描边的色彩。

提　示

至于“填充类型”、“透明度”以及“纹理”等选项，其作用和控制方法与【填充】选项组内的相应选项完全相同，这里不再进行介绍。

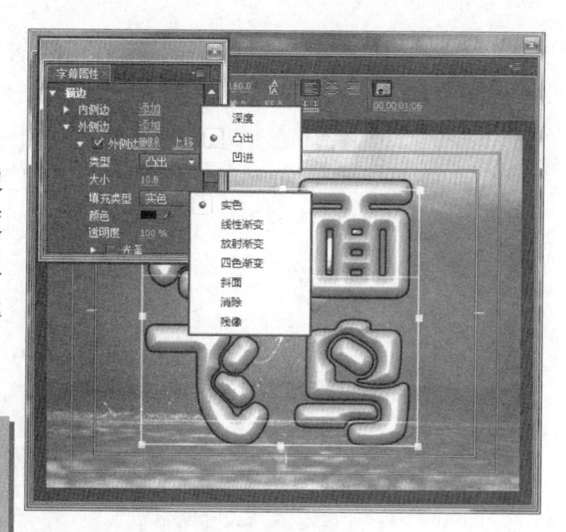

图 5-53　添加描边效果

2. 深度描边

当采用该方式进行描边时，Premiere 所绘描边只能出现在字幕的一侧。而且，描边的一侧与字幕相连，且描边宽度受到【大小】选项的控制，如图 5-54 所示。

注　意

当为字幕应用深度描边模式时，除【角度】选项用于控制深度描边的出现位置外，其他选项的作用及调整方式与【填充】选项组内的相应选项相同。

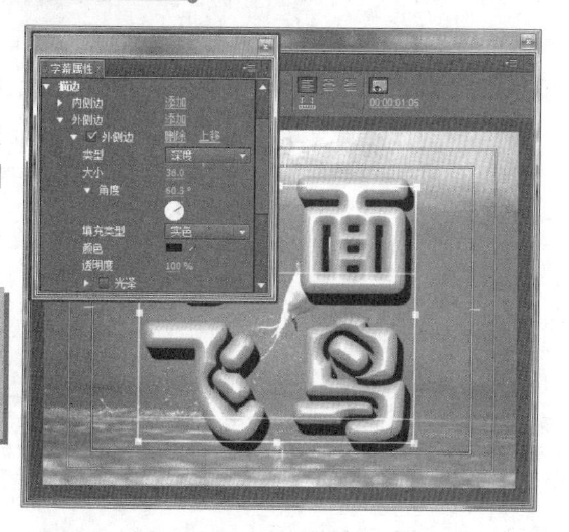

图 5-54　深度描边效果

3. 凹进描边

这是一种描边位于字幕对象下方，效果类似于投影效果的描边方式，如图 5-55 所示。

默认情况下，为字幕添加凹进描边时无任何效果。在调整【级别】选项后，凹进描边便会显现出来，并随着【级别】选项参数值的增大而逐渐“远离”字幕文本。至于【角度】选项，则用于控制凹进描边相对于字幕文本的偏离方向。

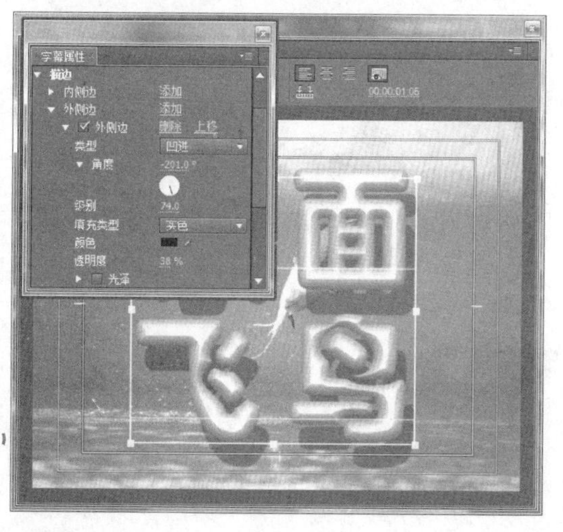

图 5-55　凹进描边效果

5.3.5　为字幕应用阴影效果

与填充效果相同的是，阴影效果也属于可选效果，用户只有在启用【阴影】复选框后，Premiere 才会为字幕添加投影。在【阴影】选项组中，各选项的含义及其作用如下。

- **色彩** 该选项用于控制阴影的颜色，用户可根据字幕颜色、视频画面的颜色，以及整个影片的色彩基调等多方面进行考虑，从而最终决定字幕阴影的色彩。
- **透明度** 控制投影的透明程度。在实际应用中，应适当降低该选项的取值，使阴影呈适当的透明状态，从而获得接近于真实情形的阴影效果。
- **角度** 该选项用于控制字幕阴影的投射位置。
- **距离** 用于确定阴影与主体间的距离，其取值越大，两者间的距离越远；反之，则越近。
- **大小** 默认情况下，字幕阴影与字幕主体的大小相同，而该选项的作用便是在原有字幕阴影的基础上，增大阴影的大小。
- **扩散** 该选项用于控制阴影边缘的发散效果，其取值越小，阴影就越为锐利；取值越大，阴影就越为模糊，如图 5-56 所示。

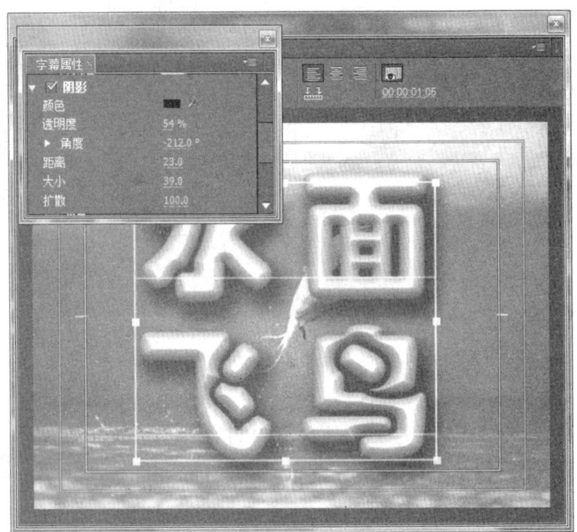

图 5-56 扩散效果

5.4 字幕样式

字幕样式即 Premiere 预置的字幕属性设置方案，作用是帮助用户快速设置字幕属性，从而获得效果精美的字幕素材。在【字幕】面板中，不仅能够应用预设的样式效果，还可以自定义文字样式。

5.4.1 载入并应用样式

在 Premiere 中，字幕样式的应用方法极其简单，用户只需在输入相应的字幕文本内容后，在【字幕样式】面板内单击某个字幕样式的图标，即可将其应用于当前字幕，如图 5-57 所示。

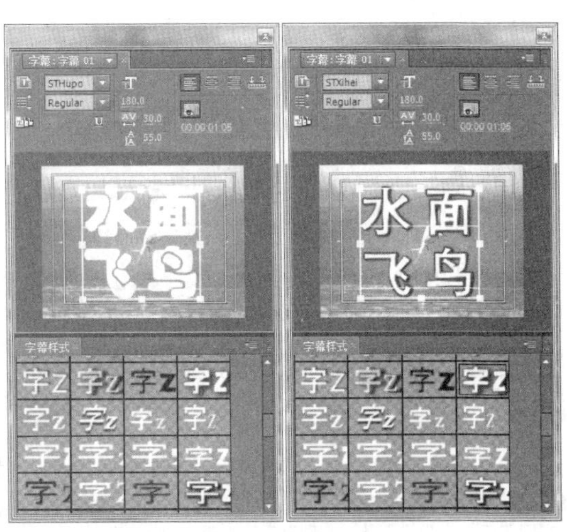

图 5-57 应用字幕样式

提 示

在为字幕添加字幕样式后，还可在【字幕属性】面板内设置字幕文本的各项属性，从而在字幕样式的基础上获取新的字幕效果。

如果需要有选择地应用字幕样式所记录的字幕属性，则可在【字幕样式】面板内右击字幕样式预览图后，执行【应用样式和字体大小】或【仅应用样式色彩及效果特性】命令，如图 5-58 所示。

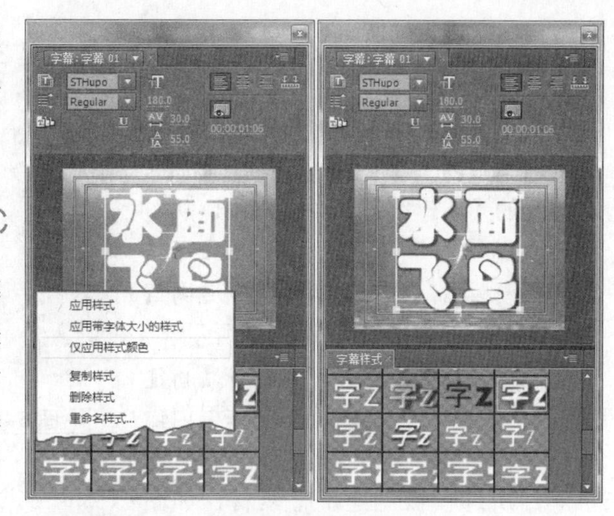

图 5-58 有选择地应用字幕样式

5.4.2 创建字幕样式

为了进一步提高用户创建字幕时的工作效率，Premiere 还为用户提供了自定义字幕样式的功能。这样一来，便可将常用的字幕属性配置方案保存起来，从而便于随后设置相同属性或相近属性的设置。

新建字幕素材后，使用【文字工具】在字幕编辑窗口内输入字幕文本。然后在【字幕属性】面板内调整字幕的字体、字号、颜色，以及填充效果、描边效果和阴影，如图 5-59 所示。

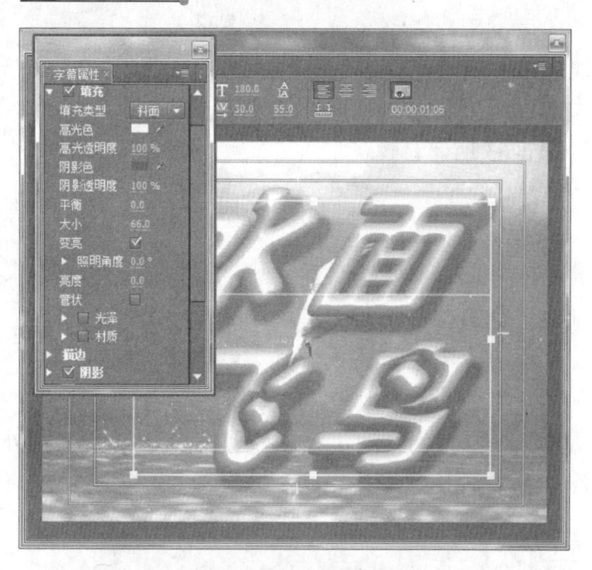

图 5-59 输入并设置文字属性

完成后，在【字幕样式】面板内单击【面板菜单】按钮，并执行【新建样式】命令。在弹出的【新建样式】对话框中输入字幕样式名称后，单击【确定】按钮，Premiere 便会以该名称保存字幕样式。此时，即可在【字幕面板】内查看到所创建字幕样式的预览图，如图 5-60 所示。

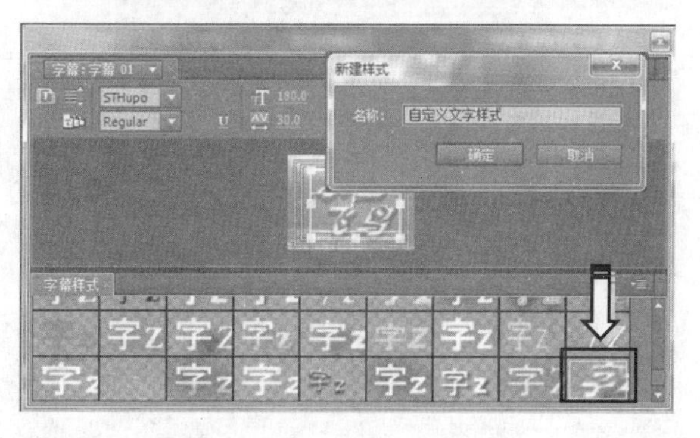

图 5-60 保存自定义字幕样式

5.5 字幕模板

Premiere 预置有大量精美的字幕模板，借助这些字幕模板可以快速完成字幕素材的创建工作，从而减少编辑项目所花费的时间，提高工作效率。而在 Premiere 中，既可以从模板新建字幕，还可以在新建的字幕中应用模板，以及将新建的字幕保存为模板。

5.5.1 使用字幕模板

Premiere 提供了多种应用字幕模板的方法，用户既可从字幕创建之初就应用字幕模板，也可在创建字幕的过程中应用字幕模板。

1. 基于模板创建字幕

在 Premiere 主界面中，执行【字幕】|【新建字幕】|【基于模板】命令。在打开的【新建字幕】对话框中，从左侧树状结构的字幕模板列表内选择某一字幕模板后，可在右侧预览区域内查看到该模板的效果，如图 5-61 所示。

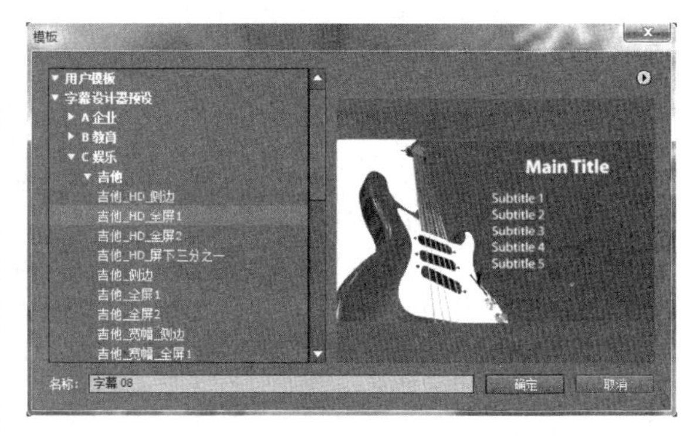

图 5-61　选择字幕模板

选择合适的字幕模板，并在【新建字幕】对话框内的【名称】文本框内输入字幕名称后，单击【确定】按钮，即可利用所选模板创建字幕素材，如图 5-62 所示。

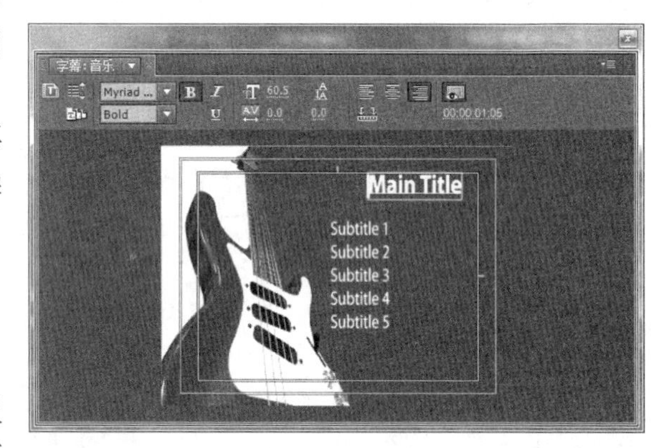

图 5-62　利用模板创建字幕

接下来，调整字幕文本、图形及其他元素的属性，并进行其他字幕编辑操作后，即可获得一个全新的字幕素材，如图 5-63 所示。

2. 为字幕应用字幕模板

Premiere 不仅能够直接从字幕模板创建字幕素材，还允许用户在编辑字幕的过程中应用字幕模板，其方法如下。

在【字幕】面板中，单击属性栏内的【模板】按钮，打开【模板】对话框，如图 5-64 所示。可以看出，除了无法设置字幕素材的名称外，【模板】对话框与之前所打开的【新建字幕】对话框完全相同。

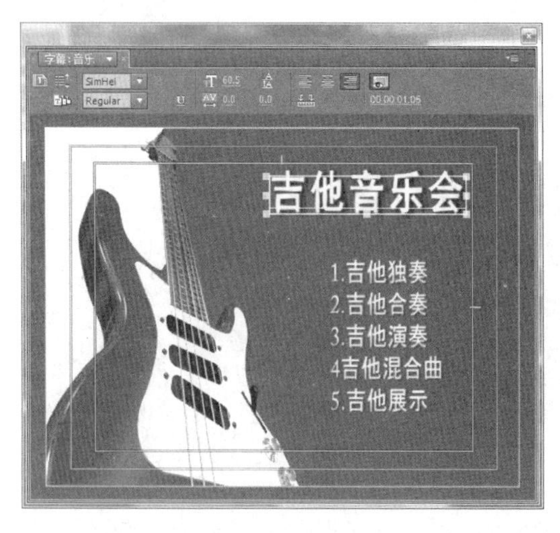

图 5-63　修改字幕内容

图 5-64　【模板】对话框

在【模板】对话框左侧的树状结构字幕模板列表内选择某一字幕模板后，单击对话框内的【确定】按钮，即可将其应用于当前字幕。接下来，用户所要做的便是根据需要修改字幕内容与属性，具体方法在此不再进行介绍。

注 意

在编辑字幕的过程中，按 Ctrl+J 键后，也可打开【模板】对话框。在应用字幕模板后，模板所记载的字幕会完全替换当前字幕，包括徽标、图形、字幕文本及其属性设置。

5.5.2 创建字幕模板

Premiere 不仅允许用户利用 Premiere 字幕模板快速创建字幕素材，还允许用户将常用的字幕素材保存为模板。这样一来，便可在随后的影片编辑工作中利用这些模板快速创建相同或类似的字幕素材。

Premiere 允许用户将当前所编辑的字幕保存为模板，其方法是，在字幕工作区中完成字幕的编辑工作后，在【字幕】面板内单击属性栏中的【模板】按钮。

在弹出的【模板】对话框中，单击模板预览区域上方的【黑三角】按钮。选择【导入当前字幕为模板】命令，并在弹出的对话框内设置模板名称后，即可将当前字幕设置为字幕模板。此时，Premiere 会在对话框左侧的模板列表中，将刚刚创建的自定义模板显示在【用户模板】项的下方，如图 5-65 所示。

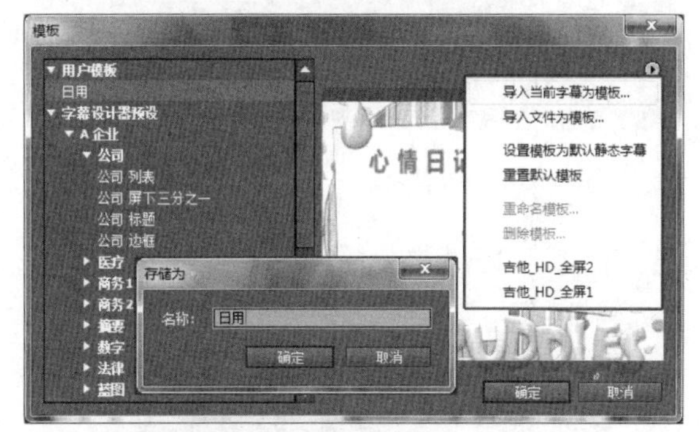

图 5-65 创建自定义模板

5.6 课堂练习：制作滚动字幕

本例制作滚动的字幕效果。通过学习创建滚动字幕，设置字幕样式，添加特效，使字幕看上去更加美观。再创建滚动字幕，作为桂林山水的介绍文本，设置其速度持续时间，调整字幕的滚动速度，保存文件，完成滚动字幕的制作，如图 5-66 所示。

图 5-66 制作滚动字幕

操作步骤

1　启动 Premiere，在【新建项目】对话框中单击【浏览】按钮，选择文件的保存位置。在【名称】栏中输入“制作滚动字幕”文本，单击【确定】按钮，即可创建新项目，如图 5-67 所示。

图 5-67　新建项目

2　在【项目】面板中右击，执行【导入】命令，在弹出的【导入】对话框中选择素材文件，导入到【项目】面板中，如图 5-68 所示。

图 5-68　导入素材

3　在【项目】面板中，选择“素材.mp4”，将其拖入【时间线】面板的“视频 1”轨道上，如图 5-69 所示。

4　在【项目】面板中选择素材“1.psd”，拖入【时间线】面板的“视频 2”轨道上。在【特效控制台】面板中，展开【运动】选项，设置“缩放比例”为 80，如图 5-70 所示。

5　在【时间线】面板中，右击素材“1.psd”，执行【速度/持续时间】命令，设置其“持续时间”为 1s，如图 5-71 所示。

图 5-69　添加素材

图 5-70　设置素材的缩放比例

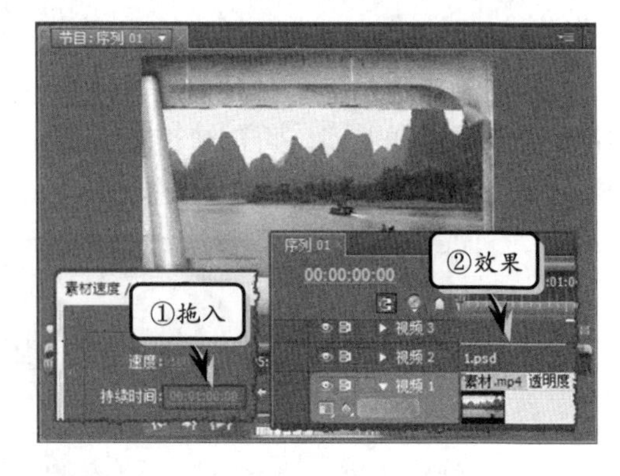

图 5-71　设置持续时间

提　示

也可以将鼠标置于素材的末端，当鼠标变为双向箭头时，拖动素材，调整其持续时间。

6　执行【字幕】|【新建字幕】|【默认滚动字

幕】命令，在弹出的【新建字幕】对话框中输入名称“桂林山水”，在【字幕】面板中输入文本，如图 5–72 所示。

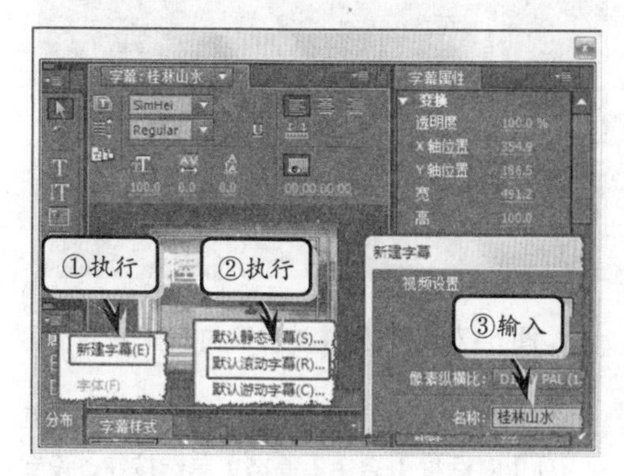

图 5–72　新建滚动字幕

技　巧

在【项目】面板的空白处右击，执行【新建分项】|【字幕】命令，也可以创建字幕。

7 在【字幕样式】面板中，应用“方正隶变金属”字体样式。在【字幕属性】面板中，设置“字体”为“方正行楷简体”，设置描边类型为“线性渐变”，第二个渐变滑块的颜色为 461101。设置“阴影角度”为–232°，距离为 10，如图 5–73 所示。

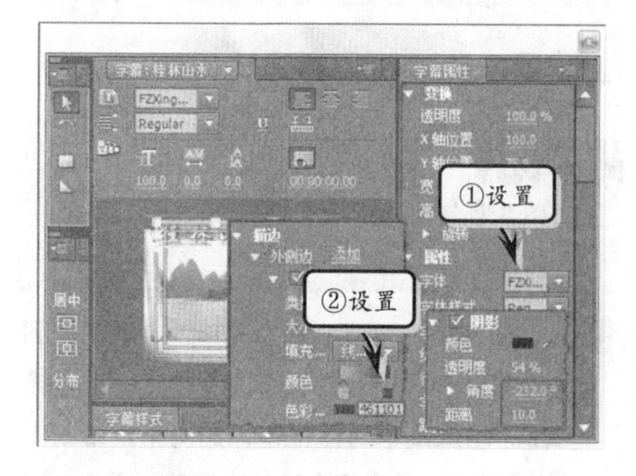

图 5–73　设置文本格式

8 执行【字幕】|【滚动/游动选项】命令，在弹出的对话框中启用【左游动】单选按钮，并启用【开始于屏幕外】复选框。如图 5–74 所示。

9 单击【关闭】按钮，即可创建字幕。将创建的字幕“桂林山水”拖至【时间线】面板的“视频 3”轨道上，如图 5–75 所示。

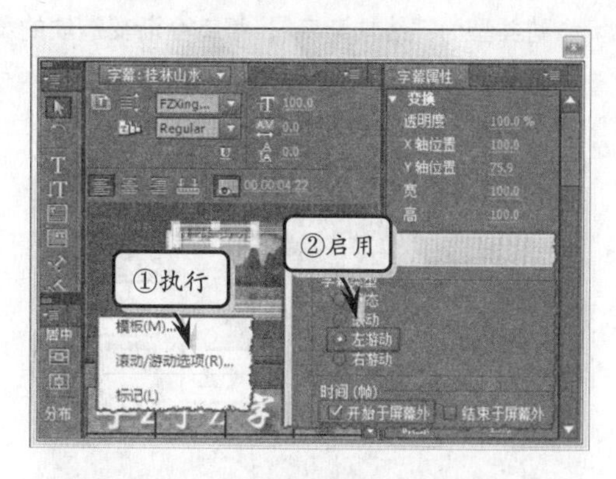

图 5–74　设置【滚动/游动选项】

图 5–75　添加字幕

10 执行【字幕】|【新建字幕】|【默认静态字幕】命令，新建字幕“光影”。在【字幕】面板中，选择【圆矩形工具】绘制圆矩形，如图 5–76 所示。

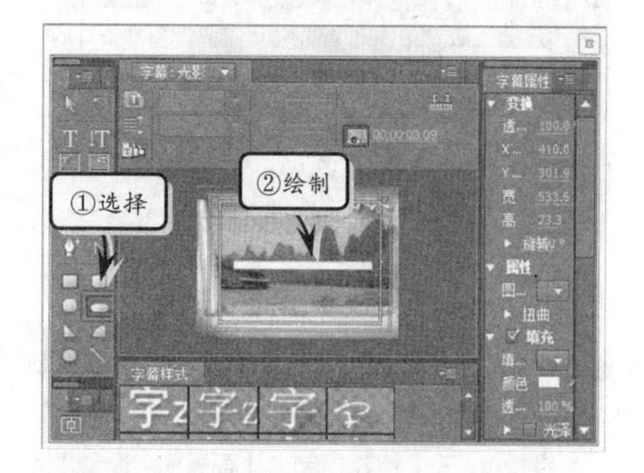

图 5–76　绘制圆矩形

11 选择圆矩形，在【字幕样式】面板中应用“方正隶变金属”字幕样式。在【字幕属性】面板中设置“高”为 6，“宽”为 100。设置描边类型为“线性渐变”，第二个渐变滑块的颜色为#703828，如图 5-77 所示。

图 5-77 设置圆矩形样式

提 示

展开【阴影】选项，设置【角度】为 0°，距离为 3。设置其【滚动/游动选项】和“桂林山水”文本相同。

12 在【时间线】面板中右击，执行【添加轨道】命令，在弹出的窗口中直接单击【确定】按钮，即可添加新视音频轨。将“光影”拖入“视频 4”轨道上，如图 5-78 所示。

图 5-78 添加视音频轨

13 在【效果】面板中，选择【波形弯曲】视频特效，添加到“视频 4”轨道上的“光影”素材上。在【特效控制台】面板中，设置“波形宽度”为 100，“波形速度”为 0.5，如图 5-79 所示。

图 5-79 设置【波形弯曲】参数

14 分别复制两个字幕素材，在【游动/滚动选项】对话框中启用【静态】单选按钮，设置其为静态，并分别放在相应的素材之后，如图 5-80 所示。

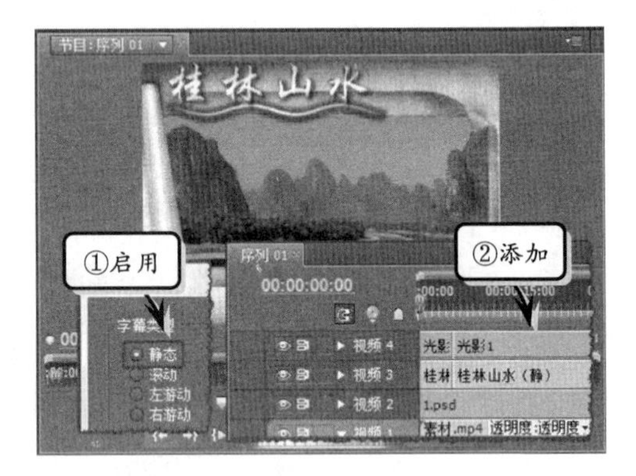

图 5-80 复制字幕素材

提 示

复制字幕素材，并重命名，双击复制的素材，打开【字幕】面板，再设置字幕属性。

15 新建“介绍”字幕，将文档中的文本复制到【字幕】面板中，并设置文本格式。在【滚动/游动选项】对话框中，启用【左游动】单选按钮，再启用【开始于屏幕外】、【结束于屏幕外】复选框，创建滚动字幕，如图 5-81 所示。

提 示

设置字体大小为 30，字体颜色为 5F2F01。

图 5-81 设置文本格式

16 新建视音频轨，拖动当前时间指示器至 00:00:02:20 位置处，将“介绍”字幕拖至“视频 5”轨道上，如图 5-82 所示。在【节目】面板中可预览动画效果，保存文件，完成滚动字幕的制作。

提 示

在【时间线】面板中右击“介绍”字幕，执行【速度/持续时间】命令，设置其持续时间为 1s。

图 5-82 添加字幕

5.7 课堂练习：制作漂浮的文字动画

本例制作漂浮的文字动画效果。通过学习创建默认静态字幕，设置文本格式等新建字幕。再为其添加视频特效，为文本添加动画效果，使画面更加生动，完成漂浮文字动画的制作，如图 5-83 所示。

图 5-83 漂浮的文字动画

操作步骤

1 启动 Premiere，在【新建项目】面板中，单击【浏览】按钮，选择文件的保存位置。在

【名称】栏中输入“制作漂浮的字幕效果”文本，单击【确定】按钮，即可创建新项目，如图 5-84 所示。

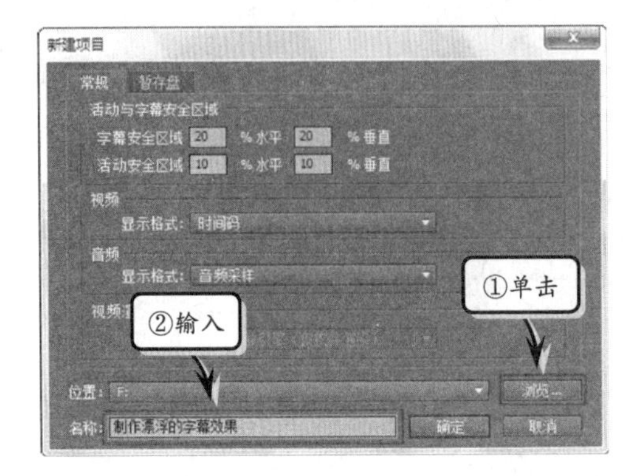

图 5-84 新建项目

2 在【项目】面板中双击空白处，打开【导入】对话框，选择素材“背景”，导入到【项目】面板中，如图 5-85 所示。

图 5-85 导入素材

3 选择“背景.psd”素材，将其拖至【时间线】面板的“视频 1”轨道上，如图 5-86 所示。

图 5-86 添加素材

4 在【特效控制台】面板中，展开【运动】选项，设置其缩放比例为 83，如图 5-87 所示。

图 5-87 设置缩放比例

5 执行【字幕】|【新建字幕】|【默认静态字幕】命令，新建字幕 1。在字幕面板中输入“春天来啦”文本，如图 5-88 所示。

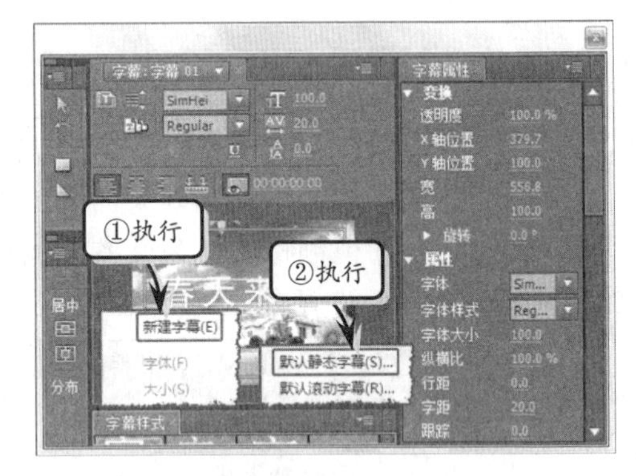

图 5-88 新建字幕

6 在【字幕属性】面板中，设置“字距”为 20，“字体”为“方正卡通简体”，并在【字幕样式】面板中，应用“汉仪凌波”字幕样式，如图 5-89 所示。

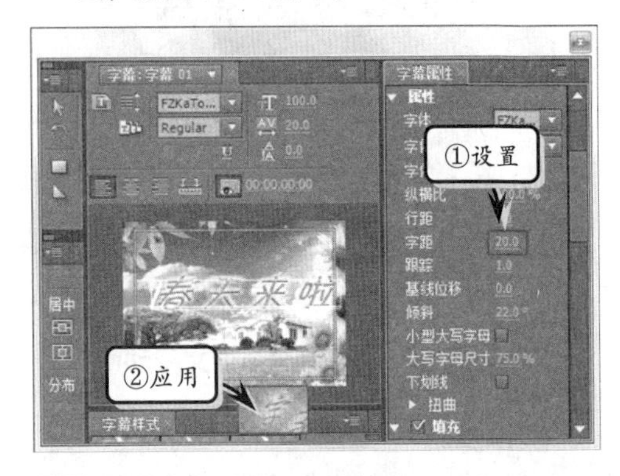

图 5-89 设置文本格式

7 关闭【字幕】面板，在【项目】面板中自动保存字幕。将字幕拖入【时间线】面板的“视频 2”轨道上，如图 5-90 所示。

图 5-90 添加字幕素材

8 在【效果】面板中，选择【块溶解】视频特效，添加到“视频 2”轨道上的字幕素材上，如图 5-91 所示。

图 5-91 添加【块溶解】视频特效

9 在【特效控制台】面板中，添加【过渡完成】关键帧。拖动当前时间指示器至 00:00:00:00 位置处，设置“过渡完成”为 100%，拖动当前时间指示器至 00:00:01:00 位置处，设置过渡完成为 0%，如图 5-92 所示。

10 在【效果】面板中选择【弯曲】视频特效，添加到“视频 2”轨道上的字幕素材上，如图 5-93 所示。

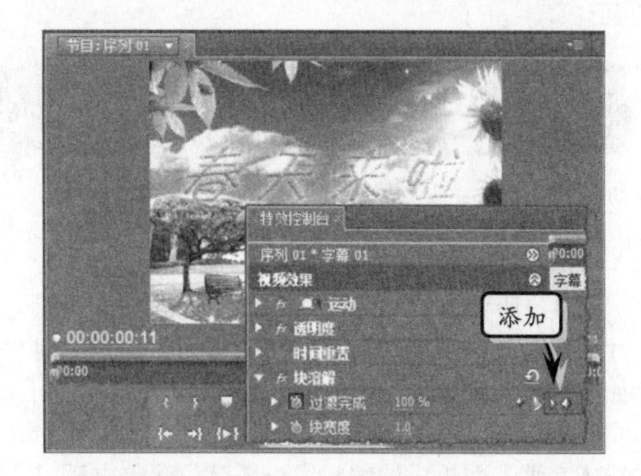

图 5-92 添加关键帧

图 5-93 添加【弯曲】视频特效

11 在【特效控制台】面板中，展开【弯曲】特效，设置“水平强度”为 40，“水平速度”为 7，“水平宽度”为 45，“垂直强度”为 60，如图 5-94 所示。在“节目”面板中，可预览动画效果，保存文件，完成漂浮字幕效果的制作。

图 5-94 设置【弯曲】参数

5.8 思考与练习

一、填空题

1．所谓＿＿＿＿＿，是指在视频素材和图片素材之外，由用户自行创建的可视化元素，例如文字、图形等。

2．在字幕工作区中，使用【＿＿＿＿＿】在【字幕】面板内的编辑窗口任意位置单击后，即可输入相应文字，从而创建水平文本字幕。

3．＿＿＿＿＿字幕的特点是能够通过调整路径形状而改变字幕的整体形态，但必须依附于路径才能够存在。

4．根据素材类型的不同，Premiere 中的字幕素材分为静态字幕和动态字幕两大类型，其中动态字幕又分为＿＿＿＿＿字幕和滚动字幕。

5．在 Premiere 中，描边分为＿＿＿＿＿描边和＿＿＿＿＿描边两种类型。

二、选择题

1．在下列选项中，不属于 Premiere 文本字幕类型的是＿＿＿＿＿。

A．水平文本字幕
B．垂直文本字幕
C．路径文本字幕
D．矢量文本字幕

2．Premiere 字幕包含文本、图形、＿＿＿＿共 3 种内容元素，通过有机地组合这些元素，用户可以创建出各种各样精美的字幕素材。

A．图标　　B．标志
C．表格　　D．蒙版

3．在下列选项中，不属于字幕填充类型的是＿＿＿＿＿。

A．实色填充　　B．线性渐变填充
C．三维填充　　D．残像填充

4．在下列关于字幕的介绍中，描述错误的是＿＿＿＿＿。

A．Premiere 拥有强大的字幕创建与编辑功能，但实际上字幕在整个影片中的作用并不突出
B．字幕样式的功能是保存字幕属性的预设方案，这使得用户能够快速为众多字幕元素应用相同的属性设置方案
C．字幕是现代影片中的重要组成部分，包含文本、徽标、图形等多种不同类型
D．根据字幕播放样式的不同，Premiere 将字幕分为静态字幕和动态字幕两种类型

5．选择字幕对象后，只需在【＿＿＿＿＿】面板内单击某个字幕样式的图标，即可将该样式应用于当前所选字幕。

A．字幕　　B．工具
C．样式　　D．属性

三、问答题

1．字幕包括哪些类型？
2．如何创建路径文字？
3．简述标志字幕的制作方法。
4．字幕的填充类型包括哪几类？
5．如何创建字幕样式？

四、上机练习

1．创建心形字幕

心形字幕的创建方法，首先要使用【路径文字工具】创建心形路径。然后使用相同的工具输入文字或者字幕即可。当然还可以为文字设置填充颜色、阴影等属性，如图 5-95 所示。

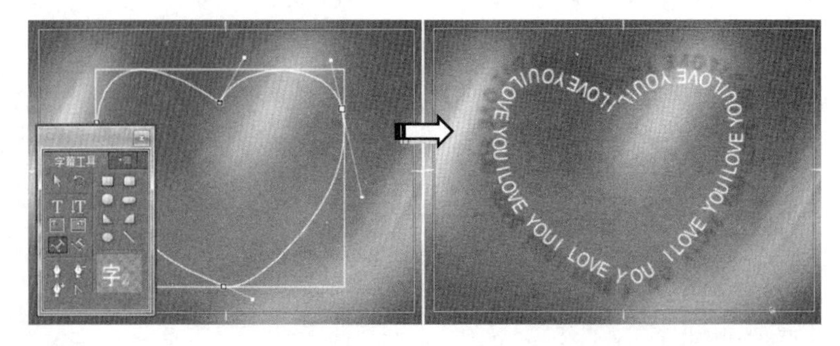

图 5-95　心形字幕效果

2. 快速制作样式字幕

在 Premiere【字幕】面板组中，还包括【字幕样式】面板。只要使用文字工具输入文字后，就可以在该面板中单击任何一个样式图标，从而使文字应用该样式，省去属性设置，如图 5-96 所示。

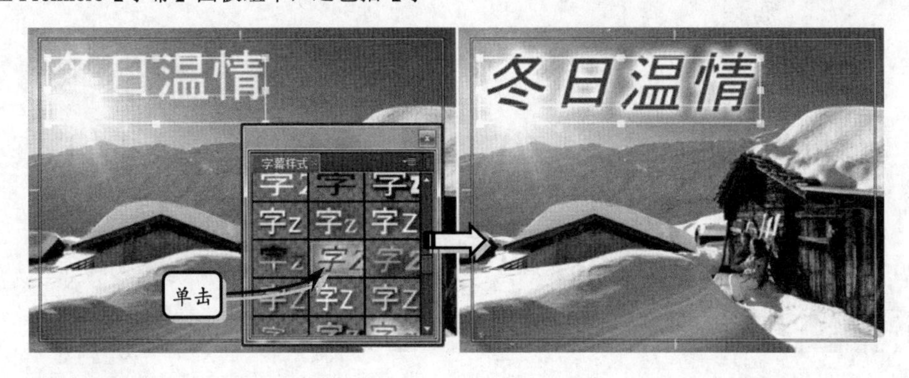

图 5-96 字幕样式效果

第 6 章

预设动画与关键帧

运动是视频的主要特征，它不仅可以给人带来趣味，还可以提高各种表现形式的影响力。Premiere 为用户提供了强大的动画支持，使得视频作品更加丰富多彩。而为素材添加移动、旋转、变换与放大等各种不同的运动效果，其关键是为素材添加关键帧。

在本章中，将介绍如何为素材添加关键帧，并且通过设置关键帧中的选项参数，从而达到运动动画的效果。而为了使用户更加方便、快捷地运用运动动画，Premiere 还准备了预设动画。

本章学习要点：

- 添加关键帧
- 编辑关键帧
- 创建运动动画
- 添加与应用预设动画特效

6.1 创建运动特效

影片的运动特效是通过后期制作与合成技术形成的效果，其内容包括视频在画面上的移动、变形和缩放等。尽管 Premiere 不是专门的动画制作软件，但却具有强大的运动生产功能。通过 Premiere 中的相应设置，即可轻松地使静态素材画面产生运动效果。

6.1.1 设置关键帧

视频运动效果的设置是通过 Premiere 中的【时间线】面板或者【特效控制台】面板完成的，而这种运动设置均是建立在关键帧的基础上。

帧是影片中的最小单位，而关键帧是指若干帧的第一帧和最后一帧。关键帧与关键帧之间的动画效果可以由软件来创建，被称为过渡帧或者中间帧。

在 Premiere 中，使用关键帧技术可以控制视频或者音频滤镜的变化。通过在素材中设置多个关键帧，滤镜特效将随着不同的关键帧参数发生变化，并将特效的渐变过程附加到过渡帧中。

1. 添加关键帧

当要为视频素材添加运动特效时，便需要为素材添加多个关键帧。在 Premiere 中，为素材添加关键帧可以通过【时间线】或者【特效控制台】面板两种方式来完成。

通过【时间线】面板，可以在素材中快速添加或者删除关键帧，并可以控制关键帧在【时间线】面板中是否可见。

若要使用该方式添加关键帧，只需在【时间线】面板中，选择要添加关键帧的素材，并将当前时间指示器拖动到要添加关键帧的位置。然后，单击【添加-移除关键帧】按钮即可，如图 6-1 所示。

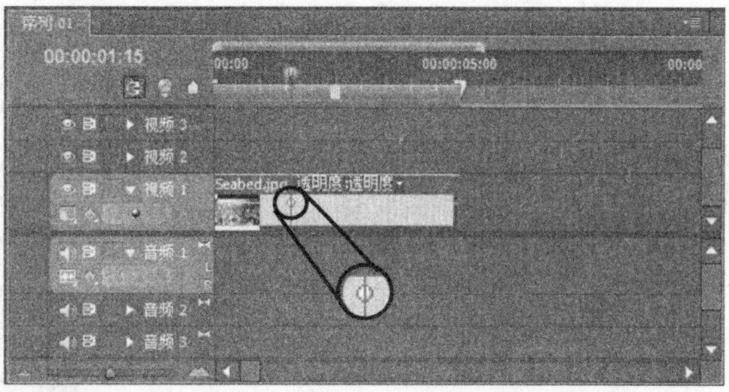

图 6-1 在【时间线】面板中添加关键帧

提 示

在【时间线】面板上添加关键帧后，保持当前时间指示器的位置不变，再次单击【添加-移除关键帧】按钮，即可将该位置上的关键帧删除。

若要隐藏关键帧在【时间线】面板中的显示，只需要单击【显示关键帧】下三角按钮，选择【隐藏关键帧】命令即可，如图 6-2 所示。

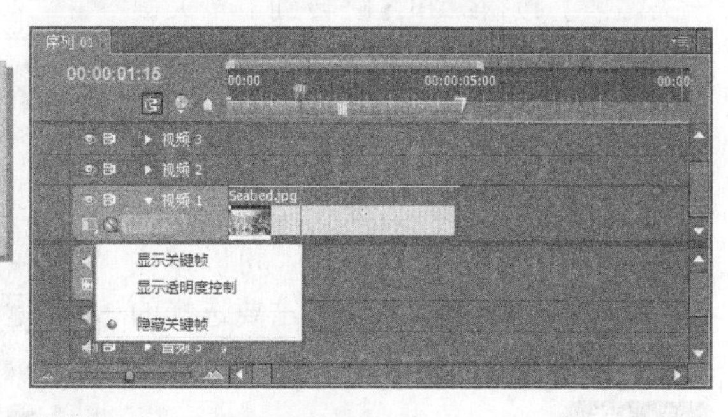

图 6-2 隐藏关键帧

而在【特效控制台】面板中，不仅可以添加或删除关键帧，还可以通过对关键帧各项参数的设置，来实现素材的运动效果。

若要利用【特效控制台】面板添加关键帧，需要先在【时间线】面板中选中要添加关键帧的素材。此时，在【特效控制台】面板中，将显示该素材具有的视频效果，如图 6-3 所示。

在该面板中，单击【位置】左侧的【切换动画】按钮，即可在当前位置上创建一个关键帧，如图 6-4 所示。若要在其他位置上继续添加关键帧，则只需单击【添加-移除关键帧】按钮即可。当添加关键帧后，就可以在【特效控制台】面板中对其参数进行设置。

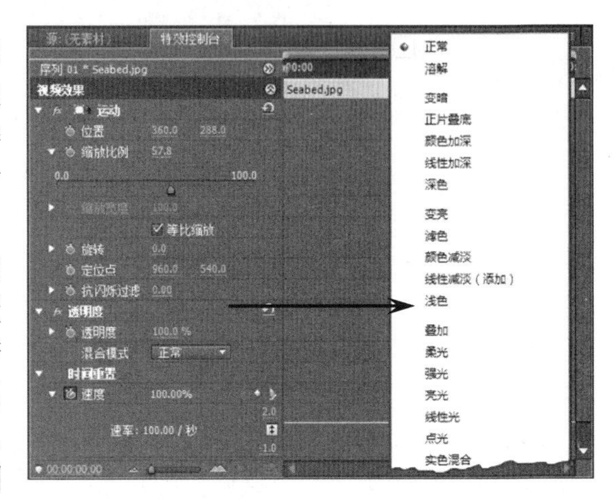

图 6-3 【特效控制台】面板

2. 移动关键帧

为素材添加关键帧之后，如果需要将关键帧移动到其他位置，只需选择要移动的关键帧，单击并拖动鼠标至合适的位置，然后释放鼠标即可，如图 6-5 所示。

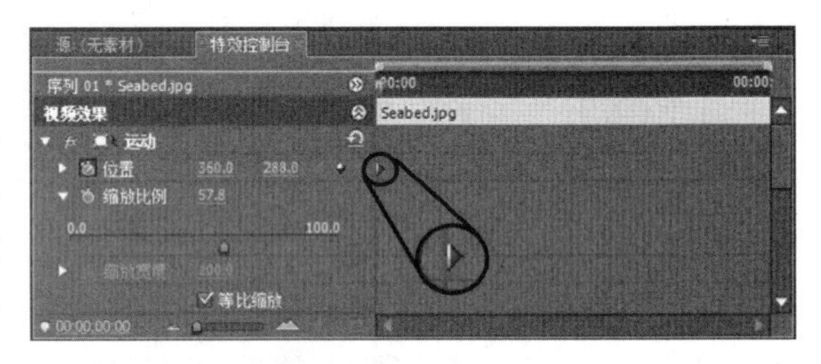

图 6-4 创建关键帧

3. 选择关键帧

编辑素材关键帧时，需要先选择关键帧，然后才能进行操作。如果要选择关键帧，直接利用鼠标单击要选择的关键帧即可。除此之外，还可以利用面板中的功能按钮来选择关键帧。

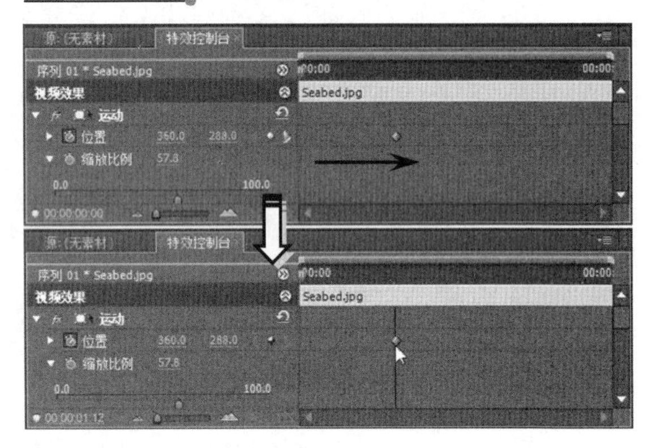

图 6-5 移动关键帧

无论是在【时间线】还是在【特效控制台】面板中，当某段素材上含有多个关键字时，可以通过单击【跳转到前一关键帧】按钮和【跳转到下一关键帧】按钮，在各关键帧之间进行选择，如图 6-6 所示。

另外，还可以同时选择多个关键帧，进行统一编辑。若要在【特效控制台】面板中选择多个关键帧，可以按住 Ctrl 键或者 Shift 键，依次单击要选择的各个关键帧即可，如图 6-7 所示。

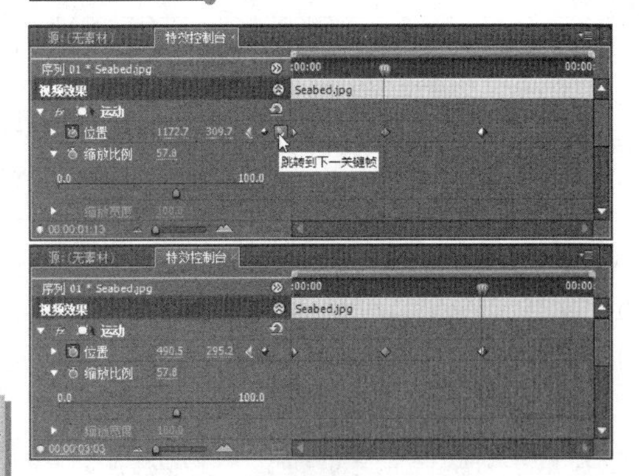

图 6-6 选择关键帧

注 意

若要在【时间线】面板中同时选择多个关键帧，则必须按住 Shift 键。如果使用 Ctrl 键，将不能完成多个关键帧的同时选择。

4. 复制与粘贴关键帧

在设置影片运动特效的过程中，如果某一素材上的关键帧具有相同的参数，则可以利用关键帧的复制和粘贴功能。

若要将某个关键帧复制到其他位置，可以在【特效控制台】面板中，右击要复制的关键帧，选择【复制】命令。然后将当前时间指示器拖动到新位置，选择【粘贴】命令即可，如图 6-8 所示。

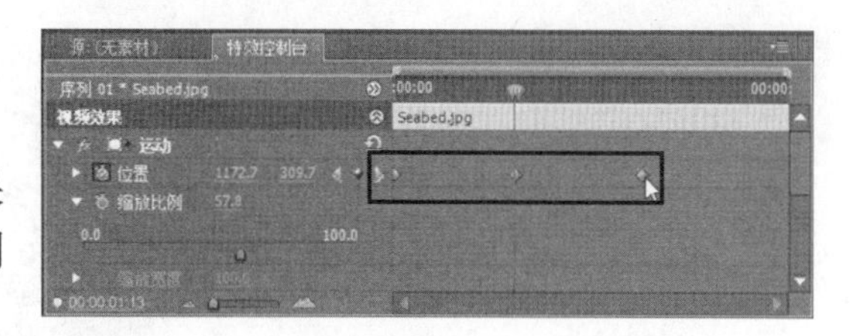

图 6-7 同时选择多个关键帧

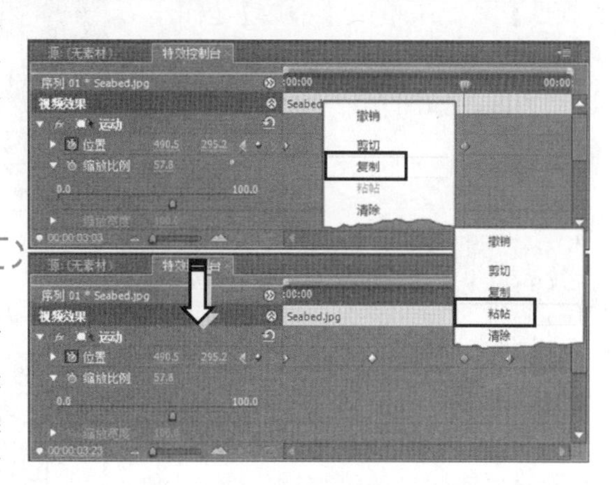

图 6-8 复制与粘贴关键帧

6.1.2 快速添加运动效果

在 Premiere 中，如果要为影片素材添加简单的运动特效，可以利用软件记录关键帧功能。使用该功能，对素材所做的操作都将自动记录为相应的关键帧，从而实现素材的运动效果。

若要利用 Premiere 的记录关键帧功能为素材添加运动效果，只需在【节目】面板中，选择要添加运动效果的素材。此时，所选素材的周围将出现 8 个控制柄，如图 6-9 所示。

图 6-9 选中素材

在【特效控制台】面板中，单击【运动】选项组中的【位置】左侧的【切换动画】按钮，添加一个关键帧，并在【节目】面板中，拖动素材的中心控制点至下方，如图 6-10 所示。

在【特效控制台】面板中，拖动当前时间指示器至合适的位置，再次在【节目】面板中调整素材的位置。此时，该操作将被记录为关键帧并显示在【特效控制台】面板中，如图 6-11 所示。

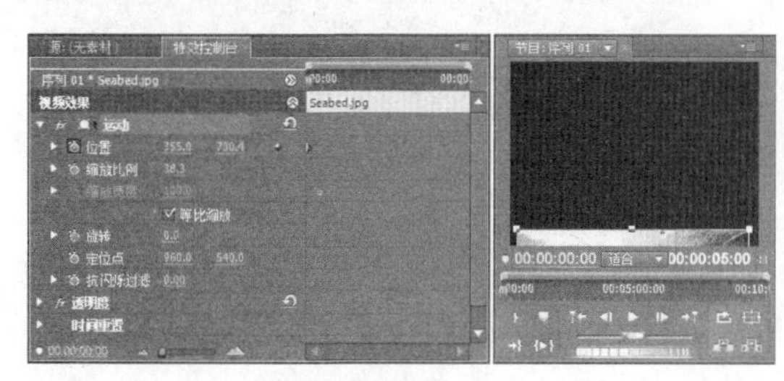

图 6-10 移动素材中心点

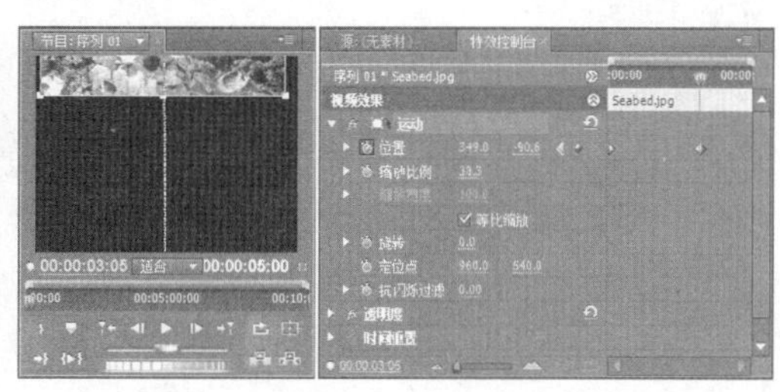

图 6-11 自动记录关键帧

提　示

使用相同的方法，分别调整【特效控制台】面板中当前时间指示器位置，以及【节目】面板中素材的相应位置，记录运动特效的其他关键帧。

所有关键帧记录完成之后，在【节目】面板中单击【播放】按钮，即可预览素材从下至上逐渐移动的运动特效，如图6-12所示。

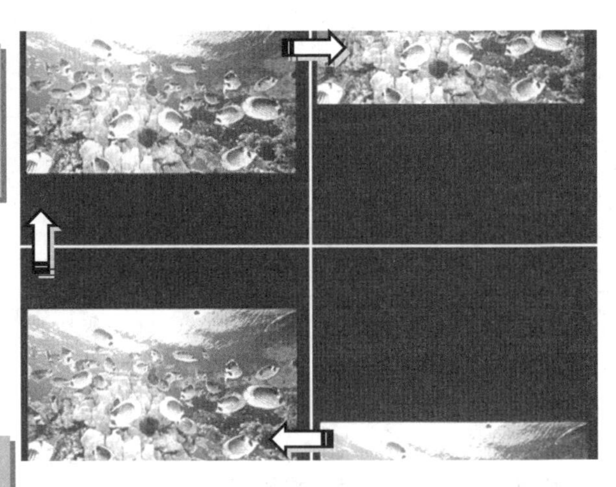

图 6-12　素材的运动特效

提　示

在【节目】面板中移动素材的位置，只能对素材本身应用运动效果，而不能对素材的指定部分应用运动效果。

这时，在【节目】面板中将显示一条表示素材运动路径的直线。它是由一系列点组成的，点的密度越大，表示素材的运动速度越慢；反之，则表示素材的运动速度越快。

在改变关键帧位置的同时，改变控制线的方向和角度，从而可以得到许多简单的直线运动效果，比如水平运动、垂直运动以及斜角运动等，如图6-13所示。

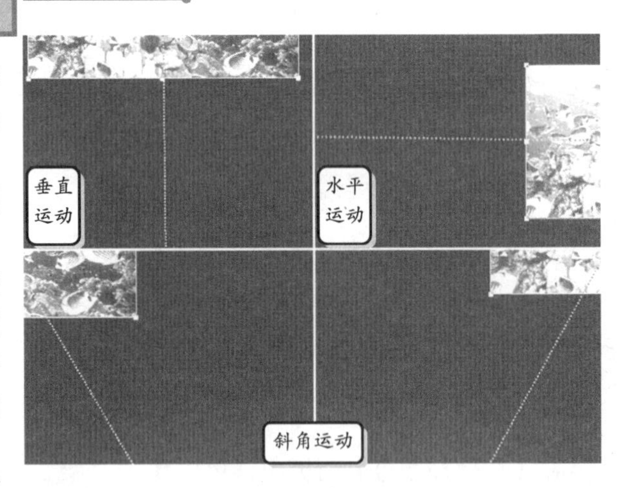

图 6-13　直线运动效果

设置运动路径时，如果需要素材沿平滑曲线进行运动，则需要在直线运动路径上添加多个关键帧并调整其位置。方法是，在【特效控制台】面板中将当前时间指示器拖动到要添加关键帧的位置，并单击【添加/移除关键帧】按钮，添加一个关键帧。然后在【节目】面板中移动该关键帧的位置即可，如图6-14所示。

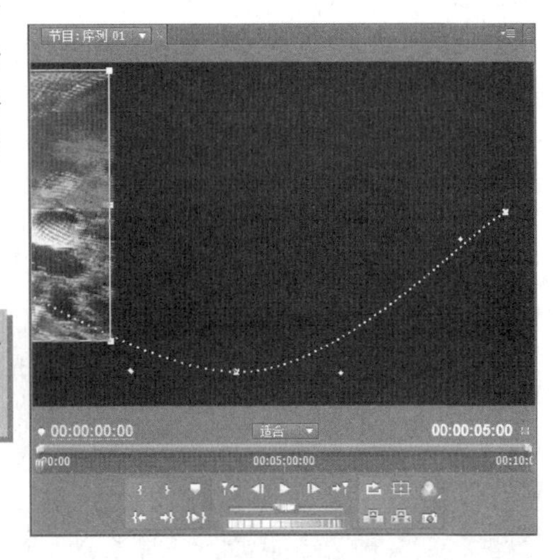

图 6-14　曲线运动路径

技　巧

【特效控制台】面板中的关键帧与路径中的节点是对应的。另外，在【时间线】面板中也可以添加关键帧，更改运动路径。

6.1.3　更改不透明度

在制作影片过程中，还可以更改素材的透

明度，进行各素材之间的混合处理。若要更改素材的透明度，只需选择要更改透明度的素材，在【特效控制台】面板中，单击并拖动【透明度】选项滑块，或者直接输入新数值，均可以改变素材的透明度效果，如图 6-15 所示。

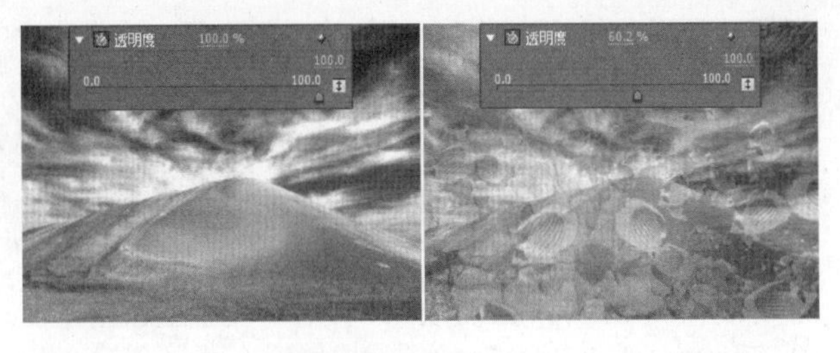

图 6-15　更改透明度效果

默认情况下，利用滑块更改透明度时将针对整个素材。若要更改素材指定位置上的透明度，只需在【特效控制台】面板中，拖动当前时间指示器至合适位置，并添加关键帧，即可制作出渐显渐隐的效果，如图 6-16 所示。

技　巧

在调节线上，向下拖动关键帧，即可降低其透明度的值，当将关键帧拖动到最下方时，其透明度为 0。

在【透明度】选项组中，还能够设置素材的混合模式效果，该选项中包括 25 个子选项。但是该选项只能够针对整个素材，不能够在素材指定位置上设置，如图 6-17 所示。

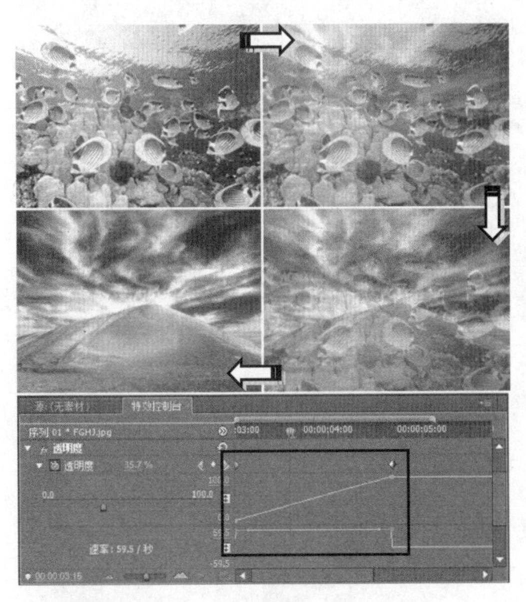

图 6-16　透明度动画

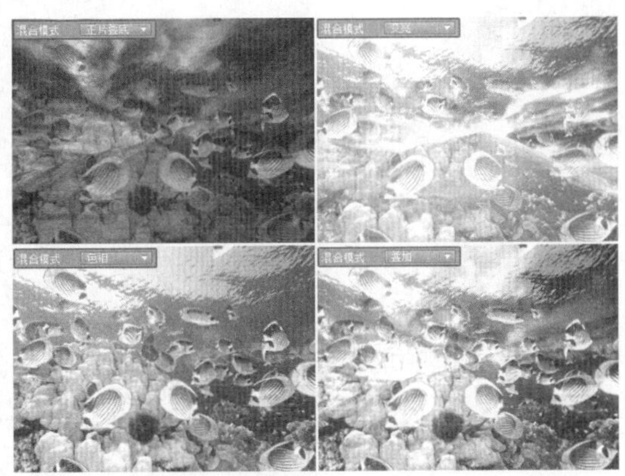

图 6-17　混合模式

6.2　缩放和旋转运动特效

在 Premiere 中，除了调整素材位置实现的运动特效外，素材的旋转和缩放也是较常见的两种运动效果。利用 Premiere 的【特效控制台】面板，即可轻松实现素材的旋转和缩放。

6.2.1 缩放运动特效

【缩放】运动特效是通过调整不同关键帧上素材的大小来实现的。若要制作【缩放】运动效果，只需在【特效控制台】面板中，单击并拖动【运动】选项组中的【缩放比例】滑块，即可设置素材的缩放大小，如图 6-18 所示。

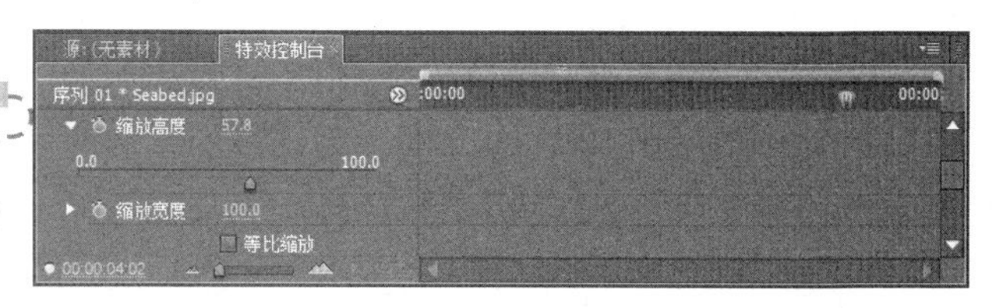

图 6-18 【缩放比例】的参数设置

拖动【缩放比例】滑块将调整整个素材大小。若要制作逐渐放大或者逐渐缩小的运动特效，需要在【特效控制台】面板中，单击【缩放比例】选项组中的【切换动画】按钮，添加一个关键帧，如图 6-19 所示。

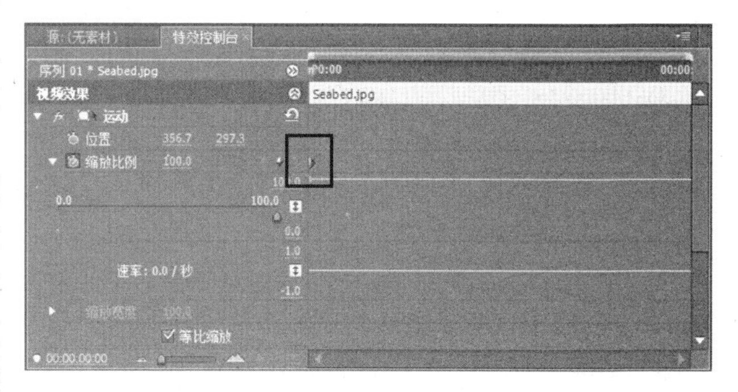

图 6-19 添加【缩放比例】关键帧

先将时间视图中的当前时间指示器拖动到合适的位置，添加第二个关键帧，并设置其【缩放比例】为 50，如图 6-20 所示。

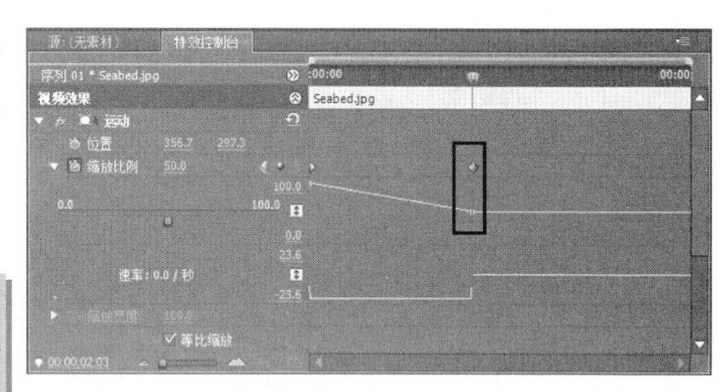

图 6-20 设置第二个关键帧

提 示

在【缩放比例】选项组中，默认情况下将启用【等比缩放】选项。若禁用该选项，则可以分别设置素材宽度和高度的缩放比例。

使用相同的方法，添加其他关键帧，并设置关键帧位置上素材的缩放比例，如图 6-21 所示。

所有关键帧的缩放比例设置完成之后，在【节目】面板中单击【播放】按钮，即可创建出素材逐渐缩小的运动特效，如图 6-22 所示。

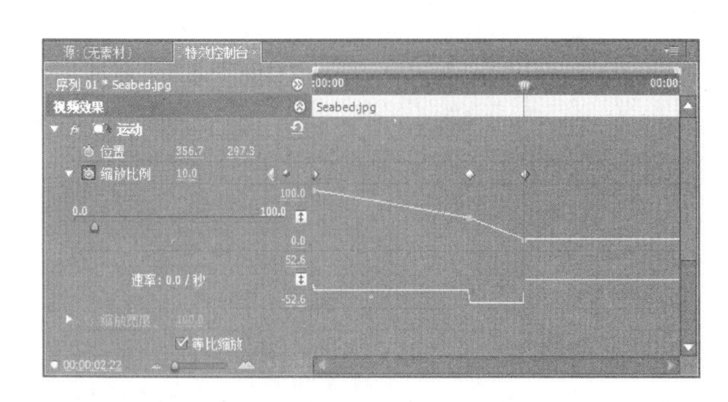

图 6-21 添加其他关键帧

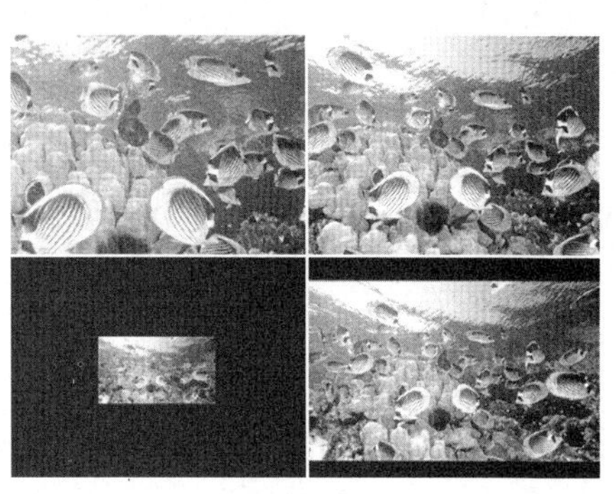

图 6-22 【缩放】运动特效

6.2.2 旋转运动特效

【旋转】运动特效是指使素材围绕指定的轴线进行转动，最终使其恢复到原始状态的运动过程。在 Premiere 中，可以通过调整素材的方向来制作【旋转】运动特效。

图 6-23 【旋转】参数

若要制作【旋转】运动效果，只需选择相应素材，并在【特效控制台】面板中，单击【旋转】选项中的角度圆盘，或者直接输入数值即可，如图 6-23 所示。

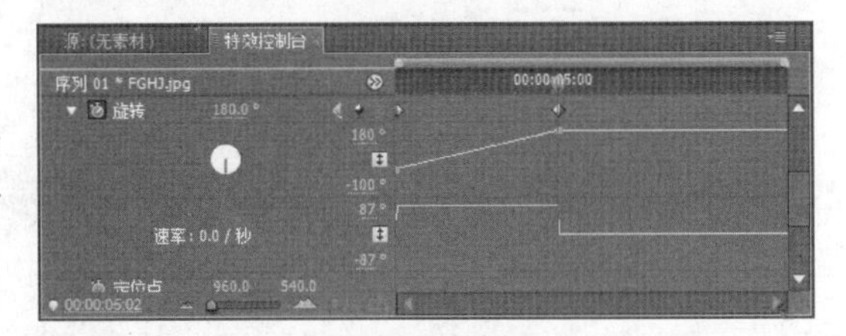

图 6-24 设置旋转角度

在【特效控制台】面板中，单击【旋转】选项组左侧的【切换动画】按钮，添加一个关键帧。然后拖动当前时间指示器至合适的位置，添加第二个关键帧，并设置素材的旋转角度，如图 6-24 所示。

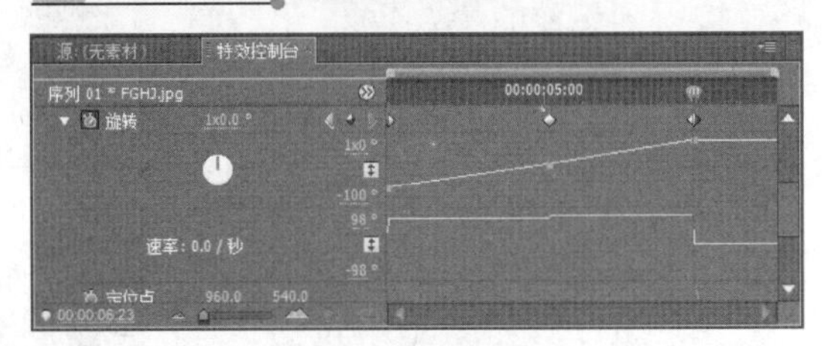

图 6-25 添加其他关键帧

使用相同方法，为该素材添加其他关键帧，并设置各关键帧位置上素材的旋转角度，如图 6-25 所示。

在【节目】面板中单击【播放】按钮，即可预览素材的旋转运动特效，如图 6-26 所示。

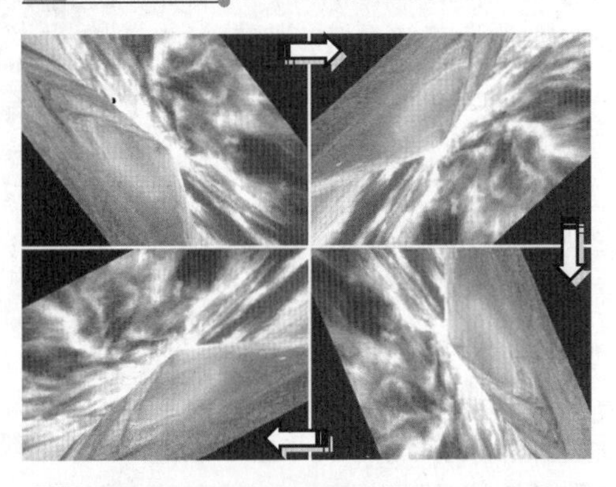

图 6-26 旋转运动特效

在【特效控制台】面板中，【定位点】用于设置旋转运动特效围绕的中心位置。当改变【定位点】选项参数后，即可在现有的旋转运动特效中改变旋转中心点，如图 6-27 所示。

注 意

当单击【定位点】选项左侧的【切换动画】按钮后，在【旋转】选项的关键帧位置创建该选项关键帧，并且设置不同的定位点参数，即可得到不同旋转中心的旋转运动效果。

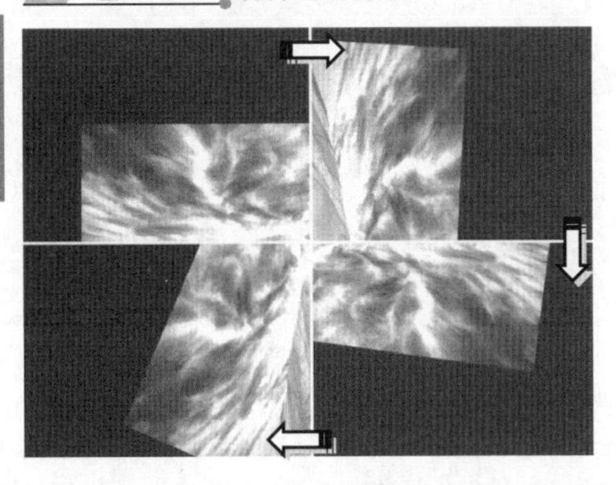

图 6-27 改变定位点旋转运动特效

6.3 预设动画特效

在 Premiere 中，针对视频素材中的各种情况准备了不同的特效，比如过渡的音频与视频特效、用于调整素材色调的特效以及改变画面质量的特效等。而要应用这些特效，除了需要将其添加至轨迹的素材中，还需要在【特效控制台】面板中进行选项参数的设置，比如用于调整素材画面色彩的【色彩校正】特效等。

当不熟悉视频特效操作时，可以使用【预设】特效组中的各种特效，直接添加至素材中，显示预设的效果，基本可以解决视频画面中所遇到的各种效果。

6.3.1 画面特效

在【预设】动画特效组中，有一些特效是专门用来修饰视频画面效果的，比如，【斜角边】与【卷积内核】特效。添加这些特效组中的预设特效，能够直接得到想要的特效效果。

1. 斜角边

【斜角边】特效组中的特效添加至素材后，即可在视频画面中显示出相应的效果。其中该特效组中包括“厚斜边”与“薄斜边”特效，两个特效是同一个特效的不同参数所得到的效果，如图 6-28 所示。

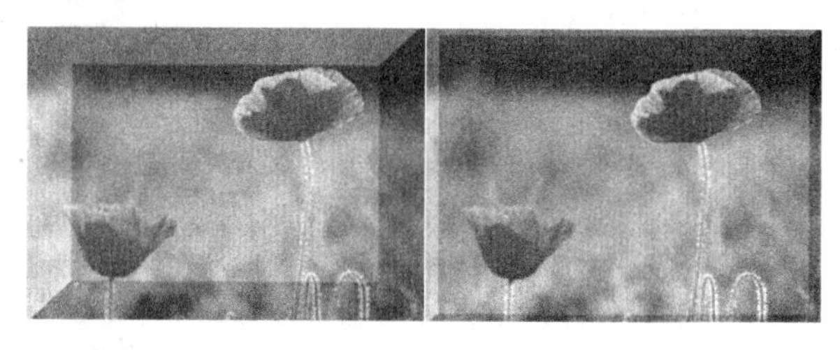

图 6-28 “厚斜边”与“薄斜边”特效

2. 卷积内核

【卷积内核】特效组与“视频特效”|“调整”中的【卷积内核】特效基本相同，只是后者是需要设置的特效；前者不需要设置，只要将特效添加至素材后，视频画面即可显示出与特效名称相符的效果，如图 6-29 所示。

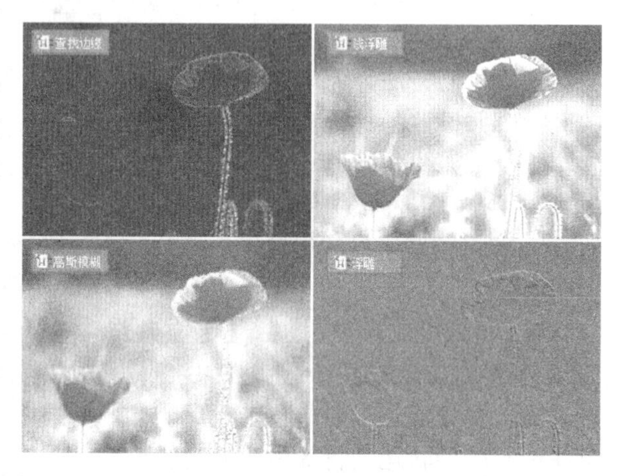

图 6-29 【卷积内核】特效组效果

6.3.2 入画与出画预设动画

【预设】特效组中，有一部分特效专门用来设置素材在播放的开始或是结束时的画面效果。由于这些特效带有动画效果，所以也添加了关键帧。

1. 旋转扭曲

【旋转扭曲】特效组能够为画面添加扭曲效果，而该特效组中包括【旋转扭曲入】与【旋转扭曲出】两个特效。这两个特效效果相同，只是播放时间不同，一个是在素材播放开始时显示；一个是在素材播放结束时显示，如图 6-30 所示。

2. 曝光过度

【曝光过度】特效组改变画面色调显示曝光效果，虽然同样是曝光过度效果，但是入画与出画曝光效果除了在播放时间方面不一样，其效果也完全相反，图 6-31 所示为【曝光过度入】特效效果。

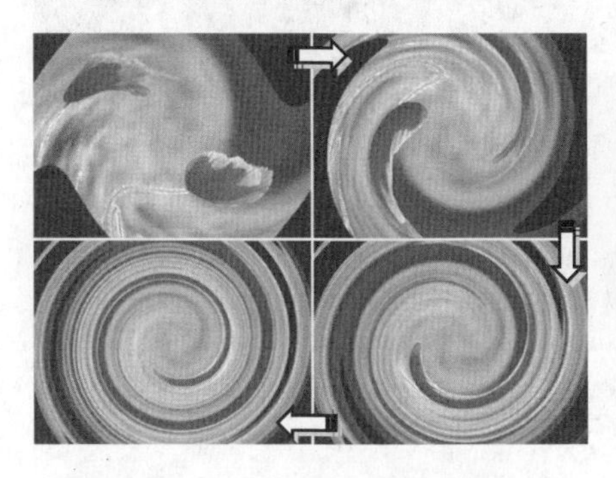

图 6-30 【旋转扭曲】特效

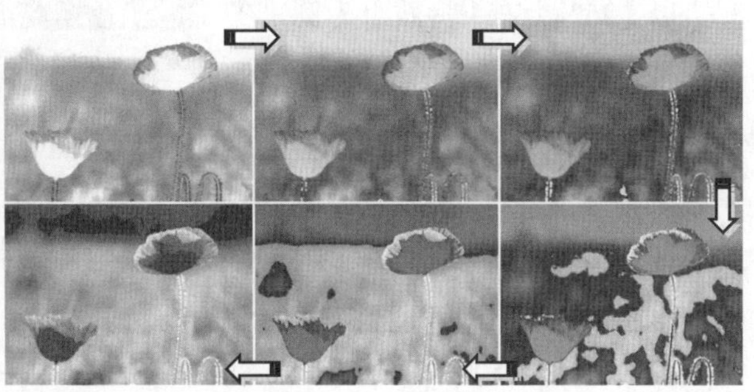

图 6-31 【曝光过度入】特效

3. 模糊

【模糊】特效组中同样包括入画与出画模糊动画，并且效果完全相反。只要将【快速模糊入】或者【快速模糊出】特效添加至素材上即可，图 6-32 所示为【快速模糊入】特效效果。

4. 马赛克

【马赛克】特效组中的“马赛克入”与“马赛克出”特效是同一个特效中的两个相反的动画效果，同时这两个效果分别设置在播放的前一秒或者后一秒，图 6-33 所示为【马赛克入】特效效果。

图 6-32 【快速模糊入】特效

图 6-33 【马赛克入】特效

5. 画中画

当两个或两个以上的素材出现在同一时间段时，要想同时查看效果，必须将位于上方的素材画面缩小。【画中画】特效组中准备了一种缩放尺寸的画中画效果——25%，并且以该比例的画面为基准，设置了 25%的画面的各种运动动画。

以【25%上右】特效组为例，在该特效组中包括 7 个不同的特效。比如静止在上右位置、由上右位置进入并放大至 25%、由上右位置放大至全屏、由上右位置旋转进入画面等，均是以画面右上角进行动画播放，图 6-34 所示为【画中画 25%上右放大至全屏】特效效果。

图 6-34 画中画效果

提 示

【画中画】特效是通过在素材本身的【运动】选项组中的“位置”、“缩放”以及“旋转”选项中添加关键帧并设置参数来实现的。

6.3.3 玩偶视效

【玩偶视效】特效组中准备了不同方面的特效组，比如光效、叠加、扭曲、模糊、调色、过渡以及运动等特效，几乎包括了【效果】面板中的各个特效组中的特效效果。

1. 静态特效

在前面介绍的色彩校正章节中，虽然能够设置视频画面的各种色彩，但是需要逐步设置才能够完成。而【玩偶视效】特效组中的【调色】特效组准备了各种效果的色彩特效，这些特效添加后不需要再次设置，直接查看即可，如图 6-35 所示。

图 6-35 【调色】特效

【光照】特效组中的“照明效果-冷色调”与“照明效果-暖色调”特效，同样用来改变视频画面色调的特效。只要分别添加至素材中，即可查看相应的效果，如图 6-36 所示。

图 6-36 【光照】特效

2．动画特效

【玩偶视效】特效组中的动画特效分别包括光效、叠加、扭曲、过渡以及运动等特效效果。这些特效动画基本上均是贯穿整个素材，只有【过渡】特效组中的特效是入画与出画动画。

在【光效】特效组中，除了调色特效外还有两个光晕特效，一个是【镜头光晕-字幕过光】特效，一个是【镜头光晕-横向移动】特效，如图 6-37 所示。

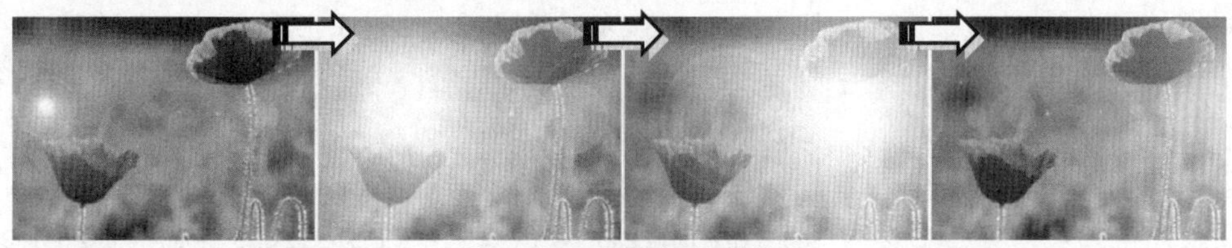

【镜头光晕-字幕过光】特效

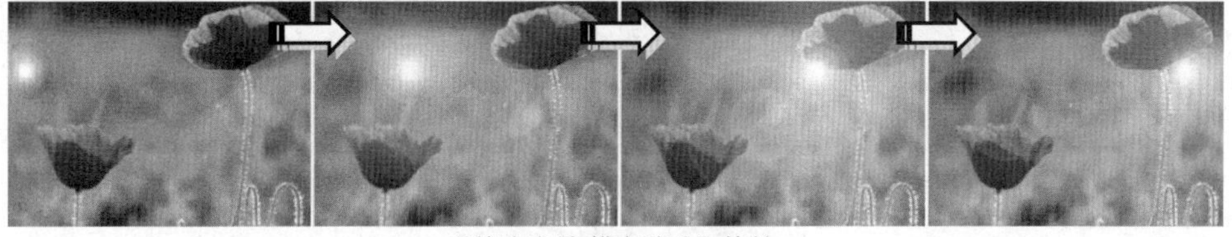

【镜头光晕-横向移动】特效

图 6-37 【光效】特效

“叠加”、“扭曲”、“模糊”与“运动”特效组中的特效，同样是在整个素材中实现动画过程。而不同的特效，其效果会有所区别，如图 6-38 所示。

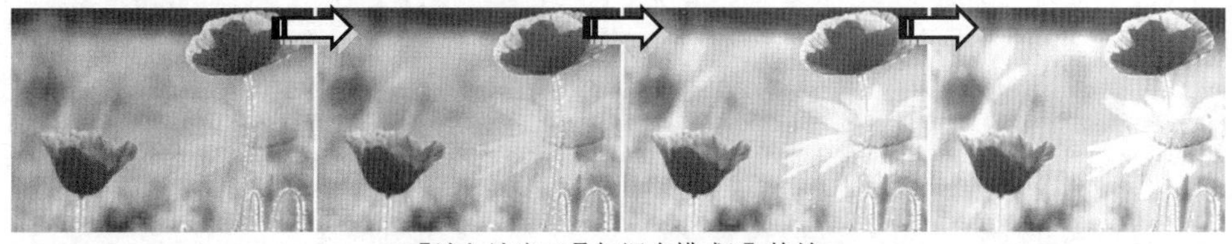

【淡入淡出（叠加混合模式）】特效

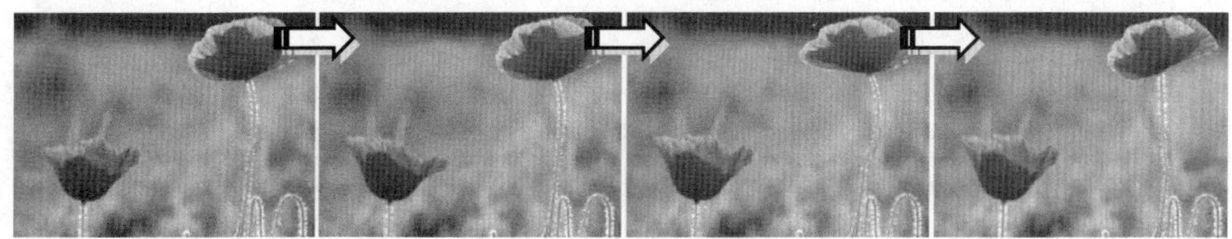

【球面化-横向移动】特效

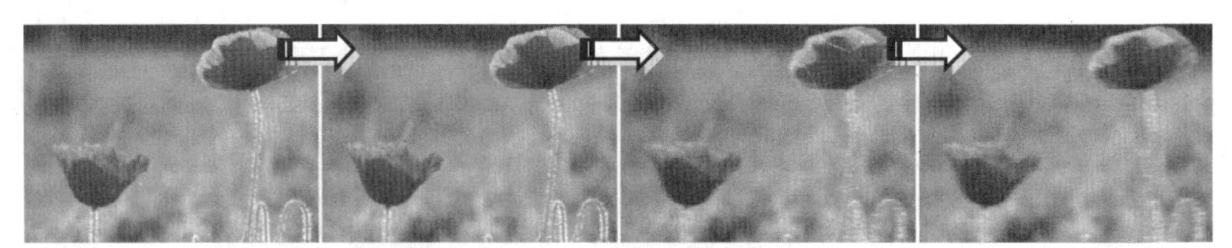

【定向模糊-3 秒横向抖动】特效

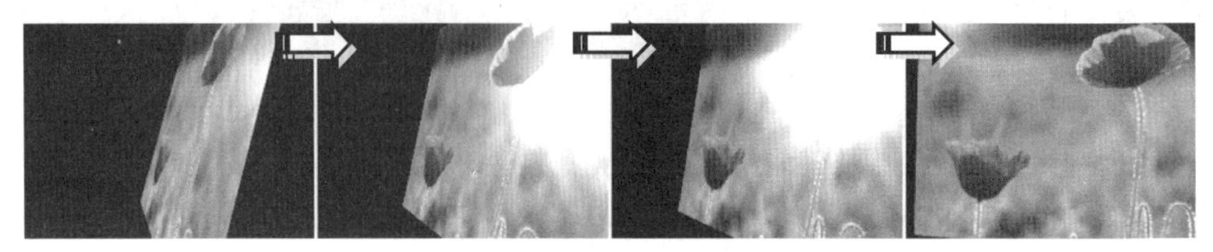

【3D 旋转（镜面高光需渲染）】特效

图 6-38 预设特效动画

6.4 课堂练习：浪漫的夏天

本例使用【预设】中的效果，制作浪漫的夏天。通过学习创建字幕，设置字幕的漂浮效果，再为图片添加预设动画，使图片呈现动态效果，突出夏天的气息。添加预设的【马赛克】以及【旋转扭曲】等转场效果，使画面过渡更加自然，完成浪漫夏天的制作，如图 6-39 所示。

图 6-39 浪漫的夏天

操作步骤

1 启动 Premiere，在【新建项目】面板中，单击【浏览】按钮，选择文件的保存位置。在【名称】栏中输入“浪漫的夏天”文本，单击【确定】按钮，创建新项目，如图 6-40 所示。

提 示

在【新建序列】对话框中的有效预设下拉列表中，选择 DV-PAL 文件夹下的 48kHz，单击【确定】按钮，即可创建序列。

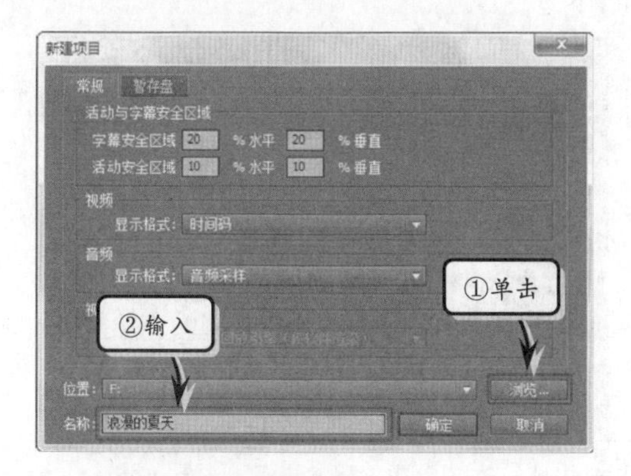

图 6-40　新建项目

2　在【项目】面板中右击，执行【导入】命令，在弹出的【导入】对话框中选择素材图片，导入到【项目】面板中，如图 6-41 所示。

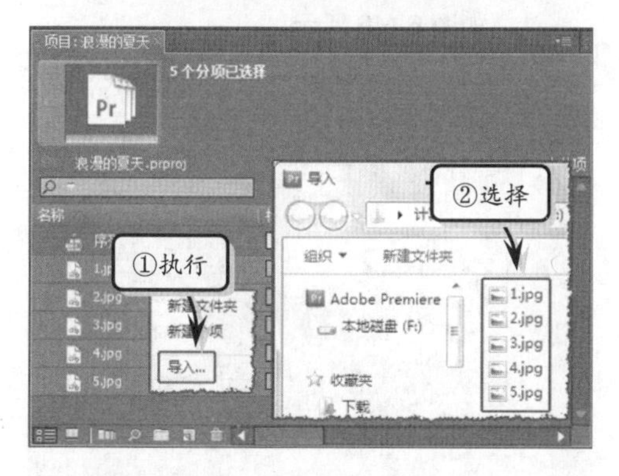

图 6-41　导入素材

3　全选素材图片，将其拖至【时间线】面板的“视频 1”轨道上，单击【放大】按钮，将素材放大，如图 6-42 所示。

图 6-42　添加素材

4　选择素材图片，在【特效控制台】面板中，设置其缩放比例为 72，并设置所有图片的缩放比例均为 72，如图 6-43 所示。

图 6-43　设置缩放比例

5　执行【字幕】|【新建字幕】|【默认静态字幕】命令，新建字幕。在【字幕工具】面板中，单击【路径文字工具】按钮，绘制文字路径，并输入文本，如图 6-44 所示。

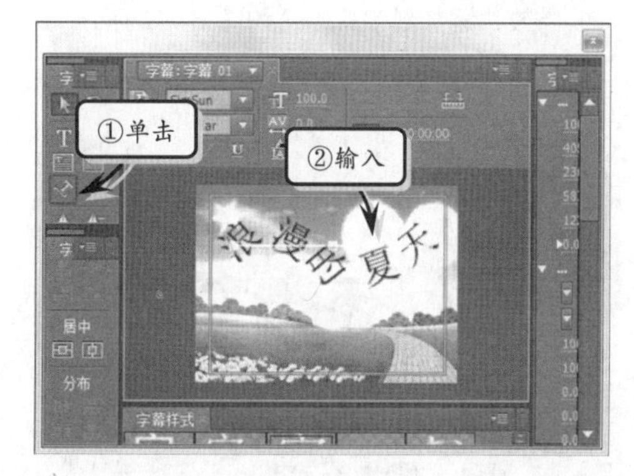

图 6-44　新建路径字幕

6　在【字幕属性】面板中，设置“字体”为“汉仪南宫体简”，在【字幕样式】面板中，应用“方正宋黑”字幕样式，如图 6-45 所示。

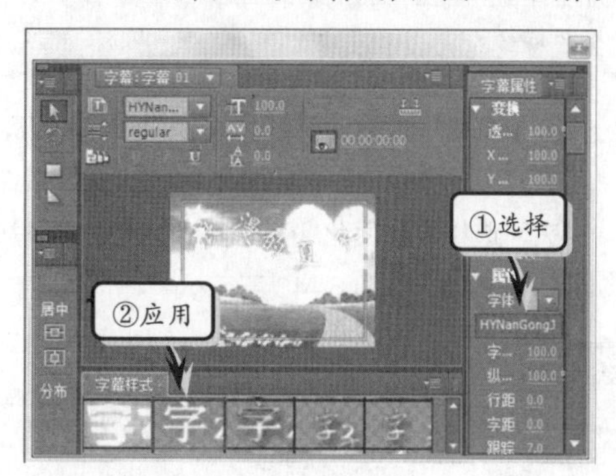

图 6-45　设置字幕样式

7 关闭【字幕】面板，在【项目】面板中自动保存字幕。将字幕拖至【时间线】面板的“视频 2”轨道上，如图 6-46 所示。

图 6-46 添加字幕

8 在【效果】面板中，展开“预设”文件夹以及“模糊”子文件夹，选择【快速模糊入】特效，添加到字幕上，如图 6-47 所示。

图 6-47 添加【快速模糊入】特效

提 示

右击字幕，执行【速度/持续时间】命令，设置其持续时间为 25s。

9 在【效果】面板中，选择【预设】文件夹，展开“玩偶视效”文件夹下的“扭曲”文件夹，选择【球面化-横向移动】特效，添加到字幕上，如图 6-48 所示。

提 示

使用相同方法，再为字幕添加【震动：15 帧以内】特效使文字呈现漂浮的效果。

图 6-48 添加【球面化-横向移动】特效

10 在【效果】面板中的【预设】效果列表下，展开【马塞克】文件夹，选择【马赛克出】特效，添加到素材“1.jpg”上，参数为默认，如图 6-49 所示。

图 6-49 添加【马赛克出】特效

11 按照相同方法，为第 2 张图片添加【镜像-涨潮】特效。再为第 3 张图片添加【斜角边】特效，在【特效控制台】面板中，设置“边缘厚度”参数，并添加关键帧，如图 6-50 所示。

图 6-50 添加关键帧

提 示

在 00:00:10:00 位置处，【边缘厚度】为 0，在 00:00:12:00 位置处，【边缘厚度】为 0.2。

12 在【效果】面板的【预设】下拉列表中选择【旋转扭曲出】特效，添加到“3.jpg”上，再为“4.jpg”添加【曝光入】特效，如图 6-51 所示。

图 6-51 添加【曝光入】特效

13 在【预设】下拉列表中，选择【快速模糊入】特效，添加到素材“5.jpg”上，参数为默认，如图 6-52 所示。保存文件为“浪漫的夏天.prproj”，完成浪漫的夏天动画的制作。

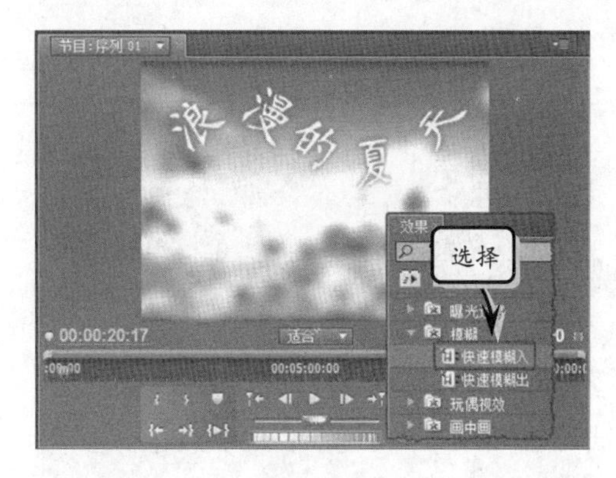

图 6-52 添加【快速模糊入】特效

6.5 课堂练习：制作产品展示动画

本例制作产品展示的动画效果。电子产品的展示，主要是用来吸引消费者的眼球，以达到宣传的效果。本例通过学习设置关键帧，使图片呈现运动效果，再添加字幕作为宣传语。分别为不同的产品添加预设动画效果，丰富画面，完成产品宣传动画的制作，如图 6-53 所示。

图 6-53 产品展示

操作步骤

1 启动 Premiere，在【新建项目】对话框中，单击【浏览】按钮，选择文件的保存位置。在【名称】栏中输入“产品展示”文本，单击【确定】按钮，创建新项目，如图 6–54 所示。

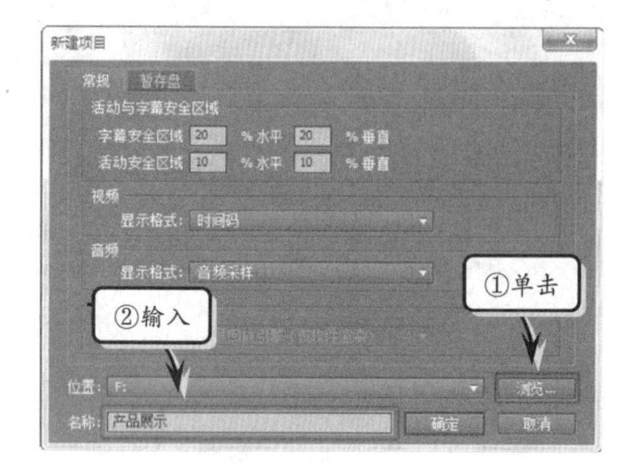

图 6–54 新建项目

2 在【项目】面板中双击，在弹出的【导入】对话框中选择素材，导入到【项目】面板中，如图 6–55 所示。

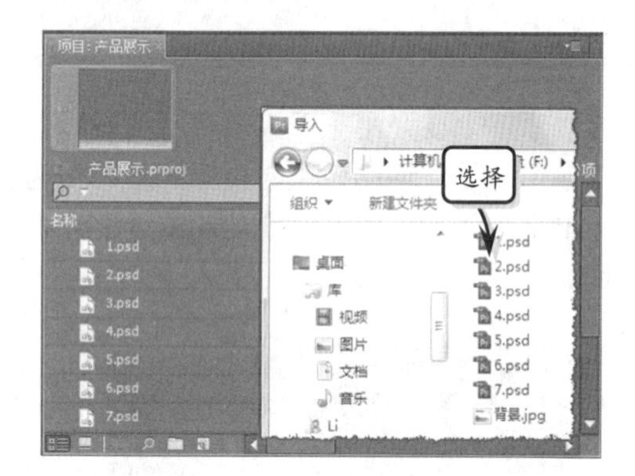

图 6–55 导入素材

3 将素材“背景.jpg”拖至【时间线】面板的“视频 1”轨道上。在【特效控制台】面板中，设置其“缩放比例”为 48，如图 6–56 所示。

提 示

设置“背景.jpg”的持续时间为 16s。

4 在【时间线】面板中，拖动当前时间指示器至 00:00:00:22 位置处，将素材“1.psd”添加到“视频 2”轨道上，如图 6–57 所示。

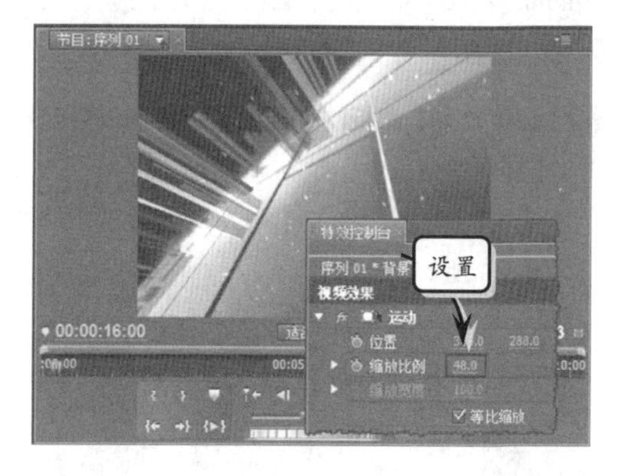

图 6–56 设置【缩放比例】参数

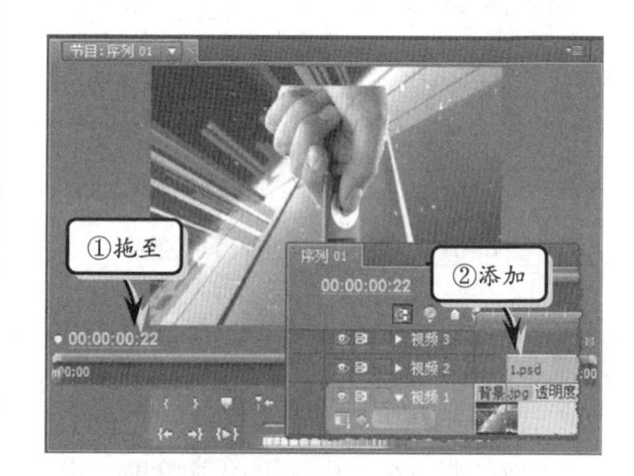

图 6–57 添加素材

5 在【特效控制台】面板中，设置“位置”为 329，–249。拖动当前时间指示器至 00:00:01:22 位置处，设置“位置”为 329，61，如图 6–58 所示。

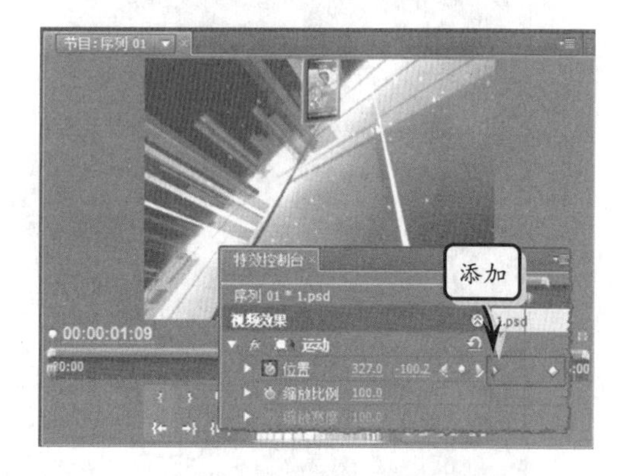

图 6–58 添加【位置】关键帧

6 在【时间线】面板中右击视频轨，执行【添加轨道】命令，添加视音频轨。分别将素材添加到“视频 3”和“视频 4”轨道上，按照相同的方法添加【位置】关键帧，如图 6-59 所示。

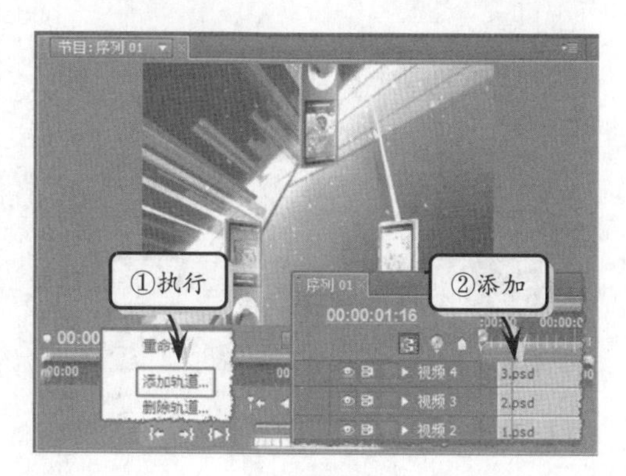

图 6-59 添加视音频轨

提 示

在【添加视音频轨】对话框中，直接单击【确定】按钮，即可添加视音频轨。

7 拖动当前时间指示器至 00:00:02:00 位置处，设置素材“1.psd”的“缩放比例”为 100，添加关键帧。再拖动当前时间指示器至 00:00:03:00 位置处，设置“缩放比例”为 0，如图 6-60 所示。

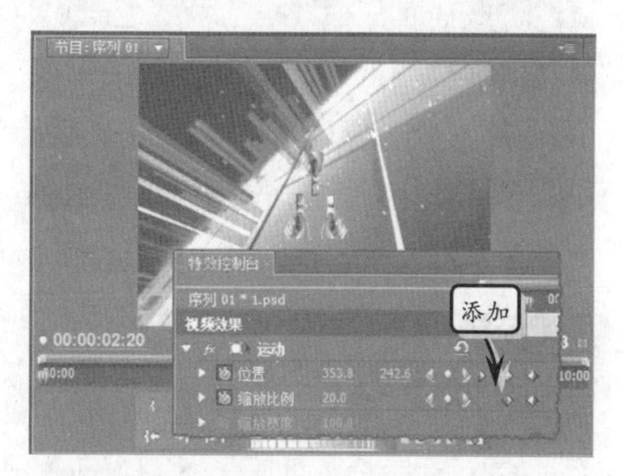

图 6-60 添加【缩放比例】关键帧

提 示

在相同的时间点，再为【位置】添加关键帧，在 00:00:03:00 位置处，【位置】为 360，288。按照相同的方法，为另外两张素材图片添加相应的关键帧，呈现缩小并消失的效果。

8 添加一个视音频轨，拖动当前时间指示器至 00:00:03:00 位置处，将素材“6.psd”拖至“视频 5”轨道上。在【特效控制台】面板中，设置其“缩放比例”参数，添加关键帧，如图 6-61 所示。

图 6-61 添加【缩放比例】关键帧

提 示

在 00:00:03:00 位置处，【缩放比例】为 0，在 00:00:04:00 位置处，【缩放比例】为 100。

9 在【效果】面板中，展开“预设”文件夹，再展开“玩偶视效”文件夹下的“光效”子文件夹，选择【镜头光晕-字幕过光】特效，添加到“6.psd”上，参数为默认，如图 6-62 所示。

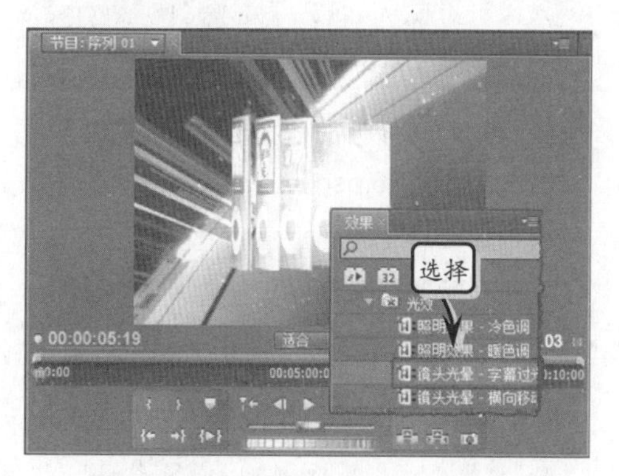

图 6-62 添加【镜头光晕-字幕过光】特效

10 新建字幕，在【字幕属性】面板中，设置“字体”为“方正宋黑简体”，设置“字号”为 60，在【字幕样式】面板中，应用“方正大黑-内外边立体”样式，如图 6-63 所示。

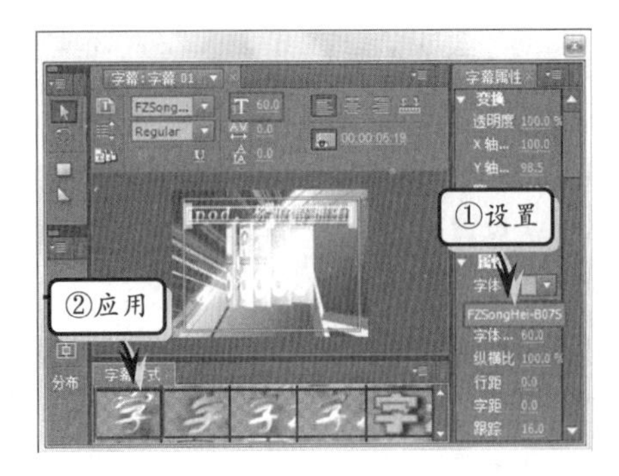

图 6-63 新建字幕

11 拖动当前时间指示器至 00:00:05:22 位置处，将字幕添加到“视频 4”轨道上。在【效果】面板中，选择【旋转扭曲入】特效，添加到字幕上，如图 6-64 所示。

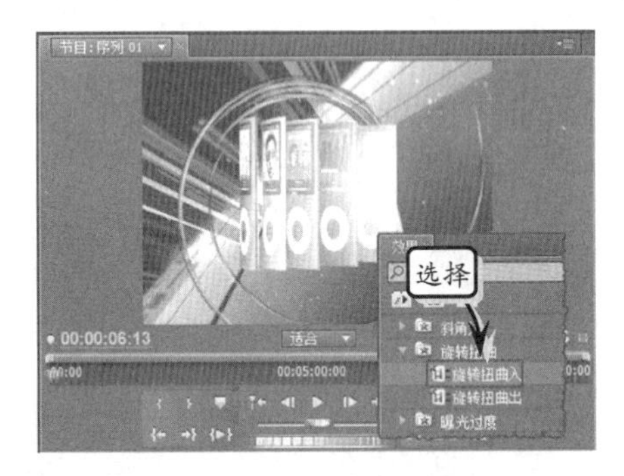

图 6-64 添加【旋转扭曲入】特效

提 示

在【效果】面板中，选择【震动：15 帧以内】特效，添加到字幕上。

12 在【效果】面板中，选择【快速模糊出】特效，添加到“6.psd”上，参数为默认，如图 6-65 所示。

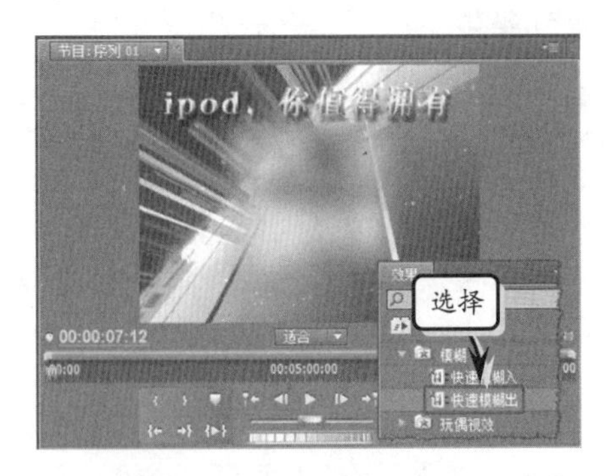

图 6-65 添加【快速模糊出】特效

13 拖动当前时间指示器至 00:00:08:00 位置处，将素材“5.psd”添加到“视频 5”轨道上，再为其添加【快速模糊入】特效，如图 6-66 所示。

图 6-66 添加【快速模糊入】特效

14 拖动当前时间指示器至 00:00:09:23 位置处，将素材“7.psd”添加到“视频 3”轨道上。在【特效控制台】面板中，为其添加【缩放比例】关键帧，如图 6-67 所示。

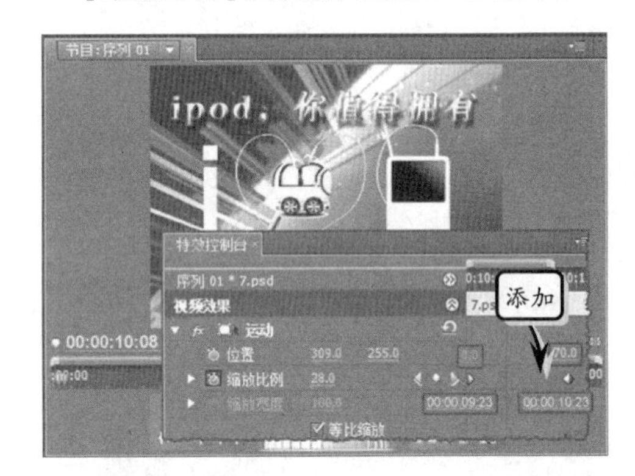

图 6-67 添加【缩放比例】关键帧

提 示

在 00:00:09:22 位置处，设置素材“5.psd”的【透明度】为 100%，在 00:00:10:24 位置处，设置【透明度】为 0%。

15 拖动当前时间指示器至 00:00:11:02 位置处，设置素材“7.psd”的位置为 309，255，并添加关键帧。在 00:00:12:21 位置处，设置该素材的位置为 879，255，如图 6-68 所示。

图 6-68 添加【位置】关键帧

16 拖动当前时间指示器至 00:00:11:03 位置处，将素材“4.psd”拖至“视频 5”轨道上，设置“缩放比例”为 50，如图 6-69 所示。

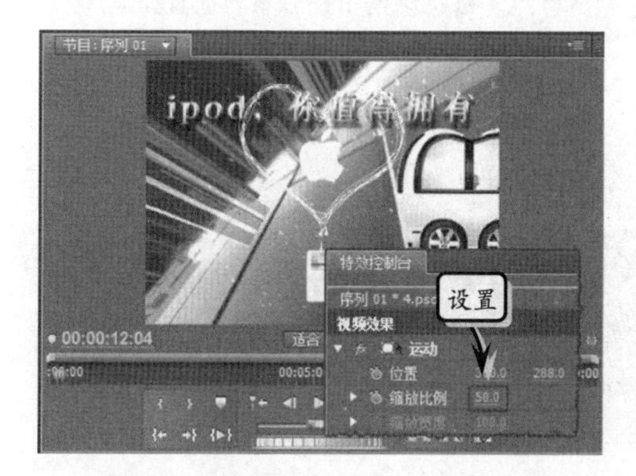

图 6-69 设置“缩放比例”参数

17 在【效果】面板中，选择【旋转扭曲入】特效，添加到“4.psd”上，参数为默认，如图 6-70 所示。

图 6-70 添加【旋转扭曲入】特效

18 在【效果】面板中，选择【球面化-横向移动】特效，添加到素材“4.psd”上，设置【半径】为 250，如图 6-71 所示。在【节目】面板中可预览动画效果，最后，保存文件，完成产品展示动画的制作。

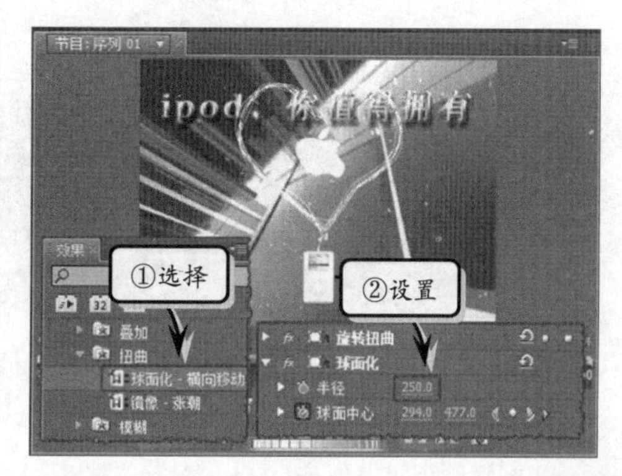

图 6-71 添加【球面化-横向移动】特效

6.6 思考与练习

一、填空题

1. __________是影片中的最小单位，而关键帧是指若干帧的第一帧和最后一帧。

2. 在 Premiere 中，为素材添加关键帧可以通过【__________】或者【特效控制台】面板两种方式来完成。

3. 在【时间线】面板中，选择要添加关键帧的素材，并将当前时间指示器拖动到要添加关键帧的位置。然后，单击__________即可创建关键帧。

4. 运动特效路径包括直线与__________。

5. __________运动特效是通过调整不同关键帧上素材的大小来实现的。

二、选择题

1. 在__________中可以设置关键帧中的参数。

A.【时间线】面板

B.【特效控制台】面板

C.【节目】面板

D.【源】面板

2. 要在【特效控制台】面板中创建第一个关键帧，需要单击__________。

A.【添加-移除关键帧】按钮

B.【跳转到前一关键帧】按钮

C.【跳转到下一关键帧】按钮

D.【切换动画】按钮

3. 改变中间关键帧位置，可以得到__________运动路径。

A. 水平直线　　B. 垂直直接

C. 曲线　　D. 斜角直线

4. 要创建素材旋转运动动画，必须在__________选项中创建并编辑关键帧。

A. 旋转　　B. 缩放

C. 位置　　D. 透明

5. 要创建叠加效果动画，除了设置【混合模式】选项外，还必须设置__________选项。

A. 旋转　　B. 缩放

C. 位置　　D. 透明

三、问答题

1. 如何在【时间线】面板中创建关键帧？

2. 怎样才能够将直线运动路径变成曲线运动路径？

3. 如何快速制作叠加模式的淡入淡出动画？

4.【效果】面板中的【预设】|【玩偶视效】|【运动】|【下方水平放大】特效是通过什么选项进行设置的？

5. 添加什么特效能够制作出光照效果？

四、上机练习

1. 创建画中画视频效果

画中画视频效果的制作前提是准备两个视频素材，并且将这两个视频素材放置在同一时间段内的不同轨迹中。然后直接将【效果】面板中【预设】|【画中画】|【25%画中画】中的某个特效添加至上方轨迹视频中，即可实现画中画视频效果，如图 6-72 所示。

图 6-72 【画中画 25%上左放大至全屏】特效

2. 制作闪白过渡效果

闪白过渡效果是在两个连接素材之间的前侧素材后段播放时间内，或者后侧素材前段播放时间内制作画面色的逐渐泛白的过渡效果，从而自然过渡两个素材效果。要制作闪白过渡效果，首先要准备两个素材，并且放置在同一个轨迹中。然后在【效果】面板中，选择【预设】|【玩偶视效】|【过渡】特效组中的一个特效放置在相应的素材中即可，如图 6-73 所示。

图 6-73 【A 卷积内核-7 帧出】特效

第 7 章

视频转场效果

视频转场是电视节目和电影或视频编辑时，不同的镜头与镜头切换中加入的过渡效果。这种技术被广泛应用于数字电视制作中，是比较普遍的技术手段。电视转场的加入会使节目更富有表现力，并更加突出影片的风格。

在该章节中，主要介绍 Premiere 中的视频转场特效，通过对本章的学习，可以了解视频转场在影片中的运用和一些常用视频转场的效果，并掌握如何为影片添加视频转场。

7.1 视频转场概述

在制作影片的过程中，镜头与镜头间的连接和切换可分为有技巧切换和无技巧切换两种类型。其中，无技巧切换是指在镜头与镜头之间直接切换，这是最基本的组接方法之一，在电影中应用较为频繁；有技巧切换是指在镜头组接时加入淡入淡出、叠化等视频转场过渡手法，使镜头之间的过渡更加多样化。

7.1.1 转场的基本功能

如今在制作一部电影作品时，往往要用到成百上千的镜头。这些镜头的画面和视角大都千差万别，因此直接将这些镜头连接在一起会让整部影片显示断断续续。为此，在编辑影片时便需要在镜头之间添加视频转场，使镜头与镜头间的过渡更为自然、顺畅，使影片的视觉连续性更强。

例如，拍摄由远至近的人物，由于长镜头的拍摄时间过长，所以删除中间拉近过程，直接通过黑场过渡将相对独立的两个镜头连接在一起，形成统一的视频效果，如图 7-1 所示。

图 7-1 使用转场连接镜头

7.1.2 添加转场

在 Premiere 中，系统共提供了 70 多种视频转场效果。这些视频转场被分类后放置在【效果】面板“视频切换”文件夹中的 10 个子文件夹中，如图 7-2 所示。

要在镜头之间应用视频转场，只需将某一转场效果拖曳至时间线上的两素材之间即可，如图 7-3 所示。

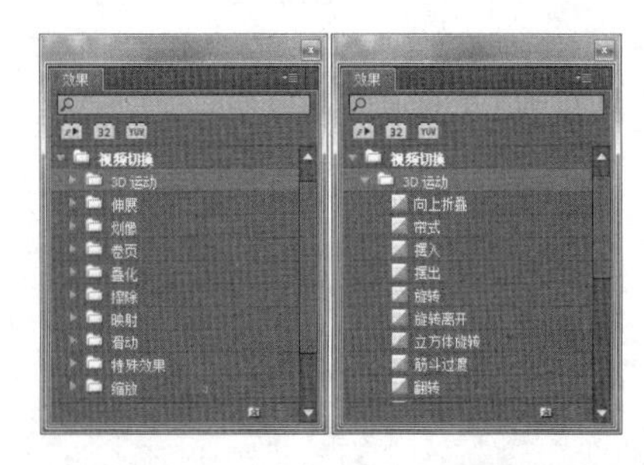

图 7-2 视频转场分类列表

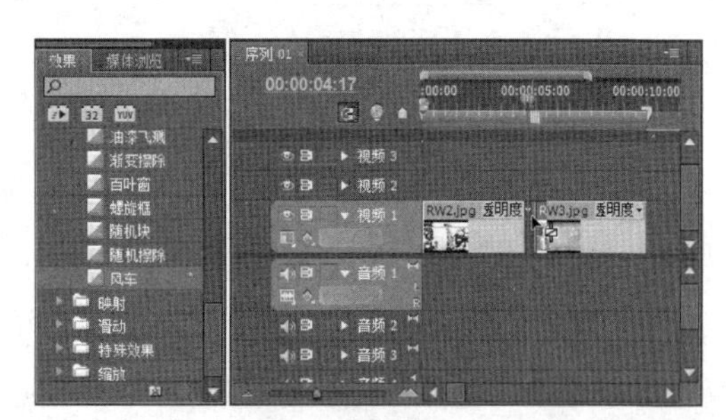

图 7-3 添加视频转场

此时，单击【节目】面板内的【播放-停止切换】按钮，或直接按空格键后，即可预览所应用视频转场的效果，如图 7-4 所示。

图 7-4　预览视频转场效果

7.1.3　清除和替换转场

在编排镜头的过程中，有些时候很难预料镜头在添加视频转场后产生怎样的效果。此时，往往需要通过清除、替换转场的方法，尝试应用不同的转场，并从中挑选出最为合适的效果。

1. 清除转场

在感觉当前所应用视频转场不太合适时，只需在【时间线】面板内右击视频转场后，执行【清除】命令，即可解除相应转场对镜头的应用效果，如图 7-5 所示。

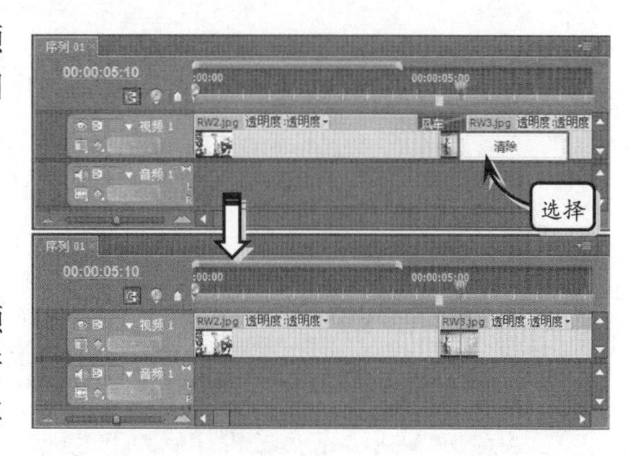

图 7-5　清除视频转场

2. 替换转场

与清除转场后再添加新的转场相比，使用替换转场来更新镜头所应用的视频转场的方法更为简便。操作时，只需将新的转场效果覆盖在原有转场上，即可将其替换，如图 7-6 所示。

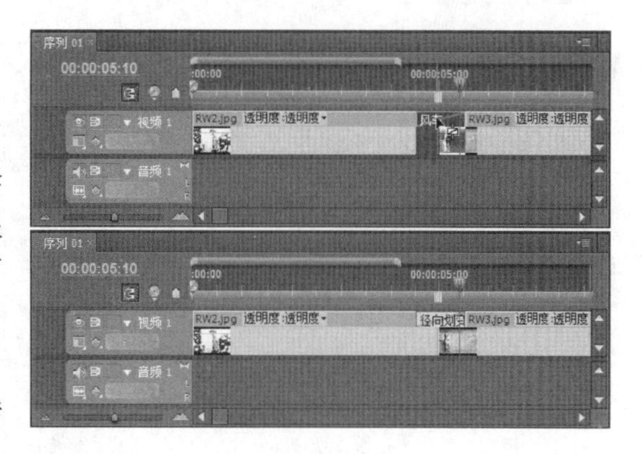

图 7-6　替换转场特效

7.1.4　设置转场参数

为了给用户提供更为自由的想象力发挥，Premiere 允许用户在一定范围内修改视频转场的效果。也就是说，用户可根据需要对添加后的视频转场进行调整，下面便将对其操作方法进行介绍。

在【时间线】面板内选择视频转场后，【特效控制台】面板中便会显示该视频转场的各项参数，如图 7-7 所示。

单击【持续时间】选项右侧的数值后，在出现的文本框内输入时间数值，即可设置视频转场的持续时间，如图 7-8 所示。

提　示

在将鼠标置于选项参数的数值位置上后，当光标变成形状时，左右拖动鼠标便可以更改其数值。

在【特效控制台】面板中，启用【显示实际来源】选项后，转场所连接镜头画面在转场过程中的前后效果将分别显示在 A、B 区域内，如图 7-9 所示。

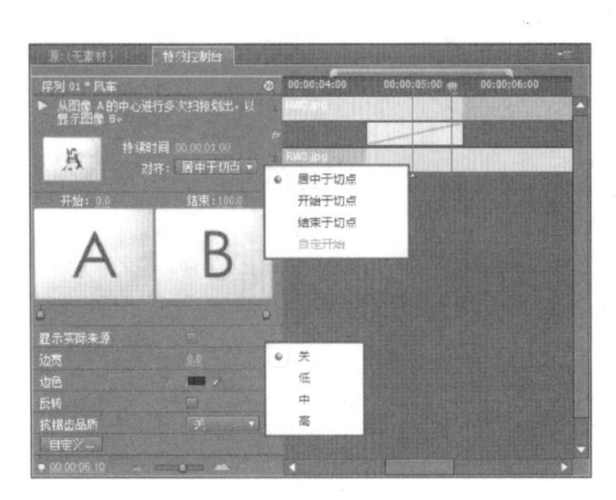

图 7-7 视频转场参数面板

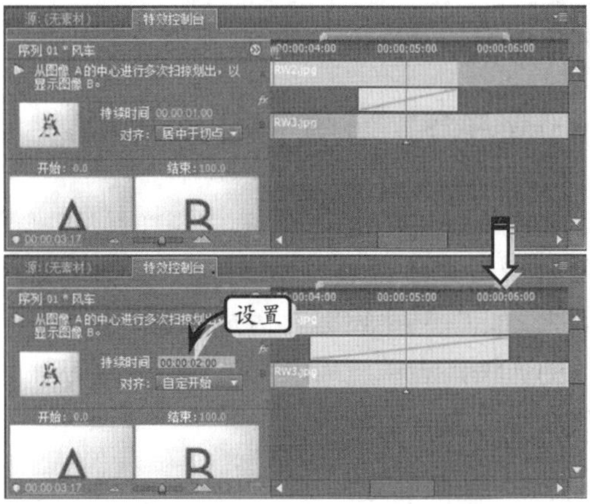

图 7-8 设置视频转场的持续时间

当添加的转场特效为上下或左右动画时，在特效预览区中，通过单击方向按钮，即可设置视频转场效果的开始方向与结束方向，如图 7-10 所示。

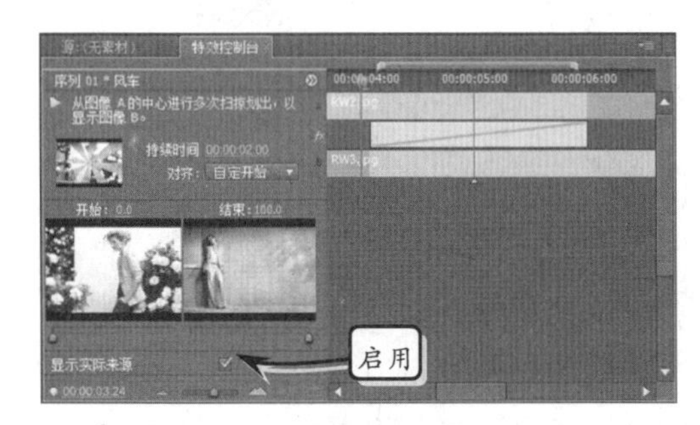

图 7-9 显示素材画面

图 7-10 设置视频转场方向

注 意

当添加的转场特效为圆形动画时，在特效预览区中，就不会出现方向按钮，所以不能够进行方向的改变。此外，可以单击【播放转场过渡效果】按钮▶，在预览区中预览视频转场效果。

单击【对齐】下拉按钮，在【对齐】下拉列表中选择特效位于两个素材上的位置。例如，选择“开始于切点”选项，视频转场效果会在时间滑块进入第 2 个素材时开始播放，如图 7-11 所示。

在调整【开始】或【结束】选项内的数值，或拖动该选项下方的时间滑块后，还可设置视频转场在开始和结束时的效果，如图 7-12 所示。

此外，在调整【边宽】选项后，还可更改素材在转场效果中的边框宽度。如果需要设置边框颜色，则可设置【边色】选项，如图 7-13 所示。

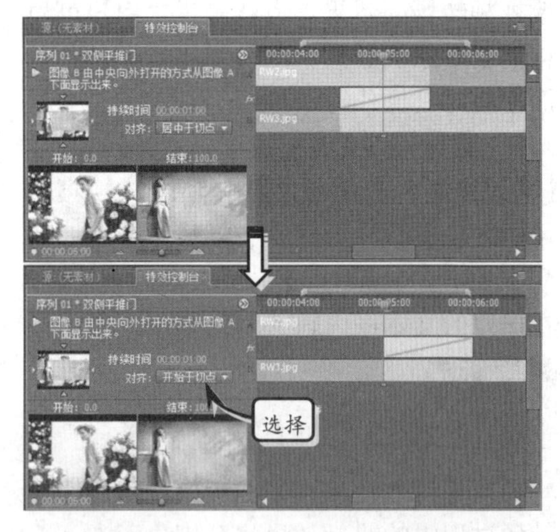

图 7-11 改变视频转场在素材上的位置

图 7-12　调整转场的开始与结束效果

图 7-13　调整素材边框与边框颜色

提　示

单击【边色】吸管按钮后，还可从素材画面中选取一种色彩作为边框颜色。

如果想要更为个性化的效果，则可启用【反转】复选框，从而使视频转场采用相反的顺序进行播放，如图 7-14 所示。

在单击【抗锯齿品质】下拉按钮，并在【抗锯齿品质】下拉列表中选择品质级别选项后，还可调整视频转场的画面效果，如图 7-15 所示。

图 7-14　视频转场反转效果

图 7-15　设置转场抗锯齿品质

7.2　3D 运动

3D 运动类视频转场主要体现镜头之间的层次变化，从而给观众带来一种从二维空间到三维空间的立体视觉效果。3D 运动类视频转场包含多种转场方式，如向上折叠、帘式、摆入、摆出等。

7.2.1　旋转式 3D 运动

旋转方式的 3D 运动特效最能够表现出三维对象在三维空间中的运动效果。而在【3D 运动】特效组中，包括多种旋转方式的转场特效。

在【旋转】视频转场中，镜头二画面从镜头一画面的中心处逐渐伸展开来，特征是镜头二画面的高度始终保持正常，变化的只是镜头二画面的宽度，如图 7-16 所示。

与【旋转】采用二维方式进行变换的方式不同，【旋转离开】采用镜头二画面从镜头一画面中心处“翻出”的方式将当前画面切换至镜头二，从而给人一种画面通过三维空间变化而来的效果，如图 7-17 所示。

图 7-16 旋转视频转场

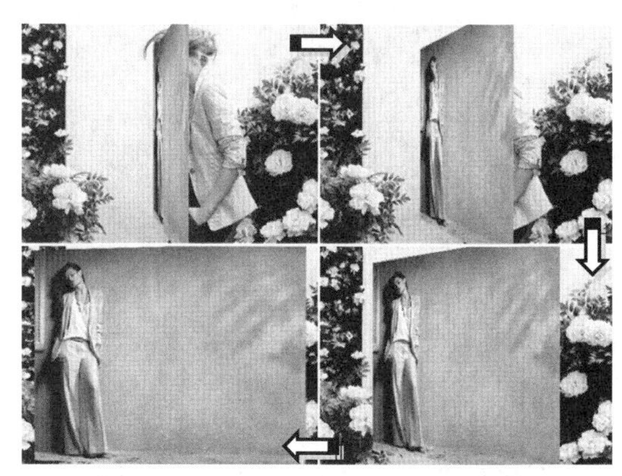

图 7-17 旋转离开视频转场效果

在【立方体旋转】转场中，镜头一与镜头二画面都只是某个立方体的一个面，而整个转场所展现的便是在立方体旋转过程中，画面从一个面（镜头一画面）切换至另一个面（镜头二画面）的效果，如图 7-18 所示。

技 巧

通过更改转场设置，立方体旋转能够从上至下或从左至右等多种方式进行旋转。

【筋斗过渡】和【翻转】都是通过镜头一画面不断翻腾来显现镜头二画面的转场效果，不过它们在表现形式上却有些许的不同。其中，【筋斗过渡】采用镜头一画面在翻腾时逐渐缩小、直至消失的方式来显示镜头二画面，感觉上镜头一画面和镜头二画面原本是“叠放”在一起似的，如图 7-19 所示。

图 7-18 立方体视频旋转效果

图 7-19 筋斗过渡视频转场效果

相比之下，【翻转】视频转场中的镜头一和镜头二画面更像是一个平面物体的两个面，而该物体在翻腾结束后，朝向屏幕的画面由原本的镜头一画面改为了镜头二画面，如图 7-20 所示。

在选择【翻转】视频转场后，单击【特效控制台】面板中的【自定义】按钮，还可在弹出的对话框内设置镜头画面翻转时的条带数量，以及翻转过程中的背景颜色，如图 7-21 所示。

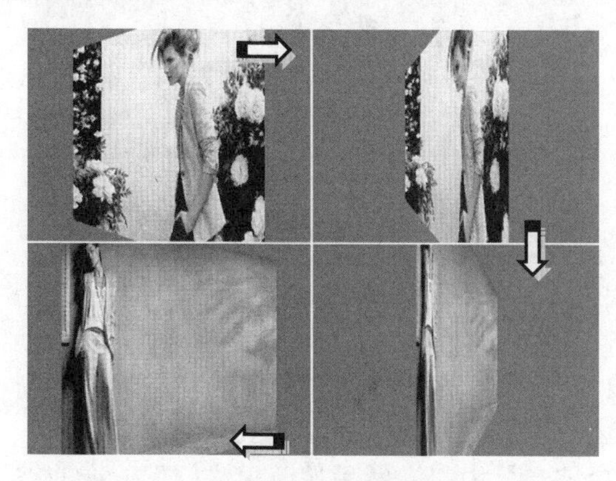

图 7-20　翻转视频转场效果

图 7-21　自定义翻转视频转场参数

例如，在将条带数量设置为 2，翻转背景色设置为浅绿色后，其效果如图 7-22 所示。

7.2.2　其他 3D 运动

在【3D 运动】视频切换特效组中，除了三维旋转运动动画外，还准备了各种折叠等 3D 运动转场动画。

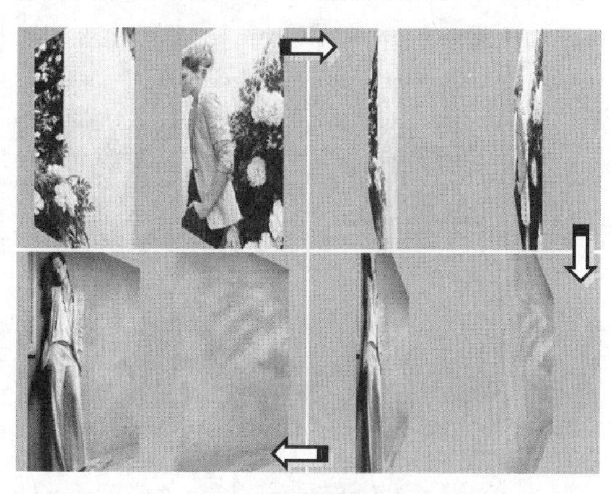

图 7-22　自定义翻转视频转场效果

应用【向上折叠】视频转场，第一个镜头中的画面将会像“折纸”一样被折叠起来，从而显示出第二个镜头中的内容，如图 7-23 所示。

【帘式】视频转场的效果是，前一个镜头将会在画面中心处被分割为两部分，并采用向两侧拉开窗帘的方式显示下一个镜头中的画面，如图 7-24 所示。帘式转场多用于娱乐节目或 MTV 中，可以起到让影片更生动，并具有立体感的效果。

【摆入】与【摆出】都是采用镜头二画面覆盖镜头一画面进行切换的视频转场，两者的效果极其类似。其中，【摆入】转场采用的是镜头二画面的移动端由小到大进行变换，从而给人一种画面从“屏幕”下方进入的效果，如图 7-25 所示。

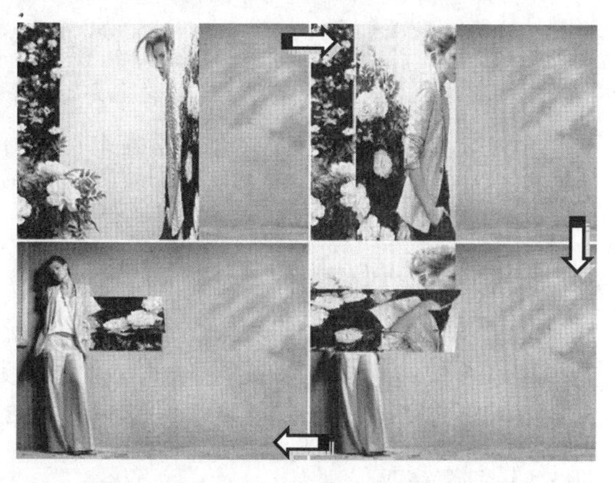

图 7-23　向上折叠视频转场效果

图 7-24　帘式视频转场效果

图 7-25　摆入视频转场效果

与【摆入】转场效果不同的是，【摆出】转场采用的是镜头二画面的移动端由大到小进行变换，从而给人一种画面从“屏幕”上方进入的效果，如图 7-26 所示。

在【门】视频转场效果中，镜头二画面会被一分为二，然后像两扇“门”一样的被“合拢”。当镜头二画面的两部分完全合拢在一起时，镜头一画面就会从屏幕上完全消失，整个视频转场过程也就随之结束，如图 7-27 所示。

图 7-26　摆出视频转场效果

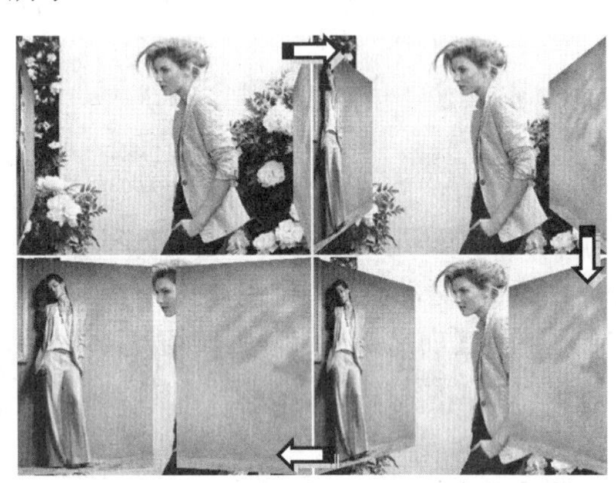

图 7-27　门视频转场效果

7.3 拆分转场

在【视频切换】特效组中，有一些特效组是通过拆分上一个素材画面来显示下一个素材画面的，比如“划像”、“卷页”、“擦除”以及“滑动”等特效组。

7.3.1 划像

划像类视频转场的特征是直接进行两镜头画面的交替切换，其方式通常是在前一镜头画面以划像方式退出的同时，后一镜头中的画面逐渐显现。

1. 划像交叉

在【划像交叉】视频转场中，镜头二画面会以十字状的形态出现在镜头一画面中。

随着“十字”的逐渐变大，镜头二画面会完全覆盖镜头一画面，从而完成划像转场效果，如图 7-28 所示。

图 7–28　划像交叉视频转场效果

2. 划像形状

【划像形状】与【划像交叉】转场的效果较为类似，都是在镜头一画面中出现某一形状的“透明部分”后，将镜头二画面展现在大家面前。例如，默认设置的【划像形状】转场便是通过 3 个逐渐放大的菱形图案来将镜头二画面带至观众面前，如图 7-29 所示。

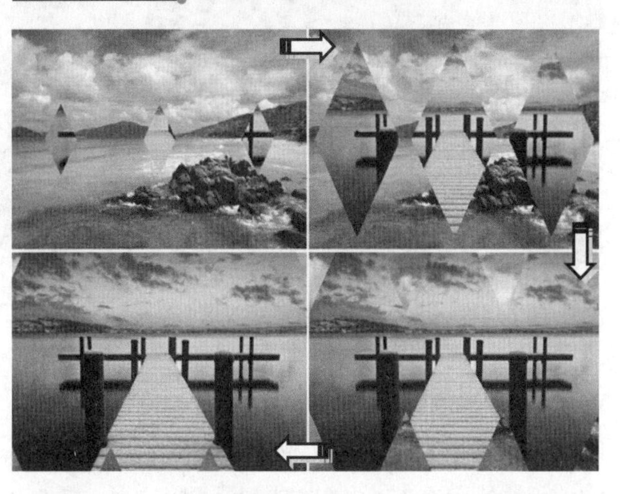

图 7–29　默认效果的【划像形状】转场

在时间线上选择【划像形状】视频转场后，除了能够在【特效控制台】面板内调整“边宽”、“边色”等常规设置外，还可在单击【自定义】按钮后，在弹出的对话框内设置“透明部分”的形状与数量，如图 7-30 所示。

图 7–30　自定义划像形状

3. 圆划像、星形划像、点划像、盒形划像和菱形划像

事实上，无论是哪种样式的划像转场，其表现形式除了划像形状不同外，本质上并没有什么差别。在划像类转场中，最为典型的便是圆划像、星形划像这种以圆、星形等平面图形为蓝本，通过逐渐放大或缩小由平面图形所组成“透明部分”来达到镜头切换的转场效果。

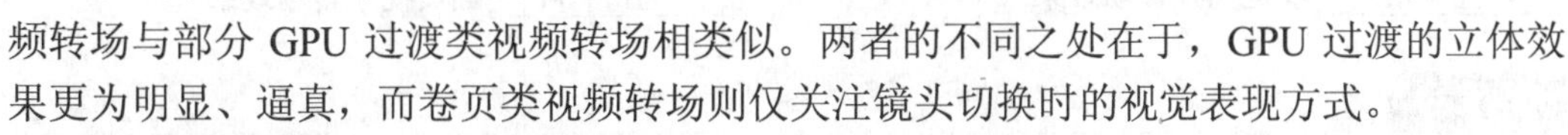

7.3.2 卷页

从切换方式上来看，卷页类视频转场与部分 GPU 过渡类视频转场相类似。两者的不同之处在于，GPU 过渡的立体效果更为明显、逼真，而卷页类视频转场则仅关注镜头切换时的视觉表现方式。

1. 中心剥落、剥开背面与页面剥落

【中心剥落】与【剥开背面】转场在实现画面切换时，都会首先将画面均匀地划分

为 4 个部分。然后，通过揭开这 4 部分镜头一画面的方式，来展现镜头二画面。不过，【中心剥落】视频转场通过同时从中心向 4 角揭开镜头一画面的方式来完成这一任务，如图 7-31 所示。相比之下，【剥开背面】转场则通过逐一揭开镜头一画面的方式来完成上述任务。

至于【页面剥落】视频转场，则是采用揭开“整张”画面的方式来让镜头一画面退出屏幕，同时让镜头二画面呈现在大家面前，如图 7-32 所示。

图 7-31　中心剥落视频转场效果

图 7-32　页面剥落视频转场效果

2. 卷走与翻页

在【卷走】转场中，镜头一画面会像一张画纸一样从屏幕侧面被“卷起”，直到全部露出镜头二画面为止，如图 7-33 所示。

相比之下，【翻页】转场则是从屏幕一角被“揭”开后，拖向屏幕的另一角，如图 7-34 所示。

图 7-33　卷走视频转场效果

图 7-34　翻页视频转场效果

提　示

【卷走】转场效果与 GPU 过渡类转场中的【页面滚动】转场效果相类似，而【翻页】转场则与同类转场中的【页面剥落】转场有几分相似之处。这两者与其相似转场的共同之处在于，【卷走】转场与【翻页】转场在视觉上都没有立体感，是一种纯粹的二维转场效果。

7.3.3 擦除

擦除类视频转场在画面的不同位置，以多种不同形式的方式来抹除镜头一画面，然后显现出第二个镜头中的画面。目前，擦除类转场共包括以下几种类型的视频转场方式。

1. 双侧平推门与擦除

在【双侧平推门】视频转场中，镜头二画面会以极小的宽度，但高度与屏幕相同的尺寸显现在屏幕中央。接下来，镜头二画面会向左右两边同时伸展，直至全部覆盖镜头一画面，铺满整个屏幕为止，如图 7-35 所示。

相比之下，【擦除】转场的效果则较为简单。应用后，镜头二画面会从屏幕一侧显现出来，同时显示有镜头二画面的区域会快速推向屏幕另一侧，直到镜头二画面全部占据屏幕为止，如图 7-36 所示。

图 7-35 双侧平推门视频转场效果

图 7-36 擦除视频转场效果

2. 带状擦除

【带状擦除】特效是一种采用矩形条带左右交叉的形式来擦除镜头一画面，从而显示镜头二画面的视频转场，如图 7-37 所示。

在【时间线】面板内选择【带状擦除】转场后，单击【特效控制台】面板中的【自定义】按钮，即可在弹出的对话框内修改条带的数量，如图 7-38 所示。

图 7-37 带状擦除视频转场效果

3. 径向划变、时钟式划变和锲形划变

【径向划变】转场以屏幕的某一角作为圆心，以顺时针方向擦除镜头一画面，从而显露出后面的镜头二画面，如图 7-39 所示。

相比之下，【时钟式划变】转场则以屏幕中心为圆心，采用时钟转动的方式擦除镜头一画面，如图 7-40 所示。

图 7-38 修改转场设置

图 7-39 径向划变视频转场效果

【锲形划变】转场同样是将屏幕中心作为圆心，不过在擦除镜头一画面时采用的是扇状图形，如图 7-41 所示。

图 7-40 时钟式划变视频转场效果

图 7-41 锲形划变视频转场效果

4. 插入

【插入】转场通过一个逐渐放大的矩形框，将镜头一画面从屏幕的某一角处开始擦除，直至完全显露出镜头二画面为止，如图 7-42 所示。

图 7-42 插入视频转场效果

5. 棋盘和棋盘划变

在【棋盘】视频转场中，屏幕画面会被分割为大小相等的方格。随着【棋盘】转场的播放，屏幕中的方格会以棋盘格的方式将镜头一画面替换为镜头二画面，如图 7-43 所示。

在选择【棋盘】视频转场后，

单击【特效控制台】面板中的【自定义】按钮，还可在弹出的对话框内设置“棋盘”中的纵横方格数量，如图 7-44 所示。

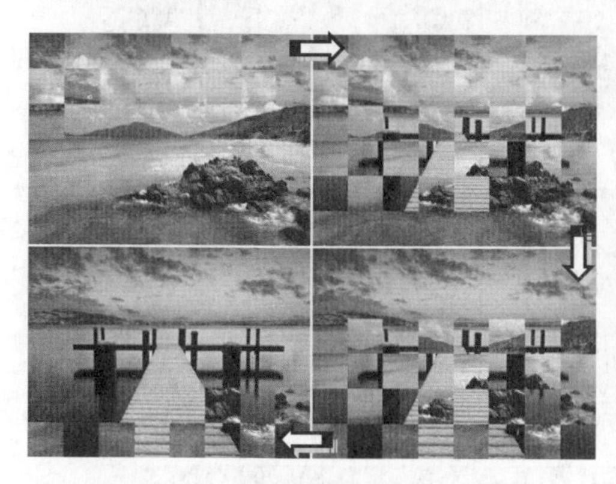

图 7-43 棋盘视频转场效果

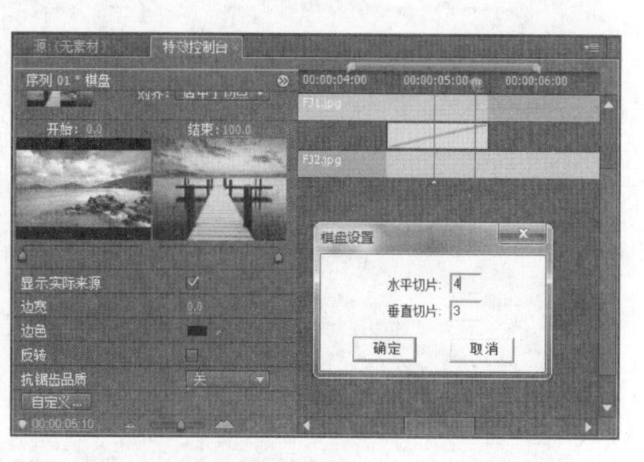

图 7-44 自定义“棋盘”

【棋盘划变】视频转场是将镜头二中的画面分成若干方块后，从指定方向同时进行划像操作，从而覆盖镜头一画面，如图 7-45 所示。

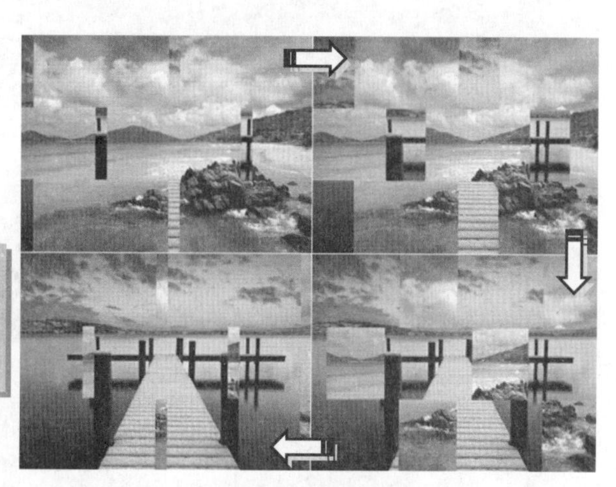

图 7-45 棋盘划变视频转场效果

提 示

同样方法，在选择【棋盘划变】视频转场后，单击【特效控制台】面板中的【自定义】按钮，即可在弹出的对话框内设置【棋盘划变】转场中的纵横切片数量。

6. 其他擦除转场特效

【擦除】特效组中的其他特效，其使用方法与上述的特效基本相同。只是过渡样式有所不同，比如水波块、螺旋框、油漆飞溅、百叶窗、风车、渐变擦除、随机块、随机擦除等转场特效，如图 7-46 所示。

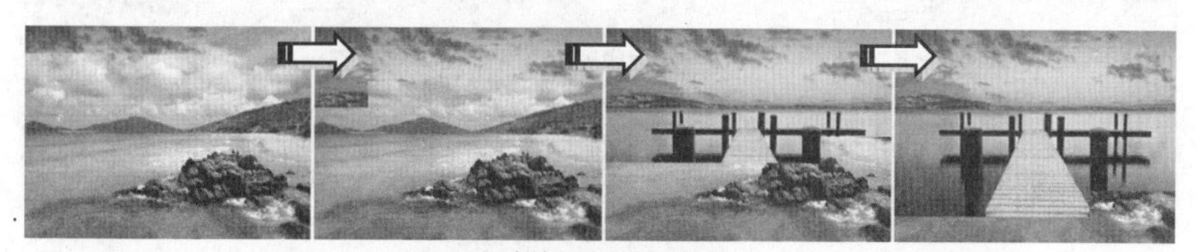

水波块视频转场效果

螺旋框视频转场效果

油漆飞溅视频转场效果

百叶窗视频转场效果

风车视频转场效果

渐变擦除视频转场效果

随机块视频转场效果

随机擦除视频转场效果

图 7-46　各种擦除样式转场特效

7.3.4　滑动

滑动类视频转场主要通过画面的平移变化来实现镜头画面间的切换，其中共包括 12 种转场样式，如互换、多旋转、滑动等。接下来，本节便将主要介绍滑动类视频转场的常用类型。

1．中心合并与中心拆分

【中心合并】转场是在将镜头一画面均分为 4 部分后，让这 4 部分镜头一画面同时向屏幕中心“挤压”，并在最终渐变为一个点后，在屏幕上消失，如图 7-47 所示。

图 7-47 中心合并视频转场

【中心拆分】视频转场的画面切换方式与【中心合并】视频转场有着几分相似之处。例如，都是在将画面分割为相同大小、尺寸的 4 部分后，通过移动分割 4 部分画面的位置来完成画面切换。所不同的是，【中心拆分】转场中的镜头一画面通过向 4 角移动来完成画面切换，如图 7-48 所示。

图 7-48 中心拆分视频转场效果

2．互换

【互换】视频转场采用了一种类似于“切牌”式的画面转换方式，即在前半段转场中，镜头一画面和镜头二画面分别向屏幕的左右两侧水平移动。当进行到后半段转场时，两镜头的画面又都同时向反方向移动，同时原本覆盖在镜头一画面下方的镜头二画面，也覆盖在了镜头一画面上，如图 7-49 所示。

图 7-49 互换视频转场效果

3．多旋转与漩涡

【多旋转】视频转场是在将镜头二画面分割为多个尺寸相同的区域后，所有区域同时以旋转的方式进行从小到大的动作，直至铺满整个屏幕，如图 7-50 所示。

提 示

选择【多旋转】视频转场后，在【特效控制台】面板内单击【自定义】按钮，然后即可在弹出的对话框内设置镜头二画面被分割的数量。

【漩涡】视频转场同样是在将镜头二画面分割为多个部分后，采用由小到大并旋转的方式覆盖在镜头一画面上方。所不同的是，【漩涡】视频转场中的镜头二画面自身还会进行旋转，因此画面切换效果较【多旋转】视频转场要复杂一些，如图 7-51 所示。

图 7-50 多旋转视频转场效果

图 7-51 漩涡视频转场效果

技 巧

在选择【漩涡】视频转场后，单击【特效控制台】面板中的【自定义】按钮，即可在弹出的对话框内设置分割后的镜头二画面数量及其旋转速率。

4. 带状滑动与斜线滑动

【带状滑动】转场是在将镜头二画面分割为多个条带状切片后，将这些切片分为两队，然后同时从屏幕两侧滑入，并覆盖镜头一画面，如图 7-52 所示。

提 示

在【时间线】面板内选择【带状滑动】视频转场后，单击【特效控制台】面板中的【自定义】按钮，可在弹出的对话框内设置条带数量。

与【带状滑动】视频转场不同，【斜线滑动】视频转场是将镜头二画面分割为斜倾的线条切片。然后，按照设置从屏幕的一角滑入，直至全部覆盖镜头一画面为止，如图 7-53 所示。

技 巧

在选择【斜线滑动】视频转场后，单击【特效控制台】面板中的【自定义】按钮，即可在弹出的对话框内设置斜线切片的数量。

5. 其他滑动转场特效

在【滑动】特效组中，除了上述介绍的各种滑动转场特效外，还可以通过拆分、推、滑动、滑动带与滑动框等各种样式的滑动特效，来实现更加丰富的滑动转场特效效果，如图 7-54 所示。

图7-52 带状滑动视频转场效果

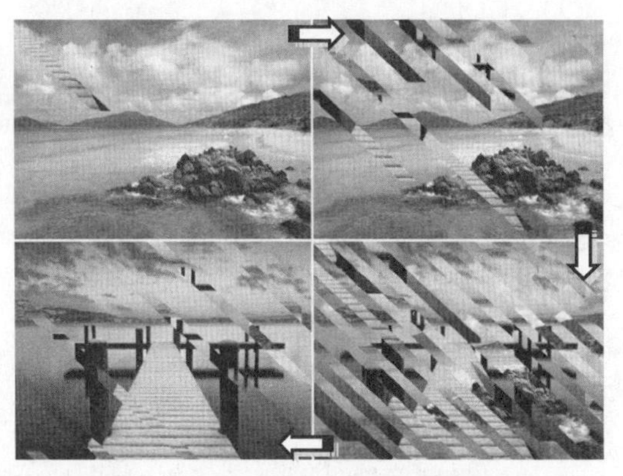

图7-53 斜线滑动视频转场效果

拆分视频转场效果

推视频转场效果

滑动视频转场效果

滑动带视频转场效果

滑动框视频转场效果

图7-54 各种滑动转场特效

7.4 变形转场

在【视频切换】特效组中，有一些转场过渡动画是通过改变前一个素材画面的形状，使该素材消失，从而显示出下一个素材画面来实现的，比如【伸展】特效组与【缩放】特效组。

7.4.1 伸展

伸展类视频转场主要通过素材的伸缩来达到画面切换的目的，通过该类型转场可制作出挤压、飞入等多种镜头切换效果。

1. 交叉伸展

在【交叉伸展】转场中，镜头一画面的宽度会逐渐收缩，而镜头二画面的宽度则会相应增加。这样一来，当镜头二画面的宽度与屏幕宽度相同时，【交叉伸展】转场便完成了整个画面切换任务，如图 7-55 所示。

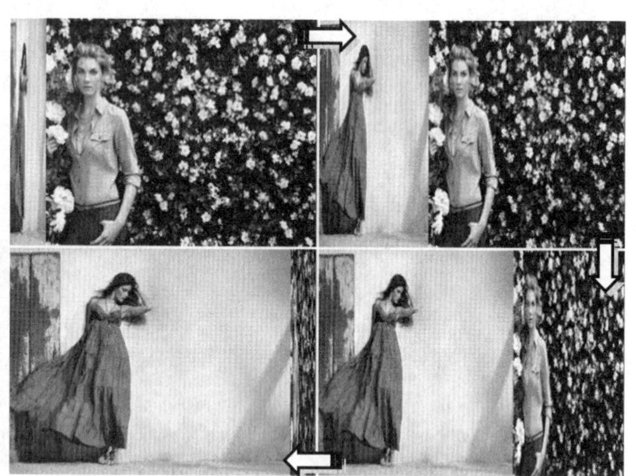

图 7-55 交叉伸展视频转场效果

提 示

交叉伸展视频转场的播放效果与立方体旋转视频转场的效果极其类似。两者的差别在于，在交叉伸展视频转场中无论镜头一和镜头二画面的宽度做出怎样的变化，整个镜头画面都仍然位于屏幕范围内；在立方体旋转视频转场中，镜头的画面会随着转场播放进度的不同，逐渐进入（镜头二画面）或逐渐退出（镜头一画面）屏幕范围。

2. 伸展

在【伸展】转场中，镜头一画面的尺寸、位置始终不会发生变化。不过，随着镜头二画面从屏幕的一侧切入，而且其宽度的不断变化，最终整个屏幕范围都将会被镜头二画面所占据，如图 7-56 所示。

图 7-56 伸展视频转场效果

3. 伸展覆盖

在【伸展覆盖】视频转场中，镜头二画面仿佛是在被拉扯后，以极度变形的姿态出现。随着转场的播放，镜头二画面的比例慢慢恢复正常，并最终完全覆盖在镜头一画面之上，如图 7-57 所示。

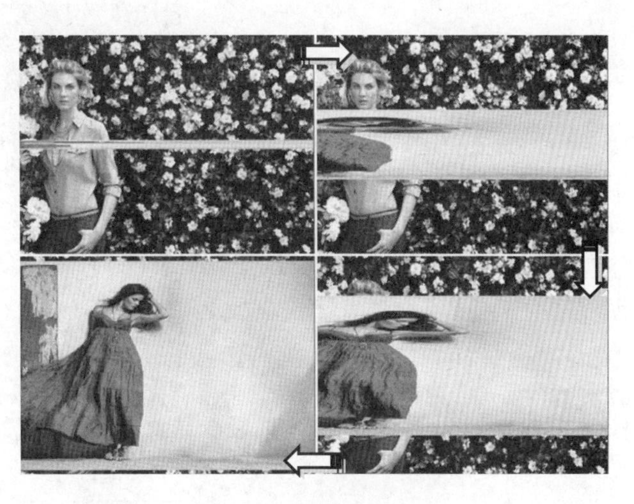

图 7-57　伸展覆盖视频转场效果

4．伸展进入

【伸展进入】视频转场的效果是在镜头二画面被无限放大的情况下，以渐显的方式出现，并在极短时间内恢复画面的正常比例与透明度，从而覆盖在镜头一画面上方，如图 7-58 所示。

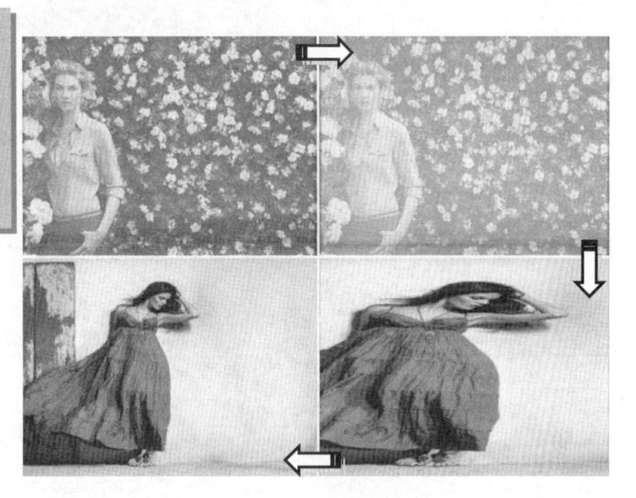

图 7-58　伸展进入视频转场效果

技　巧

如果想要调整【伸展进入】视频转场的切换效果，可在时间线内选择该转场后，首先单击【特效控制台】面板中的【自定义】按钮。然后，在弹出的【伸展进入设置】对话框中，设置镜头二画面的分割份数。

7.4.2　缩放

缩放类视频转场通过快速切换缩小与放大的镜头画面来完成视频转场任务，默认情况下 Premiere 为用户提供了 4 种不同的缩放类视频转场效果，本节便将对其分别进行介绍。

1．交叉缩放与缩放

【交叉缩放】视频转场的效果是在将镜头一画面放大后，使用同样经过放大的镜头二画面替换镜头一画面。然后，再将镜头二画面恢复至正常比例，如图 7-59 所示。

图 7-59　交叉缩放视频转场效果

相比之下，【缩放】视频转场则是通过直接从屏幕中央放大镜头二画面的方式，来完成镜头之间的过渡转换，如图 7-60 所示。

图 7-60 缩放视频转场效果

2. 缩放拖尾

在应用【缩放拖尾】视频转场后，镜头一画面会在逐渐缩小的过程中，留下缩小之前的部分画面，即“拖尾”画面。随着“拖尾”画面的逐渐缩小，镜头一画面将完全从屏幕上消失，取而代之的便是镜头二画面，如图 7-61 所示。

提 示

选择【缩放拖尾】转场后，单击【特效控制台】面板中的【自定义】按钮，可在弹出的对话框内设置“拖尾”的数量。

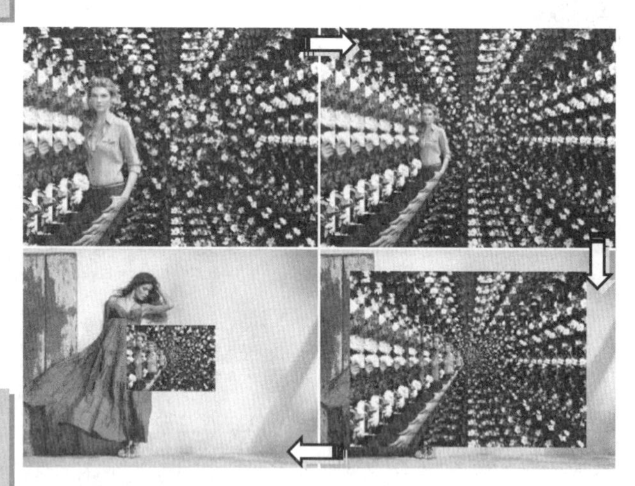

图 7-61 缩放拖尾视频转场效果

3. 缩放框

【缩放框】视频转场是在将镜头二画面分割为多个部分后，在屏幕上同时放大这些分割后的镜头二画面，直到画面铺满屏幕为止，如图 7-62 所示。

技 巧

在选择【缩放框】视频转场后，单击【特效控制台】面板中的【自定义】按钮，还可在弹出的对话框内设置镜头二画面被分割的数量。

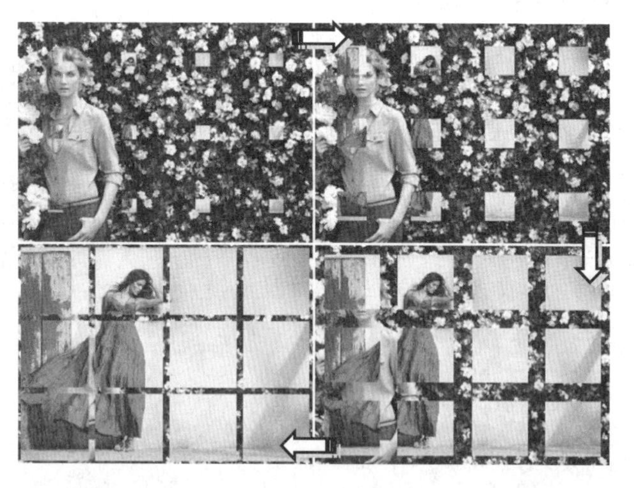

图 7-62 缩放框视频转场效果

7.5 变色转场

并不是所有的转场特效都是通过拆分画面，或者挤压画面实现的。在【视频切换】特效组中，“叠化”、“映射”以及“特殊效果”特效组就是专门通过色彩变化来实现视频转场效果的。

7.5.1 叠化

叠化类视频转场主要以淡入淡

出的形式来完成不同镜头间的转场过渡，使前一个镜头中的画面以柔和的方式过渡到后一个镜头的画面中。

1. 交叉叠化（标准）

【交叉叠化】是最基础，也是最简单的叠化转场。在【交叉叠化】视频转场中，随着镜头一画面透明度的提高（淡出，即逐渐消隐），镜头二画面的透明度越来越低（淡入，即逐渐显现），直至在屏幕上完全取代镜头一画面，如图 7-63 所示。

提 示

当镜头画面中的质量不佳时，使用叠化转场效果能够减弱因此而产生的负面影响。此外，由于交叉叠化转场的过渡效果柔和、自然，因此成为最为常用的视频转场之一。

2. 抖动溶解

【抖动溶解】属于一种快速转换类的视频转场，播放时镜头一画面内会出现数量众多的点状矩阵。在这些点状矩阵发生一系列变化的同时，屏幕中的镜头一画面会被快速替换为镜头二画面，从而完成转场操作，如图 7-64 所示。

图 7-63 交叉叠化（标准）视频转场效果

提 示

在【特效控制台】面板中，通过调整【抗锯齿品质】选项，可以起到局部调整【抖动溶解】转场效果的目的。

图 7-64 抖动溶解视频转场效果

3. 白场过渡与黑场过渡

所谓白场，便是屏幕呈单一的白色，而黑场则是屏幕呈单一的黑色。白场过渡，是指镜头一画面在逐渐变为白色后，屏幕内容再从白色逐渐变为镜头二画面，如图 7-65 所示。相比之下，黑场过渡则是指镜头一画面在逐渐变为黑色后，屏幕内容再由黑色转变为镜头二画面。

注 意

与白场过渡相比，黑场过渡给人的感觉更为柔和。因此影视节目的片头和片尾处常常使用黑场过渡，以免让观众产生过于突然的感觉。

4. 附加叠化与非附加叠化

【附加叠化】是在镜头一和镜头二画面淡入淡出的同时，附加一种屏幕内容逐渐过曝并消隐的效果，如图 7-66 所示。

图 7-65 白场过渡视频转场效果

图 7-66 附加叠化视频转场效果

与【附加叠化】不同，【非附加叠化】转场的效果是镜头二画面在屏幕上直接替代镜头一画面。在画面交替的过程中，交替的部分呈不规则形状，画面内容交替的顺序则由画面的颜色所决定，如图 7-67 所示。

图 7-67 非附加叠化视频转场效果

5. 随机反相

【随机反相】视频转场的效果是在镜头一画面上随机出现一些内容与镜头一画面相同，但颜色相反的块状画面。随着此类块状画面逐渐布满屏幕，内容为正常镜头二画面的第二波块状画面开始逐渐显现在屏幕上，直到整个镜头二画面完全展现开为止，如图 7-68 所示。

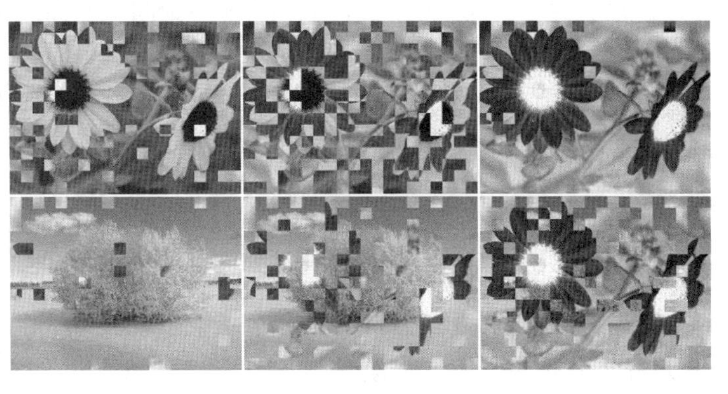

图 7-68 随机反相视频转场效果

在选择【随机反相】转场后，单击【特效控制台】面板中的【自定义】按钮，还可在弹出的对话框内设置屏幕表面随机块的数量。此外，通过选择【反相源】和【反相目标】单选按钮，还可设置镜头切换过程中，是利用镜头一画面生成反相图像，还是利用镜头二画面生成反相图像，如图 7-69 所示。

7.5.2 映射

映射类视频转场主要通过更改某一镜头画面的色彩，达到在两个镜头之间插入其他内容，并以此实现转场过渡效果的目的。本节将介绍这两个映射类转场效果。

图 7-69 自定义随机反相视频转场设置

1. 明亮度映射

【明亮度映射】视频转场通过计算镜头一画面与镜头二画面的明亮度后，根据计算结果将它们叠加在一起作为切换时的过渡画面，如图 7-70 所示。

图 7-70 明亮度映射视频转场效果

2. 通道映射

【通道映射】视频转场通过更改镜头一画面与镜头二画面色彩间的对应关系来生成新的画面内容，并将其作为镜头一与镜头二切换时的过渡画面来播放。在为素材应用该视频转场时，Premiere 将首先弹出【通道映射设置】对话框，要求用户设置不同画面间的色彩通道对应关系，如图 7-71 所示。

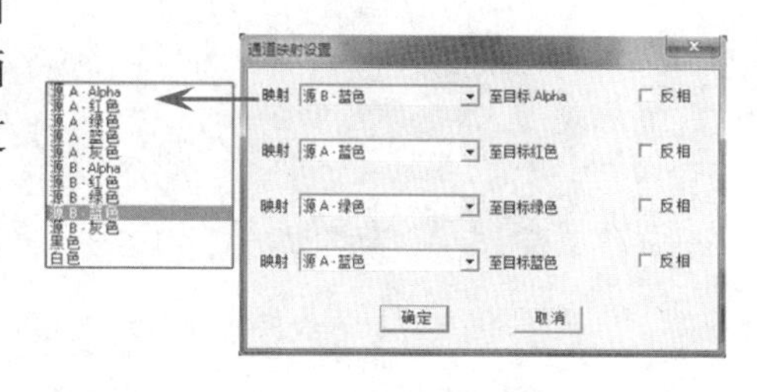

图 7-71 设置通道映射转场参数

参数设置完成后，即可通过【节目】面板预览转场应用效果。在按照之前所设的参数调整【通道映射】视频转场后，其效果如图 7-72 所示。

图 7-72 通道映射视频转场效果

7.5.3 特殊效果

在特殊效果转场分类中，各种视频转场的视觉效果、实现原理和作用都不相同，直接导致了转场应用效果与应用场景的不同。接下来将讲解特殊效果转场分类中的各种视频转场。

1．映射红蓝通道

【映射红蓝通道】视频转场是在利用镜头一、镜头二画面的通道信息生成一段全新的画面内容后，将其应用于这两个镜头之间的画面过渡，如图 7-73 所示。

图 7-73 映射红蓝通道视频转场效果

2．纹理

应用【纹理】视频转场后，Premiere 会将镜头二的素材画面作为纹理映射在镜头一画面上，从而生成一段切换镜头时显示的过渡画面，如图 7-74 所示。

图 7-74 纹理视频转场效果

3．置换

【置换】视频转场是在将镜头二画面作为透明纹理应用于镜头一画面后，生成一段用于切换镜头时显示的过渡内容，从而使两镜头之间的切换不会过于突兀，如图 7-75 所示。

图 7-75 置换视频转场效果

7.6 课堂练习：制作雪景短片

本例制作雪景短片。雪是冬天一道亮丽的风景，在雪地中拍摄雪景，记录下美丽的时刻，也是一种享受。本例就通过学习剪辑视频短片，添加视频切换等特效，使拍摄的雪景视频更加美丽，使字幕的出现更加自然。最后保存文件，完成雪景短片的制作，如图 7-76 所示。

图 7-76 制作雪景短片

操作步骤

1 启动 Premiere，在【新建项目】对话框中，单击【浏览】按钮，选择文件的保存位置。在【名称】栏中输入“制作雪景短片”，单击【确定】按钮，如图 7-77 所示。

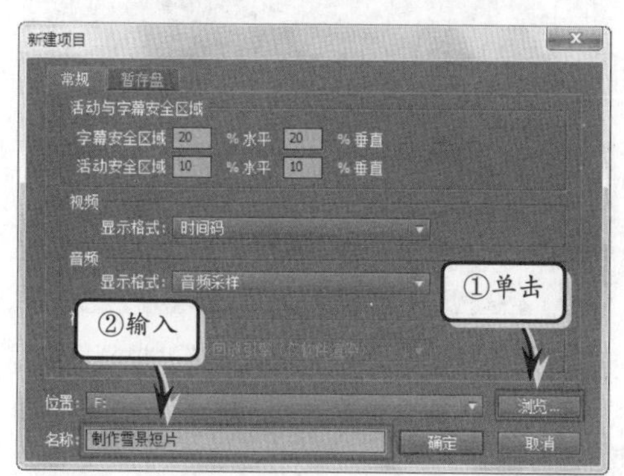

图 7-77 新建项目

2 在弹出的【新建序列】对话框中的有效预设列表中，展开 DV-PAL 文件夹，选择“宽银幕 48kHz”，如图 7-78 所示。

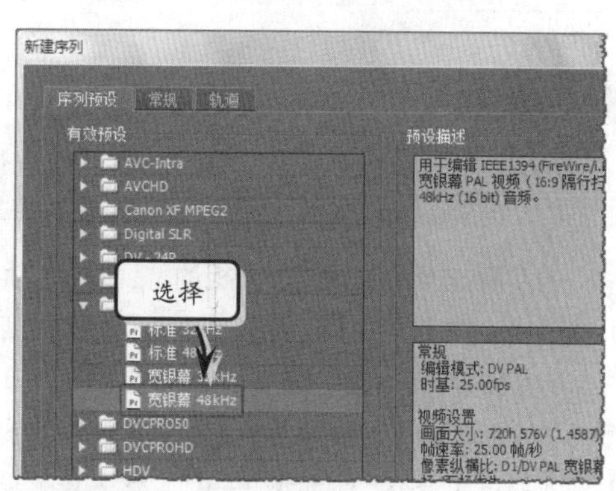

图 7-78 新建序列

3 在【项目】面板中双击空白处，弹出【导入】对话框，选择素材，导入到【项目】面板中，如图 7-79 所示。

图 7-79 导入素材

4 新建字幕，在【字幕】面板中输入文本。在【字幕属性】面板中，设置“字体”为“汉仪雪峰体简”，“字号”为 95。在【字幕样式】面板中，应用“方正粗体”样式，如图 7-80 所示。

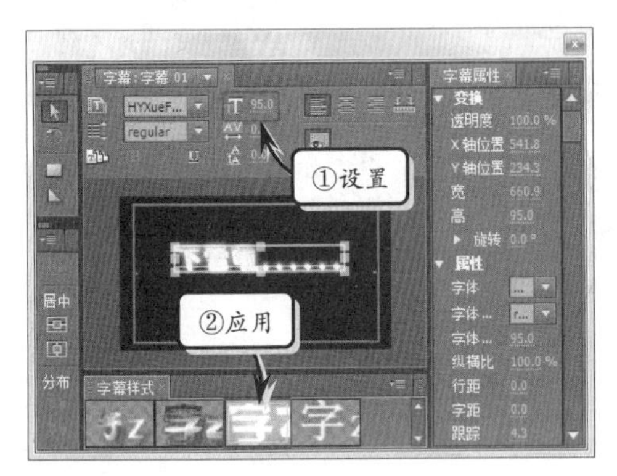

图 7-80 设置字体格式

提 示

设置完成后，关闭【字幕】面板，在【项目】面板中，自动生成创建的字幕。

5 将字幕拖至【时间线】面板的“视频 1”轨道上。在【效果】面板中，选择【快速模糊入】特效，添加到字幕上，如图 7-81 所示。

6 在【时间线】面板中右击视频轨，执行【添加轨道】命令，添加视音频轨。将素材“背景.psd”拖入“视频 4”轨道上，设置其“缩放比例”为 55，如图 7-82 所示。

7 在【效果】面板中，展开“视频切换”文件夹以及“叠化”子文件夹，选择“抖动溶解”特效，添加到背景素材的开始位置，其参数为默认，如图 7-83 所示。

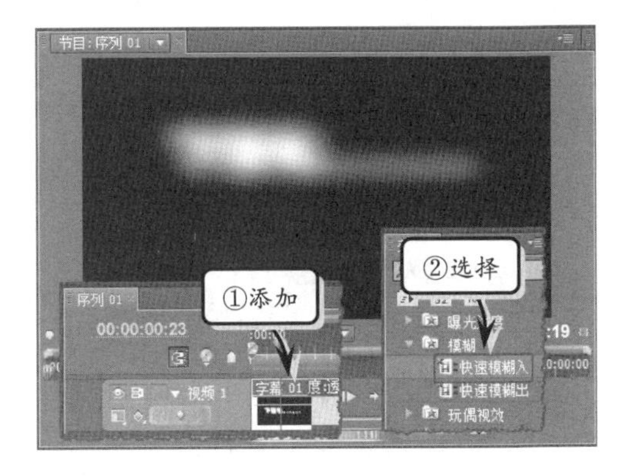

图 7-81 添加【快速模糊入】特效

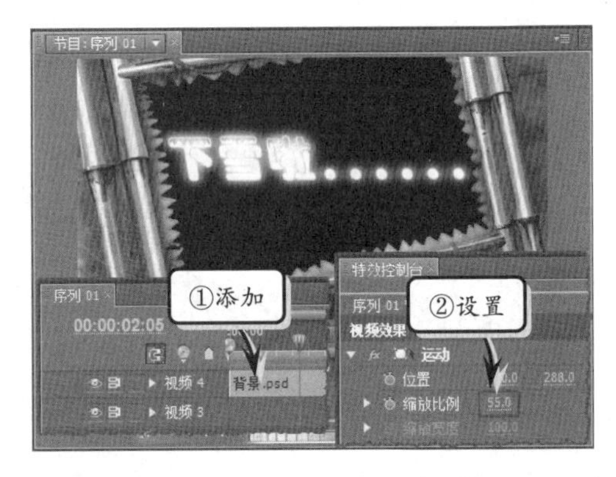

图 7-82 设置“缩放比例”参数

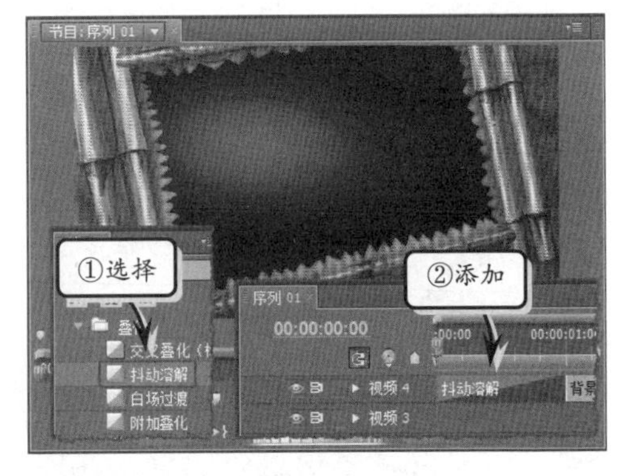

图 7-83 添加【抖动溶解】视频切换特效

技 巧

在【效果】面板的搜索栏中输入要添加的视频特效，或者相关词，可快速查找相应的特效。

8 拖动当前时间指示器至 00:00:05:00 位置处，将“素材 1.m2v”拖入“视频 1”轨道上，设置其缩放比例为 51，如图 7-84 所示。

图 7-84 设置缩放比例

9 在【效果】面板中，选择【伸展进入】视频切换特效，添加到字幕和素材“1.m2v”之间。在【特效控制台】面板中，设置“持续时间”为 2s，“对齐”为“居中于切点”，如图 7-85 所示。

图 7-85 添加【伸展进入】视频切换特效

10 将素材“3.m2v”拖入“视频 1”轨道上，在两个素材之间添加【中心剥落】视频切换特效。在【特效控制台】面板中设置“持续时间”为 2s，“对齐”为“居中于切点”，如图 7-86 所示。

提 示

设置背景素材的【持续时间】为 00:00:41:19，设置素材“3.m2v”的【缩放比例】为 51，再新建一个视音频轨。

图 7-86 添加【中心剥落】视频切换特效

11 新建字幕，将其添加到“视频 5”轨道上，设置【旋转】为-14。在【效果】面板的【预设】效果中，选择【高斯模糊】特效，添加到字幕上，如图 7-87 所示。

图 7-87 添加【高斯模糊】特效

提 示

【字体】为“汉仪秀英体简”，【字号】为 80。

12 拖动当前时间指示器至 00:00:27:10 位置处，将素材“2.m2v”拖至“视频 1”轨道上。将【旋涡】视频切换特效添加到素材“3.m2v”和“2.m2v”之间，在【特效控制台】面板中设置参数，如图 7-88 所示。

13 将素材“2.m2v”拖至“视频 2”轨道上的任意位置，使用【剃刀工具】将其切割为 3 段，分别放到适当的位置，如图 7-89 所示。

14 选择“视频 2”轨道上的素材，在【特效控制台】面板中，设置【缩放比例】为 20，设置“位置”参数并添加关键帧，如图 7-90

所示。

图 7-88 设置【漩涡】参数

图 7-89 切割素材

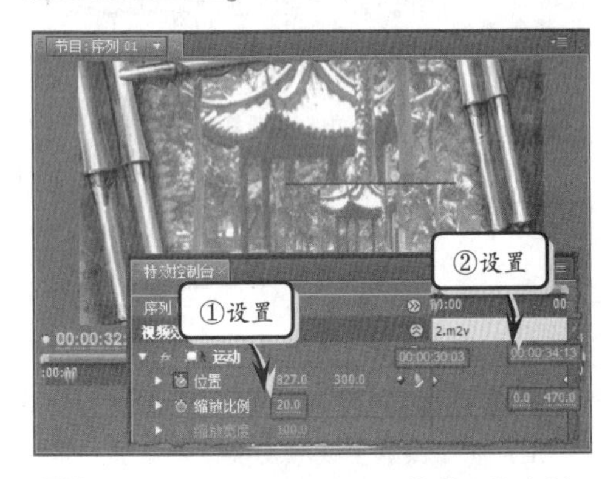

图 7-90 为“视频 2”轨道上的素材添加【位置】关键帧

15 按照相同方法，为“视频 3”轨道上的素材添加【位置】关键帧，使其从左下角向右上角移动，如图 7-91 所示。

提 示

在 00:00:30:22 位置处，【位置】为-124，683；在 00:00:34:17 位置处，【位置】为 867，6。

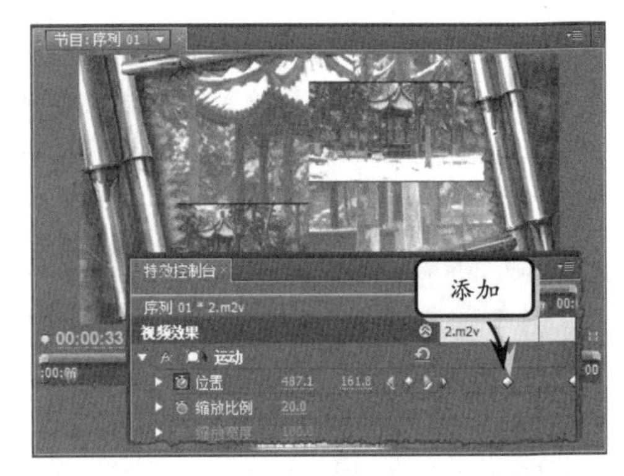

图 7-91 为“视频 3”轨道上的素材添加【位置】关键帧

16 新建一个字幕，拖动【当前时间指示器】至 00:00:28:11 位置处，将其添加到“视频 5”轨道上。再添加【快速模糊入】特效，如图 7-92 所示。

图 7-92 添加【快速模糊入】特效

技 巧

也可以复制以上创建的字幕，在【字幕】面板中更改文本信息即可。

17 再切割素材“2.m2v”，在 00:00:35:10 位置处，将其放在“视频 2”轨道上。在【特效控制台】面板中，设置其“位置”和“旋转”参数并添加关键帧，如图 7-93 所示。

18 在【效果】面板中，选择【抖动溶解】视频切换特效，添加到“视频 2”上步添加的素材的结束位置，参数为默认，如图 7-94 所示。再在背景素材和最后一个视频素材的结束位置添加【附加叠化】特效，保存文件，完成雪景短片的制作。

图 7–93 添加关键帧

图 7–94 添加视频切换特效

7.7 课堂练习：制作公益广告

本例使用 3D 人物图片作为背景，制作简单的公益广告。3D 人物是一种人物的立体表现形式，那么，为这些人物加上简单的故事情节，会使这些简单的画面更加生动。本例就通过学习添加字幕作为讲解，再添加视频切换特效，使图片之间的切换更具有连贯性，形成简单的故事情节，完成公益广告的制作，如图 7-95 所示。

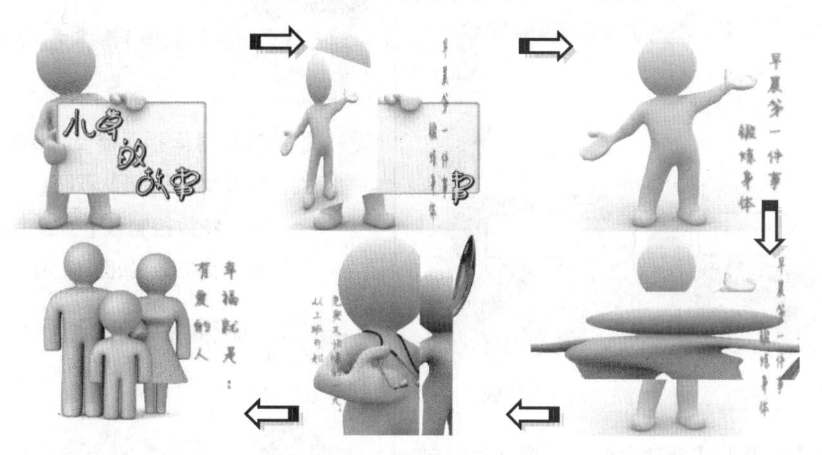

图 7–95 制作简单的故事

操作步骤

1 启动 Premiere，在【新建项目】对话框中，单击【浏览】按钮，选择文件的保存位置。在【名称】栏中输入“制作公益广告”，单击【确定】按钮，创建项目，如图 7–96 所示。

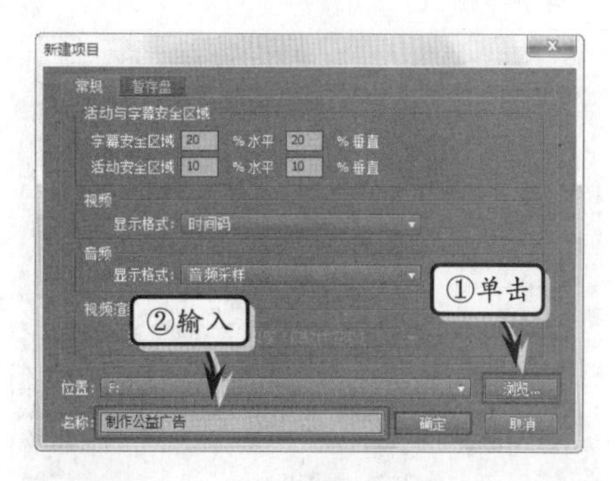

图 7–96 新建项目

提 示

在弹出的【新建序列】对话框中，选择“标准 48kHz”，单击【确定】按钮，创建序列。

2 在【项目】面板中双击，弹出【导入】对话框，选择素材图片，导入到【项目】面板中，如图 7–97 所示。

图 7–97 导入素材

3 将素材“0.jpg”拖入【时间线】面板的“视频 1”轨道上。在【特效控制台】面板中，设置其“缩放比例”为 55，如图 7–98 所示。

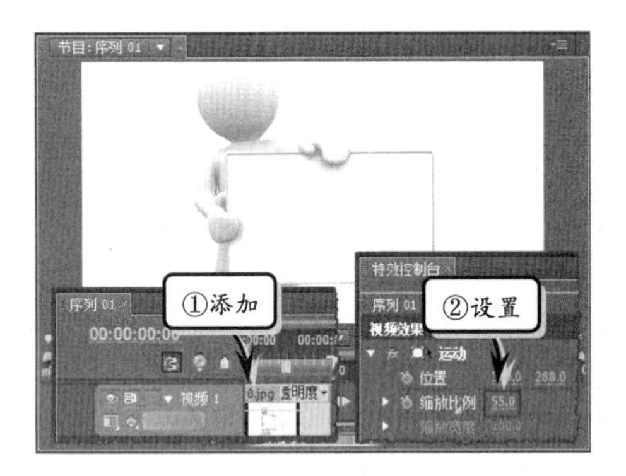

图 7–98 设置“缩放比例”参数

4 执行【字幕】|【新建字幕】|【默认静态字幕】命令，在【字幕】面板中输入文本，设置字体格式，如图 7–99 所示。

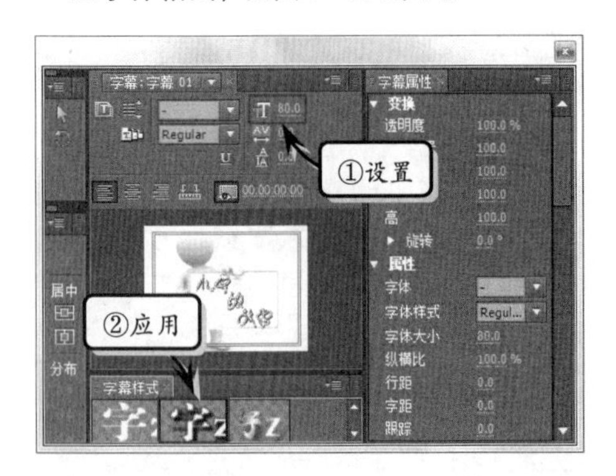

图 7–99 设置文本格式

5 关闭字幕面板，在【项目】面板中自动生成字幕。将字幕添加到“视频 2”轨道上，为其添加【旋转扭曲入】特效，如图 7–100 所示。

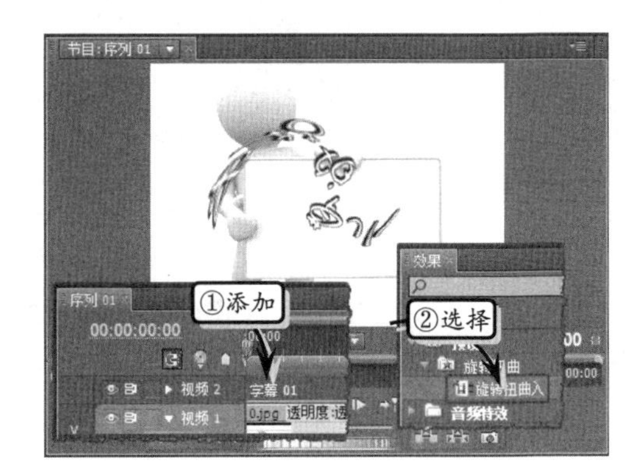

图 7–100 添加【旋转扭曲入】特效

提 示

为素材“0.jpg”添加【马赛克入】特效，参数为默认。

6 拖动当前时间指示器至 00:00:05:00 位置处，将素材“1.jpg”添加到“视频 1”轨道上，在【特效控制台】面板中，设置其“缩放比例”为 50，如图 7–101 所示。

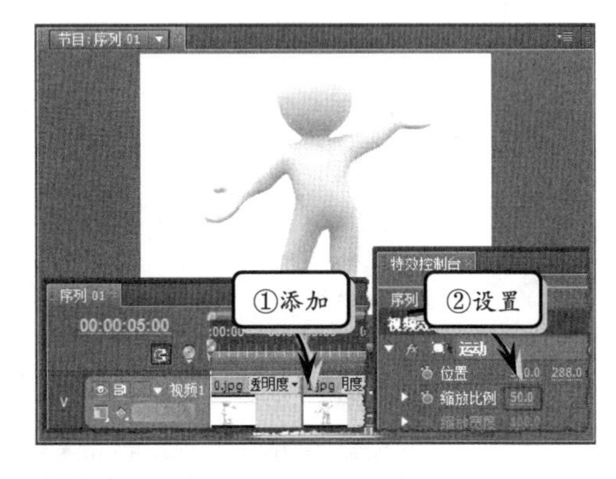

图 7–101 设置“缩放比例”参数

提 示

设置所有素材图片的缩放比例均为 50。

7 新建字幕，在【字幕】面板中，单击【垂直文字工具】按钮，输入文本信息。在【字幕属性】面板中，设置“字体”为“方正静蕾简体”，“填充”颜色为#AF7405，“阴影”距离为 2，如图 7-102 所示。

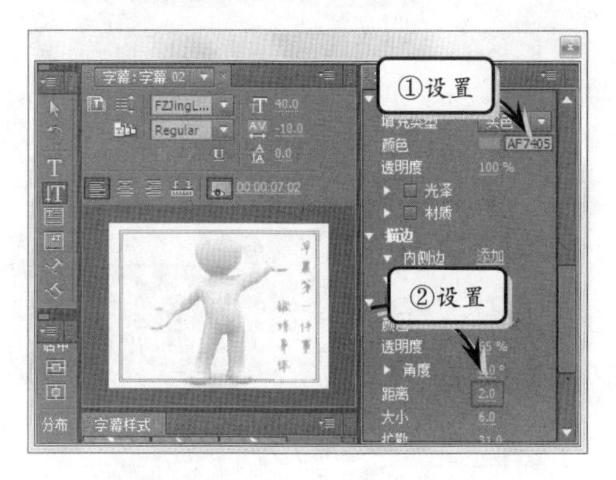

图 7-102　设置文本格式

提　示

设置“字号”为 40，“字距”为-10。

8　将新建的字幕添加到“视频 2”轨道上。在【效果】面板中，展开“视频切换”文件夹以及“3D 运动”子文件夹，选择【旋转离开】特效，添加到两个字幕素材之间。在【特效控制台】面板中，设置参数，如图 7-103 所示。

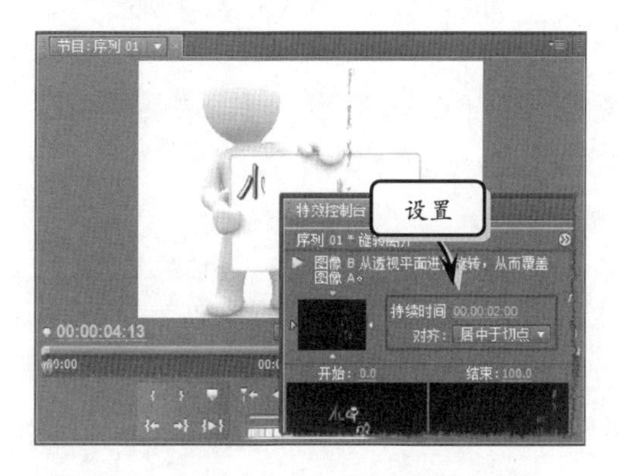

图 7-103　设置【旋转离开】参数

9　在【效果】面板中，选择【摆入】视频切换特效，添加到素材“0.jpg”和“1.jpg”之间。在【特效控制台】面板中，设置视频切换参数，如图 7-104 所示。

10　将图片素材依次添加到“视频 1”轨道上，在【项目】面板中，复制“字幕 02”素材，在【字幕】面板中更改文本信息。将更改后的字幕添加到“视频 2”轨道上，如图 7-105 所示。

图 7-104　设置【摆入】参数

图 7-105　复制字幕素材

11　分别在【效果】面板中，选择相应的视频切换特效添加到素材之间，设置“持续时间”均为 2s，“对齐”为“居中于切点”，如图 7-106 所示。

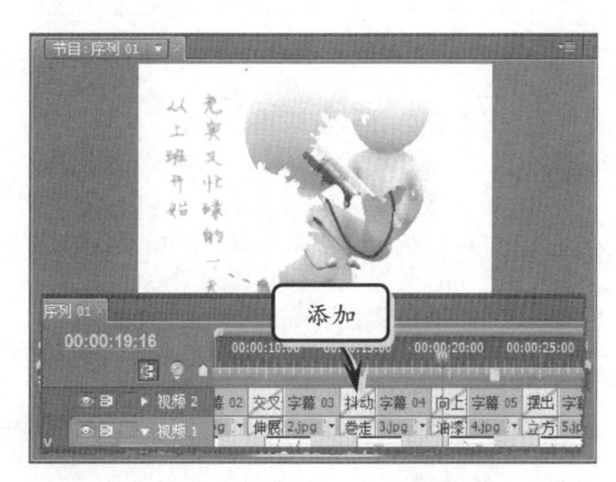

图 7-106　添加视频切换特效

12 新建字幕，在【字幕属性】面板中，设置“填充”颜色为#C660C2，“描边”大小为 5，如图 7-107 所示。

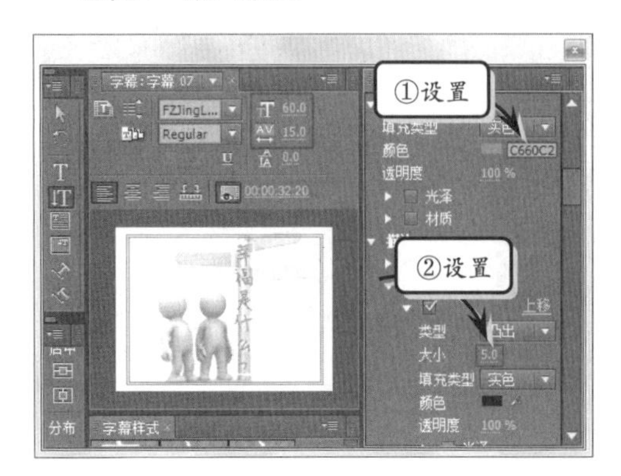

图 7-107 设置文本格式

提 示

设置“字体”为“方正静蕾简体”，“字号”为 60，“字距”为 15。

13 将创建的字幕添加到“视频 2”轨道上，剩下的素材之间添加视频切换特效，如图 7-108 所示。

14 在【效果】面板中，展开“预设”文件夹下的“运动”子文件夹，选择不同的特效，添加到字幕上，使字幕呈现运动效果，如图 7-109 所示。在【节目】面板中预览动画，保存文件，完成简单故事的制作。

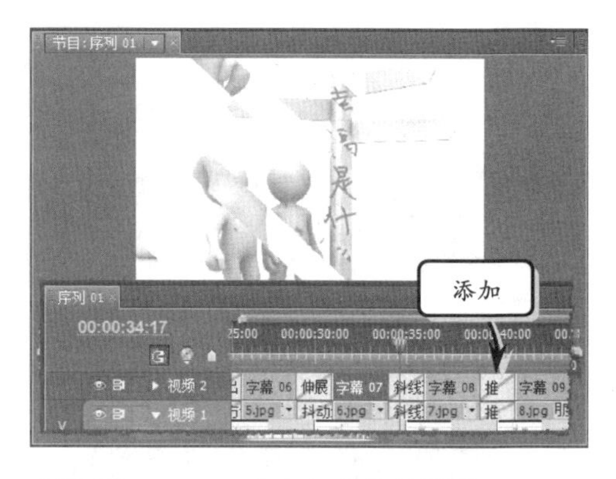

图 7-108 添加视频切换特效

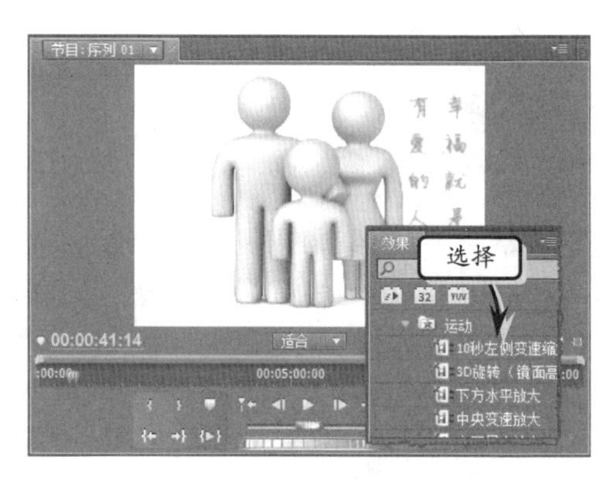

图 7-109 添加【预设】特效

7.8 思考与练习

一、填空题

1. 为了避免镜头与镜头之间的连接出现断断续续的感觉，便需要在连接镜头时使用__________。

2. 视频转场可以使镜头之间的__________更为自然、顺畅，使影片的视觉连续性更强。

3. 只须将视频转场拖曳至时间线上的__________，即可完成添加视频转场的操作。

4. 在【时间线】面板内选择视频转场后，直接按__________键即可将其清除。

5. 更改视频转场默认参数的操作是在【__________】面板中进行。

二、选择题

1. 在下列选项中，不属于视频转场常规参数的是__________。

A. 边宽　　B. 不透明度

C. 抗锯齿　　D. 边色

2. 在下列选项中，无法完成清除视频转场操作的是__________。

A. 选择视频转场后，按 Delete 键进行清除

B. 在时间线上右击视频转场后，执行【清除】命令

C. 调整素材位置，使其间出现空隙后，视频转场自然会被清除

D. 直接将视频转场从时间线上拖曳下来即可

3. 划像类视频转场的特征是直接进行两镜

头画面的交替切换，而在下列选项中不属于划像类视频转场的是__________。

A．划像交叉　　B．划像形状

C．点划像　　D．卡片翻转

4．在下列选项中，主要采用淡入淡出方式来完成画面切换的视频转场类型是__________。

A．伸展　　B．擦除

C．叠化　　D．滑动

5．“缩放拖尾”属于下列哪种类型的视频转场？__________

A．卷页　　B．缩放

C．滑动　　D．特效效果

三、问答题

1．如何为视频添加转场特效？

2．怎么改变转场特效中的参数？

3．要想为视频添加三维效果的转场特效，可以添加什么特效组中的特效？

4．【划像形状】与【划像交叉】特效有什么区别？

5．简要说明【中心合并】与【中心拆分】特效的区别。

四、上机练习

1．为视频添加三维效果的转场效果

具有三维效果的转场特效，可以通过【效果】面板中【3D 运动】特效组中的特效添加来实现。只要将两个素材放置在轨迹中，然后选择某个【3D 运动】特效组中的特效添加至两个素材之间即可，如图 7-110 所示。

图 7-110　【翻转】3D 运动特效

2．制作缩放转场效果

【缩放】特效组包括多种缩放样式转场效果，其中【交叉缩放】特效是在将镜头一画面放大后，使用同样经过放大的镜头二画面替镜头一画面。这种特效过渡自然，并且也是最常用的转场效果之一，如图 7-111 所示。

图 7-111　【交叉缩放】转场特效

第 8 章

视频特效效果

在编辑所拍摄的视频时，不仅能够在视频与视频之间添加各种样式的转场特效，还可以为视频本身添加各种特效，使枯燥无味的画面变得生动有趣，还可以弥补拍摄过程中造成的画面缺陷等问题。

在 Premiere 中，系统提供了多种类型的视频特效供用户使用，其功能分为增强视觉效果、校正视频缺陷和辅助视频合成 3 大类。根据需求的不同，用户可针对不同问题应用不同的视频特效，从而完成对指定画面进行修饰、变换等操作，以达到突出影片主题及增强视觉效果的目的。

本章学习要点：

- 变形类视频特效
- 增强画面视频效果特效
- 光照类视频特效
- 过渡类视频特效
- 时间类视频特效

8.1 变形视频特效

在视频拍摄时，视频画面是正常的，或者是倾斜的。这时可以通过【效果】面板中的【视频特效】特效组中的【变换】特效组将视频画面进行校正，或者采用【扭曲】特效组中的特效对视频画面进行变形，从而丰富视频画面效果。

8.1.1 变换

【变换】类视频特效可以使视频素材的形状产生二维或者三维的变化。在该类视频特效中，包含有垂直保持、垂直翻转、摄像机视图和滚动等 8 种视频特效。

1. 垂直保持和垂直翻转

【垂直保持】视频特效能够使影片剪辑呈现出一种在垂直方向上进行滚动的效果，如图 8-1 所示。

提 示

在【垂直保持】视频特效中，素材画面在屏幕上的滚动速度由 Premiere 所决定，而滚动的次数则由素材长度所决定。素材的持续时间越长，素材画面在屏幕上的滚动次数越多。

【垂直翻转】视频特效的作用则是让影片剪辑的画面呈现一种倒置的效果，如图 8-2 所示。

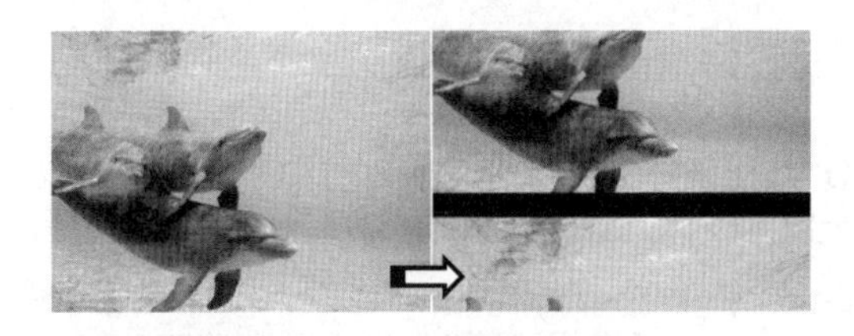

图 8-1 垂直保持视频特效

图 8-2 垂直翻转视频特效

提 示

由于【垂直保持】和【垂直翻转】视频特效都没有属性参数，因此用户无法对其效果进行控制。

2. 摄像机视图

【摄像机视图】视频特效的作用是模拟摄像机对屏幕画面进行二次拍摄，其参数面板及应用效果如图 8-3 所示。在【特效控制台】面板中，【摄像机视图】视频特效各个参数的作用如下。

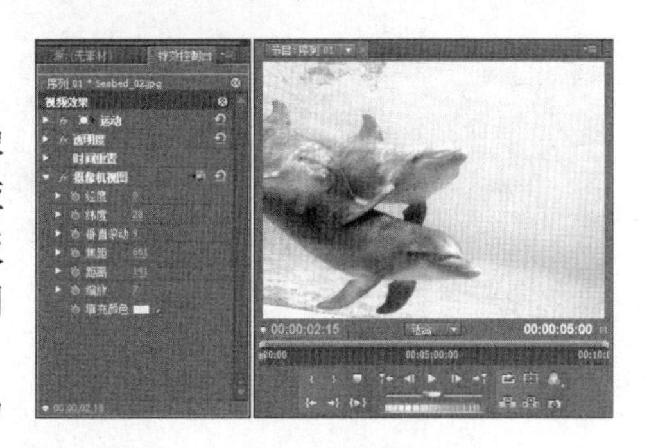

图 8-3 摄像机视图视频特效

- **经度** 以中心垂线为轴，控制屏幕画面的旋转角度。

- ❑ **纬度** 以中心水平线为轴，控制屏幕画面的旋转角度。
- ❑ **垂直滚动** 在二维层面中，控制屏幕画面的旋转角度。
- ❑ **焦距、距离与缩放** 焦距、距离与缩放分别用于模拟摄像机的镜头焦距、摄像机与屏幕画面间的距离和变焦倍数。综合运用这 3 项参数后，即可控制原屏幕画面在当前屏幕中的尺寸大小。

图 8-4 设置填充颜色值

- ❑ **填充颜色** 当原有的屏幕画面变形后，该选项用于控制屏幕空白区域的颜色。在单击该选项中的色块后，即可在弹出的【颜色拾取】对话框内设置相应的颜色值，如图 8-4 所示。

提 示

在单击【填充颜色】色块右侧的【吸管】按钮后，用户还可直接从当前屏幕画面中吸取颜色作为填充色彩。

此外，在【控制台】面板内直接单击【摄像机视图】视频特效上的【设置】按钮后，用户还可在弹出的【摄像机视图设置】对话框内设置上述属性参数，如图 8-5 所示。

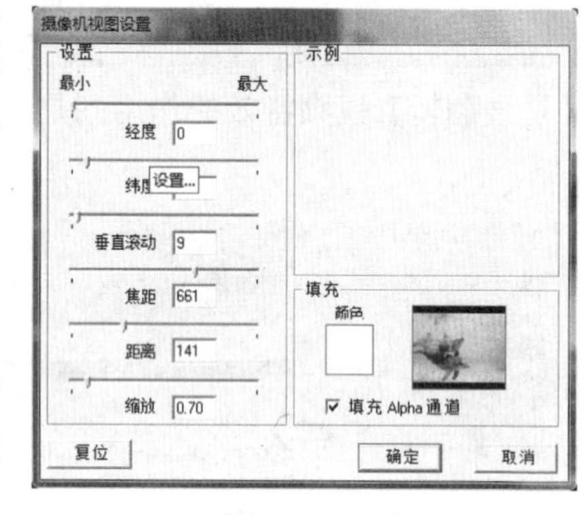

图 8-5 【摄像机视图设置】对话框

3. 水平保持和水平翻转

默认设置的【水平保持】视频转场在应用于影片剪辑后不会使屏幕画面发生任何变化。在调整其唯一的参数后，屏幕画面会在保持画面底部位置不变的前提下，出现不同程度的倾斜，如图 8-6 所示。

【水平翻转】视频特效的效果与【垂直翻转】视频特效的效果相反，其作用是让影片剪辑在水平方向上进行镜像翻转，如图 8-7 所示。

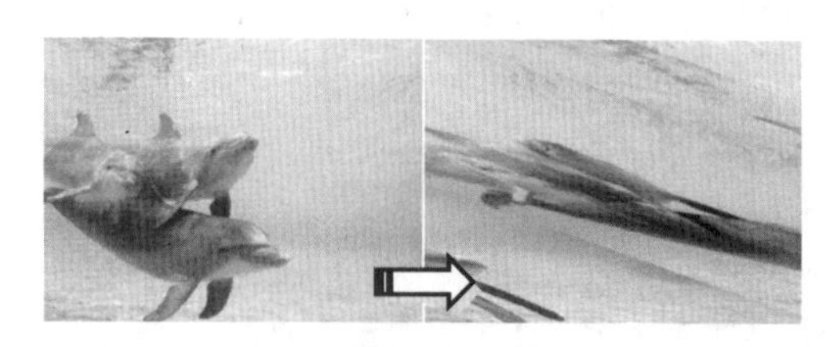

图 8-6 水平保持视频特效

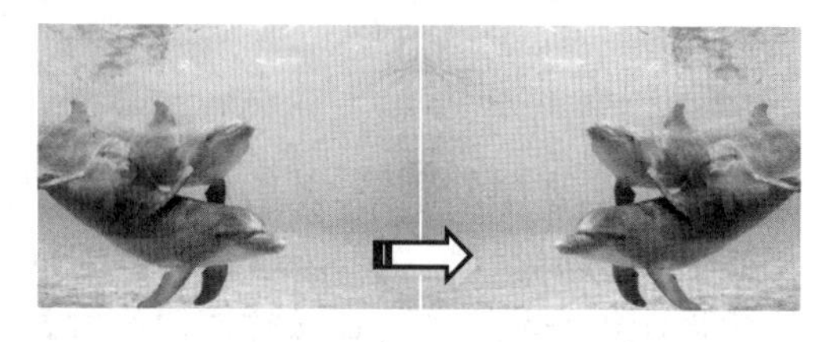

图 8-7 水平翻转视频特效

4. 羽化边缘

【羽化边缘】视频特效会在屏幕画面的四周形成一圈经过羽化处理后的黑边，如图

8-8 所示。在【羽化边缘】视频特效中，“数量”选项的参数值越大，经过羽化处理的黑边越明显。

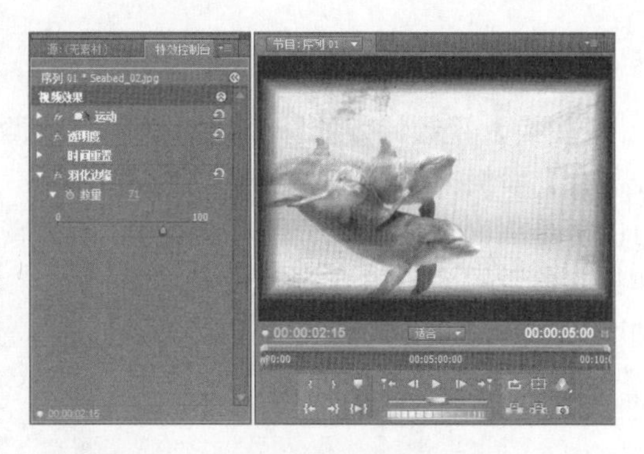

图 8-8　羽化边缘视频特效

5. 裁剪

【裁剪】视频特效的作用是对影片剪辑的画面进行切割处理，该视频特效的控制参数如图 8-9 所示。其中，左侧、顶部、右侧和底部这 4 个选项分别用于控制屏幕画面在左、上、右、下这 4 个方向上的切割比例，而【缩放】选项则用于控制是否将切割后的画面填充至整个屏幕。

图 8-9　裁剪视频特效

8.1.2　扭曲

应用【扭曲】类视频特效后，能够使素材画面产生多种不同的变形效果。在该类型的视频特效中，共包括 11 种不同的变形样式，如偏移、旋转、弯曲、球面化和边角固定等。

1. 偏移

当素材画面的尺寸大于屏幕尺寸时，使用【偏移】视频特效能够产生虚影效果，如图 8-10 所示。

图 8-10　偏移视频特效

为素材应用【偏移】视频特效后，默认情况下的【与原始图像混合】选项取值为 0，此时的影片剪辑画面不会发生任何变化。在【特效控制台】面板中，调整【与原始图像混合】选项后，虚影效果便会逐渐显现出来，且参数值越大，虚影效果越明显，如图 8-11 所示。此外，用户还可通过更改【将中心转换为】选项参数值的方式来调整虚影图像的位置。

图 8-11　调整【偏移】视频特效的参数值

2. 变换

【变换】视频特效能够为用户提供一种类似于照相机拍照时的效果，通过在【特效控制台】面板内调整“定位点”、“缩放高度”、“缩放宽度”等选项，用户可对“拍照”时的屏幕画面摆放位置、照相机位置和拍摄参数等多项内容进行设置，如图 8-12 所示。

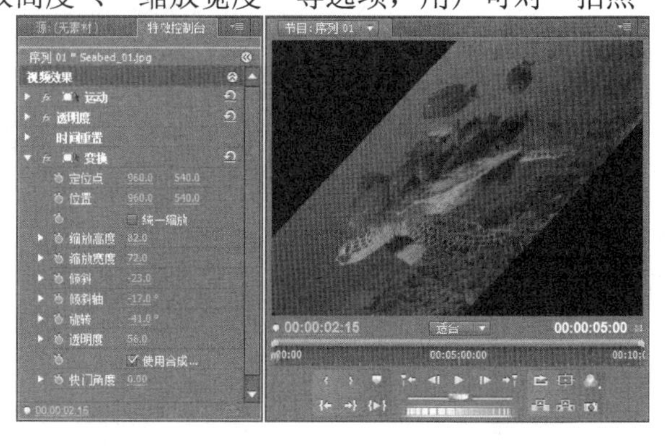

图 8-12　变换视频特效

3. 弯曲

【弯曲】视频特效能够使素材画面产生一种扭曲、变形，仿佛是在照哈哈镜时的效果，如图 8-13 所示。而且，随着影片剪辑的播放，【弯曲】视频特效对画面的影响还会发生变化。

图 8-13　弯曲视频特效

提　示

在【特效控制台】面板中，用户可通过调整垂直或水平方向上的弯曲强度、速率和宽度来调整弯曲视频特效的最终结果。

此外，在单击【弯曲】视频特效栏中的【设置】按钮后，还可在弹出的对话框内直观地调整弯曲强度、速率和宽度参数，并实时查看【弯曲】视频特效的播放效果，如图 8-14 所示。

4. 放大

利用【放大】视频特效可以放大显示素材画面中的指定位置，从而模拟人们使用放大镜观察物体的效果，如图 8-15 所示。

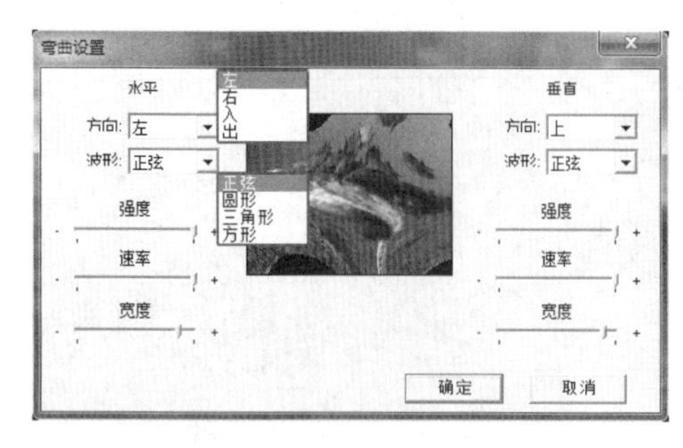

图 8-14　通过【弯曲设置】对话框调整特效参数

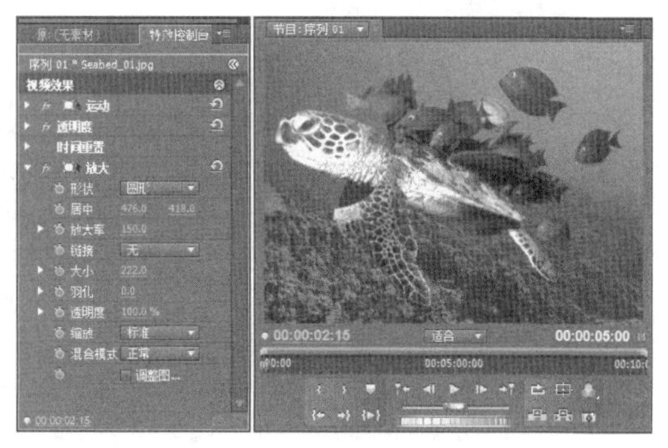

图 8-15　放大视频特效

在【特效控制台】面板中，用户可对【放大】视频特效的放大形状、位置、透明度、缩放效果、混合模式及羽化程度等多项参数进行设置。图 8-16 所示分别为不同混合模式选项的放大效果。

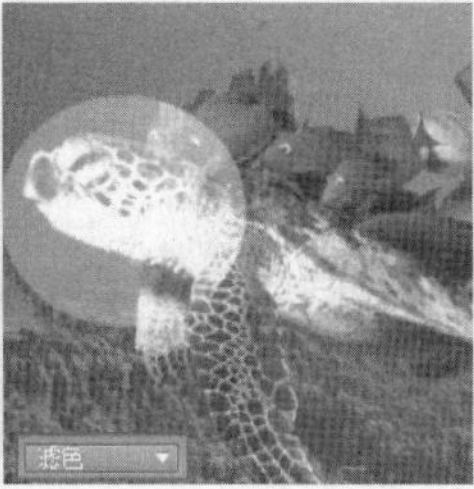

图 8-16 不同混合模式的放大效果

5. 旋转扭曲

为素材应用【旋转扭曲】视频特效，可以使素材画面中的部分区域绕指定点来旋转图像画面，如图 8-17 所示。

图 8-17 旋转扭曲视频特效

在【特效控制台】面板中的【旋转】选项组中，“角度”选项决定了图像的旋转扭曲程度，参数值越大扭曲效果越明显；“旋转扭曲半径”选项决定着图像的扭曲范围，而“旋转扭曲中心”选项则控制着扭曲范围的中心点，如图 8-18 所示。

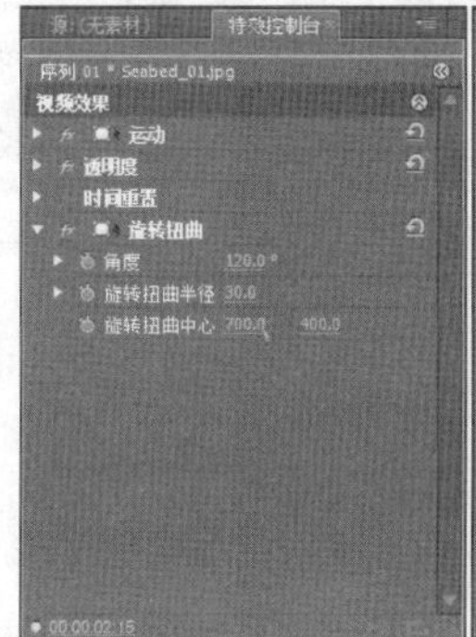

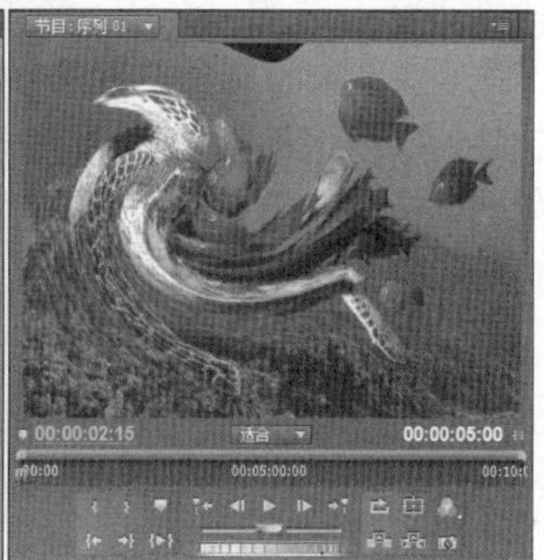

图 8-18 调整【旋转】视频特效的参数

6. 波形弯曲

【波形弯曲】视频特效的作用是根据用户给出的参数在一定范围内制作弯曲的波浪效果，如图 8-19 所示。

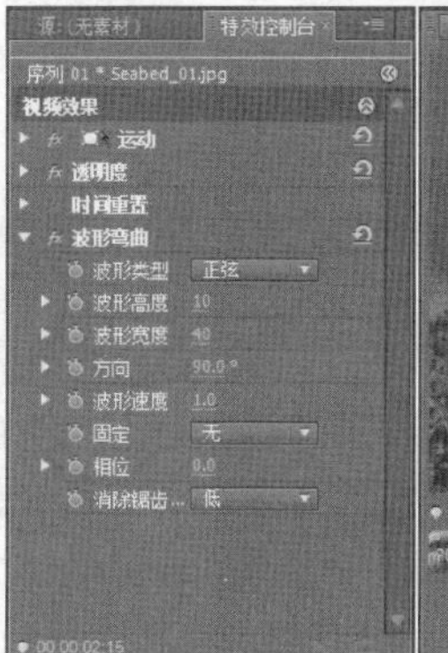

图 8-19 波形弯曲视频特效

提 示

在【特效控制台】面板中，通过更改“波形类型”选项可调整波形弯曲的显示效果，而重新设置“波形高度”、“波形宽度”、“方向”和“波形速度”等选项则可调整【波形弯曲】视频特效对画面的扭曲影响程度。

7. 球面化

利用【球面化】视频特效，可以

使素材画面以球化状态显示，如图 8-20 所示。在【球面化】视频特效的控制选项中，“半径”选项用于调整“球体”的尺寸大小，直接影响着“球面化”视频特效对屏幕画面的作用范围；“球面中心”选项则决定了“球体”在画面中的位置。

图 8-20 球面化视频特效

8. 紊乱置换

【紊乱置换】视频特效能够在素材画面内产生随机的画面扭曲效果，如图 8-21 所示。在【紊乱置换】视频特效提供的控制选项中，除“置换”选项用于控制扭曲方式、“消除锯齿（最佳品质）”选项用于决定扭曲后的画面品质外，其他所有选项都用于控制画面扭曲效果。

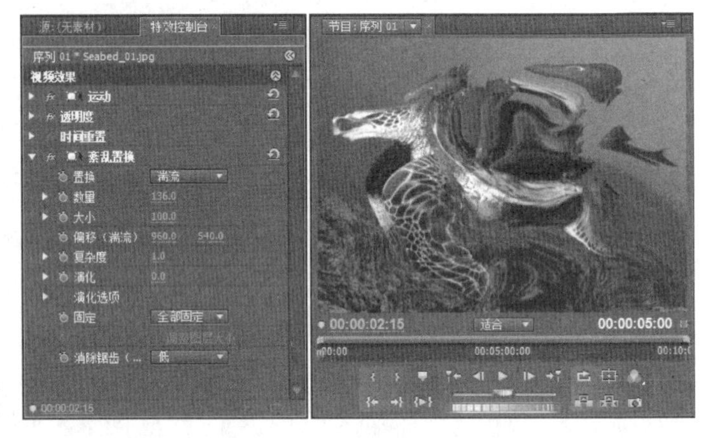

图 8-21 紊乱置换视频特效

9. 边角固定

【边角固定】视频特效可以改变素材画面 4 个边角的位置，从而使画面产生透视和弯曲效果。在【特效控制台】面板中，【边角固定】视频特效 4 个选项的参数值便是用于指定屏幕画面位置的坐标值，用户只需调整这些参数便可控制屏幕画面产生各种倾斜或透视效果，如图 8-22 所示。

图 8-22 边角固定视频特效

10. 镜像

利用【镜像】视频特效可以使素材画面沿分隔线进行任意角度的反射操作，图 8-23 所示即为 180° 的镜像效果。

技 巧

在【特效控制台】面板中，用户可通过【反射中心】来调整分隔线的位置，而调整【反射角度】选项则可更改视频特效的应用效果。

11．镜头扭曲

在视频拍摄过程中，可能会出现某些焦距、光圈大小和对焦距离等不同类型的缺陷。这时可以通过【镜头扭曲】视频特效进行校正，或者直接使用该特效为正常的视频画面进行扭曲效果，如图 8-24 所示。

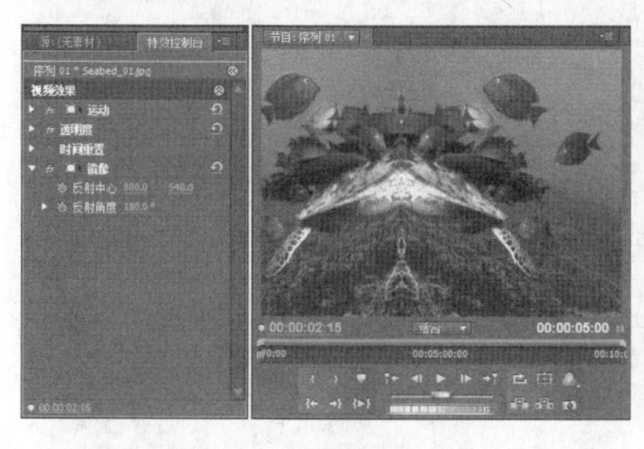

图 8-23　80°镜像效果

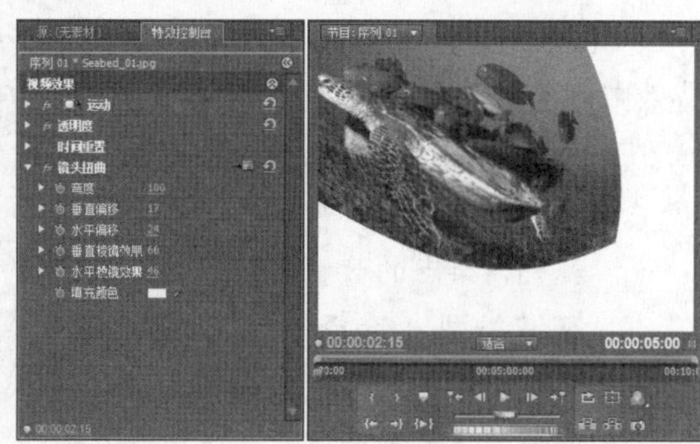

图 8-24　镜头扭曲视频特效

8.2　画面质量视频特效

视频画面效果的色彩能够通过【色彩校正】特效组中的特效进行调整，而视频画面中的模糊、清晰与是否出现杂点等质量问题，则可以通过【杂波与颗粒】以及【模糊与锐化】等特效组中的特效来设置。

8.2.1　杂波与颗粒

【杂波与颗粒】类视频特效的作用是在影片素材画面内添加细小的杂点，根据视频特效原理的不同，又可分为 6 种不同的效果。

1．中间值

【中间值】视频特效能够将素材画面内每个像素的颜色值替换为该像素周围像素的 RGB 平均值，因此能够实现消除噪波或产生水彩画的效果，如图 8-25 所示。

图 8-25　中间值视频特效

【中间值】视频特效仅有“半径”这一项参数，其参数值越大，Premiere 在计算颜色值时的参考像素范围越大，视频特效的应用效果越明显，如图 8-26 所示。

2. 杂波

【杂波】视频特效能够在素材画面上增加随机的像素杂点，其效果类似于采用较高 ISO 参数拍摄出的数码照片，如图 8-27 所示。在【杂波】视频特效中，各个选项的作用如下。

- ❑ **杂波数量**　控制画面内的杂点数量，该选项所取的参数值越大，杂点的数量越多。
- ❑ **杂波类型**　选择产生杂点的算法类型，启用或禁用该选项右侧的【使用杂波】复选框会影响素材画面内的杂点分布情况。
- ❑ **剪切**　决定是否将原始的素材画面与产生杂点后的画面叠放在一起，禁用【剪切结果值】复选框后将仅显示产生杂点后的画面。但在该画面中，所有影像都会变得模糊一片，如图 8-28 所示。

3. 杂波 Alpha

通过【杂波 Alpha】视频特效，可以在视频素材的 Alpha 通道内生成杂波，从而利用 Alpha 通道内的杂波来影响画面效果，如图 8-29 所示。在【特效控制台】面板中，用户还可对【杂波 Alpha】视频特效的类型、数量、溢出方式，以及杂波动画控制方式等多项参数进行调整。

4. 杂波 HLS 与自动杂波 HLS

【杂波 HLS】视频特效能够通过调整画面色调、亮度和饱和度的方式来控制杂波效果，其参数面板如图 8-30 所示。

图 8-26　中间值视频特效

图 8-27　杂波视频特效

图 8-28　仅显示杂波画面

图 8-29　杂波 Alpha 视频特效

注 意

在杂波产生方式上,【自动杂波 HLS】视频特效与【杂波 HLS】视频特效基本相同。所不同的是,【自动杂波 HLS】视频特效不允许用户调整杂波颗粒的大小，但用户却能通过【杂波动画速度】选项来控制杂波动态效果的变化速度。

图 8-30 杂波 HLS 视频特效

5. 蒙尘与刮痕

【蒙尘与刮痕】视频特效用于产生一种附有灰尘的、模糊的杂波效果。在【特效控制台】面板中，参数“半径”用于设置杂波效果影响的半径范围，其值越大，杂波范围的影响越大；参数“阈值”用于设置杂波的开始位置，其值越小，杂波影响越大，图像越模糊，如图 8-31 所示。

图 8-31 蒙尘和刮痕视频特效

8.2.2 模糊与锐化

【模糊与锐化】类视频特效的作用与其名称完全相同，这些视频特效有些能够使素材画面变得更加朦胧，而有些则能够让画面变得更为清晰。在此类视频特效中，包含了 10 种不同的效果，下面将对其中几种比较常用的进行讲解。

1. 方向模糊

【方向模糊】视频特效能够使素材画面向指定方向进行模糊处理，从而使画面产生动态效果，如图 8-32 所示。在【特效控制台】面板中，可通过调整“方向”和“模糊长度”选项来控制方向模糊的效果。

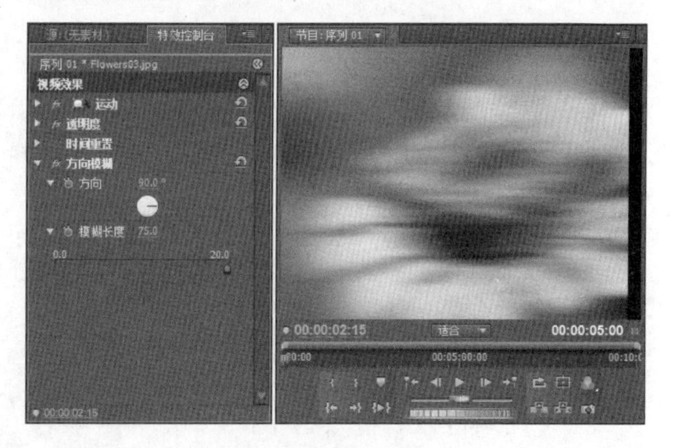

图 8-32 方向模糊视频特效

提 示

在调整【方向模糊】视频特效的参数时，“模糊长度”选项的参数值越大，图像的模糊效果将会越明显。

2. 快速模糊

【快速模糊】视频特效能够对画面中的每个像素进行相同的模糊操作，因此其模糊效果较为“均匀”。在【特效控制台】面板中，“模糊量”用于控制画面模糊程度；“模糊方向”决定了画面模糊的方向；而“重复边缘像素”选项则用于调整模糊画面的细节部分，如图 8-33 所示。

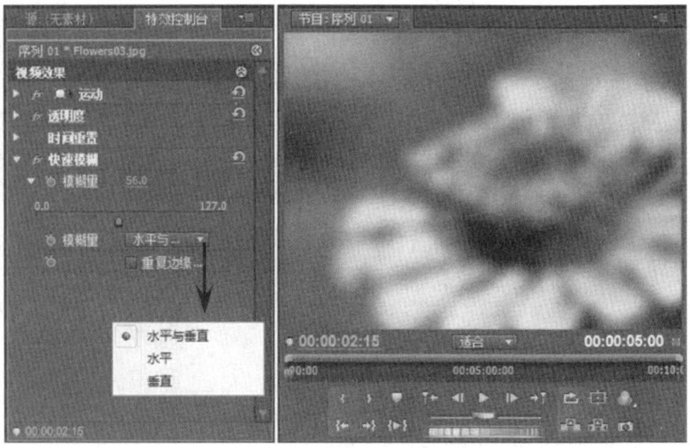

3. 锐化

【锐化】视频特效的作用是增加相邻像素的对比度，从而达到提高画面清晰度的目的，如图 8-34 所示。在【特效控制台】面板中，【锐化】视频特效只有【锐化数量】这一个设置项，其参数取值越大，对画面的锐化效果越明显。

提　示

在【特效控制台】面板中，用户可通过“模糊度”和“模糊方向”这两个选项来设置【高斯模糊】视频特效的程度和方向。

4. 高斯模糊

【高斯模糊】视频特效能够利用高斯运算方法生成模糊效果，从而使画面中部区域的表现效果更为细腻，如图 8-35 所示。

8.3 光照视频特效

在【视频特效】特效组中，除了【色彩校正】等特效组能够改变视频画面色彩效果外，还可以通过光照类特效改变画面色彩效果，并且还可以通过某些特效得到日光的效果。

图 8-33　快速模糊视频特效

图 8-34　锐化视频特效

图 8-35　高斯模糊视频特效

8.3.1 生成

【生成】类视频特效包括书写、棋盘、渐变和油漆桶等 12 种视频效果，其作用都是在素材画面中形成炫目的光效或者图案。接下来，便将对【生成】类视频特效中的部分常用效果进行讲解。

图 8-36　棋盘视频特效

1. 棋盘

【棋盘】视频特效的作用是在屏幕画面上形成棋盘网络状的图案，如图 8-36 所示。

在【特效控制台】面板中，可以对【棋盘】视频特效所生成的棋盘图案的起始位置、棋盘格大小、颜色、图案透明度和混合模式等多项属性进行设置，从而创造出个性化的画面效果，如图 8-37 所示。

图 8-37　调整【棋盘】视频特效的参数

2. 渐变

【渐变】视频特效的功能是在素材画面上创建彩色渐变，并使其与原始素材融合在一起。在【特效控制台】面板中，用户可对渐变的起始、结束位置，以及起始、结束色彩和渐变方式等多项内容进行调整，如图 8-38 所示。

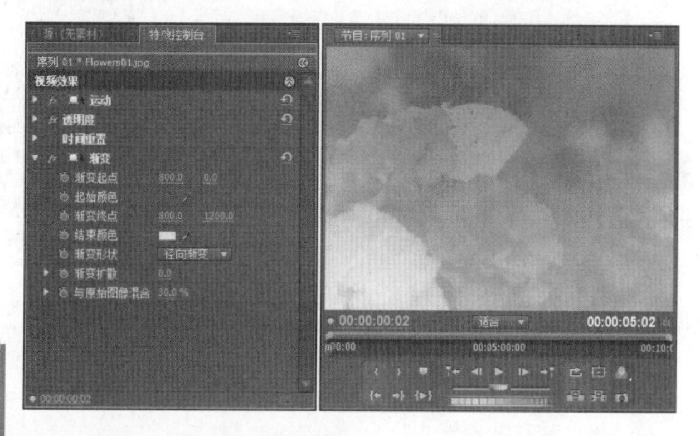

图 8-38　渐变视频特效

技　巧

在【特效控制台】面板中，参数“与原始图像混合”的值越大，与原始素材画面的融合将会越紧密，若其值为 0%，则仅显示渐变颜色而不显示原始素材画面。

3. 镜头光晕

为影片剪辑应用【镜头光晕】视频特效后，可以在素材画面上模拟出摄像机镜头上的光环效果。在【特效控制台】面板中，用户可对光晕效果的起始位置、光晕强度和镜头类型等参数进行调整，如图 8-39 所示。

图 8-39　镜头光晕视频特效

第 8 章　视频特效效果

8.3.2 风格化

【风格化】类型的视频特效共提供了 13 种不同样式的视频特效，其共同点都是通过移动和置换图像像素，以及提高图像对比度的方式来产生各种各样的特殊效果。

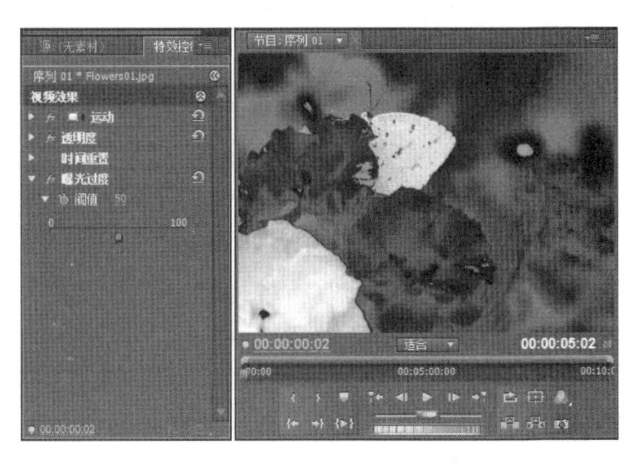

图 8-40 曝光过度视频特效

1．曝光过度

【曝光过度】视频特效能够使素材画面的正片效果和负片效果混合在一起，从而产生一种特殊的曝光效果，如图 8-40 所示。在【特效控制台】面板中，可通过调整【曝光过度】视频特效内的“阈值”选项来更改【曝光过度】视频特效的最终效果。

2．查找边缘

【查找边缘】视频特效能够通过强化过渡像素来形成彩色线条，从而产生铅笔勾画的特殊画面效果，如图 8-41 所示。

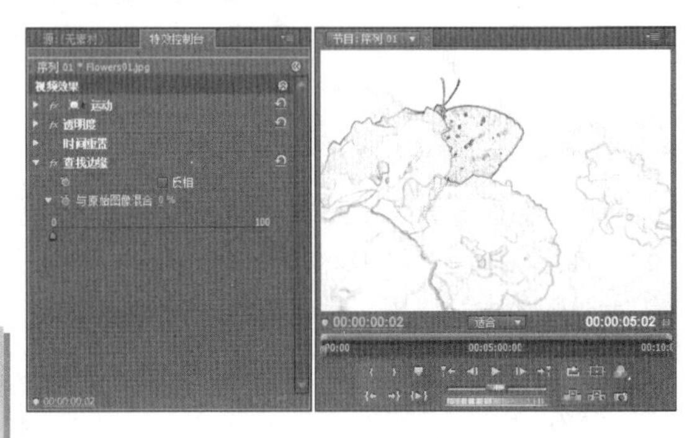

图 8-41 查找边缘视频特效

提 示

在【特效控制台】面板中，【与原始图像混合】选项用于控制查找边缘所产生画面的透明度，当其取值为 100%时，即完全显示原素材画面。

3．浮雕

为影片剪辑应用【浮雕】视频特效后，屏幕画面中的内容将产生一种石材雕刻后的单色浮雕效果，如图 8-42 所示。在【特效控制台】面板中，还可对浮雕效果的角度、浮雕高度等内容进行设置。

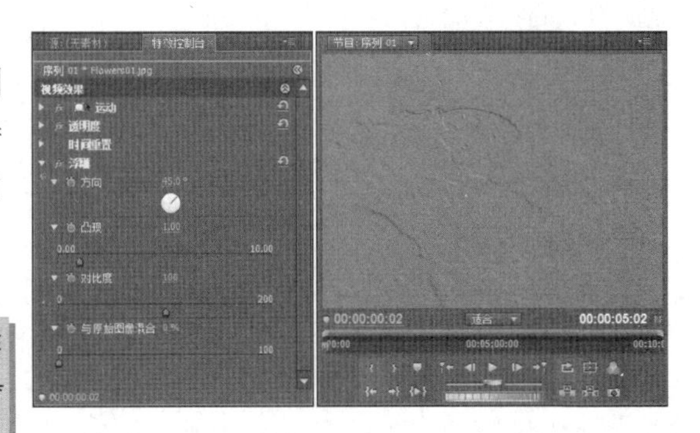

图 8-42 浮雕视频特效

提 示

在【风格化】类视频特效中，还包含一个【彩色浮雕】视频特效，其作用与【浮雕】视频特效基本相同，差别仅在于应用【彩色浮雕】视频特效后的屏幕画面内包含有一定颜色。

4．材质

通过应用【材质】视频特效，可以将指定轨道内的纹理映射至当前轨道的素材图像上，从而产生一种类似于浮雕贴图的效果，如图 8-43 所示。

> **注 意**
>
> 如果纹理轨道位于目标轨道的上方，则在【特效控制台】面板内将“纹理图层”设置为相应轨道后，还应当隐藏该轨道，使其处于不可见状态。

图 8–43　材质视频特效

5．边缘粗糙

【边缘粗糙】视频特效能够让影片剪辑的画面边缘呈现出一种粗糙化形式，其效果类似于腐蚀而成的纹理或溶解效果，如图 8-44 所示。在【特效控制台】面板中，还可通过“边缘粗糙”选项组中的各个选项，来调整视频特效的影响范围、边缘粗糙情况及复杂程度等内容。

图 8–44　边缘粗糙视频特效

6．其他风格化特效

在【风格化】特效组中还包括其他特效，这些特效有些能够将视频画面的色彩设置为不同的色阶，有些能够将视频画面的色彩变成黑白色调，而有些则能够将视频画面调整为色块，如图 8-45 所示。这些特效不仅能够改变视频画面效果，还能够设置出不同的特效效果。

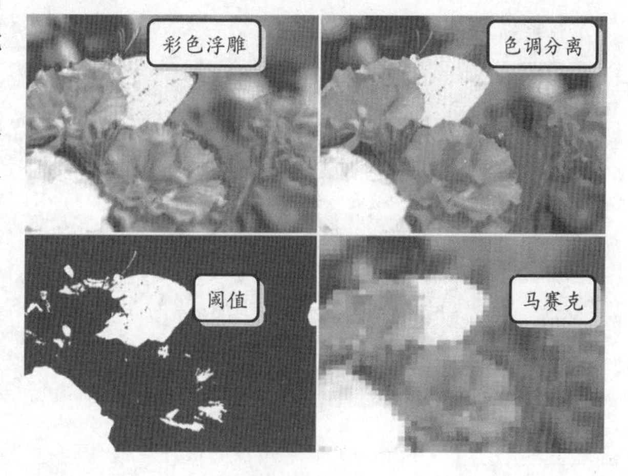

图 8–45　各种风格化特效

8.4　其他视频特效

在【视频特效】特效组中，还包括其他一些特效组，比如视频过渡特效组、时间特效组以及视频特效组。而这些特效以及前面介绍过的视频特效，既可以在整个视频中显示，也可以在视频的某个时间段显示。

8.4.1　过渡

【过渡】类视频特效主要用于两个影片剪辑之间的切换，其作用类似于 Premiere 中的视频转场。在【过渡】类视频特效中，共包括块溶解、线性擦除等5种过渡效果。

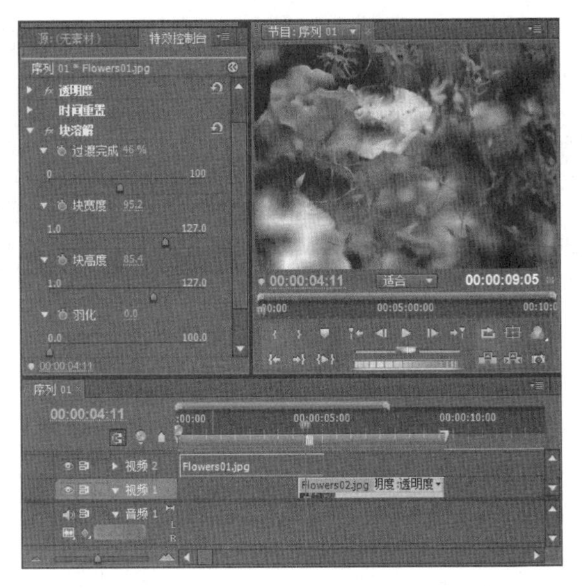

图 8-46 使用【块溶解】视频特效实现画面切换

1. 块溶解

【块溶解】视频特效能够在屏幕画面内随机产生块状区域，从而在不同视频轨中的视频素材重叠部分间实际画面切换，如图 8-46 所示。

在【块溶解】视频特效的控制面板中，参数【过渡完成】用于设置不同素材画面的切换状态，取值为100%时将会完全显示底层轨道中的画面。至于“块宽度”和“块高度”选项，则用于控制块形状的尺寸大小，如图 8-47 所示。

提 示

在【特效控制台】面板中，启用【柔化边缘（最佳品质）】复选框后，能够使块形状的边缘更加柔和。

在两个素材的重叠显示时间段创建【过渡完成】选项的关键帧，并且设置该参数由0%至100%，那么就会得到视频转场动画，如图 8-48 所示。

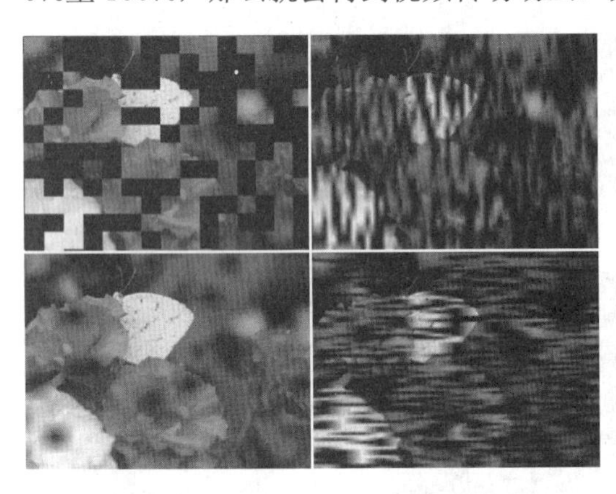

图 8-47 【块溶解】视频特效的各种效果

图 8-48 视频转场动画

2. 径向擦除

【径向擦除】视频特效能够通过一个指定的中心点，从而以旋转划出的方式切换出第二段素材的画面，如图 8-49 所示。

在【径向擦除】视频特效的控制选项中，【过渡完成】用于设置素材画面切换的具体程度，【起始角度】用于控制径向擦除的起点。至于“擦除中心”和“擦除”选项，则分别用于控制【径向擦除】中心点的位置和擦除方式，如图 8-50 所示。

图 8-49 【径向擦除】视频特效实现画面切换

图 8-50 逆时针与两者兼有效果

3．渐变擦除

【渐变擦除】视频特效能够根据两个素材的颜色和亮度建立一个新的渐变层，从而在第一个素材逐渐消失的同时逐渐显示第二个素材，如图 8-51 所示。

在【特效控制台】面板中，还可以对渐变的柔和度，以及渐变图层的位置与效果进行调整，如图 8-52 所示。

图 8-51 【渐变擦除】视频特效实现画面切换

4．百叶窗

【百叶窗】视频特效能够模拟百叶窗张开或闭合时的效果，从而通过分割素材画面的方式，实现切换素材画面的目的，如图 8-53 所示。

在【特效控制台】面板中，通过更改“过渡完成”、“方向”和“宽度”等选项的参数值，用户还可对“百叶窗”的打开程度、角度和大小等内容进行调整，如图 8-54 所示。

图 8-52 各种渐变擦除效果

5．线性擦除

应用【线性擦除】视频特效后，用户可以在两个素材画面之间以任意角度擦除的方式完成画面切换，如图 8-55 所示。在【特效控制台】面板中，可以通过调整参数“擦除角度”的值来设置过渡效果的方向。

图 8-53 【百叶窗】视频特效实现画面切换

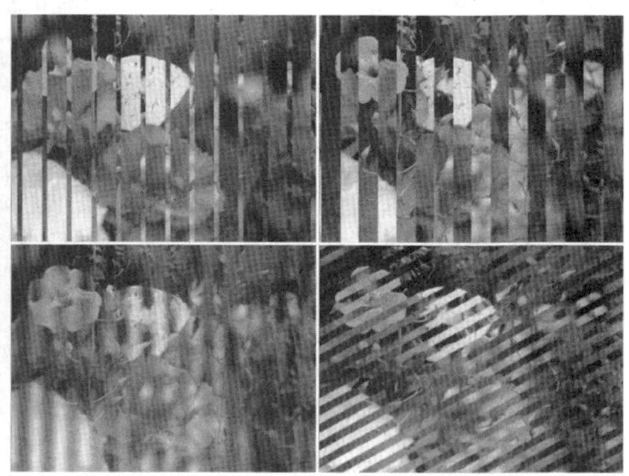

图 8-54 各种百叶窗效果

8.4.2 时间与视频

在【视频特效】特效组中，还能够设置视频画面的重影效果，以及视频播放的快慢效果。并且还可以通过特效为视频画面添加时间码效果，从而在视频播放过程中查看播放时间。

图 8-55 【线性擦除】视频特效实现画面切换

1. 抽帧

【抽帧】特效是“视频特效”|“时间”特效组中的一个特效，也是比较常用的效果处理手段，一般用于娱乐节目和现场破案等片子当中，可以制作出具有空间停顿感的运动画面。只要将该特效添加至视频素材中，即可得到停顿效果，如图 8-56 所示。

图 8-56 抽帧视频特效

2. 重影

【重影】特效同样是“视频特效”|“时间”特效组中的一个特效，该特效的添加能够为视频画面添加重影效

果。只要将该特效添加至素材中，即可查看重影效果，如图 8-57 所示。

3. 时间码

【时间码】特效是“视频特效”|“视频”特效组中的特效，当为视频添加该特效后，即可在画面的正下方显示时间码，如图 8-58 所示。

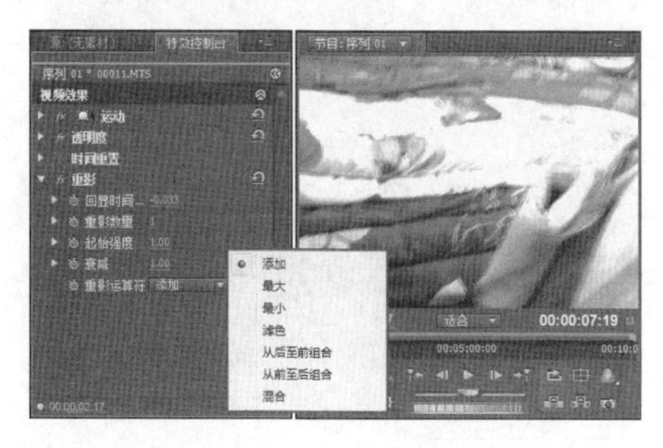

图 8-57 重影视频特效

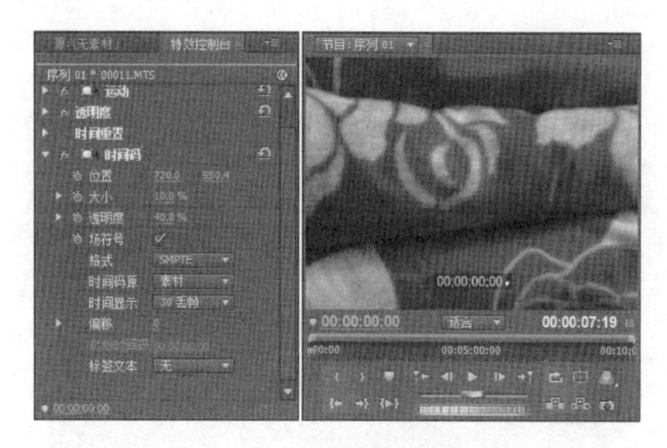

图 8-58 时间码视频特效

这时，单击【节目】面板中的【播放-停止切换】按钮▶，即可在视频播放的同时，查看时间码记录播放时间的动画，如图 8-59 所示。

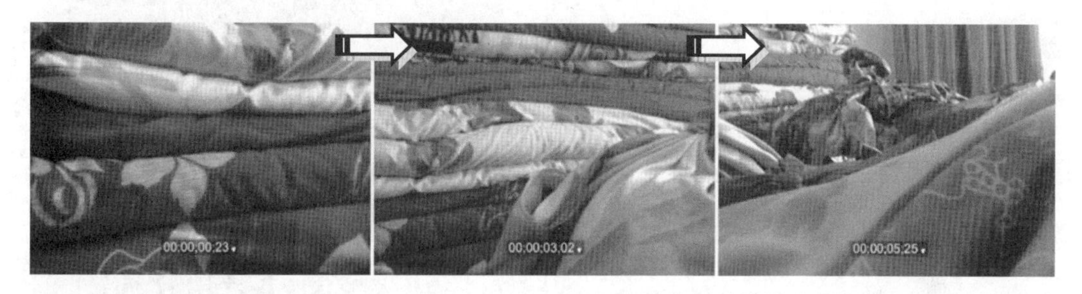

图 8-59 时间码动画

8.5 课堂练习：制作电影预告片

本例制作一个电影预告片。电影预告片，是将电影的精彩部分组合在一起，吸引观众的眼球。通过学习利用【彩色浮雕】特效，使画面呈现刻板效果。再添加【查找边缘】特效、【边角固定】特效等，以多种处理画面的方式，调整影片素材，制作出精彩的电影预告片，如图 8-60 所示。

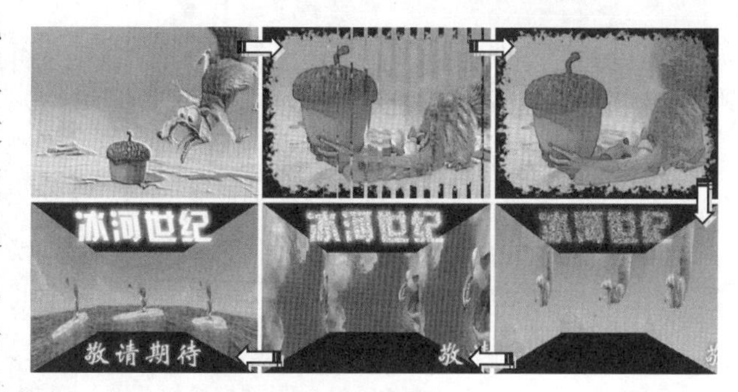

图 8-60 制作电影预告片

操作步骤

1 启动 Premiere，在【新建项目】对话框中，单击【浏览】按钮，选择文件的保存位置。在【名称】栏中，输入“制作电影预告片”，单击【确定】按钮，创建新项目，如图 8–61 所示。

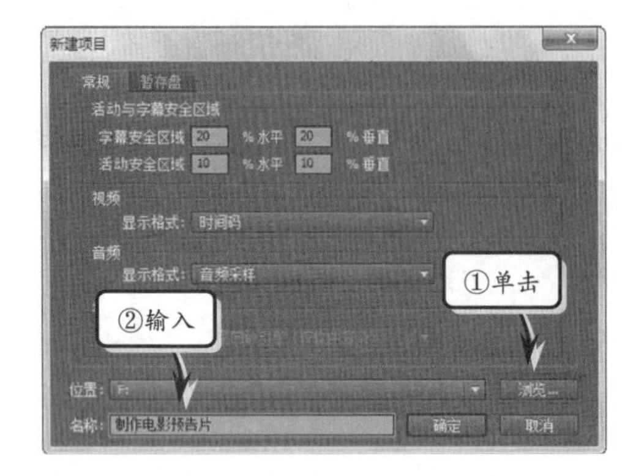

图 8–61 新建项目

提 示

在【新建序列】对话框中，选择“标准 48kHz”，单击【确定】按钮，创建序列。

2 在【项目】面板中双击，弹出【导入】对话框，选择素材文件，导入到【项目】面板中，如图 8–62 所示。

图 8–62 导入素材

3 将素材“1.mpg”拖入到【时间线】面板的“视频 1”轨道上。使用【缩放工具】将素材放大，如图 8–63 所示。

4 在【效果】面板中，展开“视频特效”文件夹以及“风格化”子文件夹，选择【彩色浮雕】特效，添加到素材“1.mpg”上，如图 8–64 所示。

图 8–63 添加素材

图 8–64 添加【彩色浮雕】特效

5 在【特效控制台】面板中，展开【彩色浮雕】特效，设置“凸现”为 3，“对比度”为 200，“与原始图像混合”为 20%，如图 8–65 所示。

图 8–65 设置【彩色浮雕】参数

6 拖动当前时间指示器至 00:00:19:22 位置处，将素材“2.mpg”添加到“视频 1”轨道上，如图 8-66 所示。

图 8-66 添加素材

7 在【效果】面板中，选择“风格化”文件夹下的“查找边缘”特效，添加到素材“2.mpg”上，如图 8-67 所示。

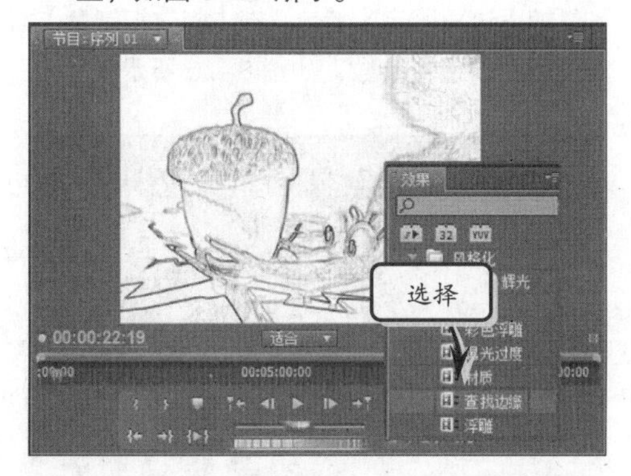

图 8-67 添加【查找边缘】特效

8 在【特效控制台】面板中，展开【查找边缘】特效，设置【与原始图像混合】为 50%，如图 8-68 所示。

图 8-68 设置【查找边缘】参数

9 在【效果】面板中，选择【边缘粗糙】视频特效，添加到素材“2.mpg”上。在【特效控制台】面板中，设置“边缘类型”为“粗糙化”，“边框”为 146，如图 8-69 所示。

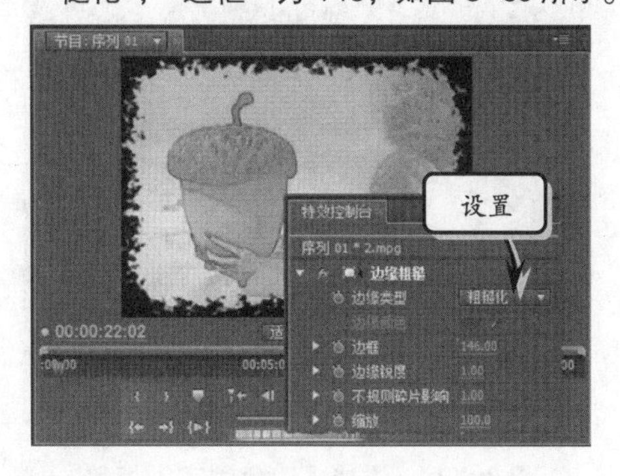

图 8-69 设置【边缘粗糙】参数

10 在【效果】面板中，选择【RGB 曲线】视频特效，添加到素材“2.mpg”上，如图 8-70 所示。

图 8-70 添加【**RGB** 曲线】特效

11 在【特效控制台】面板中，适当调整“主通道”的曲线，增加画面的对比度，如图 8-71 所示。

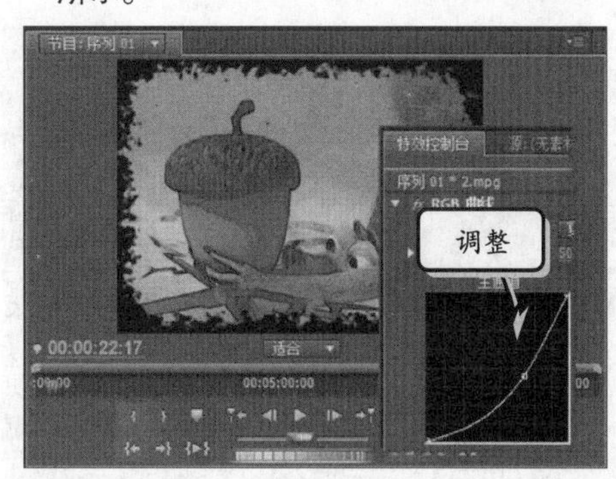

图 8-71 调整【**RGB** 曲线】

12 将素材“3.mpg”添加到“视频 1”轨道上，在【效果】面板中，选择【边角固定】视频特效，添加到该素材上，如图 8-72 所示。

图 8-72 添加【边角固定】特效

13 在【特效控制台】面板中，设置“左上”为 488.8，162；“左下”为 490.6，436.4，如图 8-73 所示。

图 8-73 设置【边角固定】参数

14 拖动当前时间指示器至 00:00:36:13 位置处，将素材“3.mpg”添加到“视频 2”轨道上。为其添加【边角固定】特效，如图 8-74 所示。

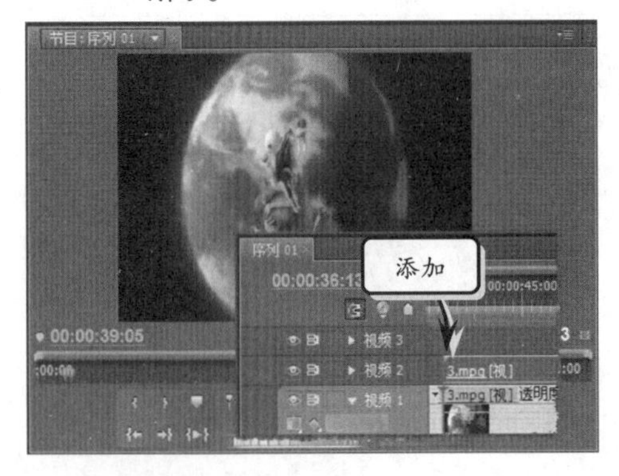

图 8-74 添加素材

15 在【特效控制台】面板中，设置【边角固定】的“右上”为 208.2，168.5；“右下”为 210.3，440，如图 8-75 所示。

图 8-75 为“视频 2”轨道上的素材设置【边角固定】参数

16 在“视频 3”轨道上添加相同的素材，再添加【边角固定】特效，在【特效控制台】面板中，设置参数，如图 8-76 所示。

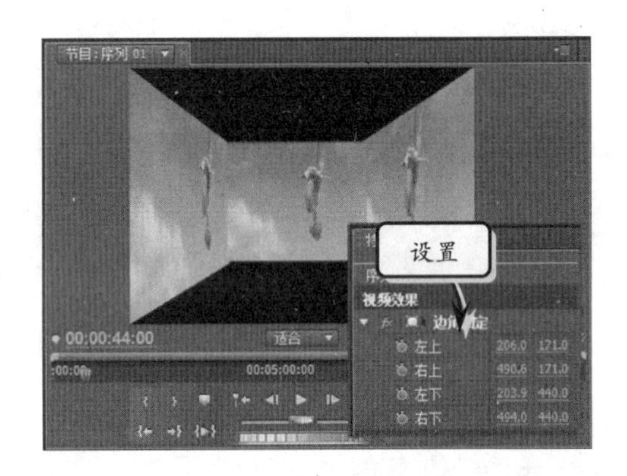

图 8-76 为“视频 3”轨道上的素材设置【边角固定】参数

提 示

3 个轨道上的素材“3.mpg”的入点时间相同。【边角固定】的“左上”为 206，171；“右上”为 490.6，171；“左下”为 203.9，440；“右下”为 494，440。

17 新建字幕，在【字幕】面板中，输入“冰河世纪”文本。在【字幕样式】面板中，应用“方正粗宋”样式，如图 8-77 所示。

图 8-77 新建字幕

提 示

在【时间线】面板中，添加两个视音频轨，分别为“视频 4”和“视频 5”。

18 拖动当前时间指示器至 00:00:38:00 位置处，将字幕“冰河世纪”添加到“视频 4”轨道上。在【效果】面板中，选择【块溶解】视频特效，添加到字幕上，如图 8-78 所示。

图 8-78 添加【块溶解】特效

19 在【特效控制台】面板中，设置“块溶解”的“过渡完成”参数并添加关键帧，如图 8-79 所示。

20 再新建游动字幕，在【滚动/游动选项】对话框中，设置游动参数。将该字幕添加到“视频 5”轨道上，如图 8-80 所示。

提 示

“字体”为“华文魏碑”，在【字幕样式】面板中，应用“方正宋黑”样式。拖动当前时间指示器至 00:00:38:00 位置处，将其添加到“视频 5”轨道上。

图 8-79 添加【过渡完成】关键帧

图 8-80 新建游动字幕

21 选择【滑动带】视频切换特效，添加到前两个素材之间，在【特效控制台】面板中设置参数，如图 8-81 所示。再为其他素材添加视频切换特效，在【节目】面板中预览动画效果。最后，保存文件，完成电影预告片的制作。

图 8-81 设置【滑动带】参数

8.6 课堂练习：制作水中的倒影

本例制作汽车在水中的倒影。通过学习添加【波形弯曲】视频特效，使水的素材呈现波动的效果，再降低其透明度，使水波更加的逼真。再为汽车素材添加【垂直翻转】特效，并添加相同的弯曲特效，调整素材的位置，制作出汽车在水中的倒影效果，如图8-82 所示。

图 8-82 制作水中的倒影

操作步骤

1 启动 Premiere，在【新建项目】对话框中，单击【浏览】按钮，选择文件的保存位置。在【名称】栏中，输入“制作水中的倒影”，单击【确定】按钮，创建新项目，如图 8-83 所示。

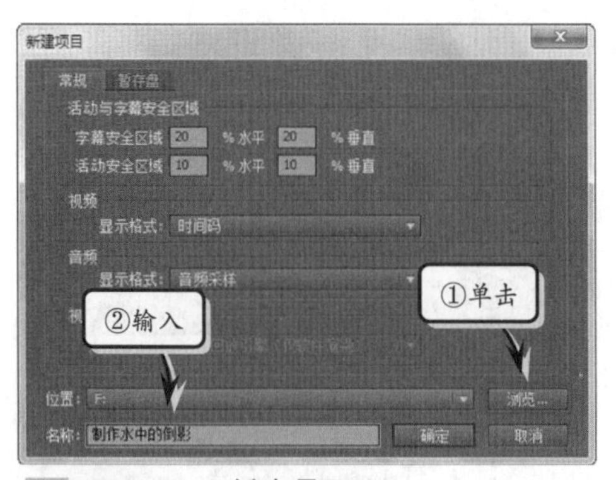

图 8-83 新建项目

提 示

在【新建序列】对话框中，选择“标准 48kHz”单击【确定】按钮，创建序列。

2 在【项目】面板中双击，弹出【导入】对话框，选择素材图片，导入到【项目】面板中，如图 8-84 所示。

图 8-84 导入素材

3 选择素材“水.jpg”，拖入到【时间线】面板的“视频 1”轨道上。在【特效控制台】面板中，设置其“透明度”为 80%，如图 8-85

所示。

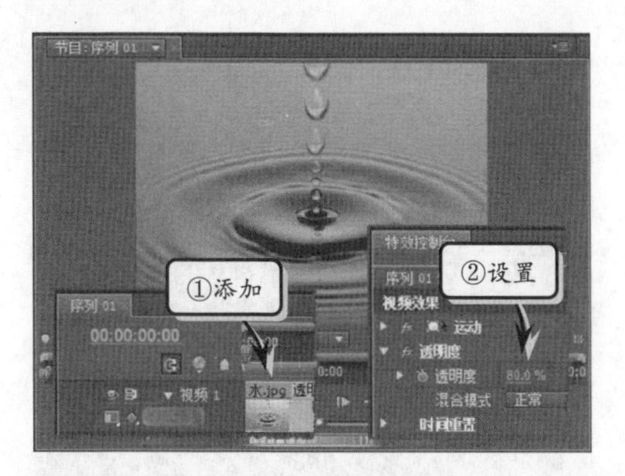

图 8-85　设置【透明度】参数

4 在【效果】面板中，展开"视频特效"文件夹以及"扭曲"子文件夹，选择【波形弯曲】特效，添加到该素材上，如图 8-86 所示。

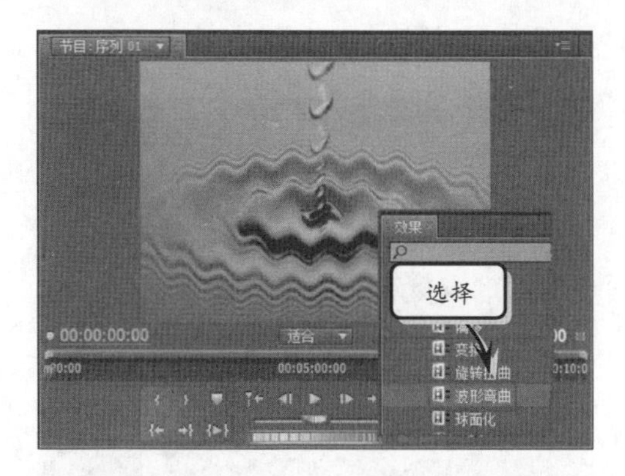

图 8-86　添加【波形弯曲】特效

5 在【特效控制台】面板中，展开【波形弯曲】特效，设置"波形宽度"为 100，如图 8-87 所示。

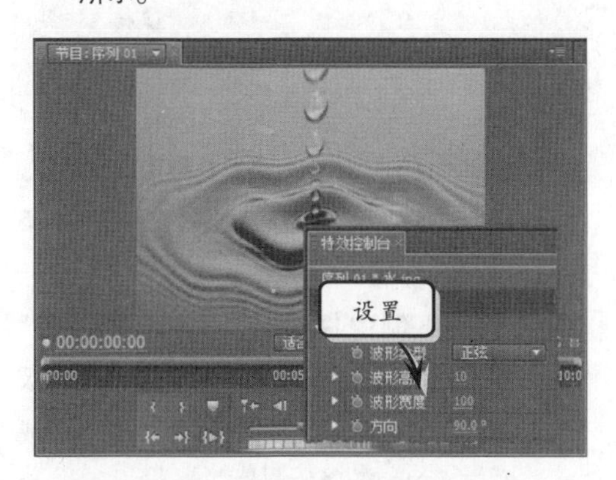

图 8-87　设置【波形弯曲】参数

6 在【效果】面板中，展开"变换"文件夹，选择【羽化边缘】特效，添加到该素材上，如图 8-88 所示。

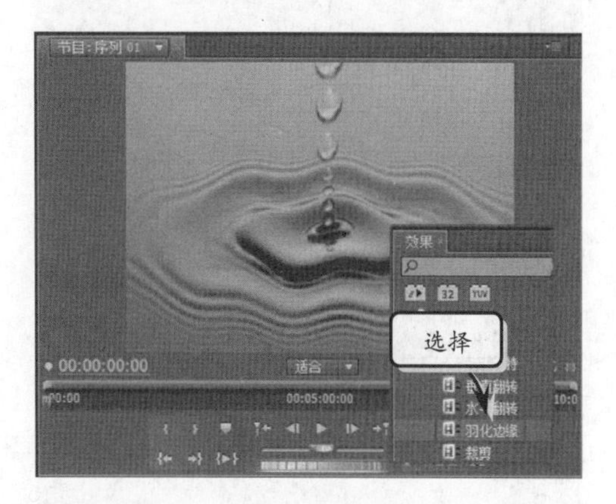

图 8-88　添加【羽化边缘】特效

7 在【特效控制台】面板中，设置【羽化边缘】的"数量"为 100，如图 8-89 所示。

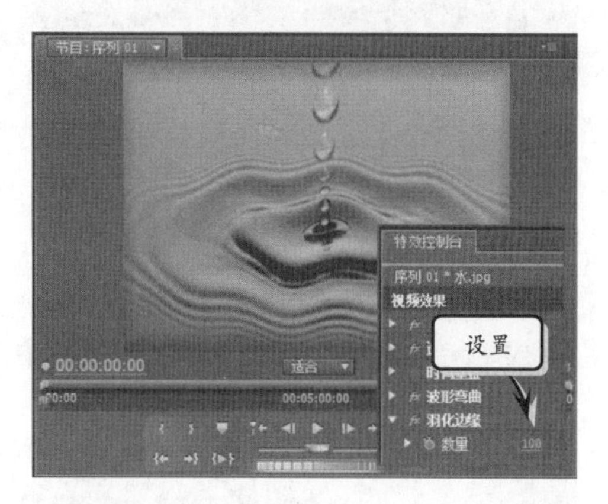

图 8-89　设置【羽化边缘】参数

8 将素材"汽车.jpg"添加到"视频 2"轨道上。在【特效控制台】面板中，设置其"位置"及"缩放比例"参数，如图 8-90 所示。

提　示

【位置】参数为 354.7，185.7，【缩放比例】为 50。

9 为汽车素材添加【羽化边缘】特效，在【特效控制台】面板中，设置"羽化边缘"数量为 100，如图 8-91 所示。

图 8-90　设置“位置”参数

图 8-91　添加【羽化边缘】特效

10 将汽车素材拖至“视频 3”轨道上，在【特效控制台】面板中，设置其“位置”和“缩放比例”参数，如图 8-92 所示。

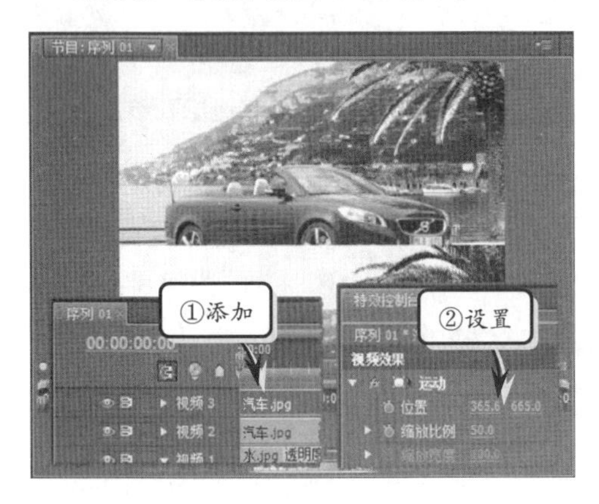

图 8-92　设置参数

11 在【效果】面板中，选择【垂直翻转】视频特效，添加到“视频 3”轨道的汽车素材上，如图 8-93 所示。

图 8-93　添加【垂直翻转】视频特效

12 再为其添加【羽化边缘】视频特效，在【特效控制台】面板中，设置“数量”为 100，如图 8-94 所示。

图 8-94　添加【羽化边缘】特效

提　示

在【特效控制台】面板中，设置“视频 3”轨道上的汽车素材的透明度为 40%。

13 在【效果】面板中，选择【波形弯曲】特效，添加到“视频 3”轨道的素材上，如图 8-95 所示。

14 在【特效控制台】面板中，设置“波形宽度”为 100，如图 8-96 所示。在【节目】面板中可预览动画效果，最后，保存文件，完成汽车在水中的倒影的制作。

图 8-95　添加【波形弯曲】特效

图 8-96　设置“波形弯曲”参数

8.7　思考与练习

一、填空题

1. 为素材添加视频特效的方法主要有两种：一种是利用【时间线】面板添加，另一种则是利用【________】面板添加。

2. 在【特效控制台】面板内完成属性参数的设置之后，视频特效应用于影片剪辑后的效果将即时显示在【________】面板中。

3.【________】类视频特效能够使素材画面产生多种不同的变形效果。

4.【________】类视频特效的作用是在影片素材画面内添加细小的杂点。

5.【________】类视频特效的功能是在素材画面中形成炫目的光效或者图案。

二、选择题

1. Premiere Pro CS5 中的视频特效被存放在下列哪个位置？________

A.【效果】面板
B.【特效控制台】面板
C.【时间线】面板
D.【节目】面板

2. 在【变换】类视频特效中，能够让屏幕画面呈倒置效果的是下列哪种视频特效？________

A. 垂直保持
B. 垂直翻转
C. 水平保持
D. 水平翻转

3. 在【扭曲】类视频特效中，能够使屏幕画面产生虚影的视频特效是________。

A. 变换
B. 弯曲
C. 镜像
D. 偏移

4. 在下列选项中，对【方向模糊】视频特效的作用描述正确的是________

A. 能够对画面中的每个像素进行相同的模糊操作
B. 对画面内容进行随机模糊处理
C. 能够使素材画面向指定方向进行模糊处理
D. 利用高斯运算方法生成模糊效果

5. 在【特效控制台】面板中，无法通过调整【运动】选项组内的属性来完成下列哪种视频特效？________

A. 运动特效
B. 缩放特效
C. 透明特效
D. 浮雕特效

三、问答题

1. 如何制作画面局部放大效果？
2. 简述垂直保持与垂直翻转的区别。
3. 怎么为视频画面添加杂点效果？
4. 什么视频特效能够为画面添加光照效果？
5. 什么视频特效能够为画面添加浮雕效果？

四、上机练习

1. 制作重复画面效果

要想将视频画面制作成多个相同画面同时显示的效果，只要将【视频特效】|【风格化】特效组中的【复制】特效添加至素材中，然后设置该特效中的【计数】参数值，即可得到多个画面显示的效果，如图 8-97 所示。

图 8-97 多个画面效果

2. 制作百叶窗转场动画效果

要使用【视频特效】|【过渡】特效组中的特效制作视频转场效果，首先要将两个素材放置在不同的视频轨迹中，并且进行部分时间重叠。然后将【过渡】特效组中的【百叶窗】特效添加至上方素材中，如图 8-98 所示。

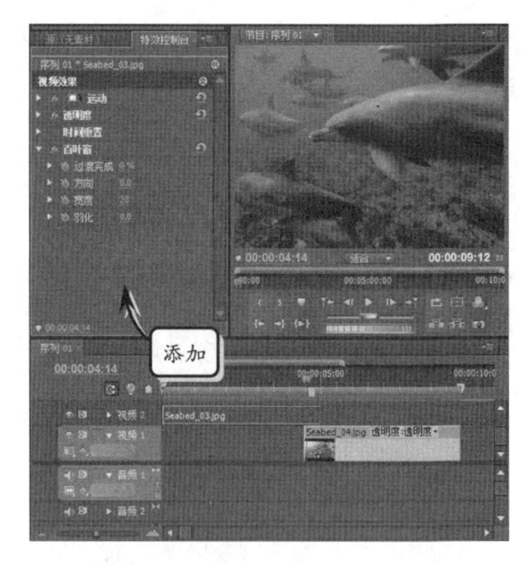

图 8-98 添加特效

接着在素材重叠区域，创建【百叶窗】特效中的【过渡完成】选项关键帧，并且分别设置其参数为 0%与 100%，完成过渡动画的制作。其中，为了使百叶窗效果更加明显，这里还设置了“方向”与“宽度”选项，如图 8-99 所示。

图 8-99 创建关键帧动画

最后，单击【节目】面板中的【播放-停止切换】按钮，即可查看百叶窗转场动画效果，如图 8-100 所示。

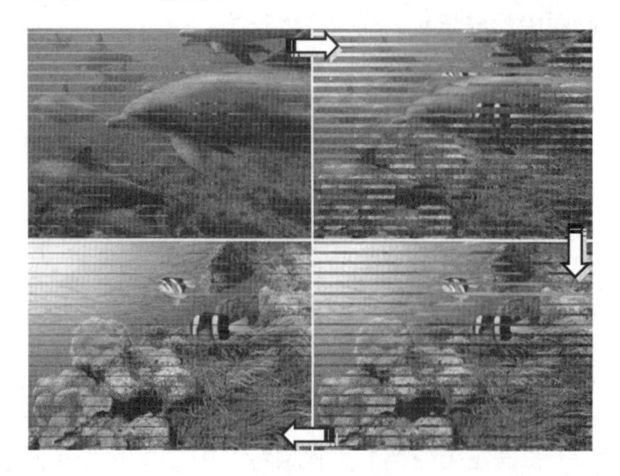

图 8-100 百叶窗转场动画效果

第 9 章

Premiere 视频合成技术

无论是调整色彩、视频剪辑、还是添加视频特效，均是在同一个视频中进行编辑，而视频切换特效也是两个视频之间的过渡。但是，对于令人炫目的视觉效果，特别是现实中无法实现的效果，则需要在后期制作过程中，通过视频遮罩特效技术来完成。

利用视频特效中的合成技术，可以使一个场景中的人物出现在另一场景内，从而得到那些无法通过拍摄来完成的视频画面。在本章中，将介绍通过视频特效将多个视频画面合并在一起，从而创建出能够让人感到奇特、炫目和惊叹的画面效果。

本章学习要点：

- 视频合成概述
- 导入 PSD 图像
- 合成类特效使用方法
- 常用合成类视频特效介绍

9.1 合成概述

合成视频是非线性视频编辑类视频特效中的重要功能之一，而所有合成特效都具有的共同点，便是能够让视频画面中的部分内容成为透明状态，从而显露出其下方的视频画面。

9.1.1 调整素材的透明度

在 Premiere 中，操作最为简单、使用最为方便的视频合成方式，便是通过降低顶层视频轨道中的素材透明度，从而显现出底层视频轨道上的素材内容。操作时，只需在选择顶层视频轨道中的素材后，在【特效控制台】面板中，直接降低“透明度”选项的参数值，所选视频素材的画面将会呈现一种半透明状态，从而隐约透出底层视频轨道中的内容，如图 9-1 所示。

图 9-1 通过降低素材透明度来“合成”视频

注 意

要想通过透明度来进行两个素材之间的合成，必须将这两个素材放置在同一时间段内。否则即使降低“透明度”的参数值，也无法查看下方的素材画面。

不过，上述操作多应用于两段视频素材的重叠部分。也就是说，通过添加“透明度”关键帧，影视编辑人员可以使用降低素材透明度的方式来实现转场过渡效果，如图 9-2 所示。

图 9-2 不透明度过渡动画

9.1.2 导入含 Alpha 通道的 PSD 图像

所谓 Alpha 通道，是指图像额外的灰度图层，其功能用于定义图形或者字幕的透明区域。利用 Alpha 通道，可以将某一视频轨中的图像素材、徽标或文字与另一视频轨道内的背景组合在一起。

若要使用 Alpha 通道实现图像合并，便要首先在图像编辑程序中创建具有 Alpha 通道的素材。比如，在 Photoshop 内打开所要使用的图像素材，然后将图像主体抠取出来，并在【通道】面板内创建新通道后，使用白色填充主体区域，如图 9-3 所示。

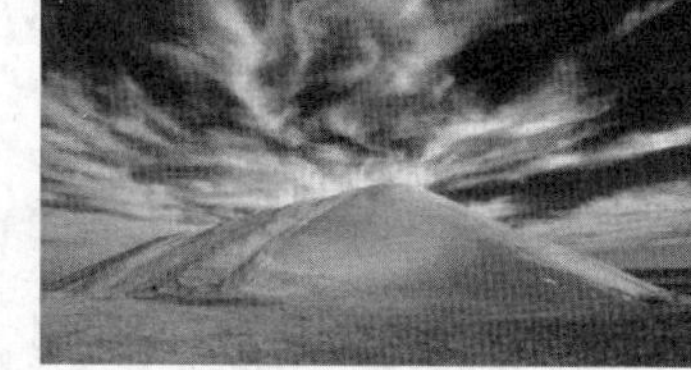

图 9-3 为图像创建 Alpha 通道

接下来，将包含 Alpha 通道的图像素材添加至影视编辑项目内，并将其添加至“视频 2”视频轨道内。此时，可看出图像素材除主体外的其他内容都被隐藏了，而产生这一效果的原因便是之前在图像素材内创建的 Alpha 通道，如图 9-4 所示。

图 9-4 利用 Alpha 通道隐藏图像素材中的多余部分

9.2 无用信号类遮罩特效

在 Premiere Pro CS5 中，几乎所有的抠像特效都集中在【效果】面板“视频特效”文件夹中的“键控”子文件夹中。这些特效的作用都是在多个素材发生重叠时，隐藏顶层素材画面中的部分内容，从而在相应位置处显现出底层素材的画面，实现拼合素材的目的。其中，无用信号遮罩类视频特效的功能是在素材画面内设定多个遮罩点，并利用这些遮罩点所连成的封闭区域来确定素材的可见部分。

9.2.1 16 点无用信号遮罩

【16 点无用信号遮罩】特效是“视频特效”|“键控”特效组中的一个特效，该特效是通过调整画面中的 16 个遮罩点，来达到局部遮罩的效果。其中，16 个遮罩点的分布情况如图 9-5 所示。

将该特效添加至素材后，即可发现【节目】面板中的文件周围显示出 16 个遮罩点，如图 9-6 所示。

图 9-5 遮罩点的分布情况

图 9-6 【节目】面板中遮罩点

提　示

在【时间线】面板中，分别在不同的轨迹中放置素材，并且将其放置在同一时间段。这样才能够在设置上方画面遮罩后，显示出下方画面，并且与之形成合成效果。

图 9-7 调整上左顶点的坐标位置

为红色花卉素材添加【16 点无用信号遮罩】视频特效后，在【特效控制台】面板内调整上左顶点的坐标。由于坐标位置发生改变，因此由遮罩点所确定的素材的可见范围发生了变化，从而显现出下方蓝色天空素材内的部分画面，如图 9-7 所示。

技　巧

用户既可在【特效控制台】面板内通过更改相应选项的参数值的方式移动遮罩点，也可在单击【特效控制台】面板内的“16 点无用信号遮罩”选项标题后，在监视器窗口内直接拖动遮罩锚点，从而调整其位置。

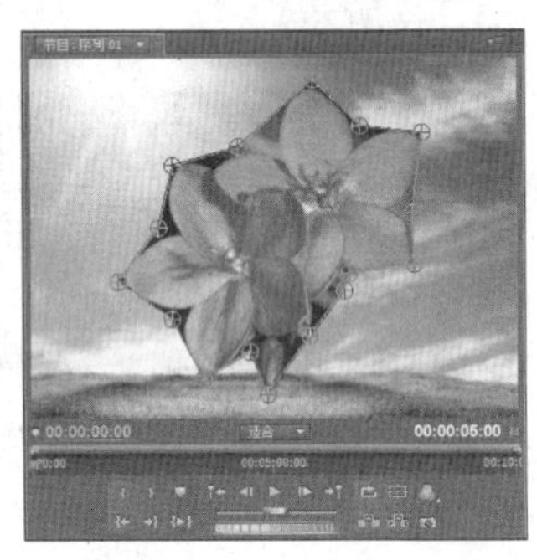

图 9-8 所有遮罩点调整之后的位置

在依次调整其他遮罩点后，红色花卉素材内花卉之外的部分已经基本被隐藏起来，如图 9-8 所示。

不过，由于素材内待保留物体形状的原因，多数情况下此时的素材抠取效果还无法满足需求。主体的很多细节部分往往还存在遗留或遮盖过多的情况，如图 9-9 所示。

图 9-9 无用信号遮罩特效的细节部分

9.2.2 8 点与 4 点无用信号遮罩

“8 点无用信号遮罩”与“4 点无用信号遮罩”特效与“16 点无用信号遮罩”的使用原理相同，只是遮罩点的数量不同。其中，遮罩点的分布情况如图 9-10 所示。

对于复杂的画面，在为其添加“16 点无用信号遮罩”特效后，可能也无法完整地制作出遮罩形状，为此，可通过添加第 2 或第 3 个无用信号遮罩视频特效的方法，来修正这些细节部分的问题，最终效果如图 9-11 所示。

图 9-10 遮罩点的分布情况

提 示

无论是“16 点无用信号遮罩”特效、“8 点无用信号遮罩”特效还是“4 点无用信号遮罩”特效，都可以重复使用与混合使用，只要将特效添加至素材中即可进行调整。

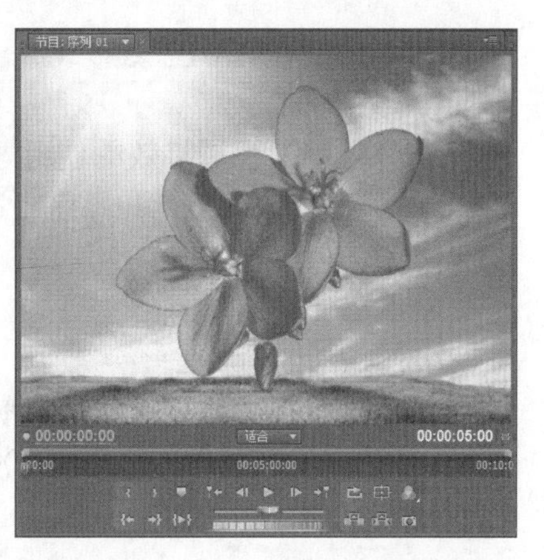

图 9-11 应用多个无用信号遮罩特效后的效果

9.3 颜色类遮罩特效

在 Premiere 中，最常用的遮罩方式是根据颜色来进行隐藏或者显示局部画面的。在拍摄视频时，特别是用于后期合成的视频，通常情况下其背景是蓝色或者绿色布景，以方便后期的合成。而【键控】特效组中，准备了用于颜色遮罩的特效。

9.3.1 蓝屏键

【蓝屏键】视频特效的作用是去除画面内的蓝色部分，在广播电视制作领域内通常用于广播员与视频画面的拼合。此外，在利用一些视频格式的字幕时，也可起到去除字幕背景的作用，如图 9-12 所示。

图 9-12 蓝屏键特效应用效果

在【特效控制台】面板中，蓝屏键视频特效的选项面板如图 9-13 所示。在该面板中，各个选项的作用如下。

- ❑ **阈值** 如果向左拖动滑块，则能够去掉画面内更多的蓝色。
- ❑ **屏蔽度** 控制蓝屏键的应用效果，参数值越小，去背效果越明显。
- ❑ **平滑** 该选项用于调整蓝屏键特效在消除锯齿时的能力，其原理是混合像素颜色，从而构成平滑的边缘。在【平滑】选项所包含的 3 种设置中，“高”的平滑效果最好，“低”的平滑效果略差，而“无”则是不进行平滑操作。
- ❑ **仅蒙版** 用于确定是否将特效应用于视频素材的 Alpha 通道。

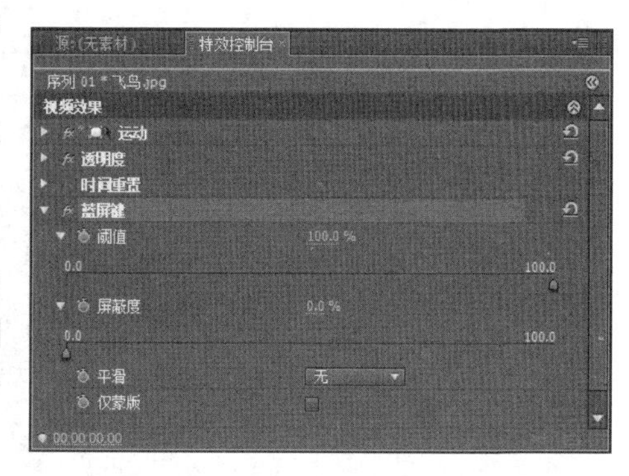

图 9-13 蓝屏键特效选项

9.3.2 非红色键

【非红色键】视频特效的使用方法与蓝屏键特效相同，不同的是该视频特效能够同时去除视频画面内的蓝色和绿色背景，其应用效果如图 9-14 所示。

9.3.3 颜色键

【颜色键】视频特效的作用是抠取屏幕画面内的指定色彩，因此多用于屏幕画面内包含大量色调相同或相近色彩的情况，其选项面板如图 9-15 所示。在【颜色键】选项组中，各个选项的作用如下。

图 9-14 非红色键视频特效应用效果

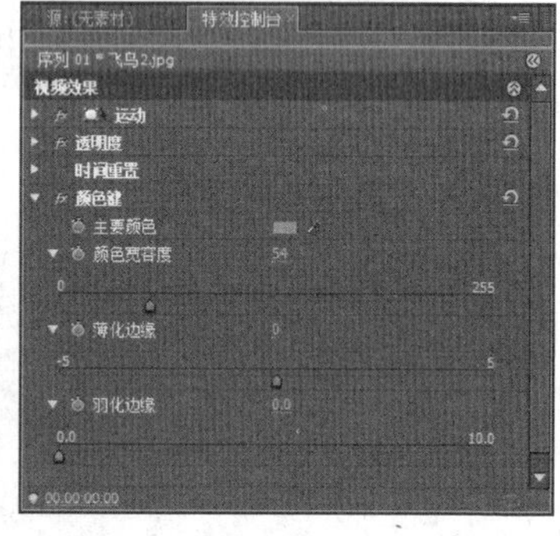

图 9-15 颜色键视频特效选项

- ❑ **主要颜色** 用于指定目标素材内所要抠除的色彩，如图 9-16 所示。
- ❑ **颜色宽容度** 该选项用于扩展所抠除色彩的范围，根据其选项参数的不同，部分与“主要颜色”选项相似的色彩也将被抠除。
- ❑ **薄化边缘** 该选项能够在图像色彩抠取结果的基础上，扩大或减小“主要颜色”所设定颜色的抠取范围。例如，当该参数的取值为负值时，Premiere 将会减小根据“主要颜色”选项所设定的图像抠取范围；反之，则会进一步增大图像抠取范围，如图 9-17 所示。

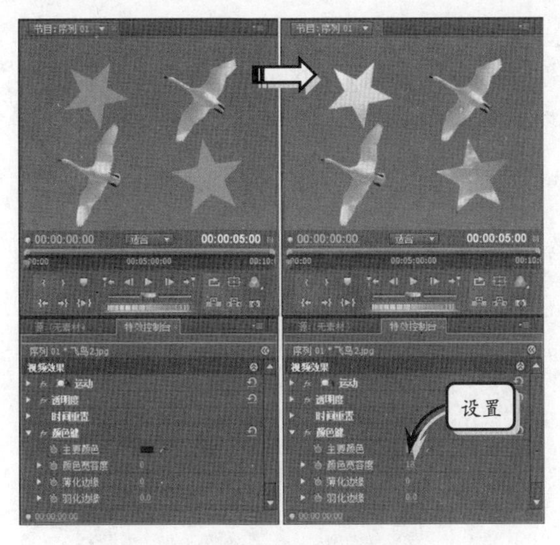

图 9-16 使用颜色键特效抠除素材画面中的绿色部分

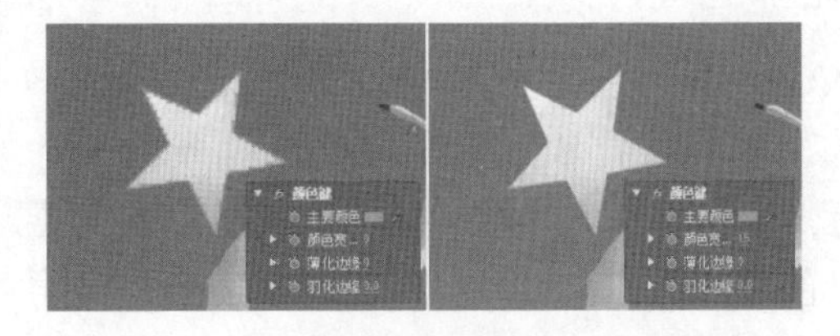

图 9-17 【薄化边缘】选项取不同参数时的特效应用结果

- ❑ **羽化边缘** 对抠取后的图像进行边缘羽化操作，其参数取值越大，羽化效果越明显。

9.3.4 色度键

【色度键】是利用颜色来抠除素材内容的视频特效，因此多应用于素材内所要抠取的部分具有统一或相近色彩的情况。在为素材应用【色度键】视频特效后，该特效在【特效控制台】面板内的选项如图 9-18 所示。在【色度键】特效的选项组中，各个选项的作用如下。

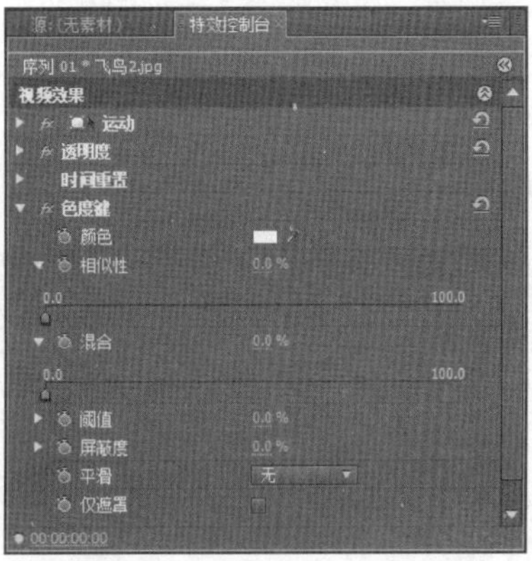

图 9-18 色度键特效选项

- ❑ **颜色** 用于确认所要抠除（隐藏）的颜色，默认为白色。在单击该选项内的【吸管】按钮后，可直接从屏幕画面中吸取颜色。图 9-19 所示即为应用色度键视频特效，并使用【颜色】吸管吸取屏幕颜色后的抠像效果。

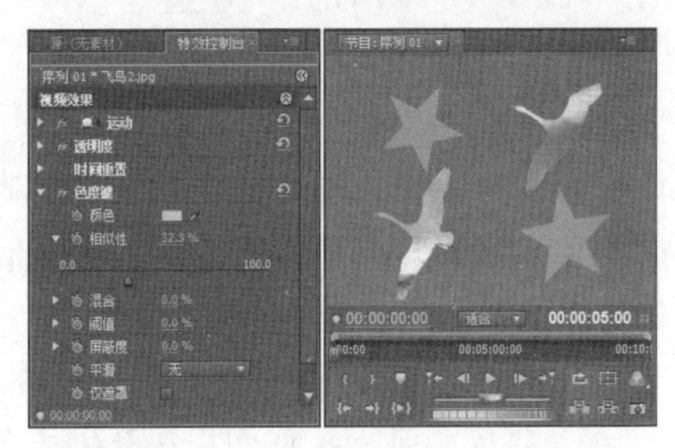

图 9-19 色度键视频特效应用效果

- ❑ **相似性** 该选项用于扩展所要抠除的颜色范围，其参数值越大，Premiere 所抠取的色彩范围也就越大。
- ❑ **混合** 【混合】选项会使顶层视频轨道中的素材与其下方的影片剪辑融合在一起，其效果与调整顶层轨道素材的透明度类似。
- ❑ **阈值** 展开该选项后，向右拖动滑动可使素材中保留更多的阴影区域，向左拖动则会产生相反的效果。

- ❑ **屏蔽度**　增大该选项的参数值会使画面内的阴影区域变黑，而减小其参数值则会照亮阴影区域。不过需要指出的是，如果该选项的取值超出了【阈值】选项所设置的范围，则 Premiere 将会颠倒灰色与透明区域的范围。
- ❑ **平滑**　该选项能够混合像素的颜色，从而构成平滑的边缘，因此可用于消除抠像后产生的锯齿。
- ❑ **仅遮罩**　如果启用该复选框，则会造成屏幕画面内只显示素材剪辑的 Alpha 通道。

9.3.5 RGB 差异键

【RGB 差异键】视频特效是【色度键】视频特效的易用版本，其作用与色度键视频特效完全相同，只是操作方法更为简单，且功能稍弱一些而已。因此，当不需要准确进行抠像，或所要抠取的图像出现在明亮背景之前时使用这种特效。

与色度键视频特效相同的是，RGB 差异键也提供了"颜色"和"相似性"选项，但没有提供"混合"、"阈值"和"屏蔽度"选项，其参数面板如图 9-20 所示。

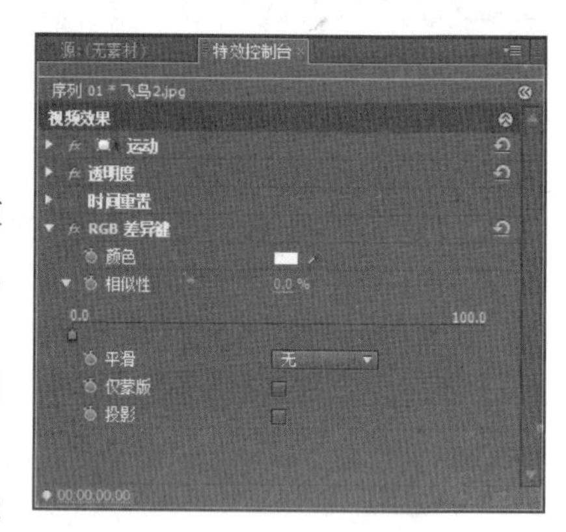

图 9-20　RGB 差异键特效选项

9.4 差异类遮罩特效

在【键控】特效组中，不仅能够通过遮罩点与颜色来进行局部遮罩，还可以通过矢量图形、明暗关系等因素，来设置遮罩效果，比如亮度键、轨道遮罩键、差异遮罩等特效。

9.4.1 Alpha 调整

【Alpha 调整】的功能是控制图像素材中的 Alpha 通道，通过影响 Alpha 通道实现调整影片效果的目的，其参数面板如图 9-21 所示。在 Alpha 调整特效的选项组中，各个选项的作用如下。

- ❑ **透明度**　该选项能够控制 Alpha 通道的透明程度，因此在更改其参数值后会直接影响相应图像素材在屏幕画面上的表现效果。
- ❑ **忽略 Alpha**　启用该选项后，序列将会忽略图像素材 Alpha 通道所定义的透明区域，并使用黑色像素填充这些透明区域。

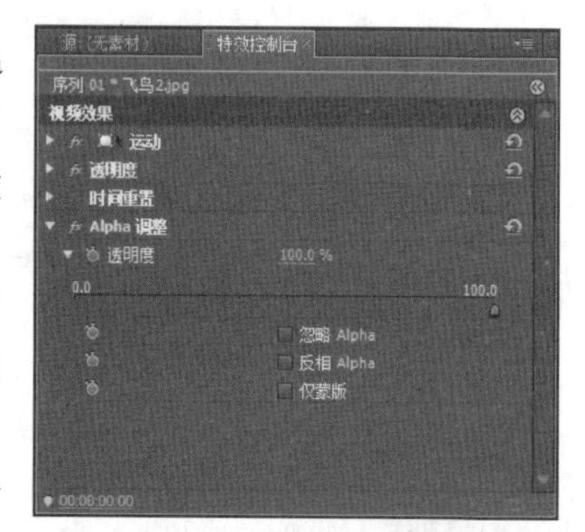

图 9-21　Alpha 调整特效选项

- ❑ **反相 Alpha**　顾名思义，该选项会反转 Alpha 通道所定义透明区域的范围。因此，图像素材内原本应当透明的区域会变得不再透明，而原本应当显示的部分则会变成透明的不可见状态。
- ❑ **仅蒙版**　如果启用该选项，则图像素材在屏幕画面中的非透明区域将显示为通道画面（即黑、白、灰图像），但透明区域不会受此影响。

9.4.2　亮度键

【亮度键】视频特效用于去除素材画面内较暗的部分，而在【特效控制台】面板内通过更改【亮度键】选项组中的“阈值”和“屏蔽度”选项便可调整特效应用于素材剪辑后的效果。

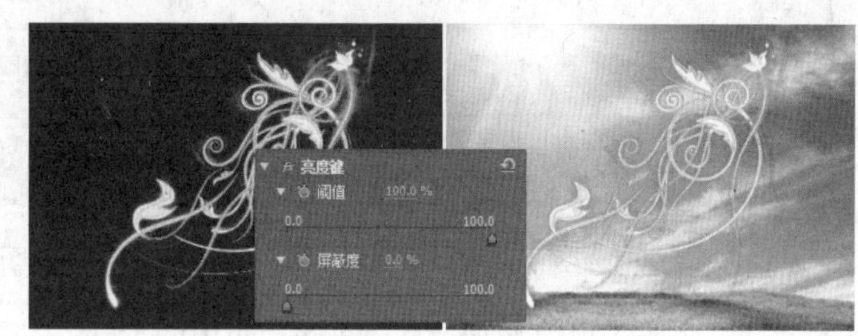

图 9-22　亮度键视频特效应用效果

图 9-22 显示了一些使用【亮度键】视频特效后的视频画面，画面内的蓝色曲线显示在黑色背景中。在使用【亮度键】视频特效后，这些黑色部分被剔除，从而使得主体景物与背景画面完美融合在一起。

9.4.3　图像遮罩键

在 Premiere 中，遮罩是一种只包含黑、白、灰这 3 种不同色调的图像元素，其功能是能够根据自身灰阶的不同，有选择地隐藏目标素材画面中的部分内容。例如，在多个素材重叠的情况下，为上一层的素材添加遮罩后，便可将两者融合在一起。

图 9-23　添加素材

【图像遮罩键】视频特效的使用方法是在将其应用于待抠取素材后，根据参数设置的不同，为特效指定一张带有 Alpha 通道的图像素材用于指定抠取范围。或者，直接利用图像素材本身来划定抠取范围。比如在“视频 1”和“视频 2”轨道内添加素材，如图 9-23 所示。

选择“视频 2”轨道上的矢量动画素材后，为其添加【图像遮罩键】视频特效，并单击【图像遮罩键】选项组中的【设置】按钮。在弹出的【选择遮罩图像】对话框中，选择相应的遮罩图像，如图 9-24 所示。

接下来，将【图像遮罩键】选项组中的【合成使用】选项设置为“遮罩 Luma”选项。这时矢量动画素材内所有位于遮罩图像黑色区域中的画面都将被隐藏，只有位于白色区域内的花卉仍旧是可见状态，并已经与背景中的画面融为一体，如图 9-25 所示。

图 9-24　添加特效并设置图像遮罩

图 9-25　更改合成模式

不过，如果启用【图像遮罩键】选项组中的【反向】选项，则会颠倒所应用遮罩图像中的黑、白像素，从而隐藏矢量动画素材中的雄狮，而显示该素材中的其他内容，如图 9-26 所示。

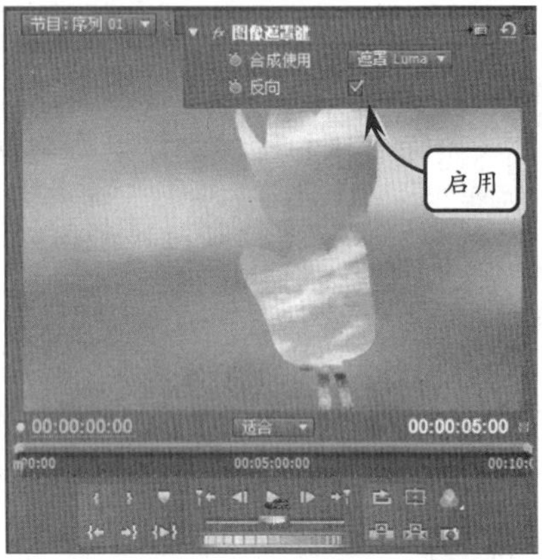

图 9-26　启用【反向】选项

9.4.4　差异遮罩

【差异遮罩】视频特效的作用是对比两个相似的图像剪辑，并去除两个图像剪辑在屏幕画面上的相似部分，而只留下有差异的图像内容，如图 9-27 所示。因此，该视频特效在应用时对素材剪辑的内容要求较为严格。但在某些情况下，能够很轻易地将运动对象从静态背景中抠取出来。

当在不同的轨迹中导入素材后，需要同时选中这两个素材，并且将【差异遮罩】特效添加至两个素材中。然后在上方素材的添加的特效中，设置“差异图层”为“视频 1”选项，如图 9-28 所示，即可显示差异的图像。在【差异遮罩】视频特效的选项组中，各个选项的作用如下。

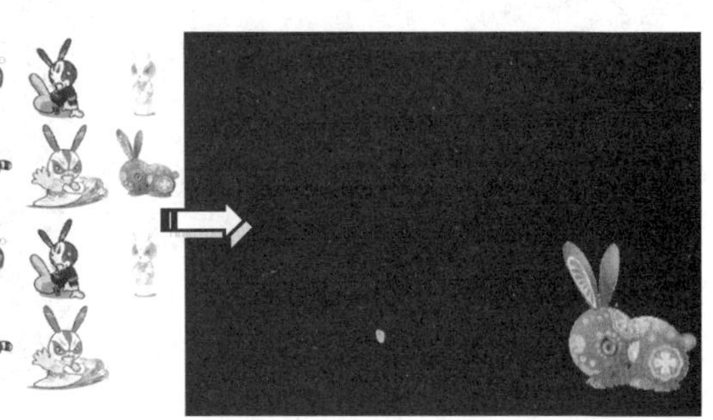

图 9-27　差异遮罩特效应用效果

- **视图**　确定最终输出于【节目】面板中的画面内容，共有“最终输出”、“仅限源”和“仅限遮罩”这 3 个选项。其中，“最终输出”选项用于输出两个素材进行差异匹配后的结果画面；“仅限源”选项用于输出应用该特效的素材画面；“仅限遮罩”选项则用于输出差异匹配后产生的遮罩画面，图 9-29 所示即为之前所演示实例内产生的遮罩。

图 9-28 设置选项

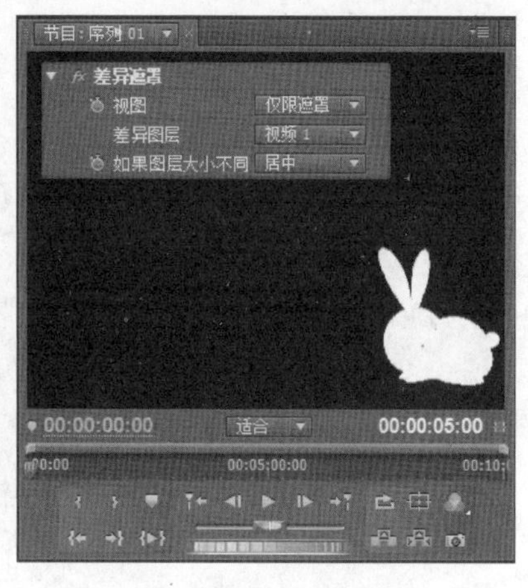

图 9-29 输出差异匹配后产生的遮罩

- ❑ **差异图层** 用于确定与源素材进行差异匹配操作的素材位置，即确定差异匹配素材所在的轨道。
- ❑ **如果图层大小不同** 当源素材与差异匹配素材的尺寸不同时，可通过该选项来确定差异匹配操作将以何种方式展开。
- ❑ **匹配宽容度** 该选项的取值越大，相类似的匹配也就越宽松；其取值越小，相类似的匹配也就越严格。
- ❑ **匹配柔和度** 该选项会影响差异匹配结果的透明度，其取值越大，差异匹配结果的透明度也就越大；反之，则匹配结果的透明度也就越小。
- ❑ **差异前模糊** 根据该选项取值的不同，Premiere 会在差异匹配操作前对匹配素材进行一定程度的模糊处理。因此，【差异前模糊】选项的取值将直接影响差异匹配的精确程度。

9.4.5 轨道遮罩键

从效果及实现原理来看，【轨道遮罩键】视频特效与【图像遮罩键】完全相同，都是将其他素材作为遮罩后隐藏或显示目标素材的部分内容。然而，从实现方式来看，前者是将图像添加至时间线上后，作为遮罩素材使用，而【图像遮罩键】视频特效则是直接将遮罩素材附加在目标素材上。

例如，分别将“天空”和“兔子 1”素材添加至“视频 1”和“视频 2”轨道内。此时，由于视频轨道叠放顺序的原因，【节目】面板内将只显示“兔子 1”的素材画面，如图 9-30 所示。

图 9-30 添加素材

接下来，在“视频 3”轨道内添加事先准备好的遮罩素材，而在【节目】面板中将显示最上方的素材画面，如图 9-31 所示。

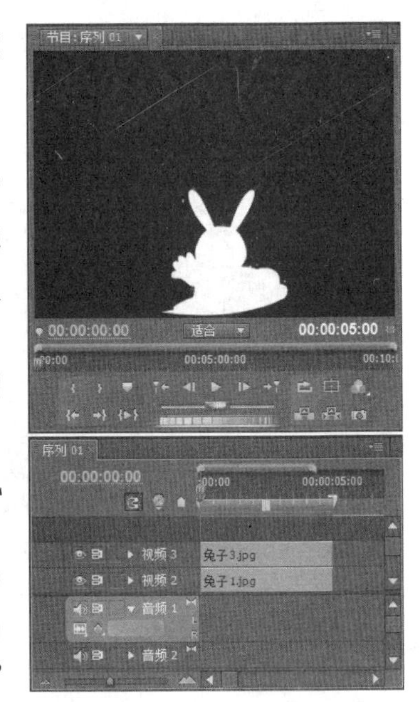

图 9–31 添加遮罩素材

完成上述操作后，为“视频 2”轨道中的“兔子 1”素材添加【轨道遮罩键】视频特效，其参数选项如图 9-32 所示。在【特效控制台】面板中，【轨道遮罩键】选项组内的各个选项功能如下所示。

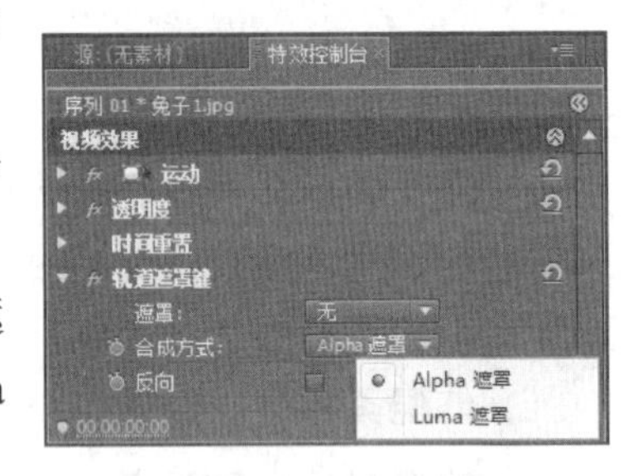

图 9–32 轨道遮罩键的特效控制选项

- ❑ **遮罩** 该选项用于设置遮罩素材的位置。在本例中，应当将其设置为“视频 3”选项。
- ❑ **合成方式** 用于确定遮罩素材将以怎样的方式来影响目标素材（在本例中为“视频 2”轨道内的“矢量动物”素材）。当“合成方式”选项为“Alpha 遮罩”时，Premiere 将利用遮罩素材内的 Alpha 通道来隐藏目标素材；而当“合成方式”选项为“Luma 遮罩”时，Premiere 则会使用遮罩素材本身的视频画面来控制目标素材内容的显示与隐藏。
- ❑ **反向** 用于反转遮罩内的黑、白像素，从而显示原本透明的区域，并隐藏原本能够显示的内容。

在对轨道遮罩键视频特效有了一定认识后，将“遮罩”选项设置为“视频 3”，“合成方式”设置为“Luma 遮罩”，其应用效果如图 9-33 所示。

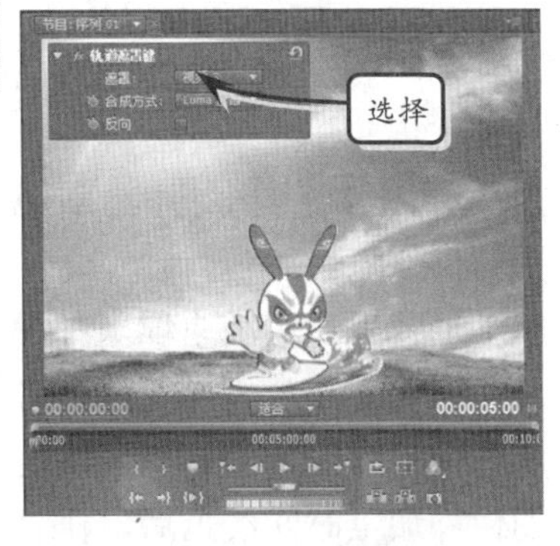

图 9–33 【轨道遮罩键】视频特效应用效果

技 巧

当启用【轨道遮罩键】特效中的【反向】选项时，即可在【节目】面板中显示与之相反的显示效果。

9.5 课堂练习：制作护肤品广告

本例制作一个简单的护肤品广告。随着生活水平的提高，人们对美的追求也越来越高，护肤品可以在一定程度上满足人们的需求。本例就通过学习运用【轨道遮罩键】特效，制作遮罩效果，将产品的局部放大。添加运动关键帧，再配合文字，更加清晰地展示出产品，吸引消费者。最后，再添加结束语，完成护肤品广告的制作，如图 9-34 所示。

图 9-34 制作护肤品广告

操作步骤

1 启动 Premiere，在【新建项目】对话框中，单击【浏览】按钮，选择文件的保存位置。在【名称】栏中输入“制作护肤品广告”，单击【确定】按钮，创建新项目，如图 9-35 所示。

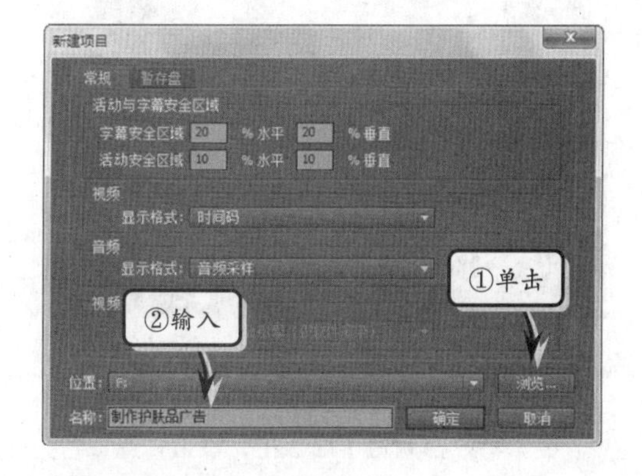

图 9-35 新建项目

提　示

在【新建序列】对话框中，选择“标准 48kHz”，单击【确定】按钮，创建序列 1。

2 在【项目】面板中双击空白处，弹出【导入】对话框，选择素材文件，导入到【项目】面板中，如图 9-36 所示。

图 9-36 导入素材

提　示

导入的素材包含 psd 文件，在【导入分层文件】对话框中，直接单击【确定】按钮，即可导入 psd 格式的图片。

3 将“素材.jpg”添加到【时间线】面板的“视频 1”轨道上。在【特效控制台】面板中，设置其“缩放比例”为 48，如图 9-37 所示。

4 再将“素材.jpg”添加到“视频 2”轨道上，在【特效控制台】面板中，设置其“缩放比例”为 58，如图 9-38 所示。

5 新建字幕，在【字幕工具】面板中单击【椭圆形工具】按钮，结合 Shift 键，绘制正圆，如图 9-39 所示。

图 9-37 设置“缩放比例”参数

图 9-38 添加素材

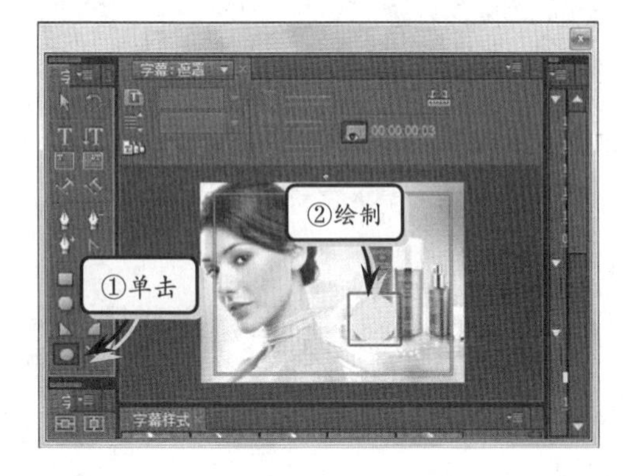

图 9-39 绘制正圆

提 示

在【新建字幕】对话框中，设置字幕名称为“遮罩”。

6 关闭字幕面板，在【项目】面板中自动生成字幕。将“遮罩”字幕添加到“视频 3”轨道上，如图 9-40 所示。

图 9-40 添加“遮罩”字幕

提 示

设置“视频 1”至“视频 4”轨道上的素材的【持续时间】均为 49s。

7 在【效果】面板中，展开【视频特效】文件夹以及【键控】子文件夹，选择【轨道遮罩键】视频特效，添加到“视频 2”轨道的素材上，如图 9-41 所示。

图 9-41 添加【轨道遮罩键】特效

8 在【特效控制台】面板中，设置“遮罩”为“视频 3”，“合成方式”为“Luma 遮罩”，如图 9-42 所示。

9 在【时间线】面板中，右击任意视频轨，执行【添加轨道】命令。在弹出的【添加视音轨】对话框中，直接单击【确定】按钮，添加“视频 4”轨道，如图 9-43 所示。

10 按照相同方法，再添加一个“视频 5”轨道。将素材“放大镜.psd”添加到“视频 4”轨道上，如图 9-44 所示。

图 9-42 设置【轨道遮罩键】参数

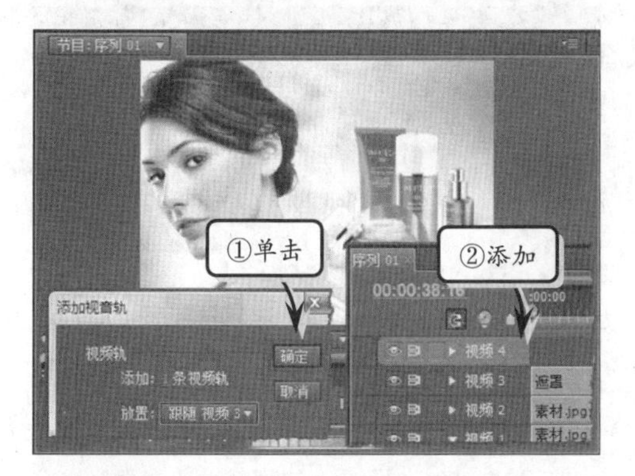

图 9-43 添加视音频轨

图 9-44 添加素材

提 示

在【特效控制台】面板中，设置放大镜的【缩放比例】为 61。

11 拖动当前时间指示器至 00:00:00:00 位置处，设置"遮罩"的"位置"为–46，436.5。再拖动当前时间指示器至 00:00:04:03 位置处，设置"位置"为 123.5，237.8，如图 9–45 所示。

图 9–45 添加【位置】关键帧

提 示

按照相同方法，设置素材"放大镜.psd"的位置参数并添加关键帧，使其随着遮罩一起运动。

12 新建"广告语"字幕，在【字幕属性】面板中设置"字体"为"方正康体简体"。在【字幕样式】面板中，应用"汉仪凌波"样式，如图 9–46 所示。

图 9–46 新建字幕

提 示

在【字幕属性】面板中，设置【字号】为 60。

13 拖动当前时间指示器至 00:00:04:00 位置处，将"广告语"字幕添加到"视频 5"轨道上。再为其添加【百叶窗】视频特效，如图 9–47 所示。

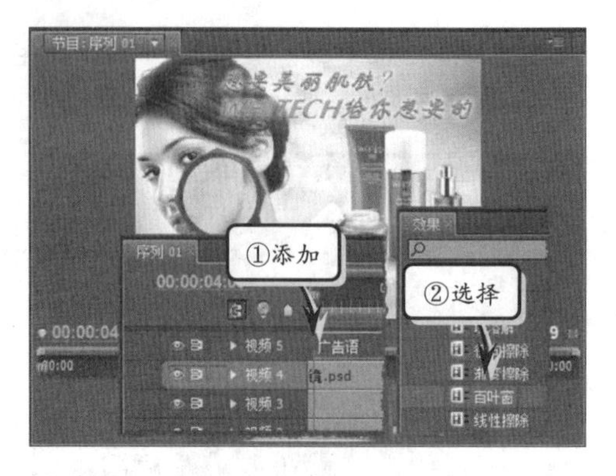

图 9-47 添加【百叶窗】特效

14 在【特效控制台】面板中，设置“过渡完成”参数，并添加关键帧，如图 9-48 所示。

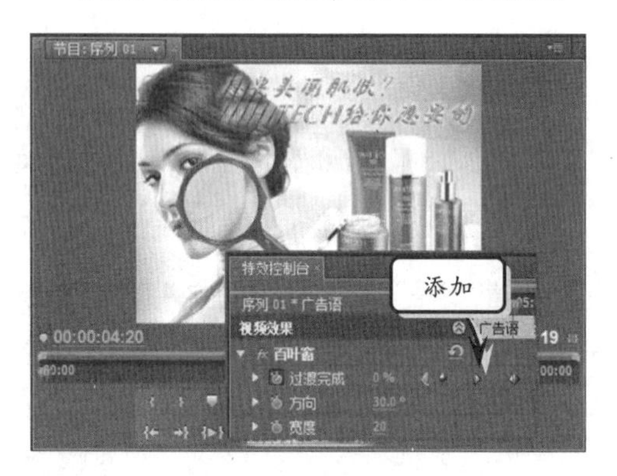

图 9-48 添加【过渡完成】关键帧

提 示

在 00:00:04:00 位置处，设置“过渡完成”为 100%，在 00:00:05:00 位置处，设置“过渡完成”为 0%，设置“方向”为 30°。

15 拖动当前时间指示器至 00:00:11:13 位置处，选择素材“遮罩”，在【特效控制台】面板中，单击【添加/移除关键帧】按钮，添加关键帧，如图 9-49 所示。

技 巧

也可以复制上一个关键帧，在该位置处，直接复制，得到和上一关键帧参数相同的关键帧。

16 为“广告语”文本添加【波形弯曲】特效，在【特效控制台】面板中，设置“波形宽度”为 100，如图 9-50 所示。

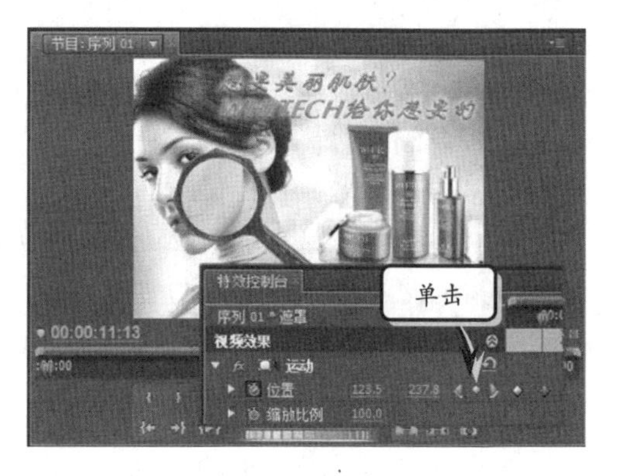

图 9-49 添加关键帧

图 9-50 设置“波形弯曲”参数

提 示

再为该文本添加【块溶解】特效，在 00:00:11:23 位置处，设置“过渡完成”为 0%，在 00:00:14:20 位置处，设置“过渡完成”为 100%。

17 拖动当前时间指示器至 00:00:16:00 位置处，设置“遮罩”的“位置”参数为 339.8，159.3。再为放大镜素材添加相应的关键帧，如图 9-51 所示。

图 9-51 设置“位置”参数

提 示

放大镜的【位置】参数为561，262。

18 新建"洁面乳"字幕，添加到"视频5"轨道上。添加"位置"和"缩放比例"关键帧，使其放大出现，如图9-52所示。

图9-52 添加关键帧

19 再为该文本添加【旋转扭曲】和【渐变擦除】视频特效。在【特效控制台】面板中，分别设置其参数，如图9-53所示。

图9-53 设置【旋转扭曲】参数

提 示

在00:00:19:02位置处，"渐变擦除"的"过渡完成"参数为0%，在00:00:20:22位置处，设置"过渡完成"为100%。

20 按照相同的方法，再为素材"遮罩"和"放大镜.psd"添加位置关键帧，创建相同的运动路径。再新建"爽肤水"和"保湿霜"文本，添加相应的特效，如图9-54所示。

图9-54 设置关键帧

21 新建"结束语"字幕，添加到"视频5"轨道上。为其添加【旋转扭曲入】预设特效，如图9-55所示。

图9-55 添加【旋转扭曲入】特效

22 在【特效控制台】面板中，为放大镜添加【透明度】关键帧，如图9-56所示。在【节目】面板中，预览动画效果。最后，保存文件，完成护肤品广告的制作。

图9-56 设置【透明度】关键帧

9.6　课堂练习：天空中的飞鸟

本例制作天空中的飞鸟动画。替换影片背景，在编辑影视作品中也会经常用到。在制作本例的过程中，通过学习运用【色度键】，抠出视频中的黄色背景，再添加【颜色键】等特效，做细微的调整，完整地抠出飞鸟。最后，添加字幕作为装饰，完成天空中的飞鸟动画的制作，如图 9-57 所示。

图 9-57　天空中的飞鸟

操作步骤

1　启动 Premiere，在【新建项目】面板中，单击【浏览】按钮，选择文件的保存位置。在【名称】栏中，输入“天空中的飞鸟”，单击【确定】按钮，创建新项目，如图 9-58 所示。

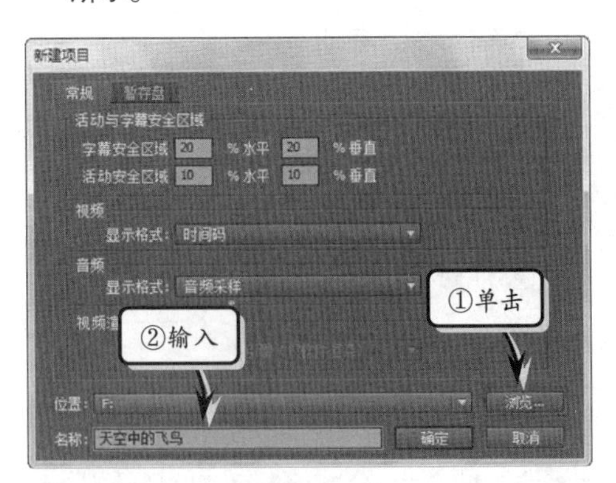

图 9-58　新建项目

2　将素材导入到【项目】面板中，选择背景素材，拖入到【时间线】面板的“视频 1”轨道上，如图 9-59 所示。

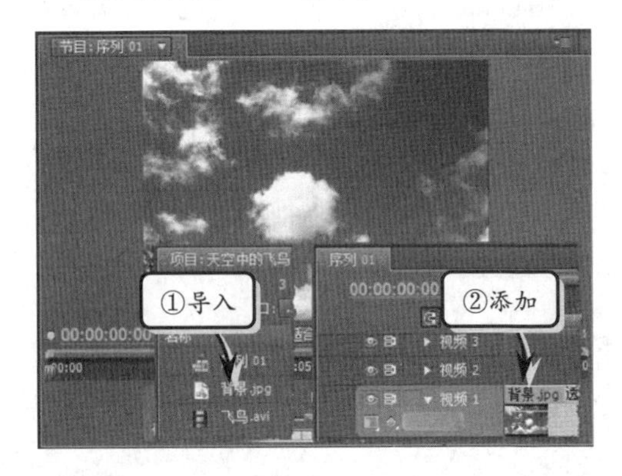

图 9-59　添加素材

3　将素材“飞鸟.avi”添加到“视频 2”轨道上。在【效果】面板中，展开“视频特效”文件夹以及“键控”子文件夹，选择【色度键】特效，添加到视频素材上，如图 9-60

所示。

图 9-60　添加【色度键】特效

4　在【效果】面板中，设置“颜色”为#FFE84B，“相似性”为33%，“混合”为36%，如图9-61所示。

图 9-61　设置【亮度键】参数

提　示

利用【颜色】后的吸管工具，在图中吸取要去除的颜色，再调整参数，可去除选取的颜色以及相似的部分。

5　在【效果】面板中，选择【颜色键】视频特效，添加到视频素材上。在【特效控制台】面板中，设置“主要颜色”为#C6C6D0，“颜色宽容度”为175，“羽化边缘”为6.3，如图9-62所示。

6　在【效果】面板中，选择【蓝屏键】视频特效，添加到视频素材上。在【特效控制台】面板中设置参数，如图9-63所示。

图 9-62　设置【颜色键】参数

图 9-63　设置【蓝屏键】参数

提　示

设置【蓝屏键】的“阈值”为20%，“平滑”为低。

7　在【效果】面板中，选择【4点无用信号遮罩】特效，添加到视频素材上。在【特效控制台】面板中，设置4点的参数，如图9-64所示。

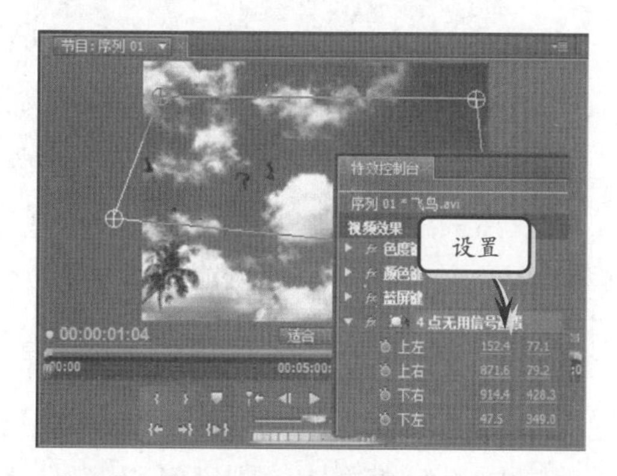

图 9-64　设置【4点无用信号遮罩】参数

提 示

【上左】为 152.4，77.1；【上右】为 871.6，79.2；【下右】为 914.4，428.3；【下左】为 47.5，349。

8 选择背景素材，在【时间线】面板中右击，执行【速度/持续时间】命令，在弹出的对话框中，设置其持续时间，如图 9-65 所示。

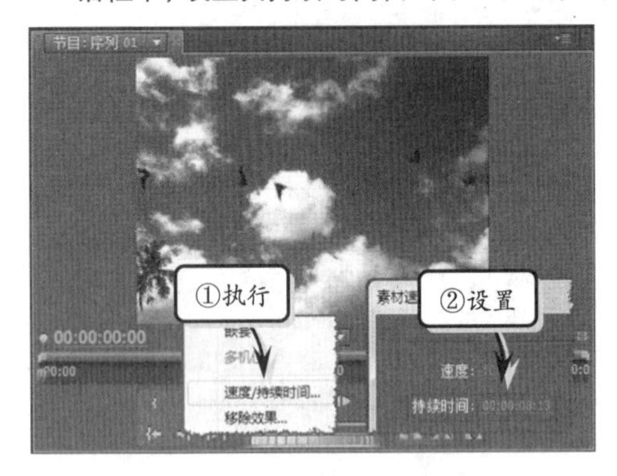

图 9-65 设置【持续时间】

9 拖动当前时间指示器至 00:00:00:00 位置处，设置背景素材的“位置”为 251，288。拖动当前时间指示器至 00:00:08:12 位置处，“位置”为 468，288，如图 9-66 所示。

10 新建字幕，将其添加到“视频 3”轨道上。添加【百叶窗】视频特效，在【特效控制台】面板中设置【过渡完成】参数并添加关键帧，如图 9-67 所示。保存文件，完成天空的飞鸟动画的制作。

图 9-66 添加【位置】关键帧

图 9-67 添加字幕

提 示

在 00:00:00:00 位置处，“过渡完成”为 100%，在 00:00:04:00 位置处，“过渡完成”为 0%，设置“方向”为 45°。

9.7 思考与练习

一、填空题

1. Premiere 中最为简单的素材合成方式是降低素材__________，从而使当前素材的画面与其下方素材的图画融合在一起。

2. __________类视频特效的功能是在素材画面内设定多个遮罩点，并利用这些遮罩点所连成的封闭区域来确定素材的可见部分。

3. __________视频特效的作用是去除画面内的蓝色部分。

4. __________视频特效的作用是同时去除视频画面内的蓝色与绿色部分。

5. __________视频特效的作用是对比两个相似的图像剪辑，并去除两个图像剪辑在屏幕画面上的相似部分。

二、选择题

1. 在 Premiere 中，能够使素材直接与其下方素材进行画面合成的特效属性是__________。

A. 运动

B. 尺寸

C. 透明度

D. 时间重置

2. 在下列选项中，作用相同或相近的两种视频特效是__________

A. 无用信号遮罩与亮度键

B. 色度键与轨道遮罩键

C. 蓝屏键与 Alpha 调整

D. 色度键与 RGB 差异键

3. 无用信号遮罩类视频特效共有哪几种类型？__________

A. 共有 4 种，分别为 2 点、4 点、8 点和 16 点无用信号遮罩

B. 共有 3 种，分别为 4 点、8 点和 16 点无用信号遮罩

C. 共有 3 种，分别为 2 点、4 点和 8 点无用信号遮罩

D. 共有两种，分别为 4 点和 8 点无用信号遮罩

4. 按照默认设置为素材应用图像遮罩键视频特效后，如果原本应当显示的部分被隐藏，而应当隐藏的部分则呈可见状态时，应当进行下列哪项操作？__________

A. 启用【反向】复选框

B. 将【合成使用】设置为“Alpha 遮罩”

C. 禁用【反向】复选框

D. 将【合成使用】设置为“Luma 遮罩”

5. 在下列选项中，不属于差异遮罩视频特效所提供的视图输出方式的是__________。

A. 最终输出

B. 仅限源

C. 仅限遮罩

D. 仅限目标

三、问答题

1. 怎样导入并使用 PSD 素材文件中的遮罩？

2. 无用信号遮罩视频特效都有哪些类型？它们之间的区别是什么？

3. 蓝屏键和非红色键分别有什么作用？

4. 简单介绍【差异遮罩】视频特效的使用方法。

5. 如何使用【轨迹遮罩键】视频特效进行画面遮罩？

四、上机练习

1. 合成视频

要将两个视频同时显示，必须将这两个视频放置在同一个时间段，但是上方视频会覆盖下方视频。这时可以通过【键控】特效组中的特效，将上方视频局部隐藏，从而显示出下方视频。而遮罩特效则需要根据上方视频颜色或明暗关系等因素，来决定特效的添加。这里的上方视频画面包括黑色与亮色调，如图 9-68 所示。

图 9-68 导入视频

针对黑色与亮色的视频画面，将【键控】特效中的【亮度键】特效添加至上方视频中，即可得到合成效果，如图 9-69 所示。

图 9-69 合成视频效果

这时，单击【节目】面板中的【播放-停止切换】按钮▶，即可查看合成视频播放效果，如图 9-70 所示。

图 9-70 合成视频播放效果

2. 根据颜色进行合成

对于具有蓝色背景的素材，则可以通过【键控】特效组中的【蓝屏键】特效来进行局部遮罩效果。只要将该特效添加至上方素材中，即可隐藏蓝色背景，如图 9-71 所示。

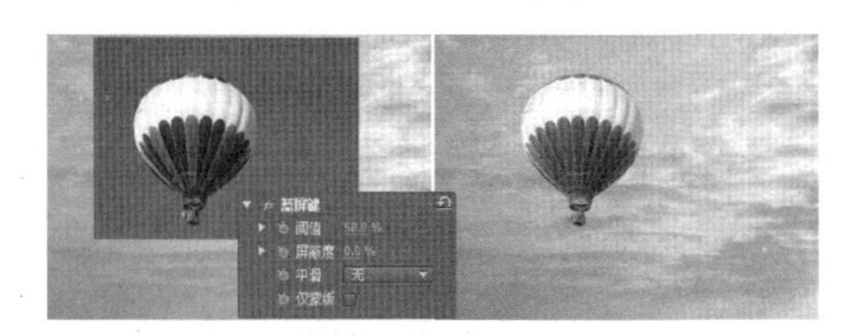

图 9-71 隐藏蓝色背景

第 10 章

音频特效与调音台

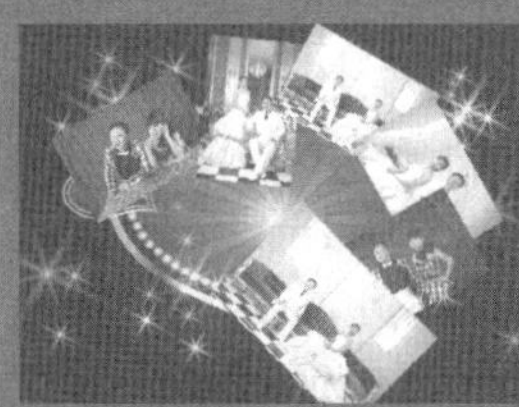

在现代影视节目的制作过程中，所有节目都会在后期编辑时添加适合的背景音效，从而使节目能够更加精彩、完美。用户不仅可以在多个音频素材之间添加过渡效果，还可根据需要为音频素材添加音频滤镜，从而改变原始素材的声音效果，使视频画面和声音效果能够更加紧密的结合起来。调音台是播送和录制节目时必不可少的重要设备之一。在整套音响系统中，调音台的作用是对多路输入信号进行放大、混合、分配、音质的修饰及音响效果的加工等。

本章学习要点：

- 编辑音频素材
- 音频过渡
- 音频特效
- 调音台
- 在调音台中编辑音频

10.1 添加和编辑音频素材

音频，就是正常人耳能听到的，相应于正弦声波的任何频率。具有声音的画面更有感染力，在制作影片的过程中，声音素材的好坏将直接影响到节目的质量，所以编辑音频素材在 Premiere 的后期制作中非常重要。

10.1.1 音频概述

人类能够听到的所有声音都可被称为音频，如话语声、歌声、乐器声和噪音等，但由于类型的不同，这些声响都具有一些与其他类音频不同的特性。

声音通过物体振动所产生，正在发声的物体被称为声源。由声源振动空气所产生的疏密波在进入人耳后，会通过振动耳膜产生刺激信号，并由此形成听觉感受，这便是人们“听”到声音的整个过程。

1. 不同类型的声音

声源在发出声音时的振动速度称为声音频率，以 Hz 为单位进行测量。通常情况下，人类能够听到的声音频率在 20Hz～20kHz 范围之内。按照内容、频率范围和时间领域的不同，可以将声音大致分为以下几种类型。

- **自然音** 自然音是指大自然的声音，如流水声、雷鸣声或风的声音等。
- **纯音** 当声音只由一种频率的声波所组成时，声源所发出的声音便称为纯音。例如，音叉所发出的声音便是纯音。
- **复合音** 复合音是由基音和泛音结合在一起形成的声音，即由多个不同频率的声波构成的组合频率。复合音的产生原因是声源物体在进行整体振动的同时，其内部的组合部分也在振动而形成的。
- **协和音** 协和音由两个单独的纯音组合而成，但它与基音存在整比的关系。例如，当按下钢琴相差 8 度的音符时，二者听起来犹如一个音符，因此被称为协和音；若按下相邻 2 度的音符，则由于听起来不融合，因此会被称为不协和音。
- **噪音** 噪音是一种会引起人们烦躁或危害人体健康的声音，其主要来源于交通运输、车辆鸣笛、工业噪音、建筑施工等。
- **超声波与次声波** 频率低于 20Hz 的音波信号称为次声波，而当音波的频率高于 20kHz 时，则被称为超声波。

2. 声音的三要素

在日常生活中人们会发现，轻轻敲击钢琴键与重击钢琴键时感受到的音量大小会有所不同；敲击不同钢琴键时产生的声音不同；甚至钢琴与小提琴在演奏相同音符时的表现也会有所差别。根据这些差异，人们从听觉心理上为声音归纳出响度、音高与音色这 3 种不同的属性。

- **响度** 又称声强或音量，用于表示声音能量的强弱程度，主要取决于声波振幅的大小，振幅越大响度越大。声音的响度采用声压或声强来计量，单位为帕（Pa），与基准声压比值的对数值称为声压级，单位为分贝（dB）。响度是听觉的基础，正常人听觉的强度范围在 0~140dB 之间，当声音的频率超出人耳可听频率范围时，其响度为 0。

- **音高**　音高也称为音调，表示人耳对声音高低的主观感受。音调由频率决定，频率越高音调越高。一般情况下，较大物体振动时的音调较低，较小物体振动时的音调较高。
- **音色**　音色也称为音品，由声音波形的谐波频谱和包络决定。举例来说，当人们在听到声音时，通常都能够立刻辨别出是哪种类型的声音，其原因便在于不同声源在振动发声时产生的音色不同，因此会为人们带来不同的听觉印象。

提　示

音色由发声物体本身的材料、结构决定。

10.1.2　在时间线上编辑音频

源音频素材可能无法满足用户在制作视频时的需求，Premiere 在提供了强大的视频编辑功能的同时，还可以处理音频素材。添加完素材后，可通过添加音频特效、设置音频部分速度等对音频进行编辑。

1．添加音频素材

在 Premiere 中，添加音频素材的方法与添加视频素材的方法基本相同，同样是通过菜单或是【项目】面板来完成。

- **利用【项目】面板添加音频素材**　在【项目】面板中，用户既可以利用右键菜单添加音频素材，也可以使用鼠标拖动的方式添加音频素材。
  - ➢ 若要利用右键菜单，可以在【项目】面板中，右击要添加的音频素材，执行【插入】命令，即可将相应素材添加到音频轨中，如图 10-1 所示。

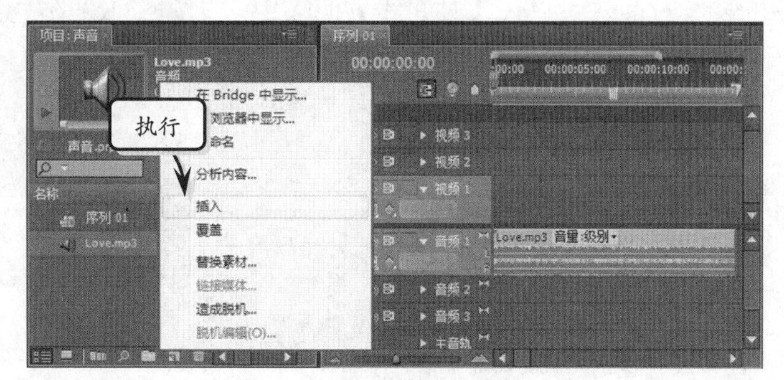

图 10-1　利用右键菜单添加音频素材

提　示

在使用右键菜单添加音频素材时，需要先在【时间线】面板中激活要添加素材的音频轨道。被激活的音频轨道将以白色显示在【时间线】面板中。

  - ➢ 若要利用鼠标拖动的方式添加音频素材，则只需在【项目】面板内选择音频素材后，将其拖至相应的音频轨道即可，如图 10-2 所示。

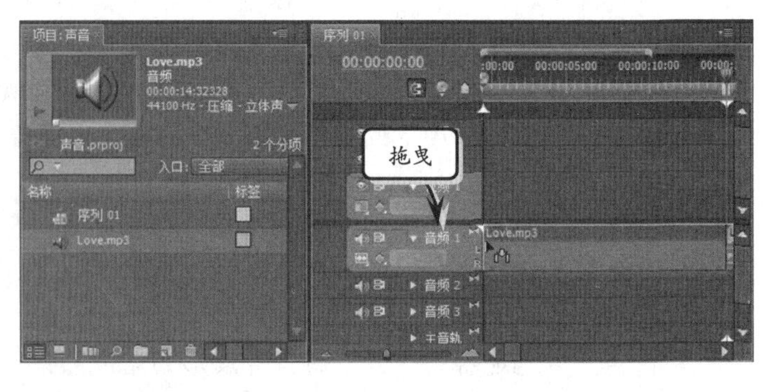

图 10-2 以拖动的方式添加音频素材

- **利用菜单添加音频素材** 若要利用菜单添加音频素材，需要先激活要添加音频素材的音频轨，并在【项目】面板中选择要添加的音频素材后，单击【素材】菜单，执行【插入】命令，如图 10-3 所示。

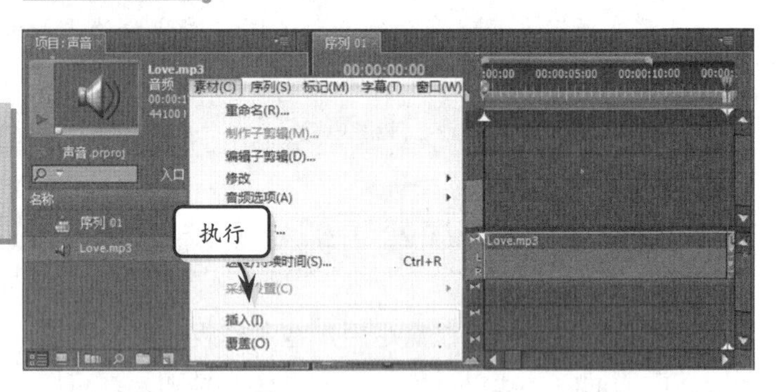

图 10-3 利用菜单添加音频素材

注 意

如果在【时间线】面板中没有激活相应的音频轨道，则在【项目】菜单中，【插入】选项将被禁用。

2. 调整音频素材的持续时间

音频素材的持续时间是指音频素材的播放长度，用户可以通过设置音频素材的入点和出点来调整其持续时间。除此之外，Premiere 还允许用户通过更改素材长度和播放速度的方式来调整其持续时间。

若要通过更改其长度来调整音频素材的持续时间，可以在【时间线】面板中，将鼠标置于音频素材的末尾，当光标变成╋形状时，拖动鼠标即可更改其长度，如图 10-4 所示。

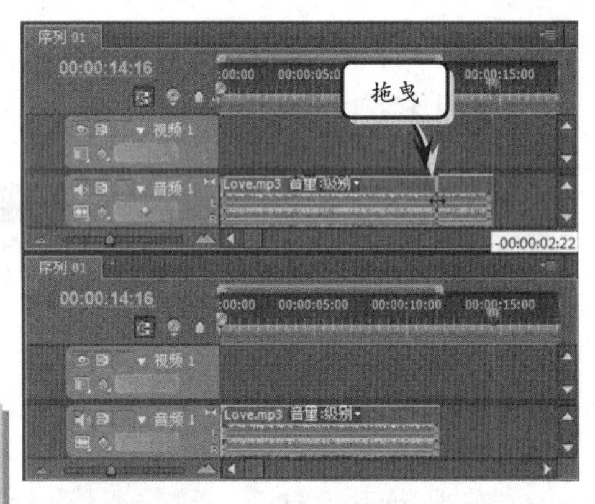

图 10-4 利用鼠标调整音频素材的持续时间

提 示

在调整素材长度时，向左拖动鼠标则持续时间变短，向右拖动鼠标则持续时间变长。但是当音频素材处于最长持续时间状态时，将不能通过向右拖动鼠标的方式来延长其持续时间。

使用鼠标拖动来延长或者缩短音频素材持续时间的方式会影响到音频素材的完整性。因此，若要在保证音频内容完整的前提下更改持续时间，则必须通过调整播放速度的方式来实现。

操作时，应当在【时间线】面板内右击相应的音频素材，并执行【速度/持续时间】命令，如图 10-5 所示。

图 10-5 执行【速度/持续时间】命令

在弹出的【素材速度/持续时间】对话框内调整“速度”选项，即可改变音频素材“持续时间”的长度，如图 10-6 所示。

提 示

在【素材速度/持续时间】对话框中，也可直接更改“持续时间”选项，从而精确控制素材的播放长度。

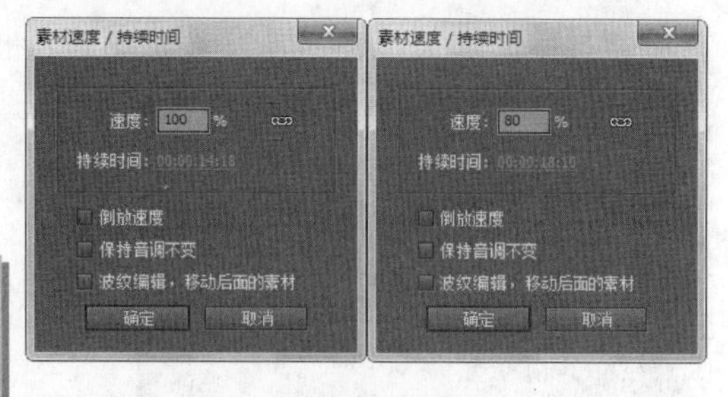

图 10-6 调整速度

3. 设置音频素材的音量

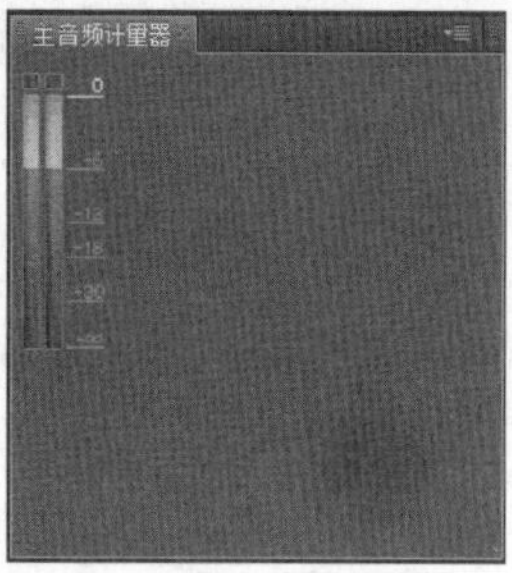

设置音频素材音量大小的意义在于，可以使相邻音频素材的音量相匹配，或者使其完全静音。

当通过【时间线】或【节目】面板播放音频素材时，Premiere 内置的主音频计量器将会显示音频素材的总体音量级别，如图 10-7 所示。

图 10-7 【主音频计量器】面板

若要调整音频素材的音量大小，则可以通过【时间线】或者【特效控制台】面板来完成。而且，用户不仅可以调整整个音频素材的音量大小，同时也可以设置音频素材在不同位置具有不同的音量大小，从而实现声音忽高忽低的特殊效果，如图 10-8 所示。

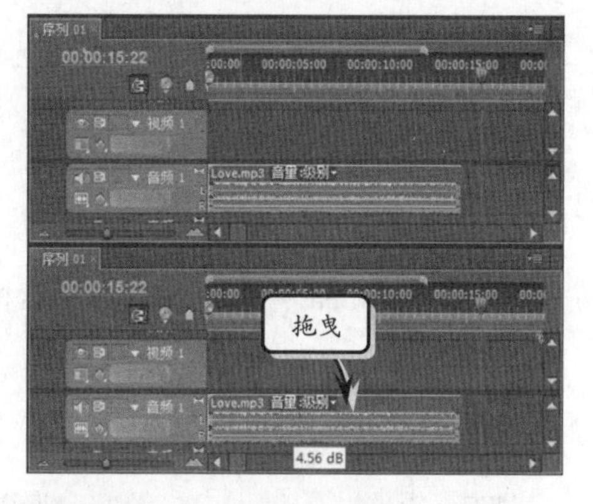

图 10-8 调整音量线

另外，也可以利用【特效控制台】面板来调节音频素材的音量大小。方法是选择音频素材后，在【特效控制台】面板中单击【音量】前的折叠按钮，并拖动【级别】栏中的滑块或者输入具体数值，从而调整所选素材的音量大小，如图 10-9 所示。

提 示

在【特效控制台】面板中，【旁路】选项主要用于素材添加特效前后的对比。该选项含有“取消”的含义，任何一种特效在启用【旁路】复选框之后，都会禁止该特效的应用。

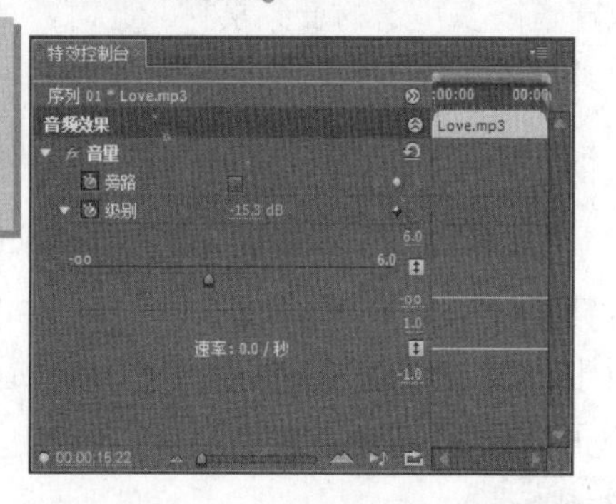

图 10-9 利用【特效控制台】调节音量大小

若要使音频素材在不同的位置具有不同大小的音量，则需要为其添加关键帧。在【特效控制台】面板中，拖动时间线视图中的当前时间指示器至合适的位置，并添加关键帧。然后，向上或者向下拖动该关键帧，即可增加或者降低该位置上音频素材的声音大小，如图 10-10 所示。

同样，用户也可以利用【时间线】面板，在

音频素材中添加关键帧，并设置其音量大小，如图 10-11 所示。

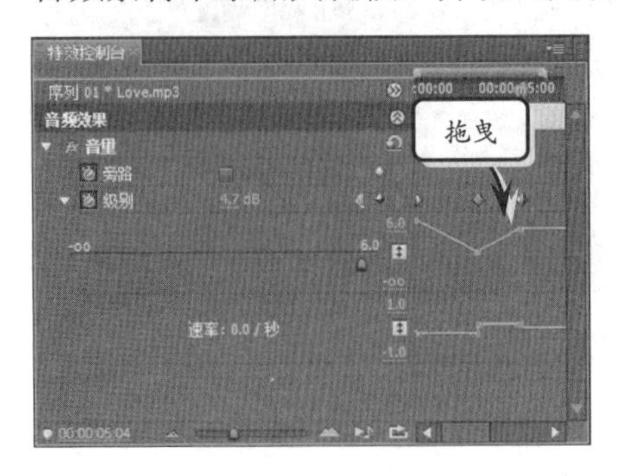

图 10-10 调节关键帧位置上的音量大小

图 10-11 利用【时间线】面板调整音量大小

4. 编辑源素材

若要编辑音频源素材，可以在【时间线】面板内选择音频素材后，打开【编辑】菜单，执行【编辑原始素材】命令。稍等片刻后，即可打开相应的音频文件编辑程序。

此外，右击【时间线】面板内的音频素材后，执行【编辑原始素材】命令，也可打开相应的程序对音频素材进行编辑。

编辑完成之后，保存编辑结果，并关闭音频素材编辑程序，用户所做出的更改便会自动反映到 Premiere 项目中。

10.1.3 映射音频声道

声道是指录制或者播放音频素材时，在不同空间位置采集或回放的相互独立的音频信号。在 Premiere 中，不同的音频素材具有不同的音频声道，如左右声道、立体声道和单声道等。

1. 源声道映射

在编辑影片的过程中，经常会遇到卡拉 OK 等双声道或多声道的音频素材。此时，如果只需要使用其中一个声道中的声音，则应当利用 Premiere 中的源声道映射功能，对音频素材中的声道进行转换。

在执行源声道映射操作时，需要先将待处理的音频素材导入至 Premiere 项目内。在【素材源】面板中可以查看到相应音频素材的声道情况，如图 10-12 所示。

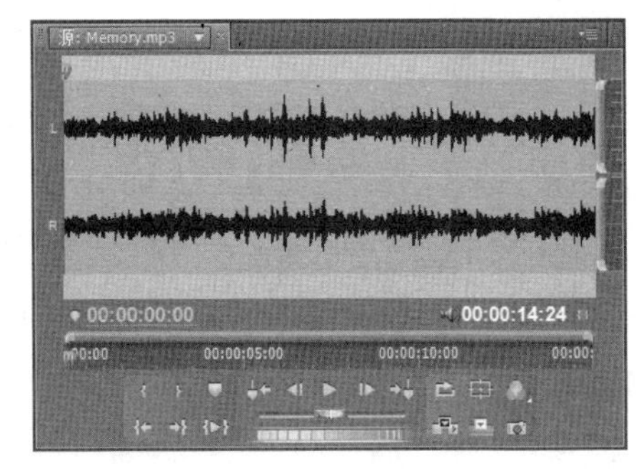

图 10-12 原始的音频素材

提 示

在【项目】面板中，双击音频素材，即可在【素材源】面板中预览该素材。

接下来，在【项目】面板内选择素材文件后，执行【素材】|【修改】|【音频声道】

命令。在弹出的【修改素材】对话框中，左侧显示了音频素材的所有轨道格式，而右侧则列出了当前音频素材具有的源声道模式，如图 10-13 所示。

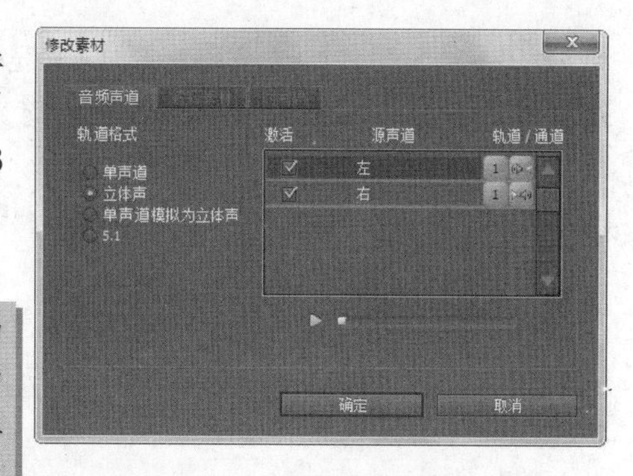

图 10-13 【修改素材】对话框

提 示

在【源声道映射】对话框中，所有选项的默认设置均与音频素材的属性相关。这里导入的音频素材格式为立体声，因此该对话框中的【轨道格式】默认为“立体声”。此外，单击对话框底部的【播放】按钮后，还可以对所选音频素材进行试听。

在【修改素材】对话框中，禁用【左声道】栏中的【激活】复选框后，即可“关闭”音频素材左声道，从而使音频素材仅留右声道中的声音，如图 10-14 所示。

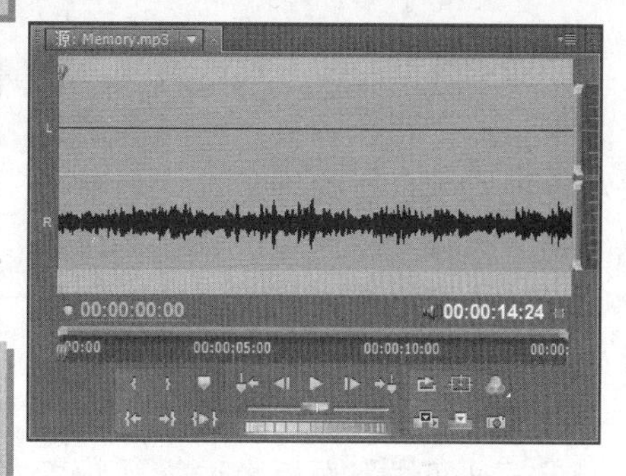

图 10-14 修改音频声道效果

提 示

如果用户在【修改素材】对话框内禁用的是【右声道】栏中的【激活】复选框，则音频素材将只保留左声道中的声音。

2. 拆分为单声道

Premiere 除了具备修改素材声道的功能外，还可以将音频素材中的各个声道分离为单独的音频素材。也就是说，能够将一个多声道的音频素材分离为多个单声道的音频素材。

进行此类操作时，只需在【项目】面板内选择音频素材后，执行【素材】|【音频选项】|【拆分为单声道】命令，即可将原始素材分离为多个不同声道的音频素材，如图 10-15 所示。

图 10-15 拆分为单声道

此时，即可在【素材源】面板内分别预览分离后的单声道音频素材，如图 10-16 所示。

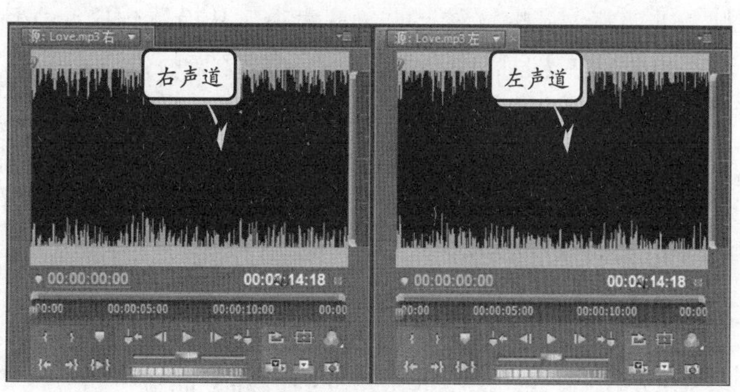

图 10-16 分离后的音频素材

3. 提取音频

在编辑某些影视节目时，可能只是需要某段视频素材中的音频部分，此时便需要将素材中的音频部分提取为独立的音频素材。方法是在【项目】面板内选择相应的视频素

材后，执行【素材】|【音频选项】|【提取音频】命令。稍等片刻后，Premiere 便会利用提取出的音频部分生成独立的音频素材文件，并将其自动添加至【项目】面板内。

10.1.4 增益、淡化和均衡

在 Premiere 中，音频素材内音频信号的声调高低称为增益，而音频素材内各声道间的平衡状况被称为均衡。接下来，本节便将介绍调整音频增益，以及调整音频素材均衡状态的操作方法。

1. 调整增益

制作影视节目时，整部影片内往往会使用多个音频素材。此时，便需要对各个音频素材的增益进行调整，以免部分音频素材出现声调过高或过低的情况，最终影响整个影片的制作效果。

调节音频素材增益时，可在【项目】或【时间线】面板内选择音频素材后，执行【素材】|【音频选项】|【音频增益】命令，如图 10-17 所示。

图 10-17 执行【音频增益】命令

在弹出的【音频增益】对话框中，启用【设置增益为】单选按钮后，即可直接在其右侧的文本框内设置增益数值，如图 10-18 所示。

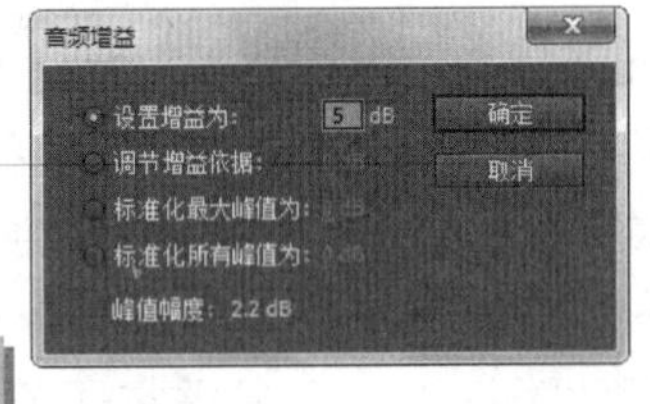

图 10-18 【音频增益】对话框

提 示

当设置的参数大于 0dB 时，表示增大音频素材的增益；当其参数小于 0dB 时，则为降低音频素材的增益。

2. 均衡立体声

利用 Premiere 中的钢笔工具，用户可直接在【时间线】面板上为音频素材添加关键帧，并调整关键帧位置上的音量大小，从而达到均衡立体声的目的。

首先，在【时间线】面板内添加音频素材，并在音频轨内展开音频素材后，单击【显示关键帧】下拉按钮，执行【显示轨道关键帧】命令，从而在音频轨中显示出轨道关键帧的调节线，如图 10-19 所示。

图 10-19 显示轨道关键帧

在【时间线】面板中，单击【轨道：音量】下拉按钮，执行【声像器】|【平衡】命令，如图 10-20 所示。这样，便可将【时间线】面板中的关键帧控制模式切换至【平衡】音频效果

方式。

单击相应音频轨道中的【添加-移除关键帧】按钮，并使用【工具】面板中的【钢笔工具】调整关键帧调节线，即可调整立体声的均衡效果，如图 10-21 所示。

提 示

使用【工具】面板中的【选择工具】，也可以调整关键帧调节线。

3. 淡化声音

在影视节目中，对背景音乐最为常见的一种处理效果是随着影片的播放，背景音乐的声音逐渐减小，直至消失。这种效果称为声音的淡化处理，可以通过调整关键帧的方式来制作。

若要实现音频素材的淡化效果，至少应当为音频素材添加两处音量关键帧：一处位于声音开始淡化的起始阶段，另一处位于淡化效果的末尾阶段，如图 10-22 所示。

在【工具】面板内选择【钢笔工具】，并使用钢笔工具降低淡化效果末尾关键帧的增益，即可实现相应音频素材的逐渐淡化至消失的效果，如图 10-23 所示。

在实际编辑音频素材的过程中，如果对两段音频素材分别应用音量逐渐降低和音量逐渐增大的设置，则能够创建出两段音频素材交叉淡出与淡入的效果，如图 10-24 所示。

图 10-20 切换【平衡】音频效果

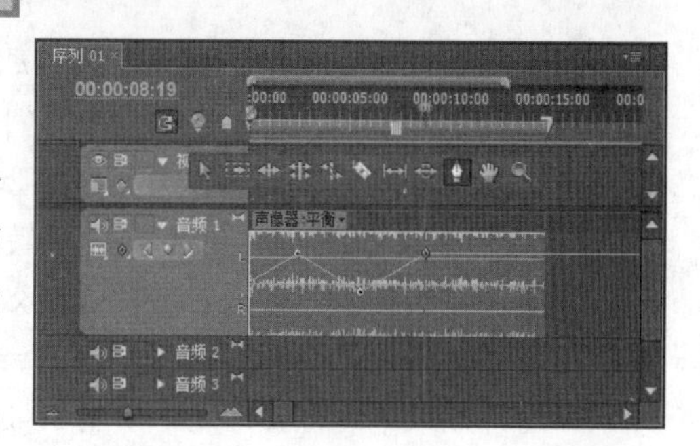

图 10-21 均衡立体声

图 10-22 为淡化声音添加音量关键帧

图 10-23 调整音量关键帧

图 10-24 交叉淡出与淡入

10.2 音频特效与音频过渡

在制作影片的过程中，为音频素材添加音频过渡效果或音频特效，能够使音频素材间的连接更为自然、融洽，从而提高影片的整体质量。也可以更为快速地利用 Premiere 内置的音频特效制作出想要的音频效果。

10.2.1 音频过渡

图 10-25 音频过渡

与视频切换效果相同，音频过渡也放在【效果】面板中。在【效果】面板内依次展开“音频过渡”|“交叉渐隐”选项后，即可显示 Premiere 内置的 3 种音频过渡效果，如图 10-25 所示。

【交叉渐隐】文件夹内的不同音频转场可以实现不同的音频处理效果。若要为音频素材应用过渡效果，只需先将音频素材添加至【时间线】面板后，将相应的音频过渡效果拖动至音频素材的开始或末尾位置即可，如图 10-26 所示。

提 示

【恒定功率】音频过渡可以使音频素材以逐渐减弱的方式过渡到下一个音频素材；【恒定增益】能够让音频素材以逐渐增强的方式进行过渡。

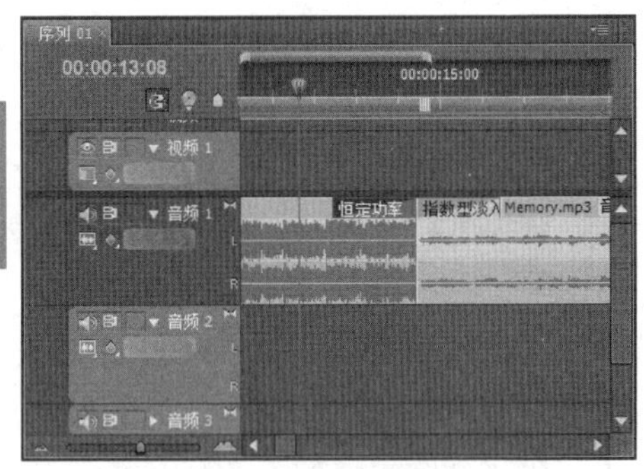

图 10-26 添加【音频过渡】特效

默认情况下，所有音频过渡的持续时间均为 1s。不过，在【时间线】面板内选择某个音频过渡后，在【特效控制台】面板中，可在“持续时间”右侧选项内设置音频的播放长度，如图 10-27 所示。

10.2.2 音频特效

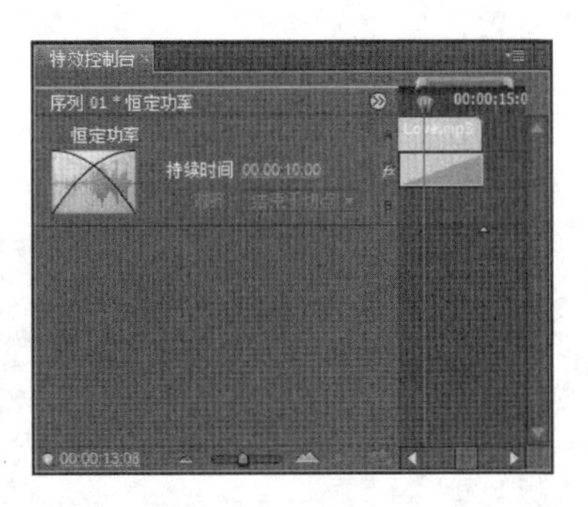

图 10-27 设置持续时间

尽管 Premiere 并不是专门用于处理音频素材的工具，但仍旧为音频这一现代电影中不可或缺的重要部分提供了大量音频特效滤镜。利用这些滤镜，用户可以非常方便地为影片添加混响、延时、反射等声音特技。

1. 添加音频特效

由于 Premiere 将音频素材根据声道数量划分为不同类型的原因，其内置的音频特效也被分为 5.1 声道、立体声和单声道 3 大类型，并被集中放置在【效果】面板内的【音频特效】文件夹中，如图 10-28 所示。

注 意

不同类型的音频特效必须用于对应的音频素材上，例如，5.1 文件夹内的音频特效就必须用于 5.1 轨道内的音频素材上。

图 10-28　不同类型的音频特效

就添加方法来说，添加音频特效的方法与添加视频特效的方法相同，用户既可通过【时间线】面板来完成，也可通过【特效控制台】面板来完成。

2. 相同的音频特效

尽管 Premiere 音频特效由于声道类型的不同而被放置在 3 个不同的音频特效文件夹内，但实际上这 3 个音频特效文件夹内拥有很多同名的音频特效。而且，这些音频特效不仅名称相同，就连作用也完全一样。这些音频特效的作用如下。

❑ **选频**

该音频特效的作用是过滤特定频率范围之外的一切频率，因此被称为选频滤镜，其参数面板如图 10-29 所示。

提 示

【选频】音频特效具有“中置”和 Q 两个参数，其中的“中置”选项用于确定中心频率范围，而参数 Q 则用于确定被保护的频率带宽。

❑ **多功能延迟**

该音频特效能够对音频素材播放时的延迟进行更高层次的控制，对于在电子音乐内产生同步、重复的回声效果非常有用，图 10-30 所示为该特效的参数控制面板。

图 10-29　【选频】特效

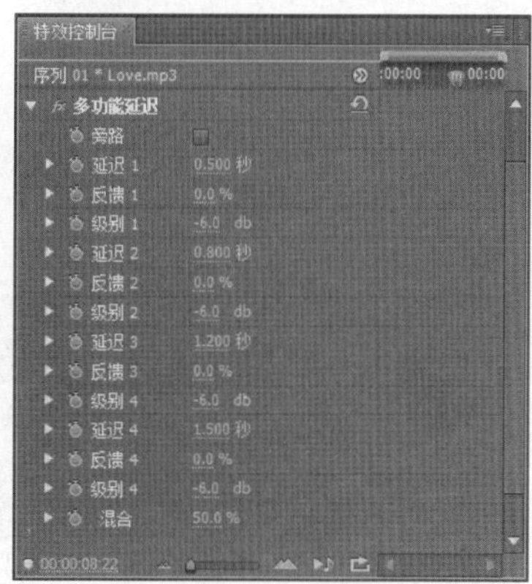

图 10-30　【多功能延迟】音频特效

在【特效控制台】面板中，【多功能延迟】音频特效的参数名称及其作用如表 10-1 所示。

表 10-1 【多功能延迟】音频特效参数介绍

名　称	作　用
延迟	该音频特效的【效果控制】面板中，含有 4 个【延迟】选项，用于设置原始音频素材的延时时间，最大的延时为 2s
反馈	该选项用于设置有多少延时音频反馈到原始声音中
级别	该选项用于设置每个回声的音量大小
混合	该选项用于设置各回声之间的融合状况

❑ **EQ（均衡器）**

该音频特效用于实现参数平衡效果，可对音频素材中的声音频率、波段和多重波段均衡等内容进行控制。设置时，用户可通过图形控制器或直接更改参数的方式进行调整，如图 10-31 所示。

当使用图形控制器调整音频素材在各波段的频率时，只需在【特效控制台】面板内分别启用 EQ 选项组内的 Low、Mid 和 High 复选框后，利用鼠标拖动相应的控制点即可，如图 10-32 所示。

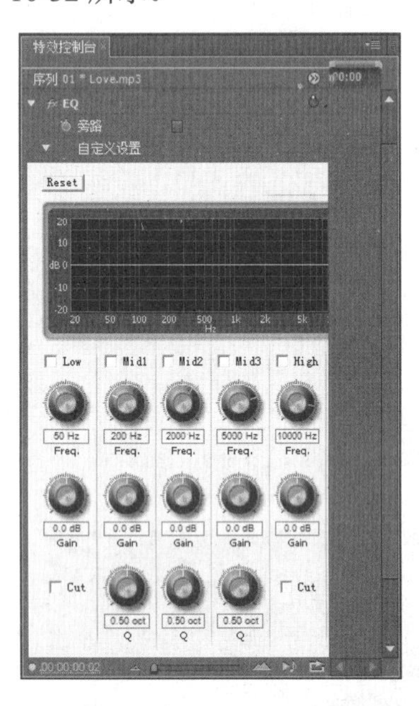

图 10-31 EQ 音频特效参数

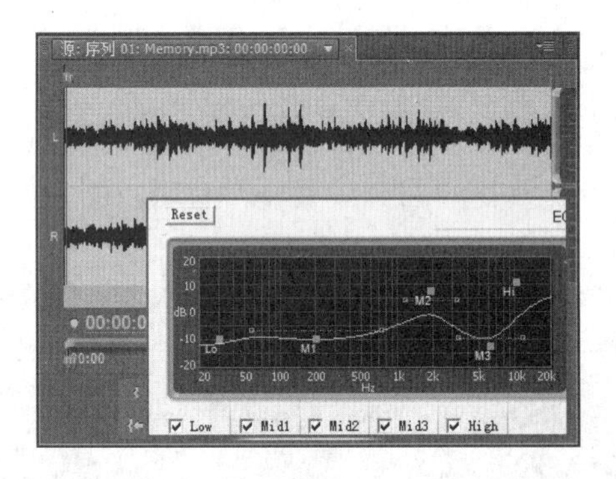

图 10-32 利用图形控制器调整波段参数

在 EQ 选项组中，部分重要参数的功能与作用如表 10-2 所示。

表 10-2 部分 EQ 音频特效参数介绍

名　称	作　用
Low、Mid 和 High	用于显示或隐藏自定义滤波器
Gain	该选项用于设置常量之上的频率值
Cut	启用该复选框，即可设置从滤波器中过滤掉的高低波段
Frequency	该选项用于设置波段增大和减小的次数
Q	该选项用于设置各滤波器波段的宽度
Output	用于补偿过滤效果之后造成频率波段的增加或减少

❑ 低通

低通音频特效的作用是去除高于指定频率的声波。该音频特效仅有【屏蔽度】一项参数，作用在于指定可通过声音的最高频率。

❑ 低音

顾名思义，【低音】音频特效的作用便是调整音频素材中的低音部分，其中的【放大】选项是对声音的低音部分进行提升或降低，取值范围为-24～24。

提 示

当【放大】选项的参数为正时，表示提升低音，负值则表示降低低音。与【低音】音频特效相对应的是，【高音】音频特效用于提升或降低音频素材内的高音频率。

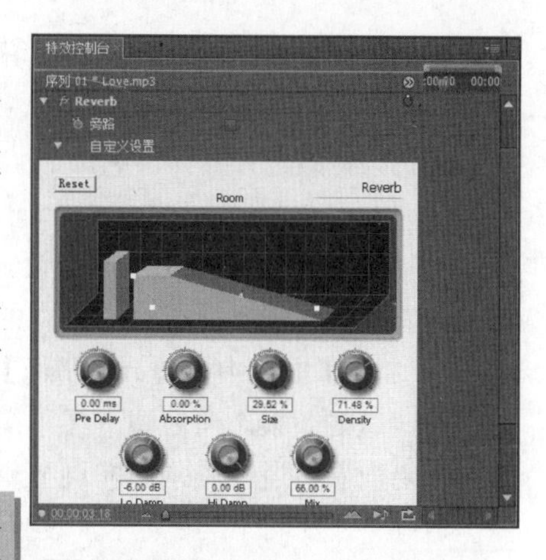

图 10-33 混响音频特效

❑ Reverb（混响）

Reverb 音频特效用于模拟在室内播放音乐时的效果，从而能够为原始音频素材添加环境音效。通俗地说，Reverb 音频特效能够添加家庭环绕式立体声效果，图 10-33 是该音频特效的参数面板。

在【特效控制台】面板中，用户可通过拖动图形控制器中的控制点，或通过直接设置选项栏中的具体参数来调整房间大小、混音、衰减、漫射以及音色等内容，如图 10-34 所示。

图 10-34 设置混响特效参数

❑ 延迟

该特效用来设置原始音频和回声之间的时间间隔声道的高音部分。为素材添加【延迟】特效后，在【特效控制台】面板中，展开【延迟】特效，出现【延迟】、【反馈】、【混合】3 个选项，如图 10-35 所示。

提 示

【延迟】选项调节在同一时间上与原始音频的滞后或提前的时间；【反馈】可以设定有多少延迟音频被反馈到原始音频中；【混合】设置原始音频与延迟音频的混合比例。

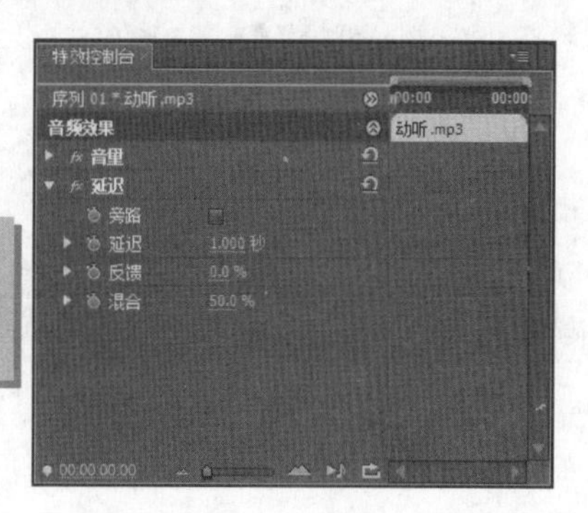

图 10-35 【延迟】特效

❑ 音量

在编辑影片的过程中，如果要在标准特效之前渲染音量，则应当使用【音量】音频特效代替默认的音量调整选项。为了便于操作，【音量】音频特效仅有“级别”这一项参数，用户直接调整该参数来调节音频素材的声音大小。

3. 不同的音频特效

除了各种相同的音频特效外，Premiere 还根据音频素材声道类型的不同而推出了一些独特的音频特效。这些音频特效只能应用于对应的音频轨道内，接下来本节便将对三大声道类型中的不同音频特效进行具体讲解。

❑ 平衡

【平衡】音频特效是立体声音频轨道独有的音频特效，其作用在于平衡音频素材内的左右声道。在【特效控制台】面板中，调节【平衡】滑块，可以设置左右声道的效果。向右调节【平衡】滑块，推进音频均衡向右声道倾斜，向左调节，则音频均衡向左声道倾斜，如图 10-36 所示，设置“平衡”参数。

图 10-36　设置【平衡】参数

当【平衡】音频特效的参数值为正值时，Premiere 将对右声道进行调整，而为负值时则会调整左声道，如图 10-37 所示。

❑ 使用右声道

该音频特效仅用于立体声轨道中，功能是将右声道中的音频信号复制并替换左声道中的音频信号，如图 10-38 所示。

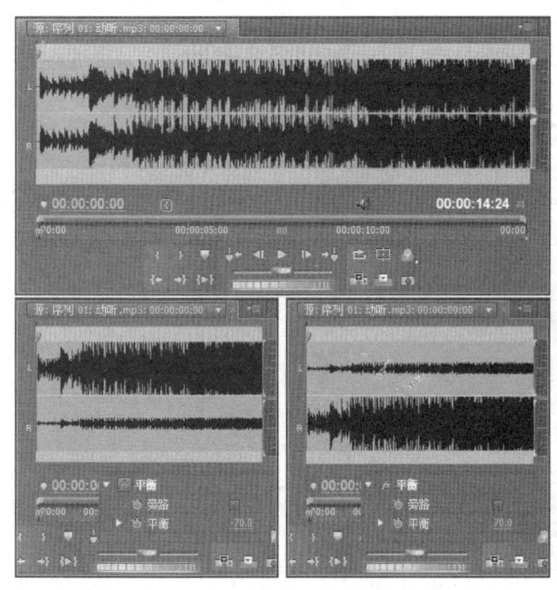

图 10-37　【平衡】特效参数

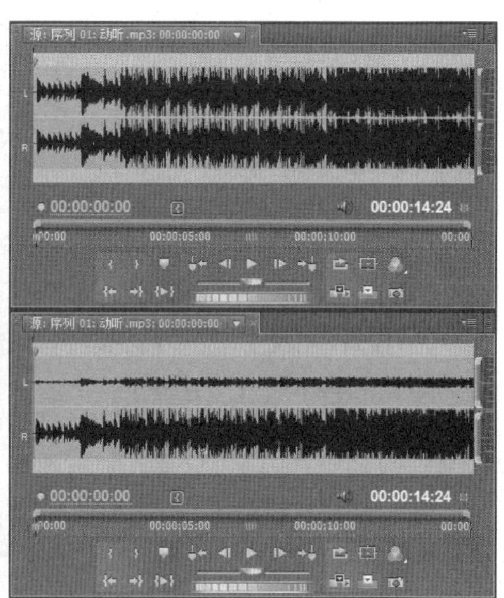

图 10-38　【使用右声道】音频特效

提　示

与【使用右声道】音频特效相对应的是，Premiere 还提供了一个【使用左声道】的音频特效，两者的使用方法虽然相同，但功能完全相反。

❑ 互换声道

利用【互换声道】音频特效，可以使立体声音频素材内的左右声道信号相互交换。由于功能的特殊性，该音频特效多用于原始音频的录制、处理过程中。

提　示

【互换声道】音频特效没有参数，直接应用即可实现声道互换效果。

❑ **声道音量**

【声道音量】音频特效适用于 5.1 和立体声音频轨道，其作用是控制音频素材内不同声道的音量大小，其参数面板如图 10-39 所示。

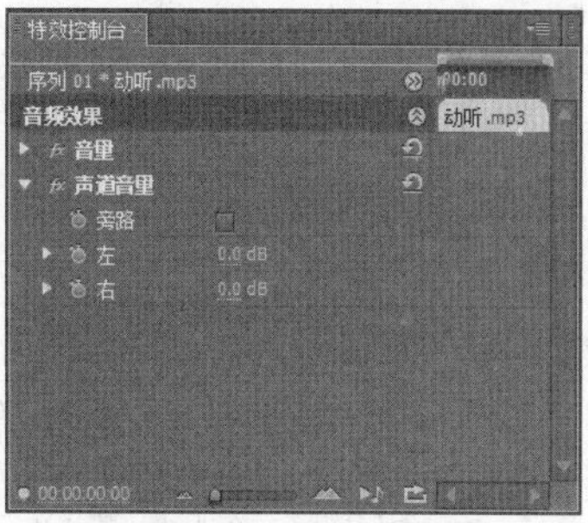

图 10-39　【声道音量】音频特效

10.3　调音台概述

在现代电台广播、舞台扩音等系统中，调音台是播送和录制节目时必不可少的重要设备之一。在整套音响系统中，调音台的作用是对多路输入信号进行放大、混合、分配及音质的修饰及音响效果的加工等。

与音响系统中的硬件调音台相比，Premiere 中的调音台虽然并不完全相同，但却有着几分相似之处，且同样是音响系统内不可或缺的部分。例如，用户不仅可以通过调音台调整素材的音量大小、渐变效果，还可以进行均衡立体声、录制旁白等操作。

调音台是 Premiere 为用户制作高质量音频所准备的多功能音频素材处理平台。利用 Premiere 调音台，用户可以在现有音频素材的基础上创建复杂的音频效果，不过在此之前需要首先对调音台有一定的了解，熟悉调音台各控件的功能及使用方法。

从【调音台】面板内可以看出，调音台由若干音频轨道控制器和播放控制器所组成，而每个轨道控制器内又由对应轨道的控制按钮和音量控制器等控件组成，如图 10-40 所示。

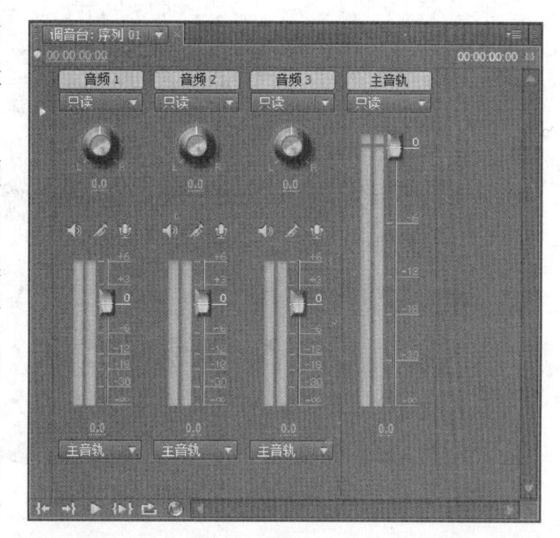

图 10-40　Premiere 调音台界面

提　示

默认情况下，【调音台】面板内仅显示当前所激活序列的音频轨道。因此，如果希望在该面板内显示指定的音频轨道，就必须将序列嵌套至当前被激活的序列内。

接下来对【调音台】面板中的各个控件进行具体介绍。

❑ **自动模式**

在【调音台】面板中，自动模式控件对音频的调节作用主要分为调节音频素材和调节音频轨道两种方式。当调节对象为音频素材时，音频调节效果仅对当前素材有效，且调节效果会在用户删除素材后一同消失。如果是对音频轨道进行调节，则音频特效将应用于整个音频轨道内，即所有处于该轨道的音频素材都会在调节范围内受到影响。

在实际应用时，将音频素材添加至【时间线】面板内的音频轨道后，在【调音台】

面板内单击相应轨道中的【自动模式】下拉按钮，即可选择所要应用的自动模式选项，如图10-41所示。

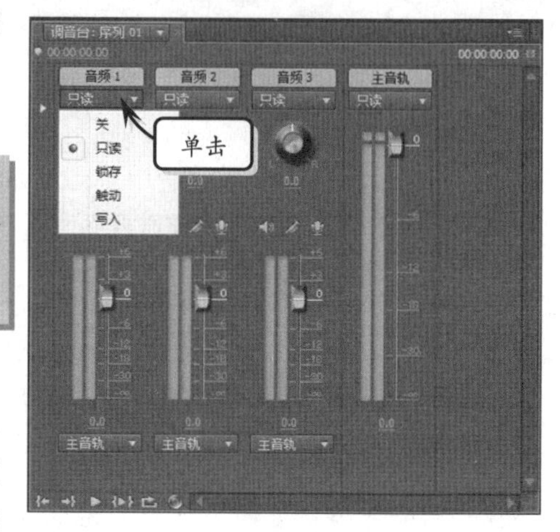

图 10-41 自动模式列表

提 示

【调音台】面板内的轨道数量与【时间线】面板内的音频轨道数量相对应，当用户在【时间线】面板内添加或删除音频轨道时，【调音台】面板也会自动做出相应的调整。

❑ 轨道控制按钮

在【调音台】面板中，静音轨道、独奏轨、激活录制轨等按钮的作用是在用户预览音频素材时，让指定轨道以完全静音或独奏的方式进行播放。

例如在音频1、音频2和音频3轨道都存在音频素材的情况下，预览播放时的【调音台】面板内相应轨道中均会显示素材的波形变化。但是，单击【音频2】轨道中的【静音】按钮后再预览音频素材，则【音频2】轨道内将不再显示素材波形，这表示该音频轨道已被静音，如图10-42所示。

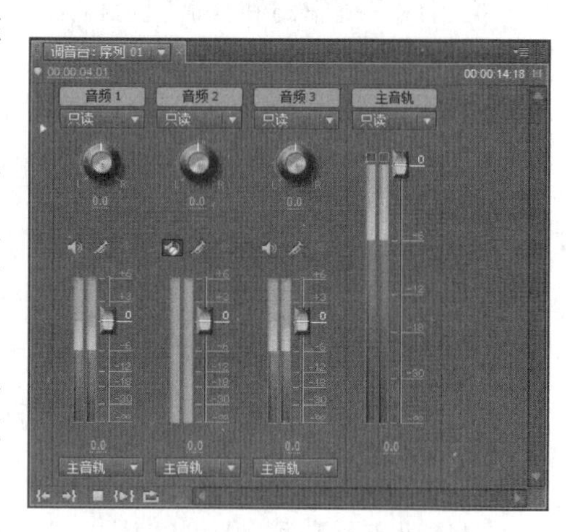

图 10-42 让指定轨道静音

在编辑项目内包含众多音频轨道的情况下，如果只想试听某一音频轨道中的素材播放效果，则应在预览音频前在【调音台】面板内单击相应轨道中的【独奏轨】按钮，如图10-43所示。

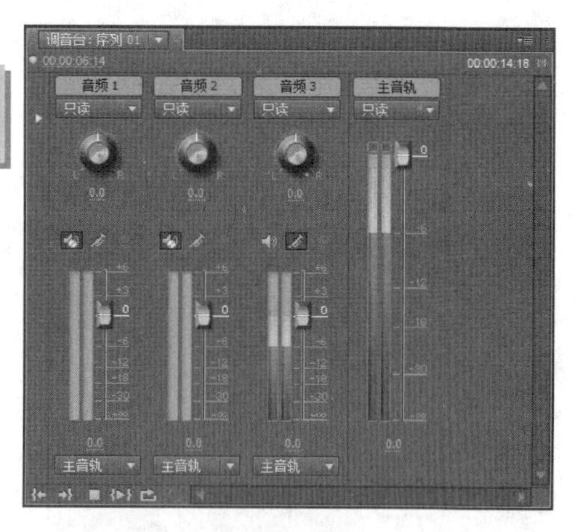

图 10-43 设置独奏轨

提 示

若要取消音频轨道中素材的静音或者独奏效果，只需再次单击【静音轨道】或【独奏轨】按钮即可。

❑ 声道调节滑轮

当调节的音频素材只有左、右两个声道时，声道调节滑轮可用来切换音频素材的播放声道。例如，当向左拖动声道调节滑轮时，相应轨道音频素材的左声道音量将会得到提升，而右声道音量会降低；若是向右拖动声道调节滑轮，则右声道音量得到提升，而左声道音量降低，如图10-44所示。

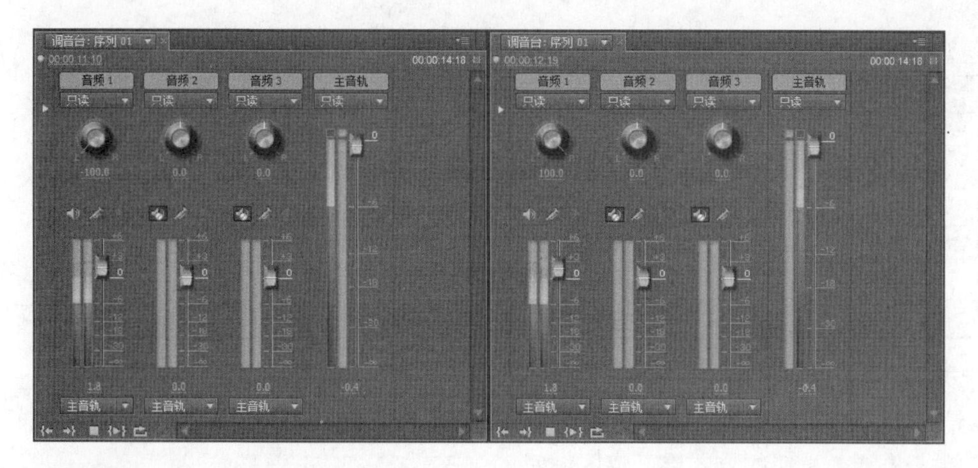

图 10-44 使用声道调节滑轮

技 巧

除了拖动声道调节滑轮设置音频素材的播放声道外，还可以直接单击其数值，使其进入编辑状态后，采用直接输入数值的方式进行设置。

❑ 音量控制器

音量控制器的作用是调节相应轨道内的音频素材播放音量，由左侧的 VU 仪表和右侧的音量调节滑杆所组成，根据类型的不同分为主音量控制器和普通音量控制器。其中，普通音量控制器的数量由相应序列内的音频轨道数量所决定，而主音量控制器只有一项。

在预览音频素材播放效果时，VU 仪表将会显示音频素材音量大小的变化。此时，利用音量调节滑杆即可调整素材的声音大小，向上拖动滑块可增大素材音量，反之则可降低素材音量，如图 10-45 所示。

注 意

完成播放声道的设置后，在【调音台】面板中预览音频素材时，可以通过主 VU 仪表查看各声道的音量大小。

❑ 播放控制按钮

播放控制按钮位于【调音台】面板的左下角，其功能是控制音频素材的播放状态。当用户为【时间线】面板中的音频素材剪辑设置入点和出点之后，便可以利用各个播放控制按钮对其进行控制。在这些控制按钮中，各按钮的名称及其作用如表 10-3 所示。

图 10-45 调整音量大小

表 10-3 播放控制按钮功能作用

按　钮	名　称	作　用
	跳转到入点	将当前时间指示器移至音频素材的开始位置
	跳转到出点	将当前时间指示器移至音频素材的结束位置
	播放-停止切换	播放音频素材，单击后按钮图案将变为"方块"形状
	播放入点到出点	播放音频素材入点与出点间的部分
	循环	使音频素材不断进行循环播放
	录制	单击该按钮后，即可开始对音频素材进行录制操作

❑ 显示/隐藏效果与发送

默认情况下，效果与发送选项被隐藏在【调音台】面板内，但用户可通过单击【显示/隐藏效果与发送】按钮的方式展开该区域。

❑ 【调音台】面板菜单

由于【调音台】面板内的控制选项众多，Premiere 特别允许用户通过【调音台】面板菜单自定义【调音台】面板的功能。使用时，只需单击面板右上角的面板菜单按钮，即可显示该面板菜单，如图 10-46 所示。

在编辑音频素材的过程中，执行【调音台】面板菜单内的【显示音频时间单位】命令后，还可在【调音台】面板内按照音频单位显示音频时间，从而能够以更精确的方式来设置音频处理效果，如图 10-47 所示。

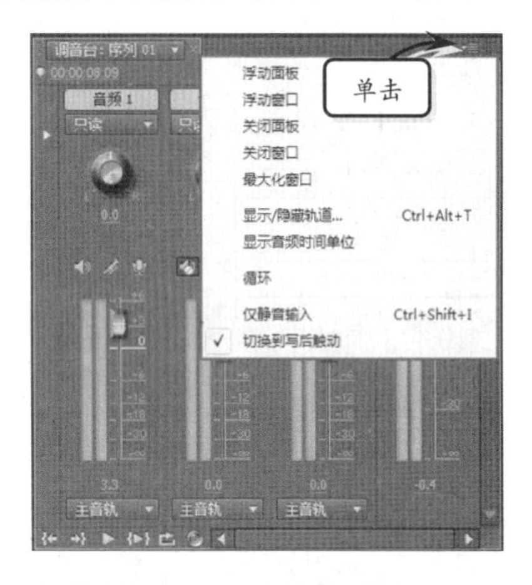

图 10-46 调音台面板

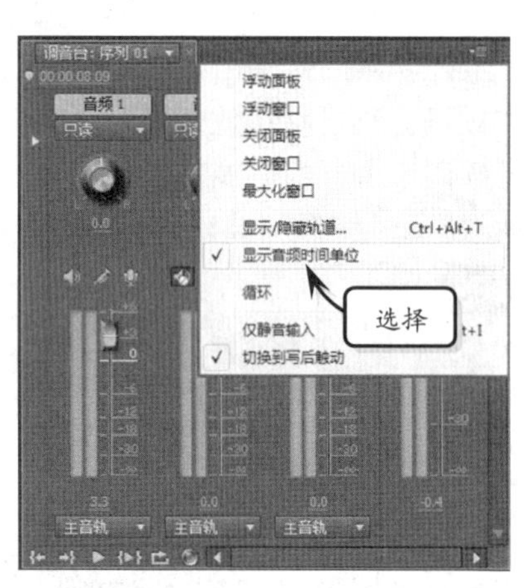

图 10-47 显示音频单位

10.4 混合音频和子混音音轨

混合音频是【调音台】面板的重要功能之一，该功能可以让用户实时混合不同轨道内的音频素材，从而实现单一素材无法实现的特殊音频效果。

制作混音可以将多个轨道内的音频信号发送至一个混合音频轨道内，并对该混合音频应用音频特效。在处理方式上，混音音轨与普通音轨没有什么太大的差别，输出的音频信号也会被并入主音轨内，这样便解决了为普通音轨创建相同效果时的重复操作。

10.4.1 混合音频

在 Premiere 中，自动模式的设置直接影响着混合音频特效的制作是否成功。在认识【调音台】面板的各控件时，已经了解到每个音频轨的自动模式列表中，各包含了 5 种模式。

在自动模式选项列表中，不同列表选项的含义与作用如下。

- ❑ **关闭** 选择该选项后，Premiere 将会忽略当前音频轨道中的音频特效，而只按照默认设置来输出音频信号。
- ❑ **只读** 这是 Premiere 的默认选项，作用是在回放期间播放每个轨道的自动模式设置。例如，在调整某个音频素材的音量级别后，既能够在回放时听到差别，又能够在 VU 仪表内看到波形变化。
- ❑ **锁存** 【锁存】模式会保存用户对音频素材做出的调整，并将其记录在关键帧内。用户每调整一次，调节滑块的初始位置就会自动转为音频素材在进行当前编辑前的参数。在【时间线】面板中，单击音频轨道前的【显示关键帧】下拉按钮，并执行【显示轨道关键帧】命令，即可查看 Premiere 自动记录的关键帧，如图 10-48 所示。

图 10-48 自动记录的关键帧

- ❑ **触动** 该模式与【锁存】模式相同，也是将做出的调整记录到关键帧。
- ❑ **写入** 【写入】模式可以立即保存用户对音频轨道所做出的调整，并且在【时间线】面板内创建关键帧。通过这些关键帧，即可查看对音频素材的设置。要制作混合音频特效，首先需要将待合成的音频素材分别放置在不同音频轨道内，并将当前时间指示器移至音频素材的开始位置，如图 10-49 所示。

图 10-49 准备混音所用的音频素材

提 示

要制作混合音频特效，【时间线】面板内至少应当包括两个音频轨道。

在【调音台】面板中为音频轨道选择相应的自动模式，如【写入】模式。此时，音频轨道底部将显示信号被发送到的位置。默认情况下，将音轨输出会发送到主音轨中，如图 10-50 所示。

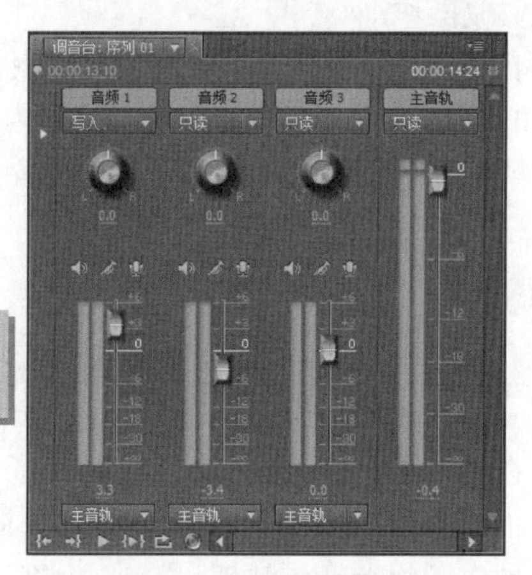

图 10-50 音轨输出分配

提 示

根据制作需要，也可以将音轨输出发送到子混合音频轨道中。

单击【调音台】面板内的【播放】按钮后，即可在播放音频素材的同时对相应的控件进行设置，如调整音频轨道中的素材音量，如图 10-51 所示。

图 10-51 调整音量

完成混合音效的制作之后，将当前时间指示器移至音频素材的开始位置，并单击【播放】按钮，即可试听制作完成的混音效果。

10.4.2 创建子混音音轨

为混音效果创建独立的混音轨道是编辑音频素材时的良好习惯，这样做能够使整个项目内的音频编辑工作看起来更具条理性，从而便于进行修改或其他类似操作。

若要创建子混合音频轨道，只需执行【序列】|【添加轨道】命令后，在弹出的对话框内将【音频子混合轨】选项组内的"添加"选项设置为 1，如图 10-52 所示。

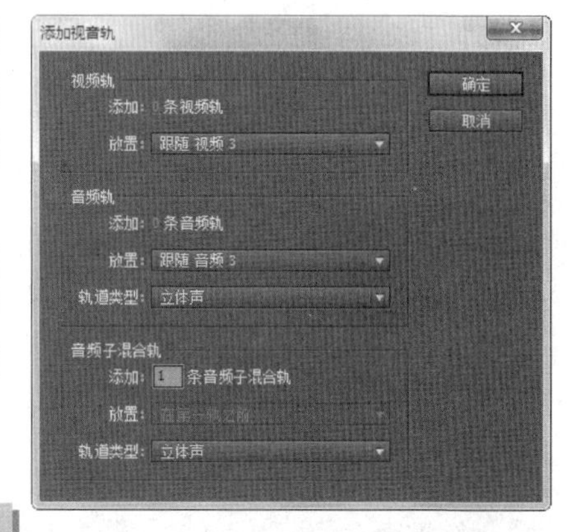

图 10-52 设置轨道添加选项

提 示

在创建子混合音频轨道时，也可以选择创建单声道子混合音轨或者 5.1 声道子混合音轨。

在单击【添加视音轨】对话框中的【确定】按钮后，【调音台】面板内便会多出一条名为"子混合 1"的混合音频轨道，如图 10-53 所示。

创建子混合音频轨道后，即可将其他轨道内的音频信号发送至混音轨道内，如图 10-54 所示。

图 10-53 添加子混合音频轨道

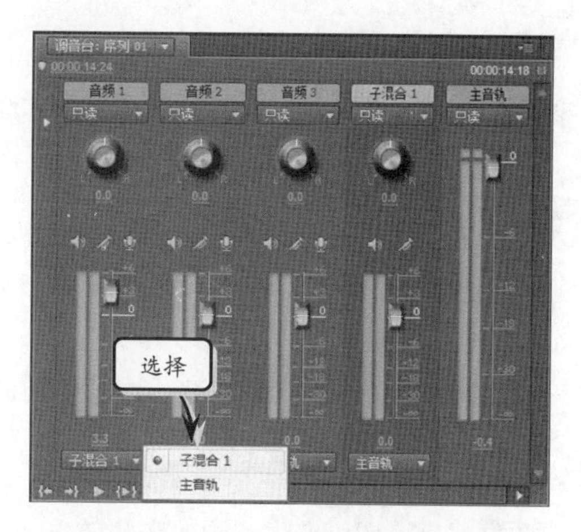

图 10-54 将音频信号发送至混音轨道

10.5 在调音台中编辑音频

除了利用音频效果调整音频素材外，Premiere 还可以在【调音台】面板中编辑音频素材，以得到更好的影音效果。本节就介绍怎样在调音台中制作出各种音频效果。

10.5.1 摇动和平衡

在为影片创建背景音乐或旁白时，根据需要还可为声音添加摇动或平衡效果，从而实现突出指定声道中的声音或均衡音频播放效果的目的。

1．摇动/平衡单声道及立体声素材

与混合音频不同，为音频素材创建摇动和平衡效果时，最终效果都要依赖于正在回放的音频轨道和输出音频时的目标轨道。例如，在对某个单声道/立体声道进行摇动或平衡操作时，可将其输出目标设置为“主音轨”，并使用声道调节滑轮来调整效果，如图 10-55 所示。

图 10-55 输出到主音轨

此外，用户也可在调整音频素材的效果之后，单击【音轨输出分配】下拉按钮，选择将音频效果输出到子混合音轨内。

提 示

当为单声道或立体声道创建摇动和平衡效果之后，即可在【时间线】面板内观察相应的关键帧效果。

2．摇动 5.1 声道素材

在 Premiere 中，只有当序列的主音轨为 5.1 声道时，才能够创建 5.1 声道的摇动和

平衡效果。这就要求用户在创建 Premiere 项目时，将【新建序列】对话框【轨道】选项卡内的“主音轨”选项设置为 5.1，如图 10-56 所示。

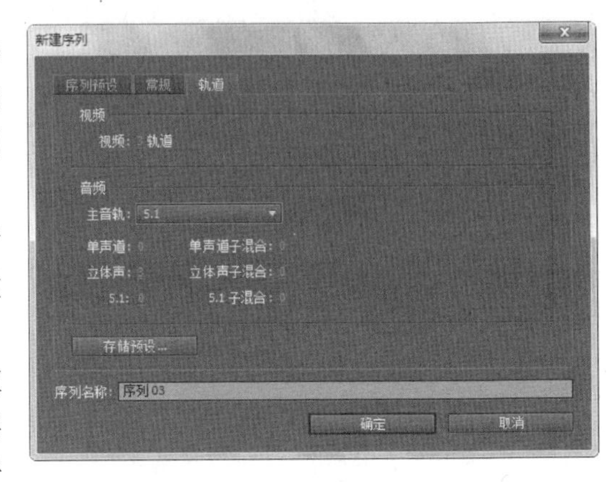

图 10-56 设置主音轨

由于声道类型的差异，5.1 声道【调音台】内的声道调节滑轮将被摇动/平衡托盘所代替，如图 10-57 所示。

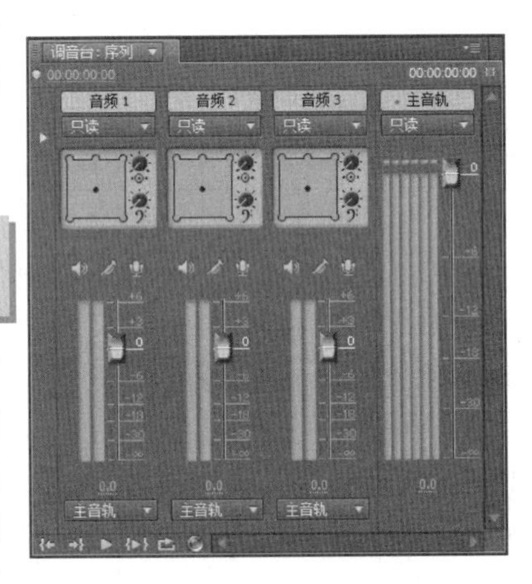

图 10-57 5.1 声道【调音台】内的摇动/平衡托盘

在摇动/平衡托盘中，沿着边缘分别放置了 5 个环绕声扬声器，调整时只需要将摇动/平衡托盘中心位置的黑色控制点置于不同的位置，即可产生不同的音频效果。预览时，还可在【调音台】面板内通过主音轨下的 VU 仪表来查看其变化，如图 10-58 所示。

提 示

在摇动/平衡托盘中，可以将黑色控制点移动到托盘内的任意位置。

此外，利用摇动/平衡托盘右侧的【中心百分比】旋钮，可以快速调整音频素材的中间通道。调整时，向左拖动旋钮可减小其取值，而向右拖动旋钮则会增大其取值。完成中心百分比的取值调整后，同样可通过 VU 仪表来查看波形的变化，图 10-59 所示即为取值分别为 0%和 100%时的波形效果。

图 10-58 调整摇动/平衡托盘扬声器

提 示

当调整【中心百分比】旋钮的值时，将鼠标置于该控件之上，即可查看当前取值的大小。

图 10-59 中心百分比调整前后对比效果

3. 在时间线内摇动平衡

若要通过【时间线】面板来对音频素材进行摇动或平衡设置，就必须在将音频素材添加至音频轨道后，单击相应音频轨道内的【显示关键帧】下拉按钮，并执行【显示轨道关键帧】命令，显示轨道关键帧。

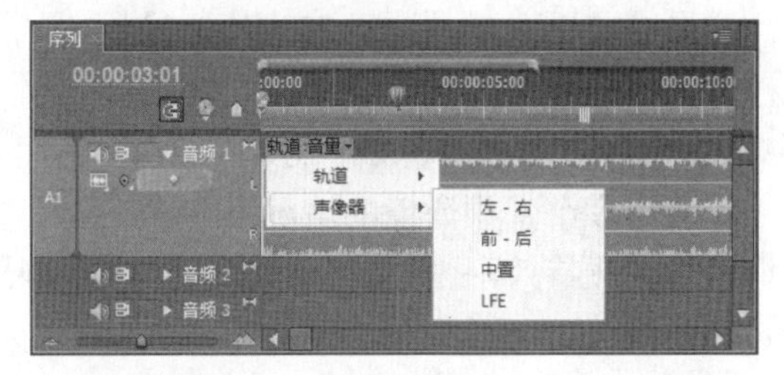

图 10-60 轨道菜单

在【时间线】面板的轨道菜单中为音频素材添加摇动或平衡效果，如图 10-60 所示。

在该菜单中，【左-右】命令表示在摇动/平衡托盘中，向左或者向右移动黑色控制点时产生的效果；【前-后】命令则表示向上或者向下移动黑色控制点时产生的效果；【中置】命令等同于摇动/平衡托盘中的【中心百分比】旋钮；而 LFE 命令则等同于【重低音音量】旋钮。

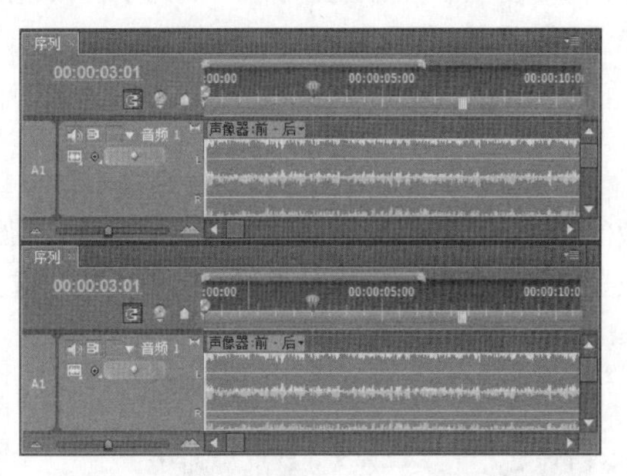

图 10-61 利用【时间线】面板设置摇动效果

在轨道菜单中，执行相应的调整命令后，即可使用鼠标拖动音频轨道上的调节线，从而实现相应的调整效果，如图 10-61 所示。

提 示

在【时间线】面板中，若向上拖动调节线，则等同于在摇动/平衡托盘中向左拖动黑色控制点；若向下拖动，则等同于向右拖动黑色控制点。

10.5.2 创建特殊效果

通过认识和使用【调音台】，已经了解了显示效果与发送区域的方法，接下来，将介绍通过效果与发送区域添加各种特效效果的方法，以创建特殊效果。

1. 设置和删除效果

在【调音台】面板中，所有可以使用的音频特效都来源于【效果】面板中的相应滤镜。在【调音台】面板内为相应音频轨道添加效果后，折叠面板的下方将会出现用于设置该音频特效的参数控件，如图10-62所示。

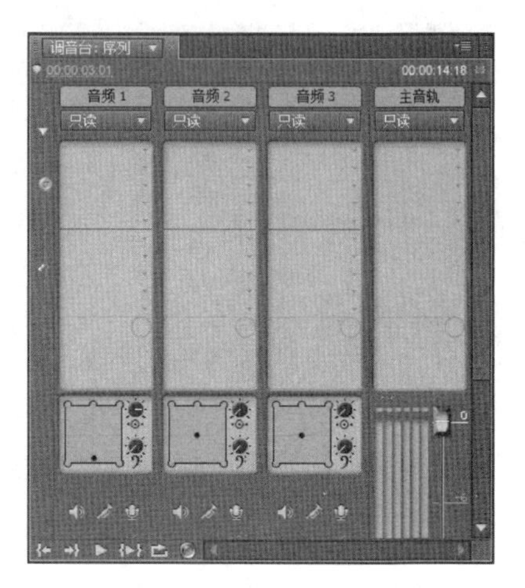

图10-62 音频特效的参数控件

在音频特效的参数控件中，既可通过单击参数值的方式来更改选项参数，也可通过拖动控件上的指针来更改相应的参数值。

如果需要更改音频滤镜内的其他参数，只需在单击控件下方的下拉按钮后，在列表内选择所要设置的参数名称即可，如图10-63所示。

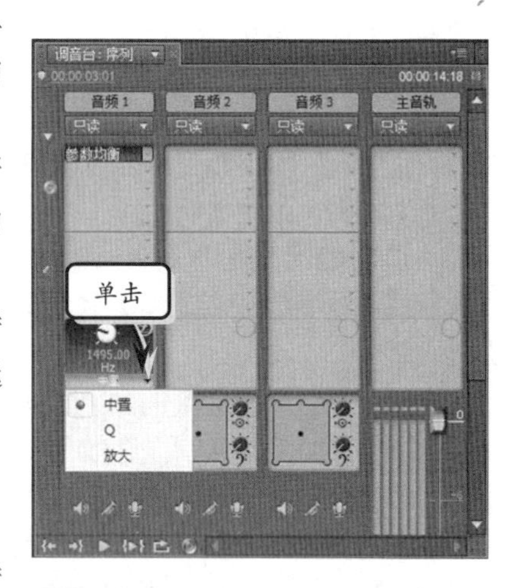

图10-63 更改音频特效参数

在应用多个音频滤镜的情况下，用户只需选择所要调整的音频特效，控件位置处即可显示相应特效的参数调整控件。

如果需要在效果与发送区域内清除部分音频特效，只需在单击相应音频特效右侧的下拉按钮后，选择【无】选项即可，如图10-64所示。

2. 绕开效果

顾名思义，绕开效果的作用就是在不删除音频特效的情况下，暂时屏蔽音频轨道内的指定音频特效。设置绕开效果时，只需在【调音台】面板内选择所要屏蔽的音频特效后，单击参数控件右上角的【绕开】按钮即可，如图10-65所示。

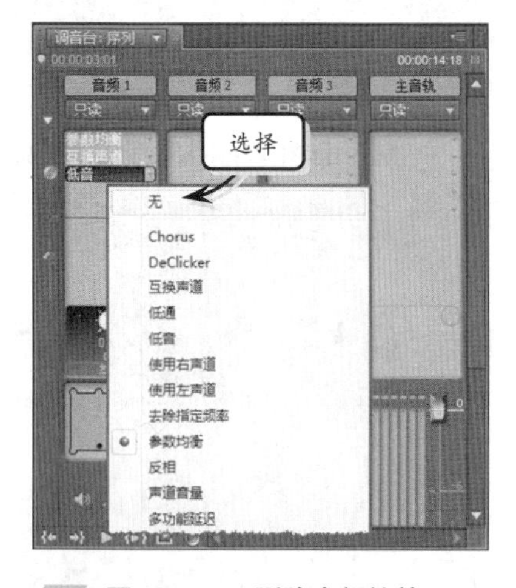

图10-64 删除音频特效

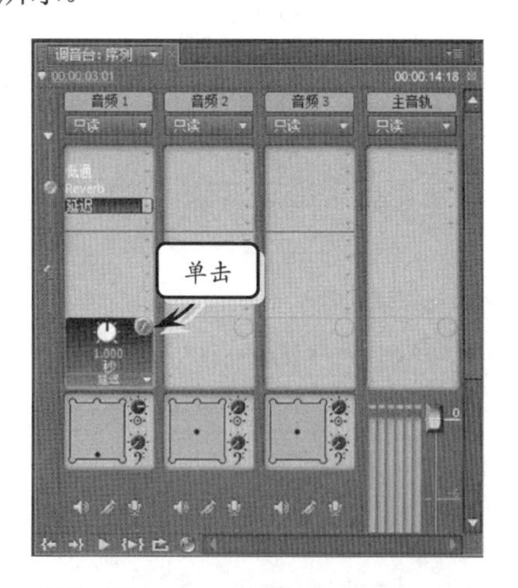

图10-65 绕开指定音频特效

10.6 课堂练习：超重低音效果

本例制作超重的低音效果。在制作的过程中，通过学习设置音频的出点，调整素材的播放时间，再添加【低通】特效，设置参数，制作出低音的效果。

操作步骤

1 启动 Premiere，在【新建项目】对话框中，单击【浏览】按钮，选择文件的保存位置。在【名称】栏中输入“超重低音效果”，单击【确定】按钮，如图 10-66 所示。

图 10-66 新建项目

2 在【新建序列】对话框中，选择【轨道】选项卡，设置“主音轨”为“立体声”，单击【确定】按钮，创建序列，如图 10-67 所示。

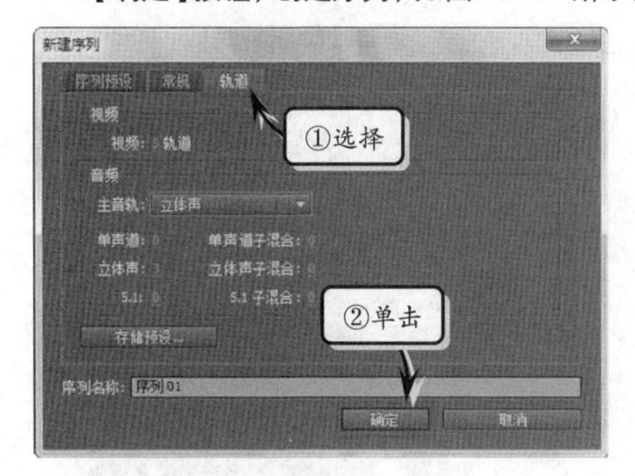

图 10-67 创建序列

3 在【项目】面板中双击空白处，弹出【导入】对话框，选择音频素材，导入到【项目】面板中，如图 10-68 所示。

4 在【项目】面板中双击素材，打开【源】面板。在【源】面板中单击【播放-停止切换】按钮，可预听音频内容，如图 10-69 所示。

图 10-68 导入素材

图 10-69 单击【播放-停止切换】按钮

5 在【源】面板中，拖动当前时间指示器至 00:00:12:11 位置处，单击【设置出点】按钮，设置音频的出点，如图 10-70 所示。

图 10-70 设置出点

6 在【源】面板中，单击【插入】按钮，可将素材插入到【时间线】面板的“音频 1”轨道上，如图 10-71 所示。

图 10-71 为“音频 1”轨道添加音频素材

7 再一次将音频素材插入到“音频 2”轨道上，使两段素材首尾对齐，如图 10-72 所示。

图 10-72 为“音频 2”轨道添加音频素材

8 在【时间线】面板中，右击“音频 2”轨道上的音频素材，执行【重命名】命令，在弹出的对话框中输入素材的新名称“低音”，如图 10-73 所示。

9 在【效果】面板中，展开“音频特效”文件夹以及“立体声”子文件夹，选择【低通】特效，添加到“视频 2”轨道的音频素材上，如图 10-74 所示。

10 在【特效控制台】面板中，设置“低通”的“屏蔽度”为 300Hz。在“时间线”面板中，右击“低音”素材，执行【音频增益】命令，在弹出的对话框中，设置【增益】为 10dB，如图 10-75 所示。在【节目】面板中，试听最终效果，完成重低音的制作。

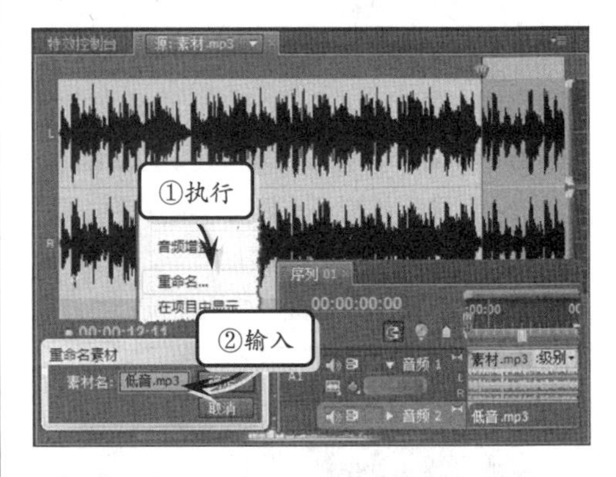

图 10-73 重命名音频轨

图 10-74 添加【低通】特效

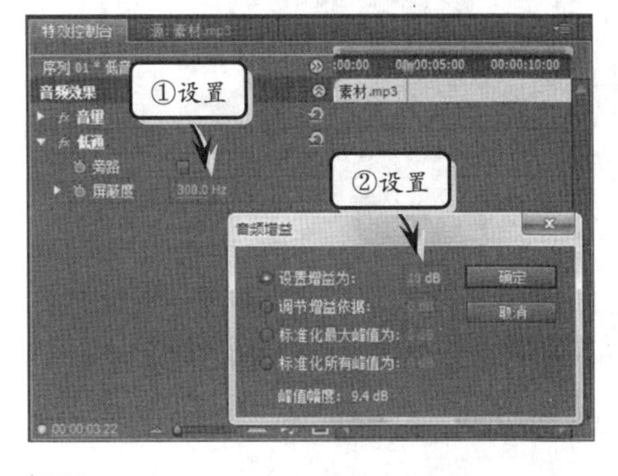

图 10-75 设置参数

10.7 课堂练习：制作左右声道各自播放的效果

本例制作左右声道各自播放的声音效果。在制作的过程中，通过学习使用【音频特效】中的【使用左声道】和【使用右声道】特效，将音频调节为左右声道。再为音频添加【平衡】特效，完成左右声道效果的制作。

操作步骤

1 启动 Premiere，在【新建项目】对话框中，单击【浏览】按钮，选择文件的保存位置。在【名称】栏中输入"左右声道各自播放"，单击【确定】按钮，新建项目，如图 10-76 所示。

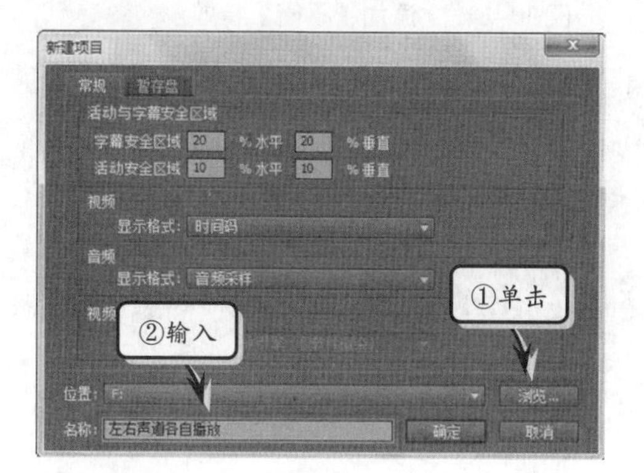

图 10-76 新建项目

提 示

在弹出的【新建项目】对话框中，直接单击【确定】按钮，创建序列。

2 在【项目】面板中双击空白处，弹出【导入】对话框，选择音频素材，导入到【项目】面板中，如图 10-77 所示。

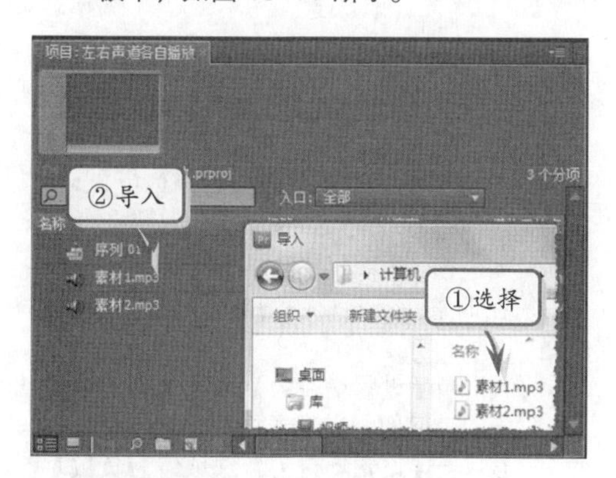

图 10-77 导入素材

3 将"素材 1.mp3"添加到"音频 1"轨道上，将"素材 2.mp3"添加到"音频 2"轨道上，如图 10-78 所示。

图 10-78 添加素材

提 示

在【项目】面板中，双击音频素材，可打开【源】面板，在【源】面板中，可预听音频素材。

4 在【效果】面板中，展开"音频特效"文件夹以及"立体声"子文件夹，选择【使用左声道】特效，添加到"音频 1"轨道上的"素材 1.mp3"上，如图 10-79 所示。

图 10-79 添加【使用左声道】特效

5 在【效果】面板中，选择【使用右声道】音频特效，添加到"音频 2"轨道上的"素材 2.mp3"素材上，如图 10-80 所示。

6 在【效果】面板中，选择【平衡】音频特效，添加到"素材 1.mp3"上。在【特效控制台】面板中设置"平衡"为-100，如图 10-81 所示。

图 10-80 添加【使用右声道】特效

7 为“素材 2.mp3”添加【平衡】音频特效，在【特效控制台】面板中设置“平衡”为 100，如图 10-82 所示。

8 在【节目】面板中，试听音频效果，可以听到左右声道各自播放不同的音频。保存文件，完成左右声道各自播放的效果的制作。

图 10-81 添加【平衡】特效

图 10-82 添加【平衡】特效

10.8 思考与练习

一、填空题

1．声音通过__________产生，正在发声的物体被称为_________。

2．音频素材的持续时间是指音频素材的播放长度，可以通过设置音频素材的__________和__________来调整其持续时间。

3．在【效果】面板的“音频特效”文件夹中包括__________、__________和 3 个音频特效文件夹。

4．在【调音台】面板中，自动模式控件对音频的调节作用主要分为调节音频素材和调节__________两种方式。

5．通过在【调音台】面板内创建__________，可以将音频轨道内的部分音频信号发送到子混合音轨内。

二、选择题

1．下列关于调整音频素材持续时间的选项中，描述错误的是__________。

A．音频素材的持续时间是指音频素材的播放长度

B．调整音频素材的播放速度可起到改变素材持续时间的作用

C．执行【素材】|【速度/持续时间】命令后，可直接修改所选素材的持续时间

D．可通过鼠标拖动素材端点的方式减少或增加素材的持续时间

2．在 Premiere 中，音频素材应当使用__________或音频采样率来作为显示单位。

A．毫秒　　B．秒

C．帧　　D．Hz

3．在调整音频素材的增益时，下列选项错误的是__________。

A．当【设置增益为】选项值为正数时，表示增大音频素材的音量

B．当【设置增益为】选项值为负数时，表示减小音频素材的音量

C．当【设置增益为】选项值为负数时，表示增大音频素材的音量

D．当【设置增益为】选项值为 0 时，表示不会对音频素材音量进行处理

4. 在调音台提供的多种自动模式中，只有【__________】和【触动】模式会将用户对音频素材做出的调整记录到关键帧内。

A. 只读　　B. 锁存

C. 写入　　D. 记录

5. 下列关于绕开效果的描述中，正确的是__________。

A. 绕开效果的作用是从混合音频内隐藏当前音频素材的影响

B. 绕开效果的作用是暂时隐藏音频特效对音频素材的影响

C. 绕开效果的作用是删除音频素材中的指定音频特效

D. 绕开效果与音频特效无关

三、简答题

1. 简述对音频素材进行增益、淡化和均衡的作用。

2. 为音频素材添加音频过渡的方法是什么？

3. 简单介绍在 Premiere 内混合音频的操作方法。

4. 在 Premiere 中，什么情况下才能创建 5.1 声道的摇动和平衡效果？

5. 简单描述在【调音台】面板内绕开效果的操作方法。

四、上机练习

1. 为音频素材添加【恒定增益】音频过渡特效

在编辑影片素材时，直接添加源音频素材，播放时音频的出现会显得突兀，为此 Premiere 提供了 3 个音频过渡特效来解决这个问题。其中，【恒定功率】音频转场可以使音频素材以逐渐减弱的方式过渡到下一个音频素材；【恒定增益】音频转场则能够让音频素材以逐渐增强的方式进行过渡。

要为素材添加【恒定增益】音频过渡特效，在【效果】面板中展开【音频过渡】文件夹，选择【恒定增益】特效，拖入到【时间线】面板的素材的开始位置，如图 10-83 所示。

图 10-83　添加【恒定增益】特效

添加完后，在【特效控制台】面板中，设置其“持续时间”为 3s，完成“恒定增益”参数的设置，如图 10-84 所示。

图 10-84　设置持续时间

2. 调整重低音音量

在调整摇动/平衡托盘的过程中，还可通过调整重低音音量取值的方式，为音频素材创建不同的重低音效果。操作时，向左拖动重低音音量旋钮可降低重低音音量，反之则可提高音频素材内的重低音音量。在图 10-85 中，分别列出了重低音音量取值为-∞和 0dB 时的波形变化，其中在 VU 仪表内可清楚地看到 0dB 低音时的低音声道波形。

图 10-85　调整重低音音量

第 11 章

输出影片剪辑及制作 DVD

视频剪辑项目制作完成后，输出影片，并将其刻录成光盘，可以长时间地保存视频文件。Premiere 在视频输出方面具有强大的功能，能输出 AVI、WMV 等格式的文件，还可以通过 Media Encoder 转换视频格式，以便使用主流媒体播放器来欣赏这些完成的影片剪辑。本章就学习输出不同格式的影片的参数，以及制作 DVD 光盘的方法。

本章学习要点：

- 影片输出设置
- Media Encoder 管理和输出影片
- 认识 Adobe Encore CS5
- 制作视频播放光盘

11.1 使用 Premiere 输出影片

在 Premiere 中，对影片的输出设置完各种参数后，可以单击【导出】按钮，直接导出当前设置的影片。也可以单击【队列】按钮，将其导入到 Media Encoder 中，再进行队列导出。

11.1.1 输出影片的基本流程

在完成整个影视项目的编辑操作后，便可以将项目内所用到的各种素材整合在一起输出为一个独立的、可直接播放的视频文件。不过，在进行此类操作之前，还需要对影片输出时的各项参数进行设置。接下来，通过介绍影片输出的基本流程，学习参数的设置方法。

1. 输出影片

完成 Premiere 影视项目的各项编辑操作后，在主界面内执行【文件】|【导出】|【媒体】命令，将弹出【导出设置】对话框。在该对话框中，可以对视频文件的最终尺寸、文件格式和编辑方式等一系列内容进行设置，如图 11-1 所示。

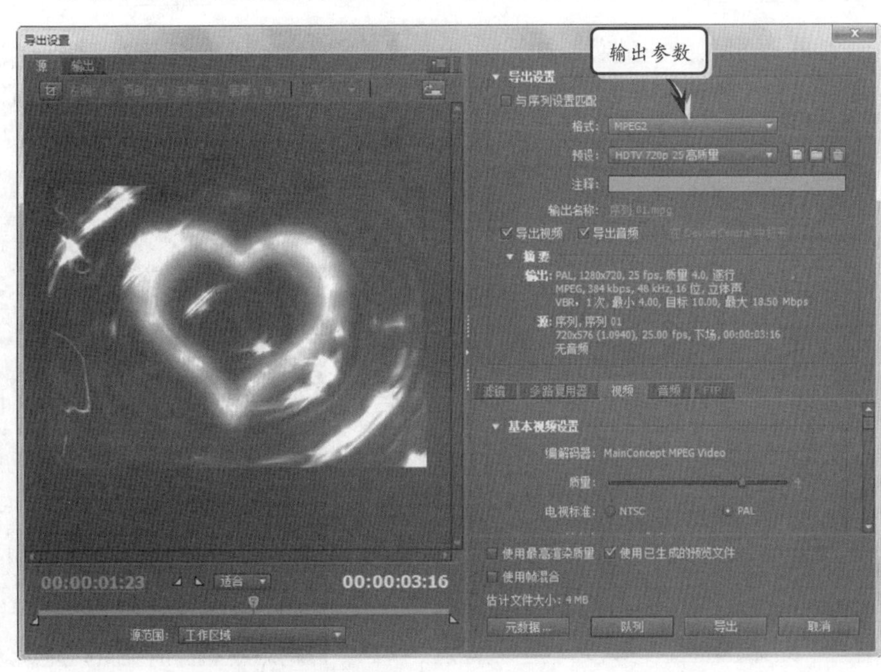

图 11-1 【导出设置】对话框

完成【导出设置】对话框内的各个选项后，单击【确定】按钮，即可导出当前的设置。单击【队列】按钮，Premiere 将自动启动 Adobe Media Encoder CS5，并将所要导出的影片编辑项目添加至 Media Encoder 的输出队列内，如图 11-2 所示。

2. 调整影片的导出设置选项

【导出设置】对话框的左半部分为视频预览区域，右半部分为参数设置区域。在左半部分的视频预览区域中，可分别在【源】和【输出】选项卡内查看到项目的最终编辑画面和最终输出为视频文件后的画面。在视频预览区域的底部，调整滑杆上方的滑块可控制当前画面在整个影片中的位置，而调整滑杆下方的两个“三角”滑块则能够控制导出时的入点与出点，从而起到控制导出影片持续时间的作用，如图 11-3 所示。

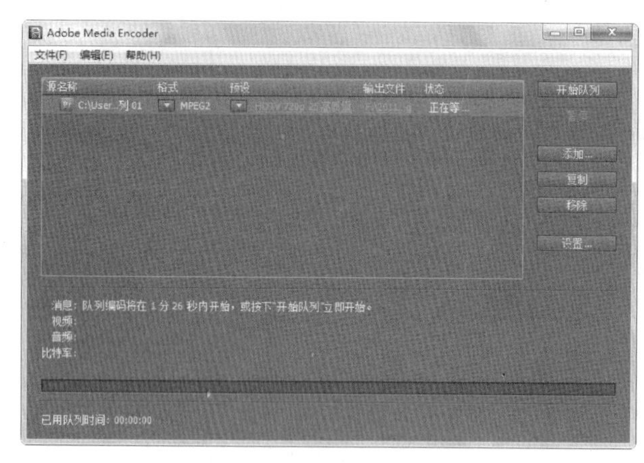

图 11-2 等待输出的 Premiere 项目

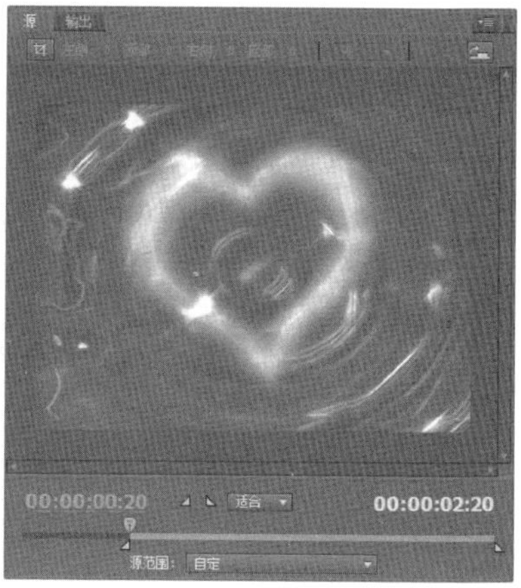

图 11-3 调整导出影片的持续时间

与此同时，在【源】选项卡中单击【裁剪】按钮后，还可在预览区域内通过拖动锚点，或在【裁剪】按钮右侧直接调整相应参数的方法，更改画面的输出范围，如图 11-4 所示。完成此项操作后，即可在【输出】选项卡内查看到调整结果，如图 11-5 所示。

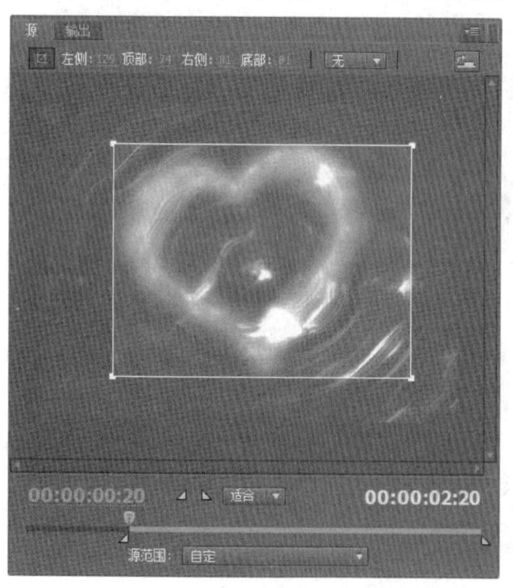

图 11-4 调整导出影片的画面输出范围

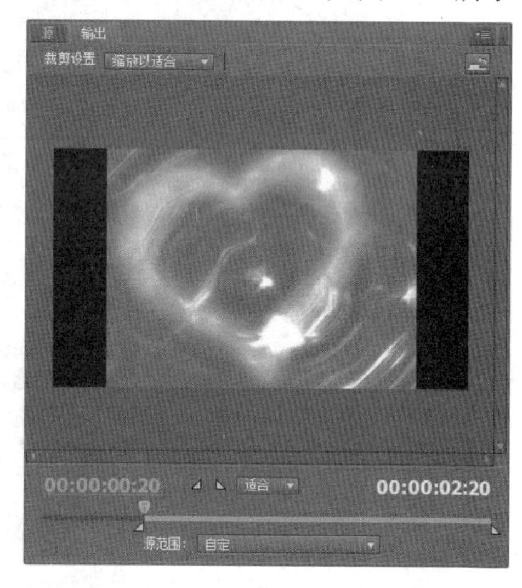

图 11-5 预览导出影片的画面输出

提 示

当影片的原始画面比例与输出比例不匹配时，影片的输出结果画面内便会出现黑边。

11.1.2 设置影片输出格式

在【导出设置】选项组内选择不同的输出文件类型后，Premiere 便会根据所选文件类型的不同，调整不同的视频输出选项，以便更为快捷地调整视频文件的输出设置。Premiere 提供强大的视频编辑功能的同时，还具体输出了多种交换文件的功能。

1. 输出 AVI 文件

若要将视频编辑项目输出为 AVI 格式的视频文件，则应将【格式】下拉列表设置为 Microsoft AVI 选项。此时，相应的视频输出设置选项如图 11-6 所示。

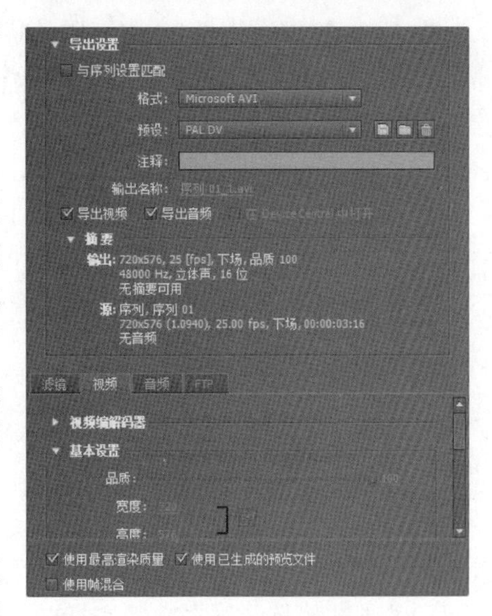

图 11-6 **AVI 文件输出选项**

在上面所展示的 AVI 文件输出选项中，并不是所有的参数都需要调整。通常情况下，所需调整部分的选项功能和含义如下。

❑ **视频编解码器**

在输出视频文件时，压缩程序或者编解码器（压缩/解压缩）决定了计算机该如何准确地重构或者剔除数据，从而尽可能地缩小数字视频文件的体积。

❑ **场类型**

该选项决定了所创建的视频文件在播放时的扫描方式，即采用隔行扫描式的“上场优先”、“下场优先”，还是采用逐行扫描进行播放的“逐行”。

2. 输出 WMV 文件

WMV 是由微软推出的视频文件格式，由于具有支持流媒体的特性，因此也是较为常用的视频文件格式之一。在 Premiere 中，若要输出 WMV 格式的视频文件，首先应将【格式】设置为 Windows Media 选项，此时其视频输出设置选项如图 11-7 所示。

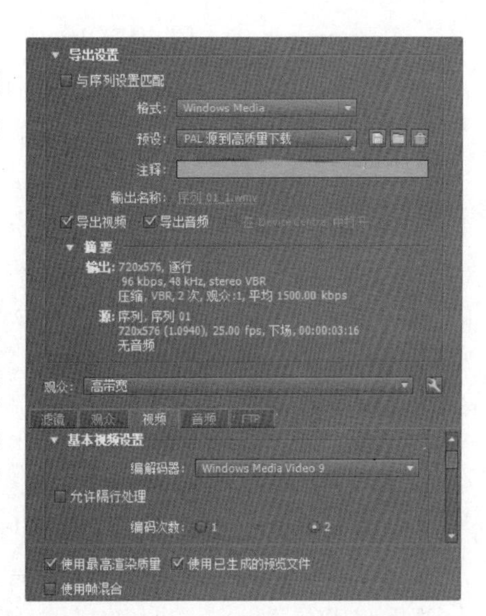

图 11-7 **WMV 文件输出选项**

❑ **1 次编码时的参数设置**

1 次编码是指在渲染 WMV 时，编解码器只对视频画面进行 1 次编码分析，优点是速度快，缺点是往往无法获得最为优化的编码设置。当选择 1 次编码时，“比特率模式”会提供“固定”和“可变品质”两种设置项供用户选择。其中，“固定”模式是指整部影片从头至尾采用相同的比特率设置，优点是编码方式简单，文件渲染速度较快。

至于“可变品质”模式，则是在渲染视频文件时，允许 Premiere 根据视频画面的内容来随时调整编码比特率。这样一来，便可以在画面简单时采用低比特率进行渲染，从而降低视频文件的体积；在画面复杂时采用高比特率进行渲染，从而提高视频文件的画面质量。

❑ **2 次编码时的参数设置**

与 1 次编码相比，2 次编码的优势在于能够通过第 1 次编码时所采集到的视频信息，在第 2 次编码时调整和优化编码设置，从而以最佳的编码设置来渲染视频文件。

在使用 2 次编码渲染视频文件时，比特率模式将包含“固定”、“可变约束”、“可变无约束”3 种不同模式，如图 11-8 所示。

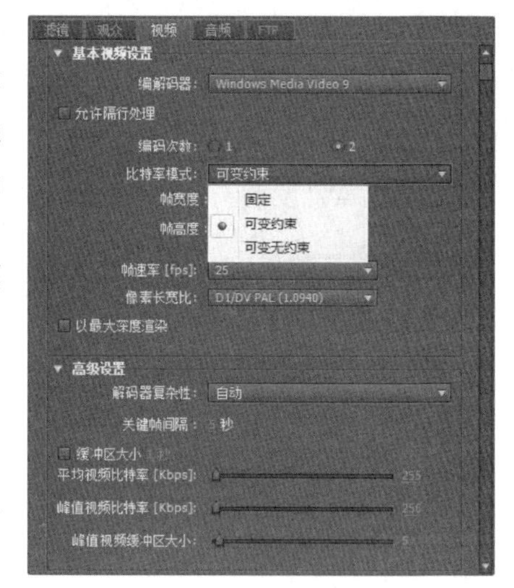

图 11-8　2 次编码时的选项

3. 输出 EDL 文件

EDL（Edit Decision List）是一种广泛应用于视频编辑领域的编辑交换文件，其作用是记录用户对素材的各种编辑操作。这样一来，用户便可在所有支持 EDL 文件的编辑软件内共享编辑项目，或通过替换素材来实现影视节目的快速编辑与输出。

在 Premiere 中，输出 EDL 文件变得极为简单，用户只需在主界面内执行【文件】|【导出】|EDL 命令后，将弹出【EDL 输出设置】对话框，如图 11-9 所示。

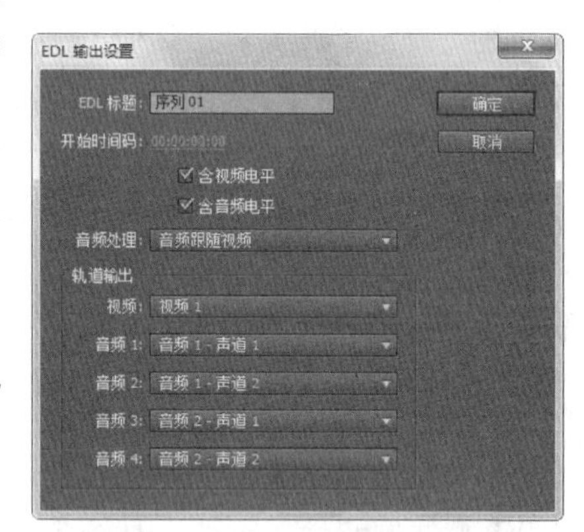

图 11-9　【EDL 输出设置】对话框

在【EDL 输出设置】对话框中，调整 EDL 所要记录的信息范围后，单击【确定】按钮，即可在弹出的对话框内保存 EDL 文件。

4. 输出 OMF 文件

OMF（Open Media Framework）最初是由 Avid 推出的一种音频封装格式，能够被多种专业的音频编辑与处理软件所读取。在 Premiere 中，执行【文件】|【导出】|OMF 命令后，即可打开【OMF 输出设置】对话框，如图 11-10 所示。

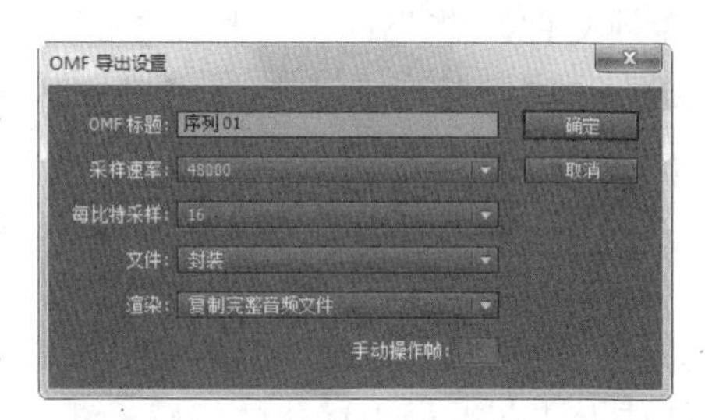

图 11-10　【OMF 导出设置】对话框

根据应用需求，对【OMF 导出设置】对话框内的各项参数进行相应调整后，单击【确定】按钮，即可在弹出的对话框内保存 OMF 文件。

11.2　使用 Media Encoder 输出影片

Adobe Media Encoder 是 Premiere 的编码输出终端，其功能是将素材或时间线上的成品序列编码输出为 MPEG、MOV、WMV、QuickTime 等格式的音/视频媒体文件。在目前最新的 CS5 版本中，Adobe Media Encoder 还可独立运行，并支持队列输出、后台编码等功能。与之前集成于 Premiere 中的编码输出模块相比，独立的 Media Encoder 在输出与转换的功能上更加纯粹，避免了用户在输出音视频文件时的重复操作，提高了工作效率。

11.2.1 认识 Media Encoder 界面

作为 Premiere 的编码输出终端，Media Encoder 会随着 Premiere 一起被安装至计算机中，其主界面如图 11-11 所示。

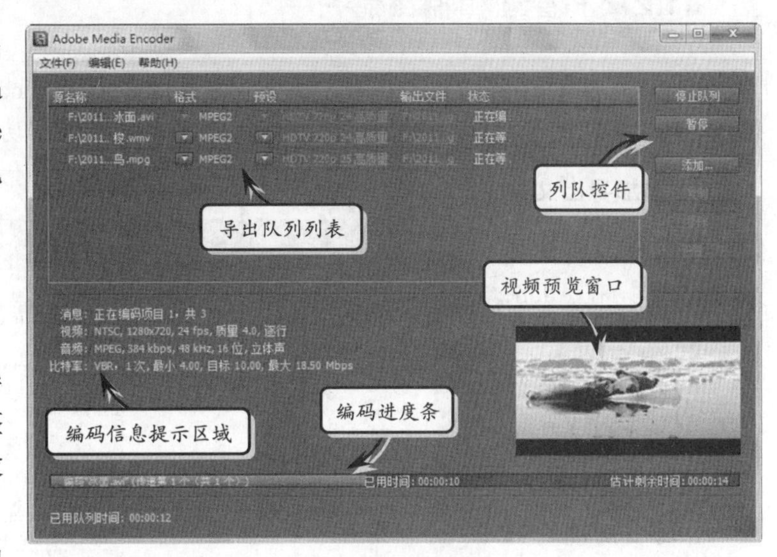

图 11-11 Adobe Media Encoder 主界面

1. 导出队列列表

用于查看和管理导出队列，还可用于调整导出队列内的某些设置。例如，在【预设】列表项内单击预置输出方案名称后，即可弹出【导出设置】对话框，以便用户调整相应队列的输出设置，如图 11-12 所示。

2. 队列控件

单击【添加】按钮，可以在导出队列列表内添加素材文件，再单击【移除】按钮，可将不需要的素材从队列列表内删除。添加完素材后，单击【设置】按钮，弹出【导出设置】对话框，调整输出设置。还可以控制队列编码的开始与暂停。

图 11-12 通过导出队列列表调整输出设置

3. 编码信息提示区域

当 Adobe Media Encoder 开始输出视频文件时，该区域便会显示当前所导出文件的消息、视频、音频、比特率等编码信息。

4. 编码进度条

开始输出文件时，编码进度条为用户显示当前所输出文件的编码进度、所用时间及剩余时间。

11.2.2 管理和输出影片

相对于旧版本的 Media Encoder，新版本的 Adobe Media Encoder 不仅具有可独立运行、支持更多格式等特点，还具有强大的编码文件管理与导出功能。

1. 添加导出文件

根据待编码文件来源的不同，在 Adobe Media Encoder 内添加导出文件的方法也有所差别，下面将分别对其进行介绍。

❑ **添加媒体文件**

当需要对现有媒体文件进行重新编码，以便将其转换为其他格式的媒体文件时，可在单击 Media Encoder 主界面内的【添加】按钮后，在弹出的对话框内选择所要转换的媒体文件，如图 11-13 所示。

图 11-13 添加媒体文件

完成上述操作后，单击【打开】对话框内的【打开】按钮，即可将所选文件添加至导出队列列表内。

❑ **添加 Premiere 序列**

在 Media Encoder 主界面中，执行【文件】|【添加 Premiere Pro 序列】命令，即可在弹出的对话框左侧的【项目】窗格内选择 Premiere 项目文件。然后，在对话框右侧的【序列】窗格中，选择当前项目内所要导出的序列，如图 11-14 所示。

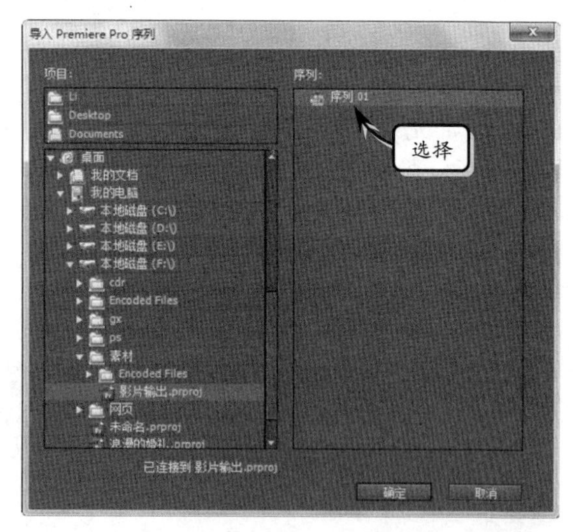

图 11-14 选择所要输出的 Premiere Pro 序列

完成上述操作后，单击【导入 Premiere Pro 序列】对话框内的【确定】按钮，即可将所选序列添加至导出队列列表内。

2．跳过导出文件

在批量输出媒体文件时，选择导出队列中的某个导出项目后，执行【编辑】|【路过所选项目】命令，即可在导出队列任务的过程中，直接跳过该项目。

对于已经设置为“跳过”状态的项目来说，选择这些项目后，执行【编辑】|【重置状态】命令，即可将其任务执行状态恢复为“正在等待”。这样一来，便可在批量输出媒体文件时，随同其他项目一同被输出为独立的媒体文件。

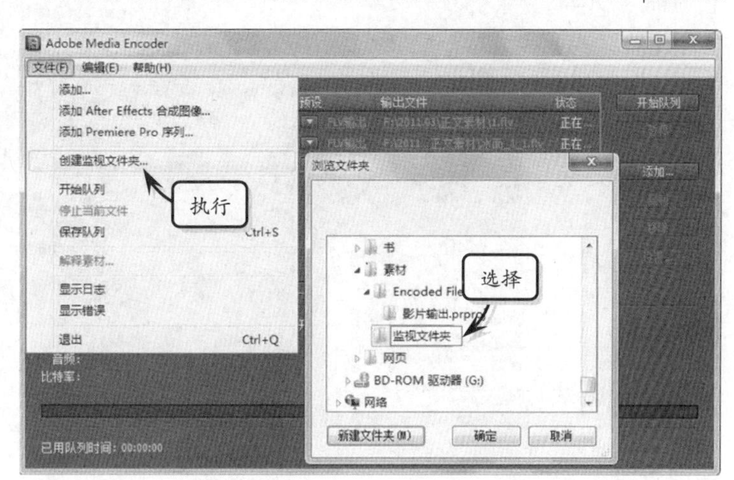

图 11-15　创建监视文件夹

3．添加监视文件夹

监视文件夹的作用在于，Media Encoder 会自动查找位于监视文件夹内的音视频文件，并使用事先设置的输出设置对文件进行重新编码输出。下面将对添加监视文件夹的方法进行讲解。

在 Media Encoder 主界面中，执行【文件】|【创建监视文件夹】命令后，即可在弹出的对话框内选择或创建监视文件夹，如图 11-15 所示。

完成后，单击【浏览文件夹】对话框内的【确定】按钮，即可在导出队列列表内添加监视文件夹，如图 11-16 所示。

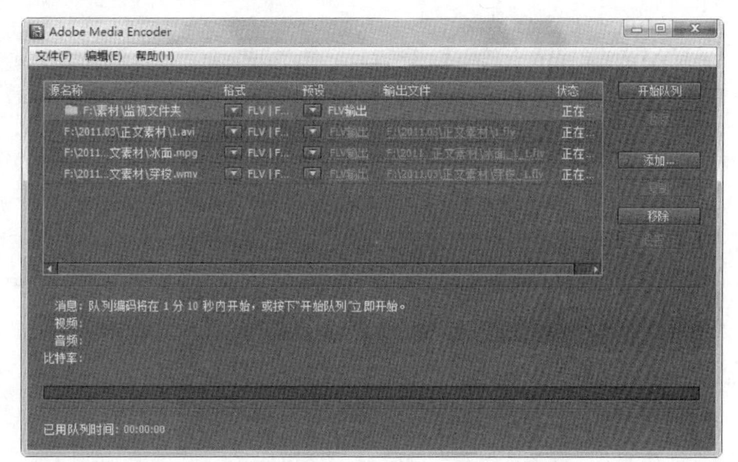

图 11-16　导出队列列表中的监视文件夹

4．调整媒体文件的输出设置

在导出队列列表内添加所要导出或重新编码的文件后，单击队列控件区域中的【设置】按钮，即可在弹出的【导出设置】对话框内调整音视频文件的输出设置，如图 11-17 所示。

提　示

在 Media Encoder 内设置媒体文件输出设置的方法与在 Premiere 内设置序列输出设置的方法完全相同，因而在此不再对其设置方法进行介绍。

设置导出文件的各项输出参数后，返回 Media Encoder 主界面，并单击【开始队列】按钮，Adobe Media Encoder 便会先将监视文件夹内的视音频文件添加至导出队列列表内。然后，依次对导出队列列表内的所有项目进行输出操作。

图 11-17　调整输出设置

11.3　Adobe Encore

在利用 Premiere 完成影片编辑工作后，除了可以通过 Adobe Media Encoder 将其输出为音/视频类型的媒体文件外，还可使用 Adobe Encore 将其制作为 DVD 或蓝光光盘，以便进行长时间存储和收藏。本节对 Adobe Encore 的使用方法进行介绍，此外还会讲解各类视频光盘及其弹出菜单的制作方法，从而帮助用户制作能够直接在光盘类播放设备上直接放映的视频光盘。

11.3.1　认识 Adobe Encore CS5

Encore 是由 Adobe 公司开发的一款 DVD 设计、编码与刻录软件，过去曾作为一款完全独立的软件存在，但从 CS3 开始便划归为 Premiere 的附属组件。现如今，Encore 已经成为 Premiere 必不可少的输出组件，其功能也变得更为专业，其界面如图 11-18 所示。

接下来，本节便将对 Adobe Encore 各个组成部分的功能及作用进行简单的讲解。

1. 工具栏

Encore 工具栏内放置着多个编辑 Encore 项目时常用的工具，以及其他一些选项按钮，这些工具及功能按钮的作用如表 11-1 所示。

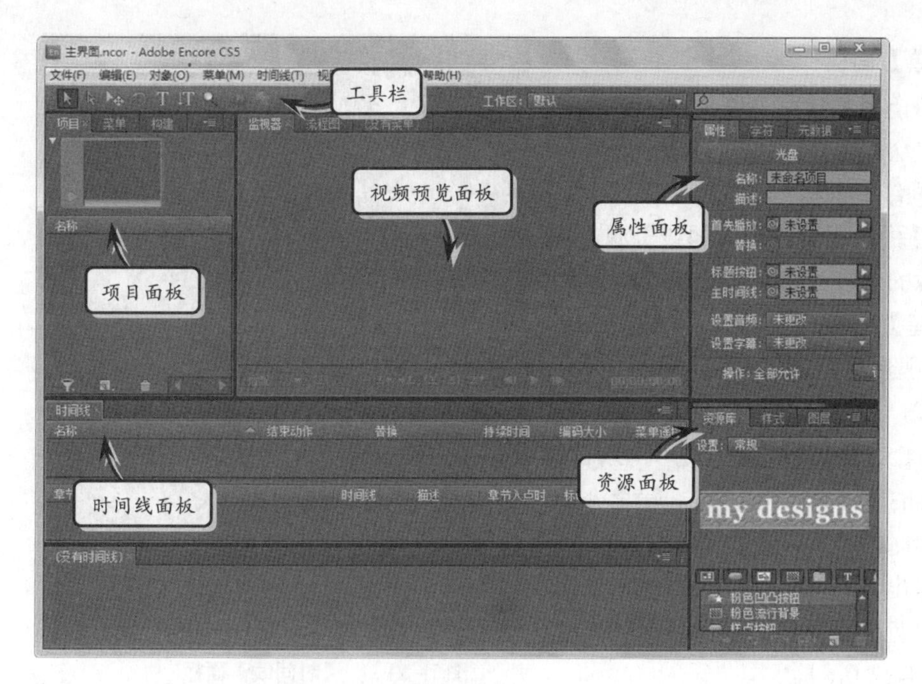

图 11-18 Adobe Encore 主界面

表 11-1 工具栏各工具及选项按钮的功能

图标	工具名称	说明
	选择工具	选取对象
	直接选择工具	可直接选择并移动对象
	移动工具	可直接在屏幕上移动对象
	旋转工具	可任意旋转所选对象
	文字工具	创建编辑水平文本
	垂直文字工具	创建编辑垂直文本
	缩放工具	放大和缩小
	在 Photoshop 中编辑菜单	单击该按钮后将启动 Photoshop，以便编辑当前对象
	预览	单击该按钮后，即可预览当前所构建光盘的播放效果

2. 项目窗格

按照 Adobe Encore 的默认布局方式，项目窗格内共包含【项目】、【菜单】等多个面板，是用户管理 Adobe Encore 项目各个组成部分的重要区域。

❑ 【项目】面板

在 Encore 项目中，所有的音频、视频和图片素材，以及 Premiere 序列、菜单、按钮、时间线等元素都被称为“资源”，而【项目】面板便是统一放置这些“资源”的场所，如图 11-19 所示。

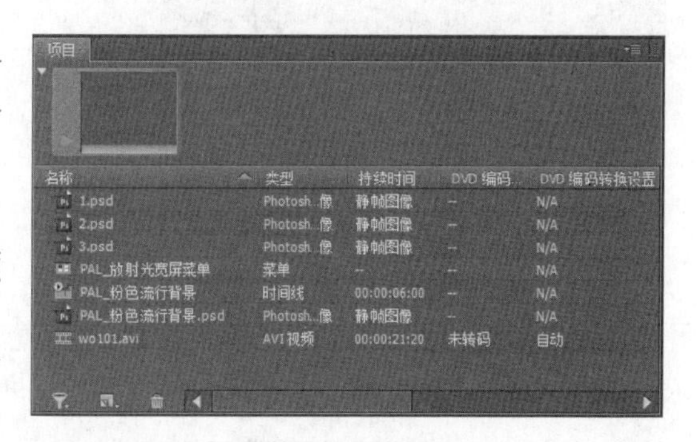

图 11-19 放置了各种资源的【项目】面板

❑ 【菜单】面板

该面板的作用是管理菜单资源，以及组成菜单资源的众多组件，如图 11-20 所示。

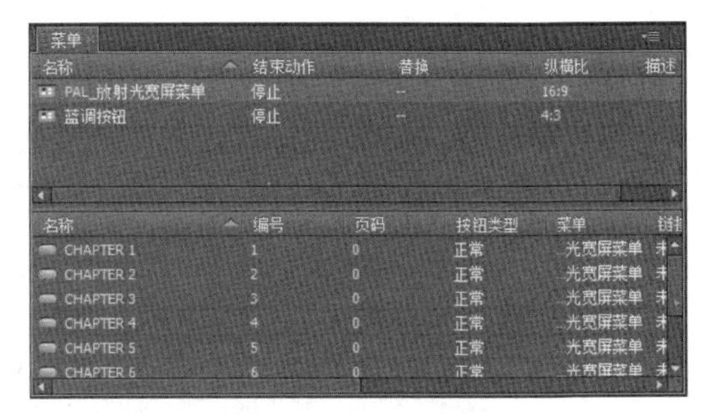

图 11-20 【菜单】面板

❑ 【时间线】面板

【时间线】面板用于管理时间线资源，以及组成该资源的众多元素，如图 11-21 所示。

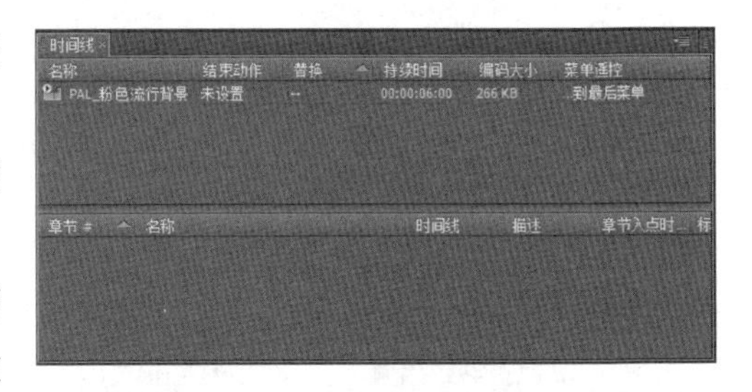

图 11-21 【时间线】面板

❑ 【构建】面板

该面板用于设置输出项目时的目标介质、输出方式，以及输出时的细节设置。在 Adobe Encore CS5 中，输出介质分为 DVD、蓝光盘和 Flash3 种类型，根据所选输出介质的不同，输出时的相关设置也不一样。

其中，输出为 DVD 或蓝光盘时，都需要首先设置光盘的素材源、输出目标和光盘信息，如图 11-22 所示。

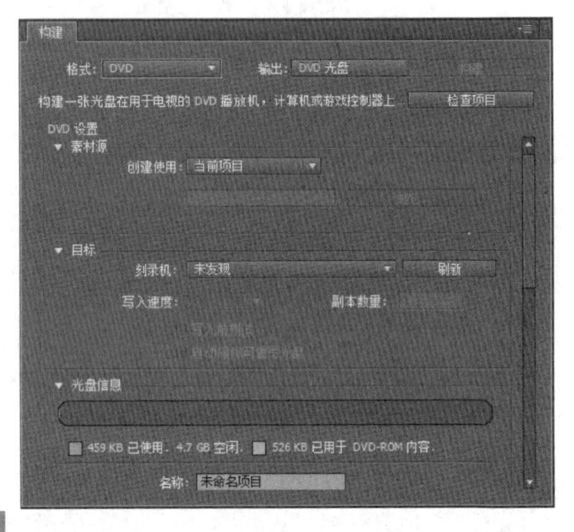

图 11-22 输出 DVD 光盘时的基本设置

3. 预览窗格

该窗格内共包含“监视器”、“菜单视图”和“流程图”3 个功能面板，各面板的功能如下。

- ❑【监视器】面板　该面板用于预览时间线中的视频内容，如图 11-23 所示。
- ❑【菜单视图】面板　该面板用于编辑和预览光盘菜单，如图 11-24 所示。

提　示

双击【项目】面板内的菜单资源图标后，即可在【菜单视图】面板内查看和编辑该菜单资源。

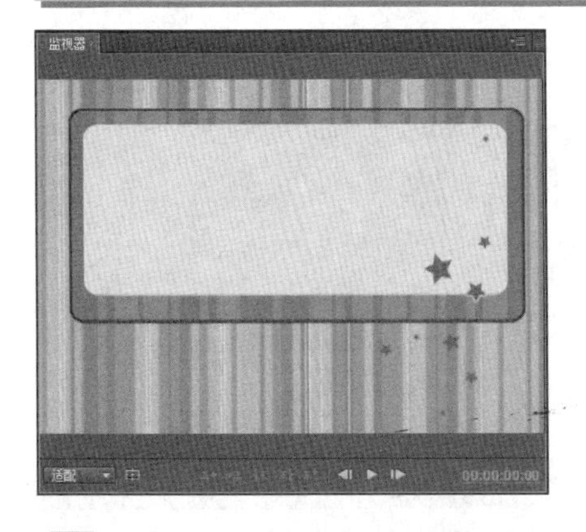

图 11-23 预览【时间线】面板上的内容

图 11-24 预览和编辑菜单资源

❑【流程图】面板　【流程图】面板用于查看光盘内各个组成部件间的链接关系与流程，如图 11-25 所示。

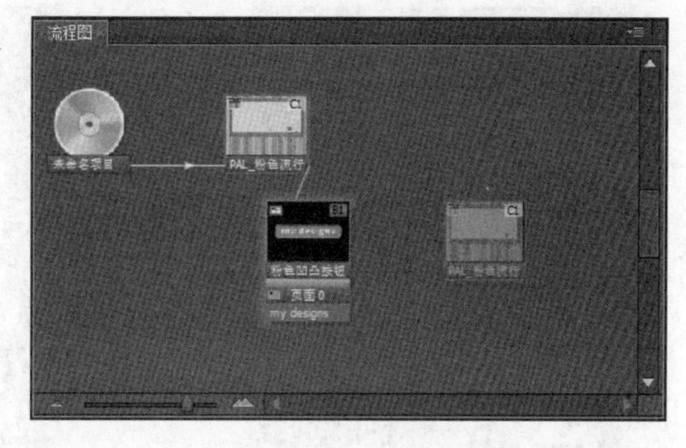

图 11-25　查看光盘组成部件间的链接关系

4. 属性窗格

属性窗格区域内的面板全都用于查看、显示或编辑 Encore 资源的属性信息，共包括功能各不相同的 3 个面板，各面板的作用如下。

❑【属性】面板　【属性】面板用于查看和编辑资源的名称、播放时间、出入点，以及转场特效和视频特效使用情况等内容。

❑【字符】面板　当用户在【菜单编辑器】面板内选择文字对象后，【字符】面板内将显示所选文字对象的各项属性信息。此时，用户既可以调整文字对象的字体类型、字号、字符间距等内容，也可以对文字的上标、下标及文字样式等内容进行调整。

提　示

在没有选择文字对象的情况下，Encore 将在【字符】面板内显示默认的文本属性设置项。

❑【元数据】面板　【元数据】面板主要用于查看、编辑和管理素材资源的版权证书、网络声明信息、修改和创建时间等关于资源的数据。

5. 资源窗格

该窗格共包含“资源库”、“样式”、“图层”和“资源中心”这 4 个功能面板，各面板的作用如下。

❑【资源库】面板　该面板内显示有 Encore 内置的各种菜单、按钮、图像、背景等资源，如图 11-26 所示。

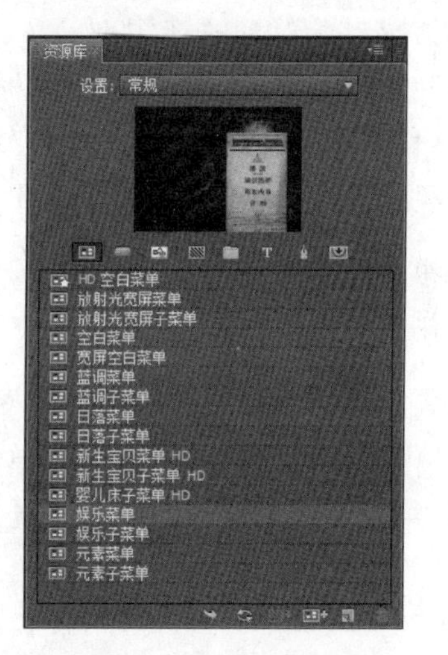

图 11-26　查看 Encore 中的预置资源

❑【样式】面板　该面板内保存了大量 Encore 预置的样式设置方案，这使得用户只需挑选一种合适的样式，即可快速将其应用于对应的素材资源，如图 11-27 所示。

❑【图层】面板　在编辑菜单资源时，菜单资源内的所有图层信息都会显示在该面板内，如图 11-28 所示。

❑【资源中心】面板　该面板用于接收和查阅 Adobe 在其官方网站上发布的各种文档资料，是用户学习和获取 Encore 应用技巧与知识的重要区域。

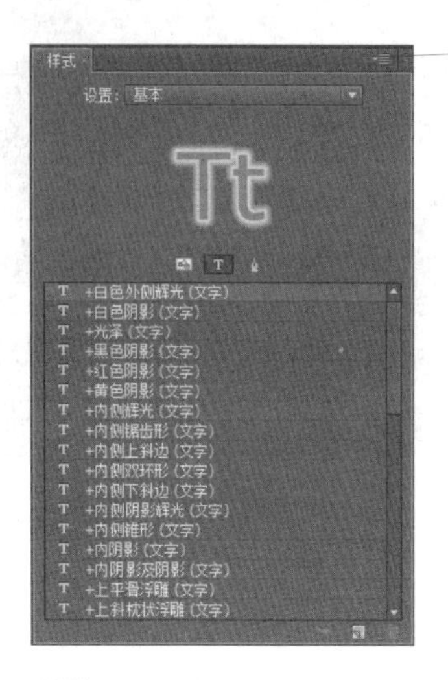

图 11-27 预览样式效果

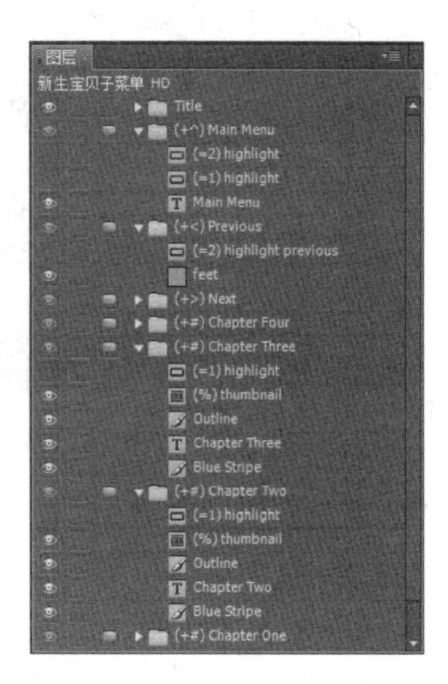

图 11-28 菜单资源内的图层

提 示

只有在计算机已经接入互联网的情况下，才能够正常获取Adobe官方网站上的各种Encore学习资源。

11.3.2 使用和编辑模板

在 DVD 及其他类型的视频光盘（VCD 或蓝光光盘）中，“菜单”的概念不再是计算机应用程序中的命令列表，而是一个具有交互式选项、能够与用户进行有限互动的屏幕画面。成功应用菜单模板后，即可在【菜单视图】面板内使用工具栏中的各种工具进行自定义菜单的工作。

1. 使用菜单模板

在Encore中，利用菜单模式创建菜单的操作全部在【资源库】面板内进行。操作时，可首先单击【资源库】面板内的【开关菜单显示】按钮，从而使【资源库】面板内仅显示菜单资源，如图 11-29 所示。

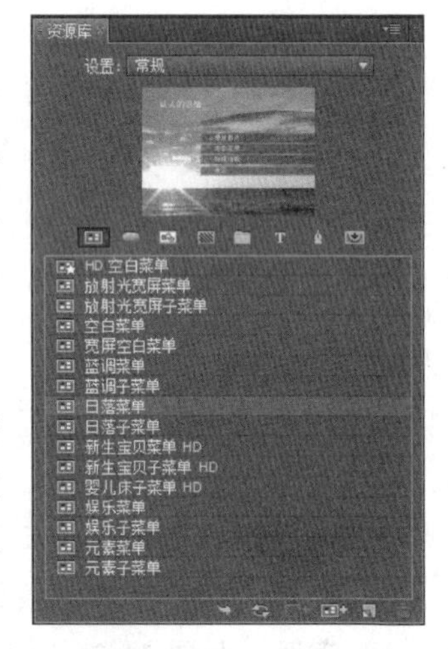

图 11-29 筛选菜单资源

提 示

筛选菜单资源可以使用户更快地查找到所需要的资源。

找到合适的菜单模板后，在【资源库】面板内双击相应的资源模板，即可将其添加至【项目】面板内。与此同时，还可在【菜单】和【菜单视图】面板内查看到相应的菜单组件及菜单效果，如图 11-30 所示。

2. 编辑菜单模板

成功应用菜单模板后，即可在【菜单视图】面板内使用工具栏中的各种工具进行自定义菜单的工作。例如，在使用【选择工具】选择菜单内的菜单按钮后，使用【移动工具】调整菜单按钮的位置，如图 11-31 所示。

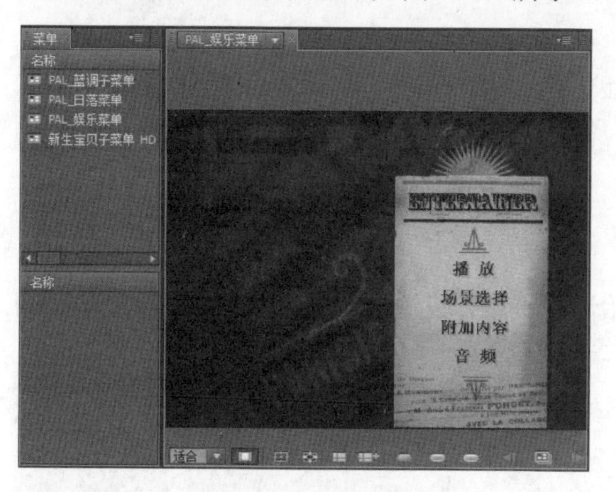

图 11-30 应用菜单模板

图 11-31 调整菜单项的位置

在单击工具栏中的【文字工具】按钮后，还可单击菜单中的标题文本或菜单按钮文本，并修改这些文本的内容，如图 11-32 所示。

图 11-32 修改菜单内的文本

11.3.3 创建链接

将菜单内的选项按钮与视频设置链接，这样，操作这些按钮时，便会自动播放相应的视频。操作时，用户只需从【项目】面板内选择视频资源后，将其拖至【菜单视图】面板中的相应菜单按钮上，即可在该视频与菜单按钮之间创建关联，如图 11-33 所示。

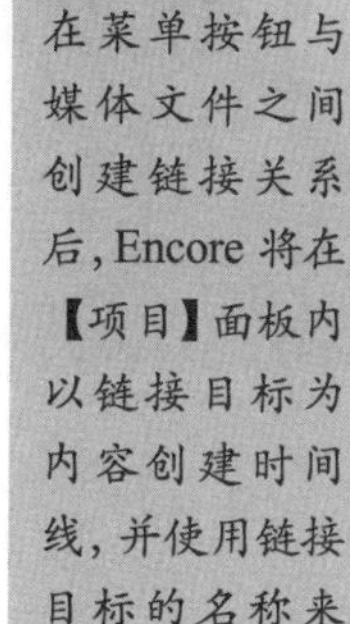

提 示

在菜单按钮与媒体文件之间创建链接关系后，Encore 将在【项目】面板内以链接目标为内容创建时间线，并使用链接目标的名称来命名该时间线。

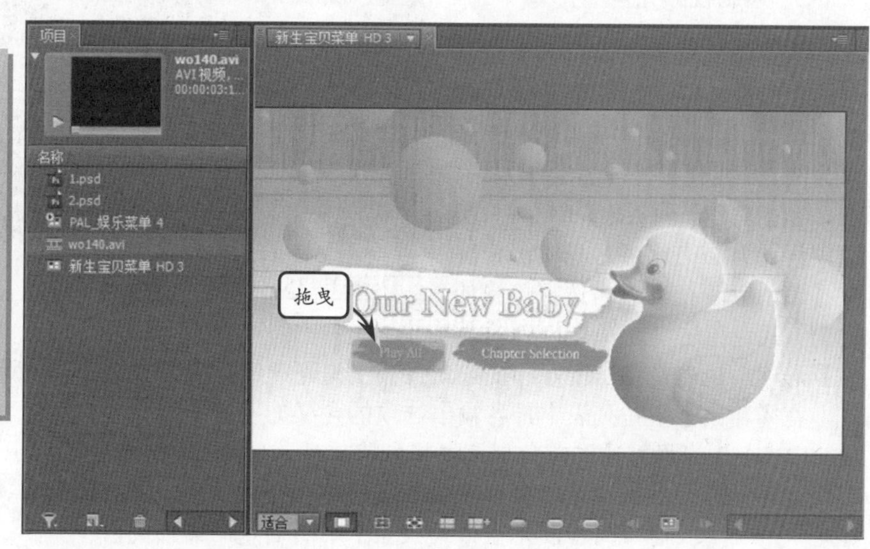

图 11-33 为菜单按钮与视频创建关联

此时，在【菜单】面板内选择相应的菜单按钮后，即可在【属性】面板内查看到该菜单按钮的链接关系。

提 示

默认情况下 Encore 自动创建的时间线资源不包含章节标记，因此按钮链接只能让视频从起始处开始播放。如果在时间线上为视频创建多个链接，便可根据设置从视频的中间部分开始播放。

11.3.4 录制 DVD 光盘

在光盘内容创建完成后，便可以开始进行压制光盘的操作了。本节将对预览和压制视频光盘的方法进行简单介绍。

1. 检测并预览光盘

为光盘菜单内的所有按钮创建相应的媒体文件关联后，还需要检查一遍光盘内的各种链接是否正确，同时预览光盘的播放效果。

在【流程图】面板中，右击光盘图标后执行【检查项目】命令，即可打开【检查项目】面板，如图 11-34 所示。

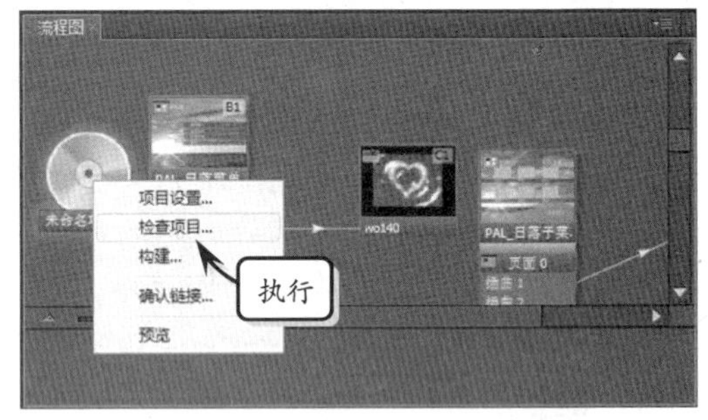

图 11-34 打开【检查项目】面板

然后，单击【检查项目】面板内的【开始】按钮，Encore 便会自动检查已选择的光盘项目，并将检查结果显示在面板下方的列表内，如图 11-35 所示。

在修复检查出的各种问题后，单击工具栏内的【预览】按钮，即可在弹出窗口内预览光盘的播放效果，如图 11-36 所示。

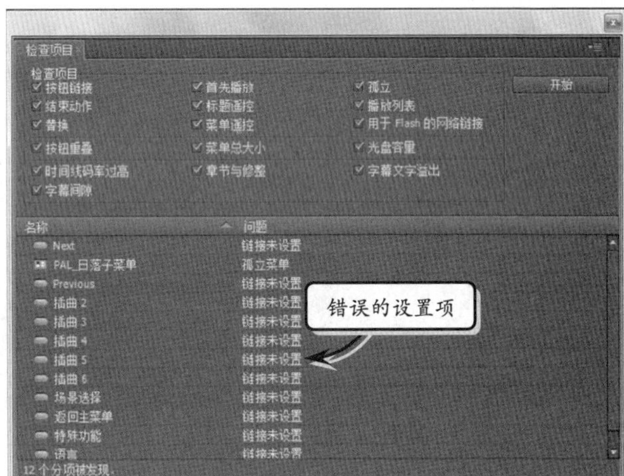

图 11-35 查看光盘项目

2. 录制视频光盘

在完成光盘预览以及各个按钮键的正确性检测后，即可开始压制视频光盘。接下来将以制作 DVD 光盘为例，介绍视频光盘的制作方法。

在【构建】面板中，将【格式】选项设置为 DVD，并根据实际情况在【输出】下拉列表内选择恰当的输出方式。在这里选择【DVD 文件夹】选项，也就是将压制好的视频光盘输出为光盘文件夹，如图 11-37 所示。

在【输出】下拉列表中，各输出选项的含义如下。

- **DVD 光盘** 通过光盘刻录机将当前项目录制为 DVD 光盘。
- **DVD 文件夹** 该选项会在磁盘上创建一个文件夹，并将由当前项目转换而来的各种文件按照 DVD 光盘格式放置于刚刚创建的文件夹内。
- **DVD 映像** 在磁盘上创建 DVD 映像文件，用户可随时利用该映像文件来刻录真正的 DVD 光盘。

图 11-36　预览光盘播放效果

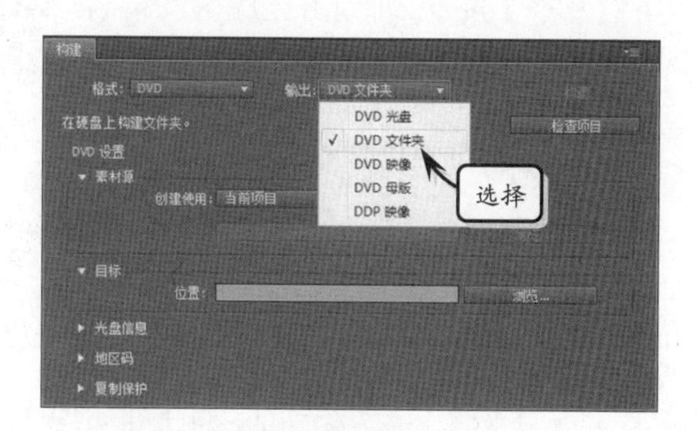

图 11-37　选择输出方式

- **DVD 母版**　在数字线性磁带（DLT）上创建 DVD，以便用于大量 DVD 的复制。

注　意

选择【DVD 光盘】输出选项时需要计算机安装有 DVD 刻录机，而选择【DVD 母版】输出选项则需要计算机连接到 DLT 设备。

展开【目标】选项组，并单击【浏览】按钮，在弹出的【浏览文件夹】对话框内，单击【新建文件夹】按钮，设置所输出 DVD 文件夹的保存位置与名称，如图 11-38 所示。

展开【光盘信息】选项组后，还可对光盘的名称、光盘容量等内容进行设置，如图 11-39 所示。

图 11-38　设置 DVD 文件夹的位置和名称

提　示

在【光盘信息】选项组中，进度条所表示的是当前项目数据量与光盘容量间的对比。

接下来，依次展开【地区码】和【复制保护】选项组，并分别设置 DVD 光盘的播放区域与授权复制次数等选项，如图 11-40 所示。

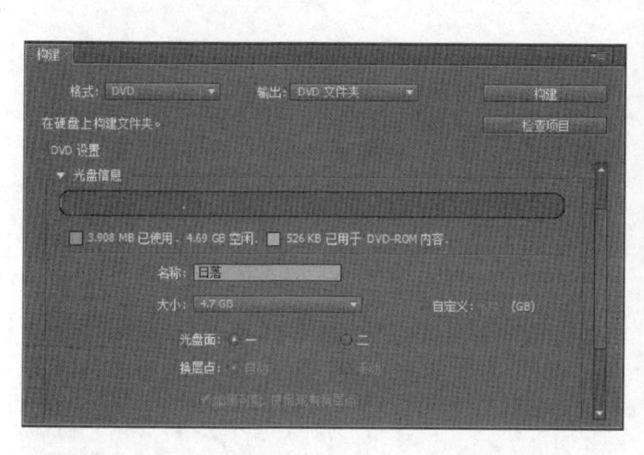

图 11-39　设置光盘名称与容量

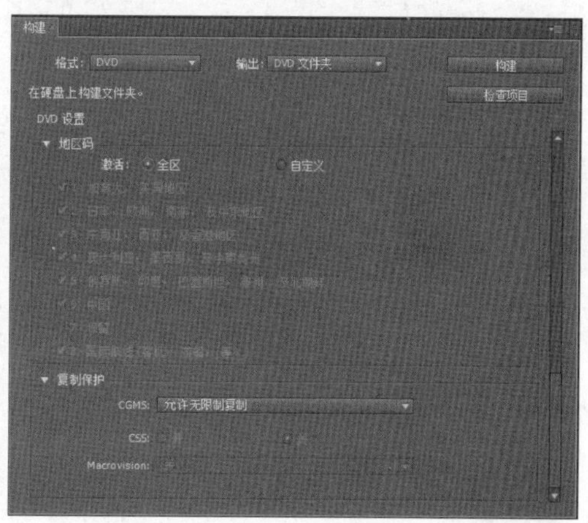

图 11-40　设置光盘地区码与复制保护选项

完成上述设置后，单击【构建】面板内的【构建】按钮，即可开始编码及录制光盘，如图 11-41 所示。

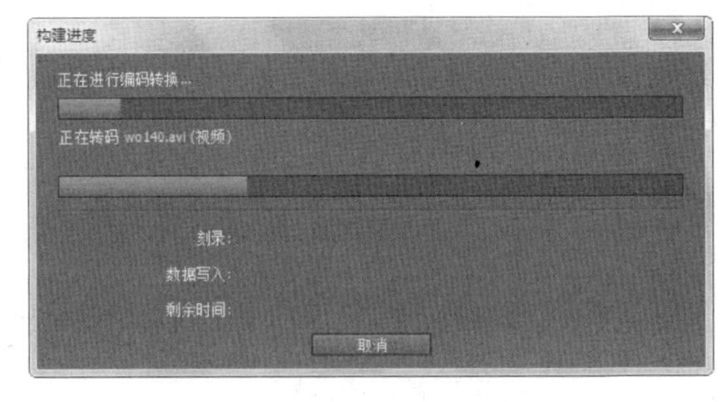

图 11-41 开始录制光盘

11.3.5 自定义光盘

使用 Adobe Encore 的预置资源可以快速地创建光盘项目，但是，在制作光盘界面以及菜单时有局限性。所以 Encore 还具有自定义制作光盘的功能，可以根据视频资源的需要，制作出与众不同的光盘。

1. 自定义菜单及按钮

在【项目】面板中，右击空白区域，执行【新建】|【菜单】命令，如图 11-42 所示。

技 巧

在 Encore 主界面中，直接按组合键 Ctrl+M，也可新建空白菜单。

接下来，将自定义菜单的背景图片导入至【项目】面板内，并使用【直接选择工具】将其拖至【菜单视图】面板内，如图 11-43 所示。

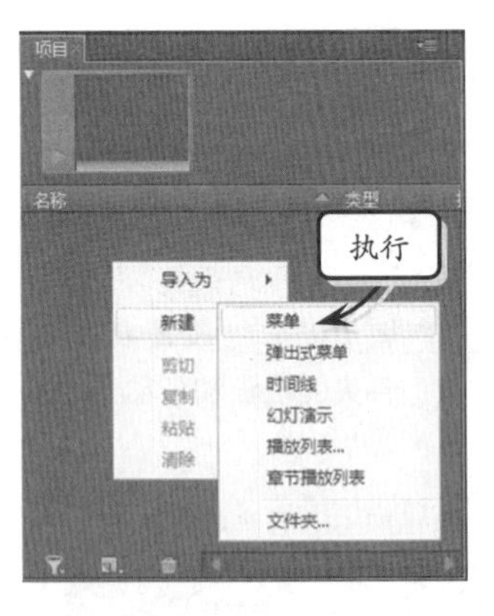

图 11-42 创建菜单资源

图 11-43 为菜单添加背景

提 示

菜单背景制作完成后，在【图层】面板内单击背景图像所在图层前的【锁定】按钮，以保护菜单不会被修改或移动。

将光盘所要用到的按钮图像导入【项目】面板后，将其拖至【菜单视图】面板内，并调整其位置，如图 11-44 所示。

提 示

使用带有透明图层的 png 图像，即可创建出拥有不规则外形的按钮。

图 11-44 添加按钮图像

接下来，使用【文字工具】在按钮上添加文本，并在【字符】面板内设置文本的字体、字号、颜色等属性，如图 11-45 所示。

图 11-45　编辑按钮文字

图 11-46　编组图层

在【图层】面板中，单击“羽毛.png”图层前的【编组】按钮，从而利用该图层创建按钮，如图 11-46 所示。然后，右击【菜单视图】面板内的文本，执行【排列】|【退后一层】命令，将文本图层移至按钮编组内，如图 11-47 所示。

此时，便完成了“播放”按钮的制作。使用相同方法，完成其他按钮及菜单标题的制作后，效果如图 11-48 所示。

图 11-47　调整文本图层的位置

图 11-48　自定义菜单最终效果图

2. 创建和使用时间轴

完成光盘菜单及按钮的制作后，还需要为视频光盘创建相应的时间线，以便将各种视频文件与按钮之间创建关联。Encore 时间线内仅包含一个视频轨道和一个音频轨道。

在【项目】面板中右击，执行【新建】|【时间线】命令，新建空白时间线。然后，重命名该时间线资源，如图 11-49 所示。

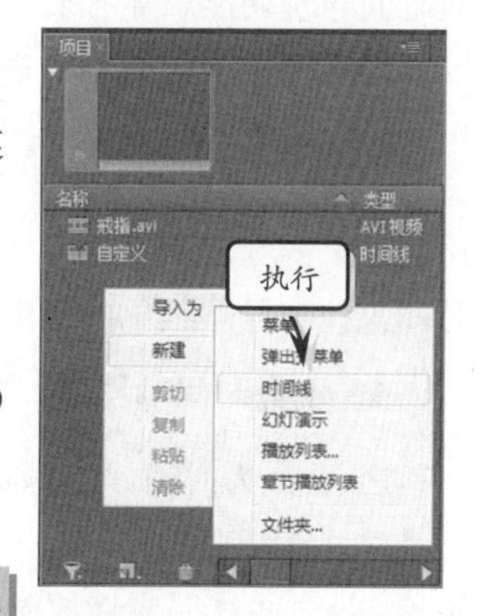

图 11-49　新建时间线

提　示

右击【项目】面板内的时间线资源后，执行【重命名】命令，即可在弹出的对话框内为所选时间线资源设置新的名称。

在双击【项目】面板内的时间线资源，通过【时间线视图】打开时间线后，即可将视频资源或图片资源拖至相应时间线上，如图 11-50 所示。

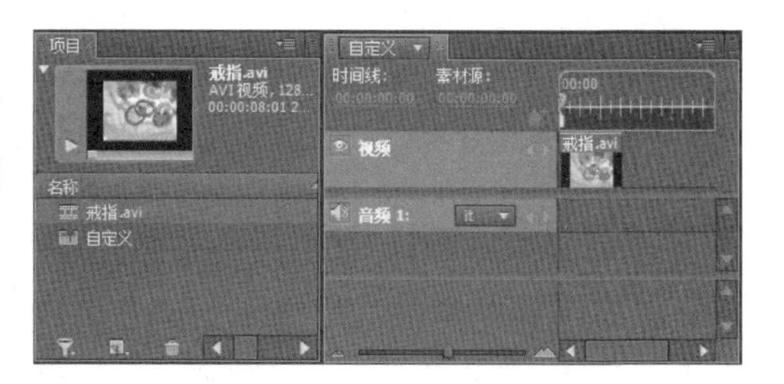

图 11-50 在时间线内添加资源

3. 自定义导航界面

当用户完成菜单、按钮及时间线的制作，并将其相互链接在一起后，接下来所要做的工作便是确保按钮能够正确引导观众。接下来将对循环菜单按钮、菜单导航、首先播放选项、菜单停留在屏幕上的持续时间，以及按钮导航的详细创建方法进行讲解。

首先，设置首先播放链接。首先播放是播放设备在读取到光盘数据后首先执行的动作，通常情况下该动作会引导播放设备打开光盘菜单，以便用户进行下一步的播放操作。

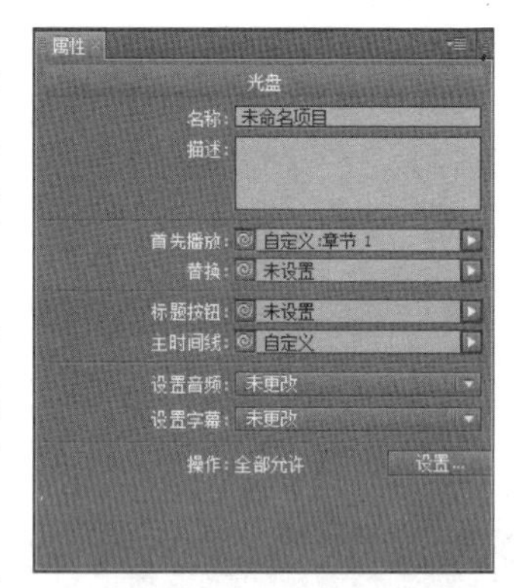

图 11-51 设置首先播放链接

在【属性】面板中，单击【首先播放】文本框右侧的“黑色箭头”按钮后，即可在弹出的菜单内调整首先播放设置，如图 11-51 所示。

其次，设置菜单持续时间和循环次数。根据视频光盘应用场所的不同，还应当为光盘菜单及光盘的播放过程设置相应的持续时间与循环播放次数。

在【项目】面板中，选择需要按照时间自动播放的菜单后，在【属性】面板内打开【动态】选项卡，如图 11-52 所示。

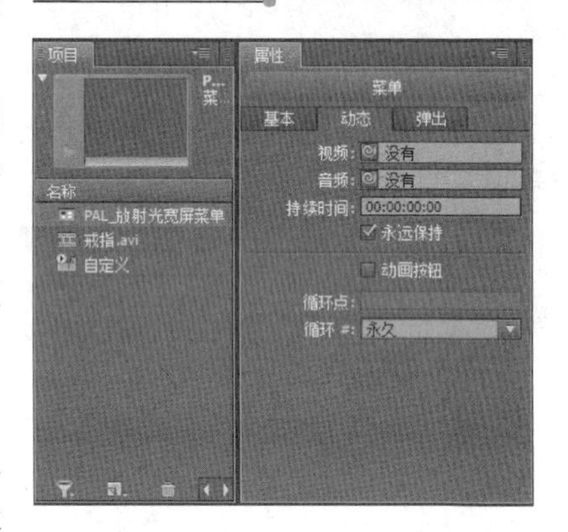

图 11-52 打开【动态】选项卡

禁用【永远保持】复选框后，即可开启光盘菜单的时间导航功能。接下来，便可在【持续时间】文本框内设置光盘菜单的持续播放时间，即菜单在持续停留多少时间后开始播放视频内容。

最后，在【基本】选项卡的【结束动作】选项中，设置菜单持续时间结束后的播放内容，即可完成通过时间来控制导航菜单的目的，如图 11-53 所示。

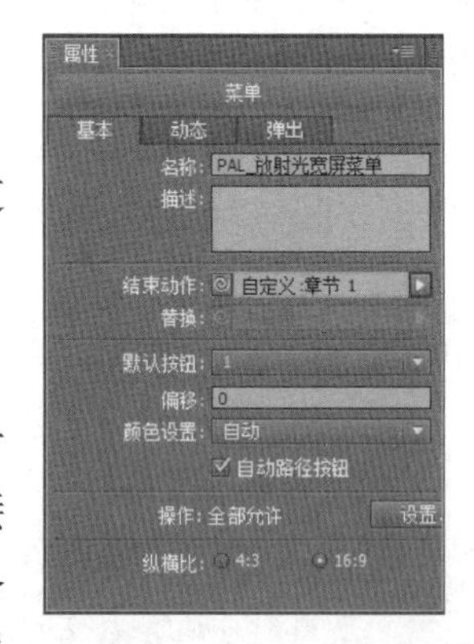

图 11-53 设置菜单结束后的播放内容

4. 设置时间轴导航

Encore 为时间线资源提供了两个导航选项，一个是时间线结束动作，另一个则能够设置为远程链接菜单。当时间线完成播放时，结束动作会为播放设备指明导航方向，当然用户也可通过远程控制设备（通常为遥控器）返回指定的菜单。

11.4　课堂练习：输出定格效果

本例输出定格画面效果。在影视作品中，经常会看到正在播放的画面突然静止，停留一段时间后继续播放，这就是定格画面效果。本例通过学习输出单帧图片，制作画面定格效果，如图 11-54 所示。

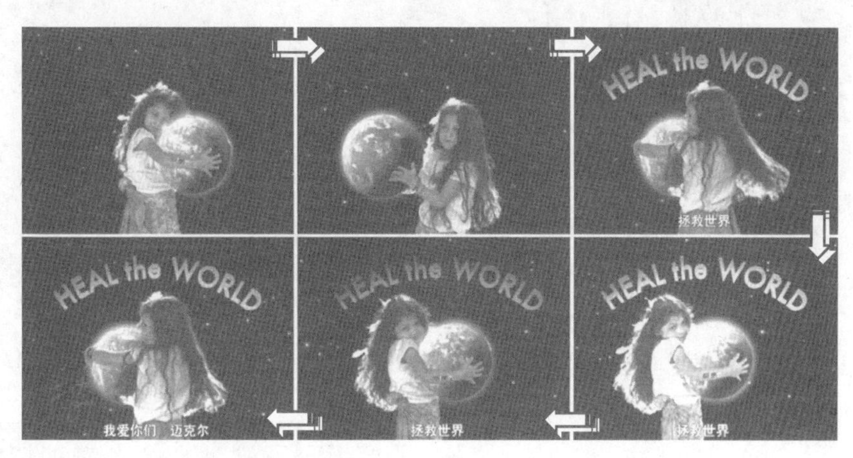

图 11-54　输出定格效果

操作步骤

1 启动 Premiere，在【项目】面板中，导入素材。将素材“小女孩.avi”拖至【时间线】面板的“视频 1”轨道上，如图 11-55 所示。

图 11-55　添加素材

2 拖动当前时间指示器至 00:00:06:06 位置处，执行【文件】|【导出】|【媒体】命令，弹出【导出设置】对话框，如图 11-56 所示。

3 单击【格式】下拉按钮，选择 Targa，设置“输出名称”为“静止”，单击【导出】按钮，导出单帧图形，如图 11-57 所示。

4 新建“输出定格效果”项目文件，将视频素材添加到“视频 1”轨道上。拖动当前时间指示器至 00:00:06:06 位置处，使用【剃刀工具】将素材分割，如图 11-58 所示。

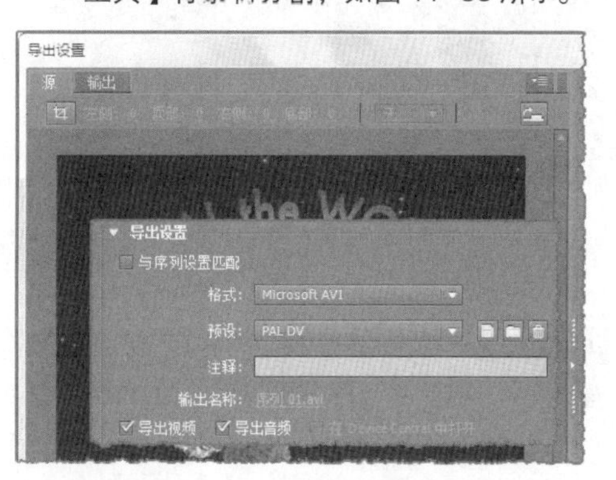

图 11-56　打开【导出设置】对话框

图 11-57　导出单帧图形

图 11-58 分割素材

5 向后移动后半部分素材，将静止图片添加到这两段视频之间，使素材之间首尾相接，如图 11-59 所示。

图 11-59 添加素材

提 示

在默认情况下，导出的静止图片的持续时间为5s，将后半部分素材向后移动 5s 即可。

6 在【效果】面板中，选择【颜色平衡(RGB)】特效，添加到静止图片上。在【特效控制台】面板中，设置“红色”、“绿色”、“蓝色”均为 200，如图 11-60 所示。

7 在【节目】面板中，单击【播放-停止切换】按钮，可预览定格画面效果，如图 11-61 所示。

8 执行【文件】|【导出】|【媒体】命令，在弹出的【导出设置】对话框中，设置“格式”为 FLV|F4V，单击【输出名称】后的名称，设置保存位置及名称，如图 11-62 所示。

图 11-60 设置【颜色平衡】参数

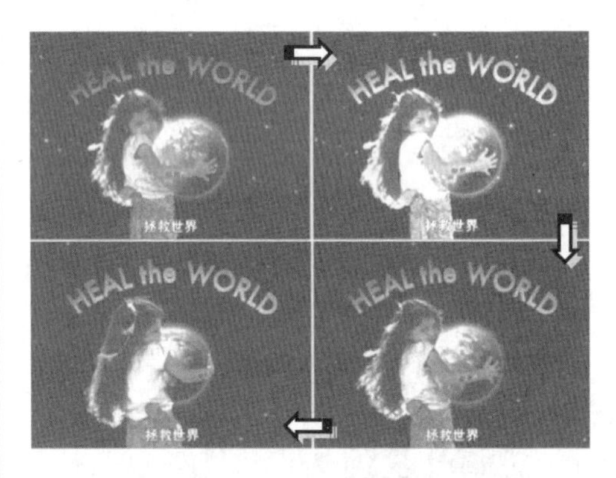

图 11-61 预览动画效果

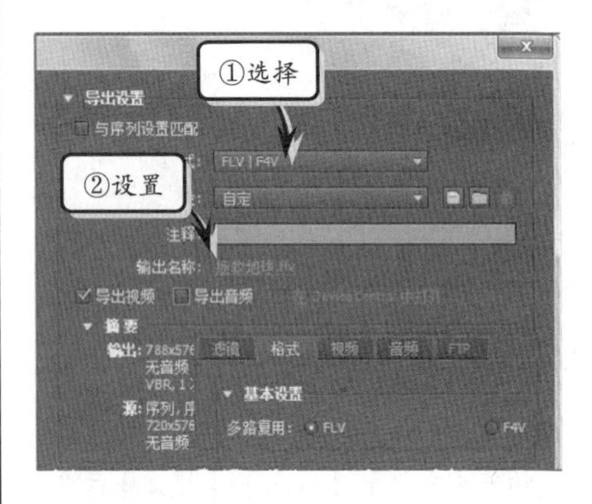

图 11-62 导出设置

提 示

在【导出设置】对话框中，禁用【导出音频】复选框，设置【多路复用】为 FLV。

11.5 课堂练习：转换文件格式

本例通过 Adobe Media Encoder 转换视频文件的格式。现在，视频文件的格式很多，其编码方式、播放程序也都不相同，那么，给保存和管理带来一定的麻烦。本例用 Adobe Media Encoder 的媒体文件格式转换功能，将多个不同格式的视频文件统一转换为 MP4 文件，方便视频文件的保存与管理。

操作步骤

1 启动 Adobe Media Encoder，在主界面内，单击【添加】按钮，弹出【打开】对话框，选择要转换的视频文件，如图 11-63 所示。

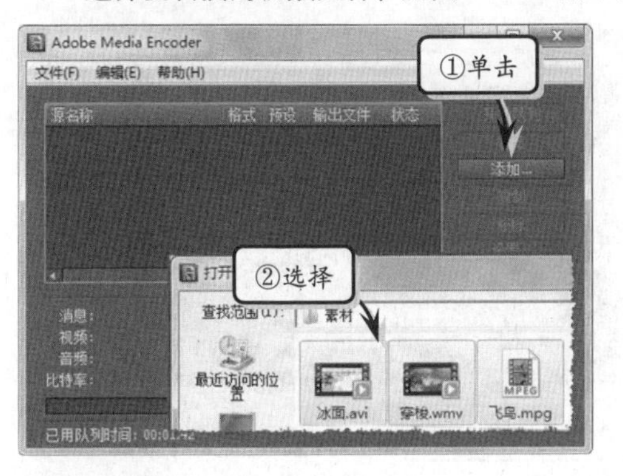

图 11-63 添加素材

2 在 Adobe Media Encoder 主界面中，选择“冰面.avi”素材，单击【设置】按钮，如图 11-64 所示。

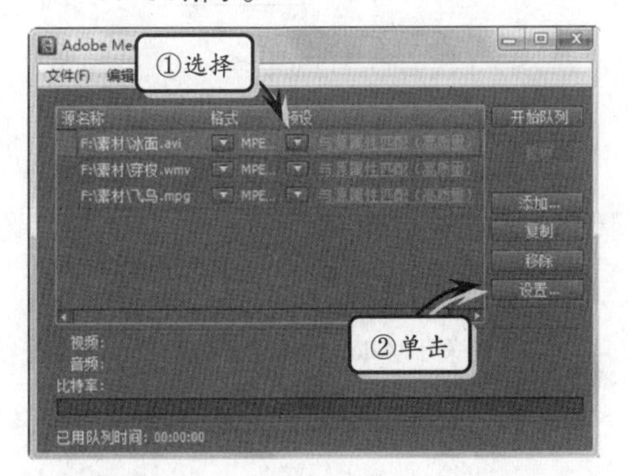

图 11-64 选择要转换的视频文件

3 在弹出的【导出格式】对话框中，设置“格式”为 H.264，禁用【导出音频】复选框，如图 11-65 所示。

4 在【基本视频设置】栏中，设置“电视标准”为 PAL，并启用【使用最高渲染质量】复选框，如图 11-66 所示。

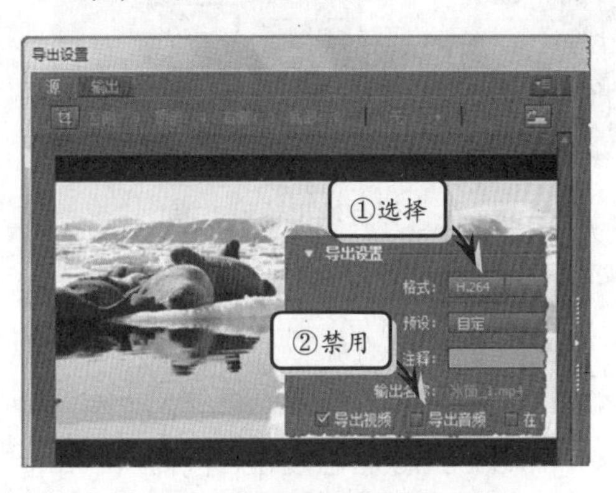

图 11-65 设置文件的输出格式

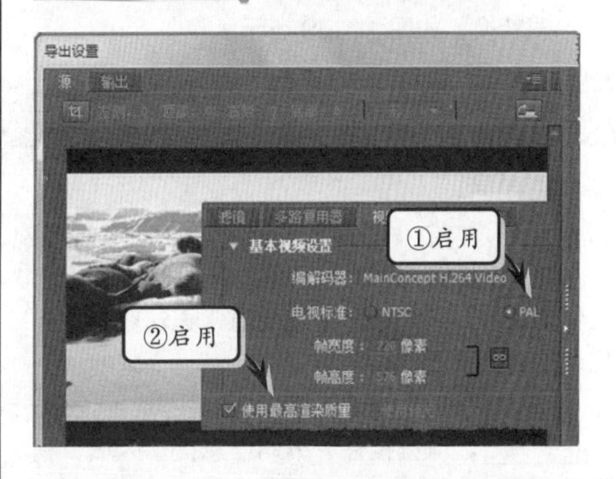

图 11-66 视频文件的基本视频设置

提 示

视频格式，美国和日本使用 NTSC，欧洲和亚洲使用 PAL。

5 在【导出设置】选项组中，单击【保存预设】按钮，在弹出的【选择名称】对话框中输入“MP4 输出”，单击【确定】按钮，并在【导出设置】对话框中单击【确定】按钮，如图 11-67 所示。

6 在导出列队列表的【格式】栏中，单击“穿梭.wmv”内的下三角按钮，选择 H.264。单击【预设】选项组内的下拉按钮，选择“MP4输出”，如图 11-68 所示。

图 11-67　保存输出预设方案

提　示

按照相同的方法，为素材“飞鸟.mpg”选项预设方案。

7　在 Adobe Media Encoder 主界面中，单击【开始列队】按钮，即可开始视频文件的格式转换，如图 11-69 所示。

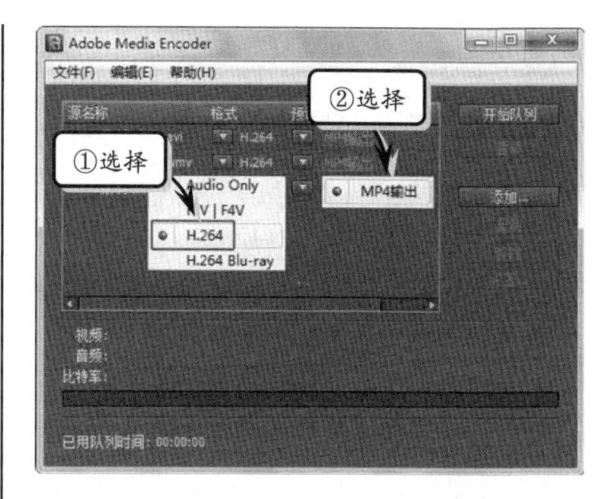

图 11-68　选择预设输出方案

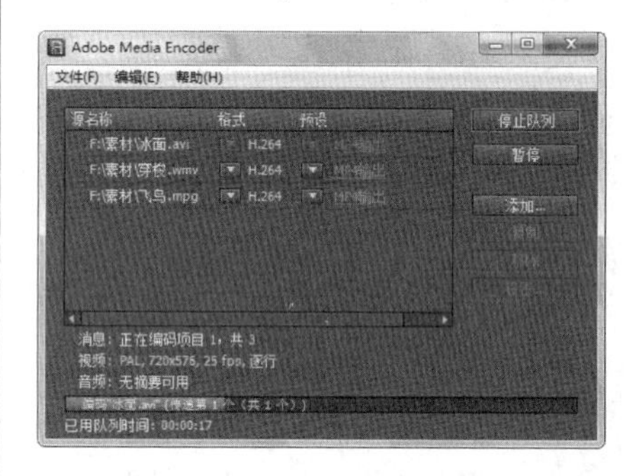

图 11-69　开始转换视频文件格式

11.6　思考与练习

一、填空题

1．在输出 WMV 文件的过程中，1 次编码的优点是__________，缺点是通常无法获得最为优化的编码设置。

2．Adobe Media Encoder 主界面分为__________、队列控件、编码信息提示区域、视频预览窗口和编码进度条所组成。

3．__________的作用是让 Media Encoder 按照预定设置对其内部的音视频文件进行格式转换操作。

4．按照 Adobe Encore 的默认布局方式，项目窗格内共包含【__________】、【__________】等多个面板，是用户管理 Adobe Encore 项目各个组成部分的重要区域。

5．单击工具栏中的【__________】按钮后，即可查看光盘的播放效果。

二、选择题

1．在输出 WMV 格式的视频文件时，若要获得视频质量与体积的最佳搭配，应当在编码时选择下列哪种选项组合？__________

A．1 次编码，固定

B．1 次编码，可变品质

C．2 次编码，可变无约束

D．2 次编码，可变约束

2．在下列选项中，Premiere 无法直接输出哪种类型的媒体文件格式？__________

A．AVI　　B．MPEG2

C．RM/RMVB　　D．FLV

3．下列关于 Adobe Media Encoder 的选项中，描述错误的是__________。

A．Adobe Media Encoder 是 Premiere Pro 的编码输出终端

B．Adobe Media Encoder 的功能是将素材或时间线上的成品序列编码输出为 MPEG、MOV、WMV、QuickTime 等格式的音/视频媒体文件。

C．默认情况下，Adobe Media Encoder 采用英文界面

D．Adobe Media Encoder 无法独立运行

4. Adobe Encore 内的【元数据】面板具有什么作用？__________

A．查看素材的版权信息

B．编辑素材的版权信息

C．查看和编辑素材的描述信息

D．以上都是

5. 在制作光盘菜单中，还可借助__________来调整光盘菜单。

A．Photoshop　　B．After Effects

C．Flash　　D．Premiere

三、简答题

1．简单介绍输出 WMV 文件时，都需要进行哪些设置。

2．在非线性视频编辑领域中，交换文件的作用是什么？Premiere 支持导出哪些类型的交换文件？

3. 简述 Adobe Media Encoder 的功能与作用。

4．简单介绍 Adobe Encore 的界面布局。

5．简述自定义导航界面的操作过程。

四、上机练习

1．保存影片预设方案

在设置影片输出设置时，每当用户调整所要输出的文件格式后，Premiere 都会在【导出设置】选项组的【预置】下拉列表内自动显示相关的预设列表。Premiere 所提供的这些预设可以满足用户绝大多数情况下的输出任务。即便如此，Premiere 还是为用户提供了自定义预设方案的功能，以便 Premiere 能够按照特定的输出方案进行音视频文件的输出。

当用户根据应用需求而调整某种预设的输出设置后，【预置】下拉列表框内的选项都会变为“自定”。此时，用户可将【注释】文本框中的内容修改为易于标识的内容，并单击【预置】列表框右侧的【保存预置】按钮。然后，在弹出的对话框内设置预设方案的名称及其他相关选项，如图 11-70 所示。

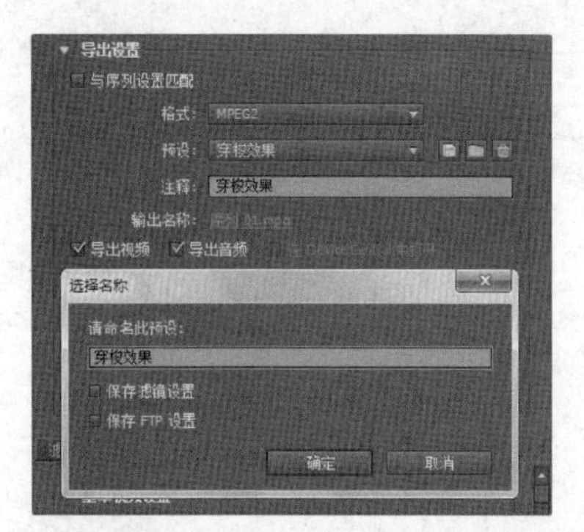

图 11-70　保存自定义预设输出方案

2．使用 Photoshop 修改光盘菜单

Adobe Encore 虽然拥有强大的视频光盘制作能力，但在光盘界面的美化上却没有什么特别的功能。为此，Encore 允许用户将光盘菜单导入 Photoshop 后进行修饰，从而增强光盘菜单的视觉效果。

在【菜单视图】面板中，右击菜单后执行【在 Photoshop 中编辑菜单】命令，如图 11-71 所示。

图 11-71　执行菜单命令

此时，Encore 会自动启动 Photoshop，并打开以相应菜单为内容的文件，如图 11-72 所示。

图 11-72　使用 Photoshop 编辑菜单

在使用 Photoshop 完成对光盘菜单的调整后，按 Ctrl+S 键保存文件，Encore 内的光盘菜单界面便会发生相应的变化，如图 11-73 所示。

图 11-73　光盘菜单调整结果

第 12 章

综合实例

本章使用 Premiere 制作综合实例。在本章中，将会学到婚纱电子相册以及婚礼视频的制作。婚庆类的片子，色彩要鲜艳，在制作时，注意色调的调整。第一个案例通过利用静态图片，添加遮罩以及关键帧，以动态的形式展现出静态图片的美。第二个案例，通过调整视频素材的整体色调，添加绚丽的过渡效果，制作快慢镜头等，制作出浪漫的婚礼。

12.1 制作婚纱电子相册

本例制作婚纱电子相册。结婚是每个人一生中具有重要意义的日子，那么，把婚纱照保留下来，制作成漂亮的电子相册，是最佳的选择。本例就通过学习新建字幕，为字幕添加特效，并利用遮罩效果，更完美地展现照片。最后，将照片以运动的形式展示，再添加字幕，完成婚纱电子相册的制作，如图 12-1 所示。

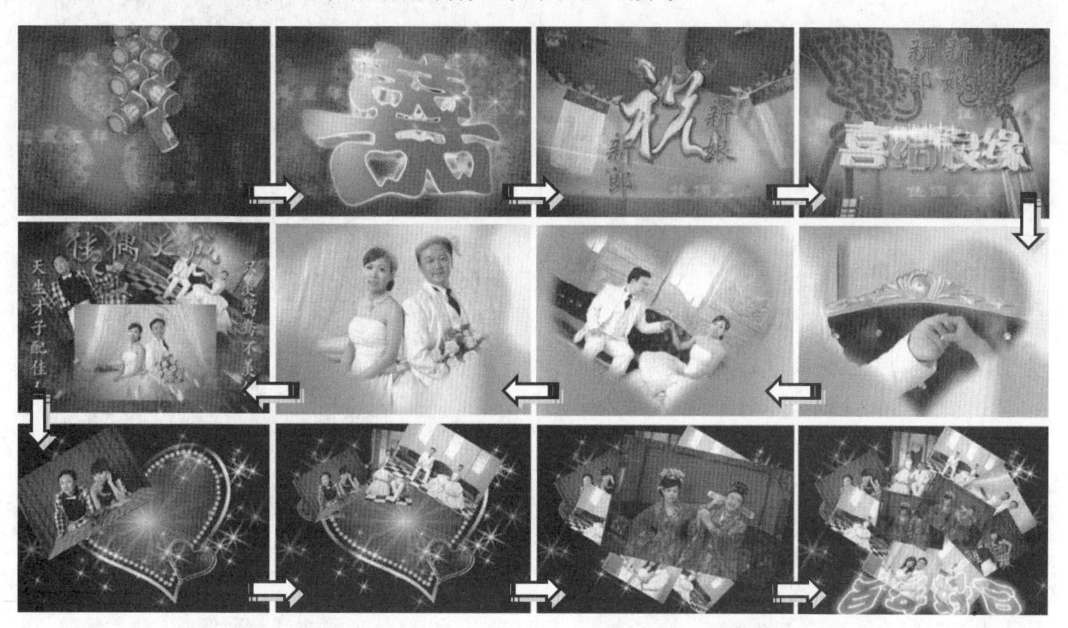

图 12-1 制作婚纱电子相册

12.1.1 制作开头

本节制作电子相册的开头部分，主要通过学习新建字幕，设置文本样式，并为文本添加视频特效，完成开头的制作。

1. 启动 Premiere，在【新建项目】对话框中的名称栏中输入“婚纱电子相册”，单击【确定】按钮。在弹出的【新建序列】对话框中选择“标准 48kHz”，即可创建项目，如图 12-2 所示。
2. 在【项目】面板中单击【新建文件夹】按钮，新建“图片素材”文件夹。右击该文件夹，执行【导入】命令，选择图片素材，导入文件夹中，如图 12-3 所示。

图 12-2 新建项目

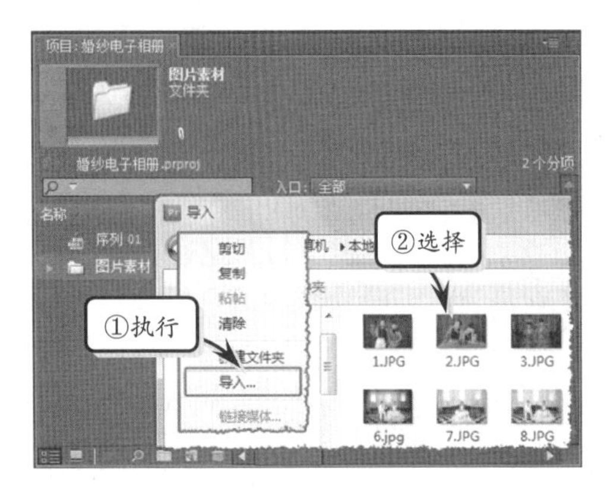

图 12-3　导入素材

技　巧

在【项目】面板中，双击空白处，也可以打开【导入】对话框，导入素材。然后将素材拖入相应的文件夹中。

3　按照相同方法创建其他文件夹并导入相应的素材。将视频素材拖入【时间线】面板的“视频 1”轨道中，如图 12-4 所示。

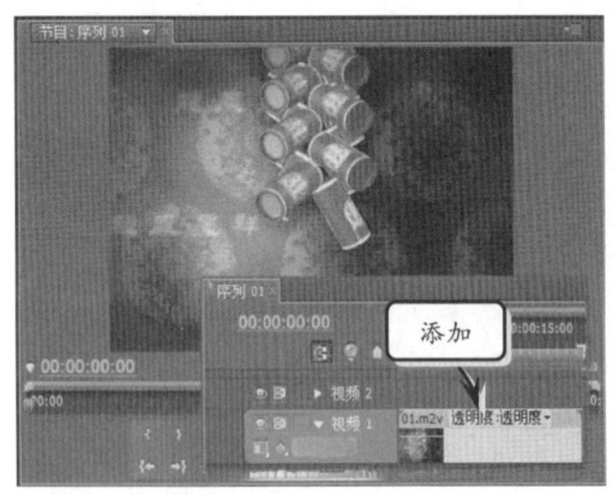

图 12-4　添加素材

4　执行【字幕】|【新建字幕】|【默认静态字幕】命令，新建“字幕 01”，输入文字“祝”。设置“字号”为 348.2，“字幕样式”为“方正黄草金质”，如图 12-5 所示。

5　拖动当前时间指示器至 00:00:11:17 位置处，将“字幕 01”拖至 “视频 2”轨道中。在【效果】面板中选择【波形弯曲】视频特效，拖至“字幕 01”上，如图 12-6 所示。

技　巧

在【效果】面板的搜索栏中输入要使用的特效，即可快速查找到该特效。

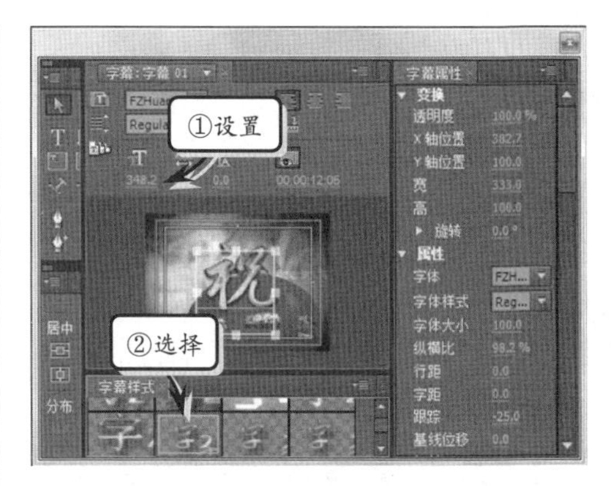

图 12-5　创建字幕

图 12-6　添加【波形弯曲】视频特效

6　再为该字幕添加【渐变擦除】视频特效，在【特效控制台】面板中设置“渐变擦除”参数并添加关键帧，如图 12-7 所示。

图 12-7　添加【渐变擦除】视频特效

7　新建字幕，使用【垂直文本工具】，输入文字“新郎”，设置字体填充为“红色”，描边为“黄色”，如图 12-8 所示。

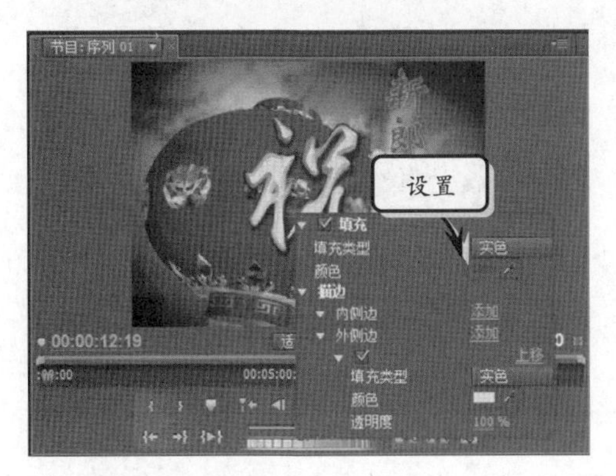

图 12-8　设置文本格式

提　示

字号为 100，拖动当前时间指示器至 00:00:12:09 位置处，将“字幕 02”拖至【时间线】面板的“视频 3”轨道上。

8　为其添加【块溶解】特效。在【特效控制台】面板中设置【块溶解】的“过渡完成”参数，并设置其位置参数，如图 12-9 所示。

图 12-9　设置参数并添加关键帧

提　示

在 00:00:12:09 位置处，“过渡完成”参数为 100 %，在 00:00:12:24 位置处，“过渡完成”为 0%。

9　在【时间线】面板中，右击任意轨道，执行【添加轨道】命令，在弹出的对话框中单击【确定】按钮即可，如图 12-10 所示。

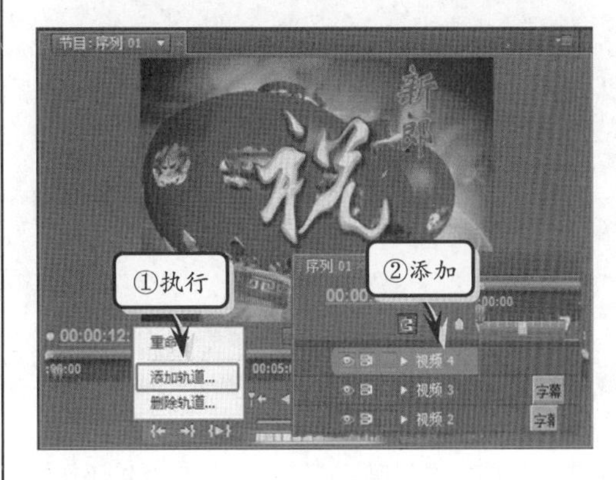

图 12-10　添加轨道

10　按照相同的方法新建字幕，输入文本为“新娘”。将其拖至“视频 4”轨道上，设置“位置”及“块溶解”参数，添加关键帧，如图 12-11 所示。

图 12-11　新建字幕

12.1.2　制作照片展示部分

本节制作婚纱照片的展示部分。在制作的过程中，主要添加轨道遮罩键特效，制作出心形遮罩。再为照片添加【位置】及【缩放比例】关键帧，设置其运动属性，完成本节的制作。

1　将图片素材“1.JPG”拖入“视频 1”轨道中。在【时间线】面板中，设置“位置”、“缩放比例”及“旋转”参数并添加关键帧，如图 12-12 所示。

图 12-12 添加关键帧

提 示

在 00:00:19:17 位置处，【缩放比例】为 30，【旋转】为 0°。在 00:00:23:22 位置处，【缩放比例】为 20，【旋转】为-30°。

2 在【效果】面板中选择【波形弯曲】视频特效，添加到图片素材上。在【特效控制台】面板中设置【波形高度】参数，添加关键帧，如图 12-13 所示。

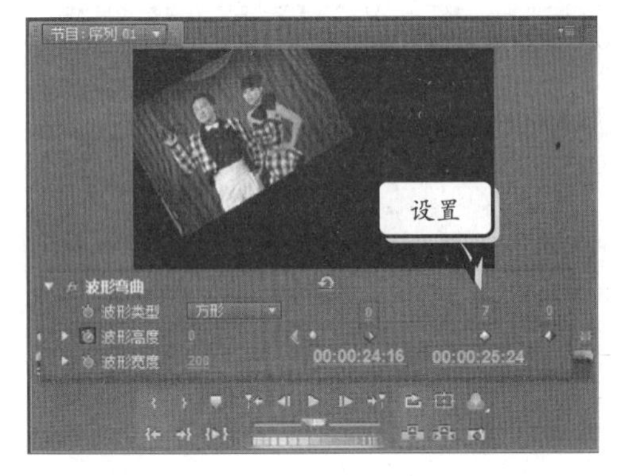

图 12-13 添加【波形高度】关键帧

提 示

在 00:00:26:17 位置处，“波形高度”为 0。

3 拖动当前时间指示器至 00:00:26:09 位置处，将素材“6.jpg”拖入“视频 2”轨道上。使用相同方法添加关键帧，设置参数，如图 12-14 所示。

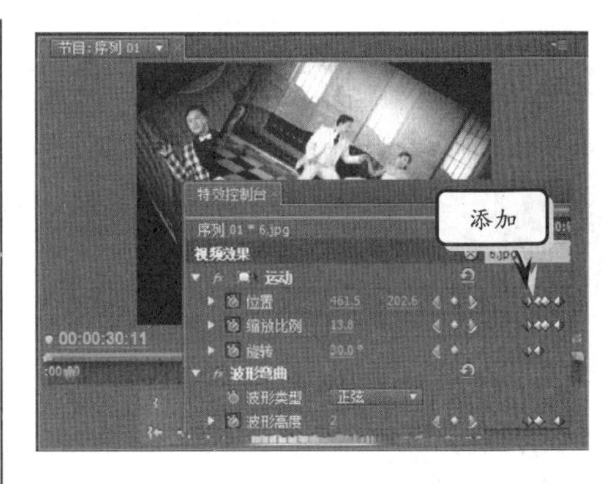

图 12-14 为“视频 2”轨道添加素材

提 示

设置的照片效果和上一张的效果相同，适当调整各个属性的参数。

4 拖动当前时间指示器至 00:00:30:22 位置处，将素材“5.JPG”拖入“视频 3”轨道中，添加相应的关键帧，如图 12-15 所示。

图 12-15 为“视频 3”轨道添加素材

5 添加一个视频轨，拖动当前时间指示器至 00:00:19:17 位置处，将遮罩素材“2.mp4”拖入“视频 4”轨道中，将“1.psd”拖入“视频 5”轨道中，如图 12-16 所示。

6 在【效果】面板中，选择【轨道遮罩键】视频特效，拖至“视频 4”轨道的素材“2.mp4”上。设置“遮罩”为“视频 5”，“合成方式”为“Luma 遮罩”，启用【反向】复选框，如图 12-17 所示。

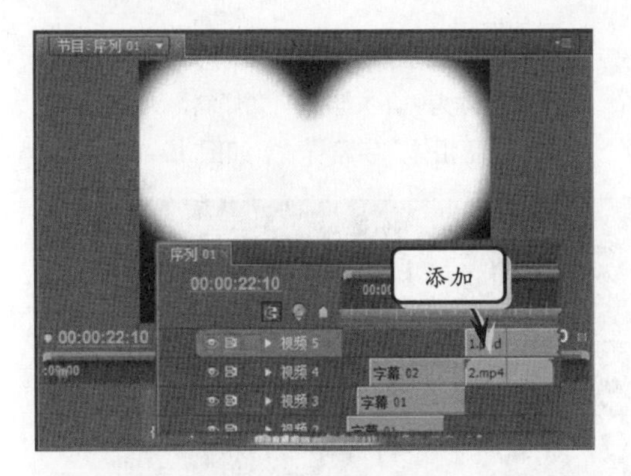

图 12-16 添加素材

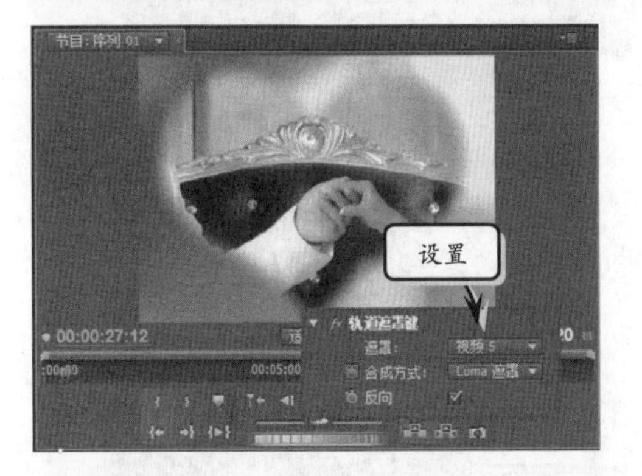

图 12-17 添加【轨道遮罩键】视频特效

提 示

延长素材“1.psd”的持续时间，并在素材“2.mp4”后拖入“1.mp4”和“3.mp4”。为这两个素材添加【轨道遮罩键】特效。

7 将遮罩素材拖入“视频 4”和“视频 5”轨道中，添加【轨道遮罩键】视频特效。单击【剃刀工具】按钮，将素材切割，删除后半部分素材，如图 12-18 所示。

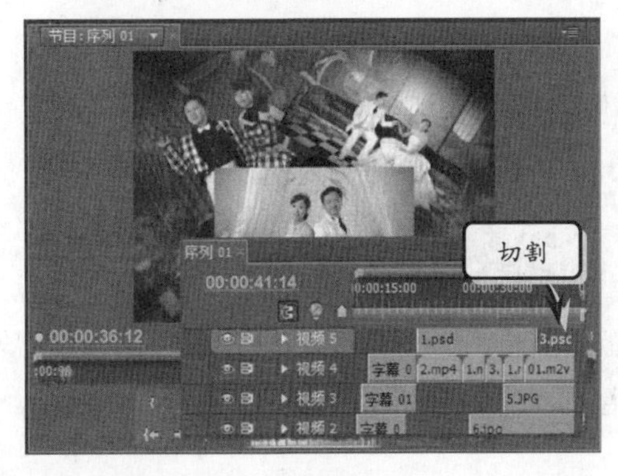

图 12-18 切割素材

提 示

在【时间线】面板中，将 3 张照片素材的持续时间分别延长至 00:00:40:00 位置处。

8 将“背景.jpg”拖入【时间线】面板的“视频 1”轨道上。在【效果】面板中选择【抖动溶解】视频切换特效，拖至素材之间，如图 12-19 所示。

图 12-19 添加【抖动溶解】视频切换特效

9 在【特效控制台】面板中设置“持续时间”为 2s，“对齐方式”为“居中于切点”，如图 12-20 所示。

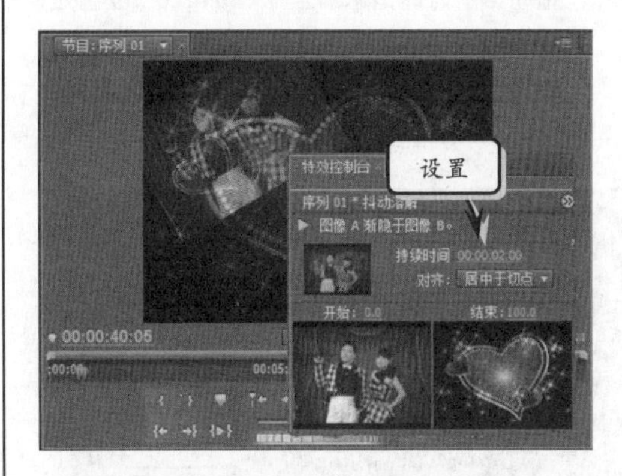

图 12-20 设置【抖动溶解】参数

10 拖动当前时间指示器至 00:00:41:02 位置处，将素材“2.JPG”拖至“视频 2”轨道上，如图 12-21 所示。

11 在【特效控制台】面板中设置“位置”、“缩放比例”及“旋转”参数，添加关键帧。在【节目】窗口中调整运动路径为弧线，如图 12-22 所示。

图 12-21 添加素材

图 12-22 添加关键帧

12 拖动当前时间指示器至 00:00:45:00 位置处，将“10.JPG”拖入“视频 3”轨道上。在【特效控制台】面板中设置“位置”、“缩放比例”、“旋转”关键帧，如图 12-23 所示。

图 12-23 为“视频 3”轨道添加关键帧

13 按照相同方法，再添加视频轨，拖入素材，添加关键帧，完成其他照片的设置，如图 12-24 所示。

14 执行【字幕】|【新建字幕】|【默认静态字幕】命令，新建字幕。输入“百年好合”文本，设置字体为“华文琥珀”，“倾斜”为 0°，应用“方正粗体”字幕样式，如图 12-25 所示。

图 12-24 添加素材

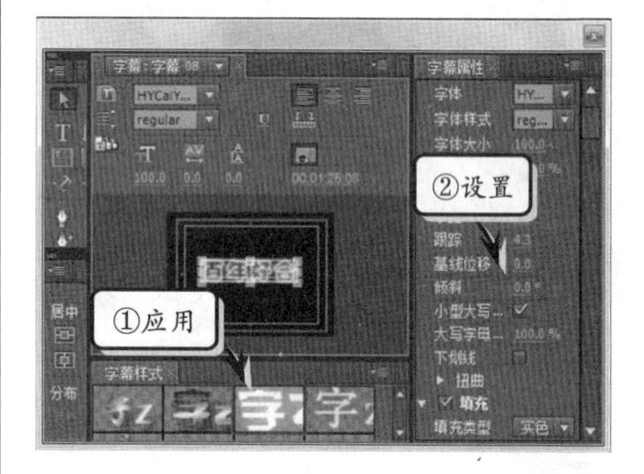

图 12-25 新建字幕

提 示

输入文本后，先设置文本格式，再应用字幕样式。

15 将新建的字幕拖入【时间线】面板中，为其添加【波形弯曲】视频特效。在【特效控制台】面板中设置【位置】参数并添加关键帧，如图 12-26 所示。

图 12-26 添加【位置】关键帧

16 将“背景.jpg”素材及其上面轨道的素材延长至00:01:25:05位置处，如图12-27所示。

图12-27 调整素材

17 选择音频素材，将其拖至“音频1”轨道中。为其添加【恒定指数型淡入淡出】音频过渡特效，设置参数，如图12-28所示。保存文件，完成电子相册的制作。

图12-28 添加音频及音频过渡特效

12.2 浪漫的婚礼

本例制作浪漫的婚礼。在制作的过程中，主要通过【色彩校正】调整视频素材的整体色调，呈现朦胧感，再添加遮罩素材作为装饰，增加浪漫的气息。设置素材的“速度/持续时间”，制作快慢镜头效果，使画面有主次感。最后，导出静帧图片，制作画面的定格效果，完成浪漫婚礼的制作，如图12-29所示。

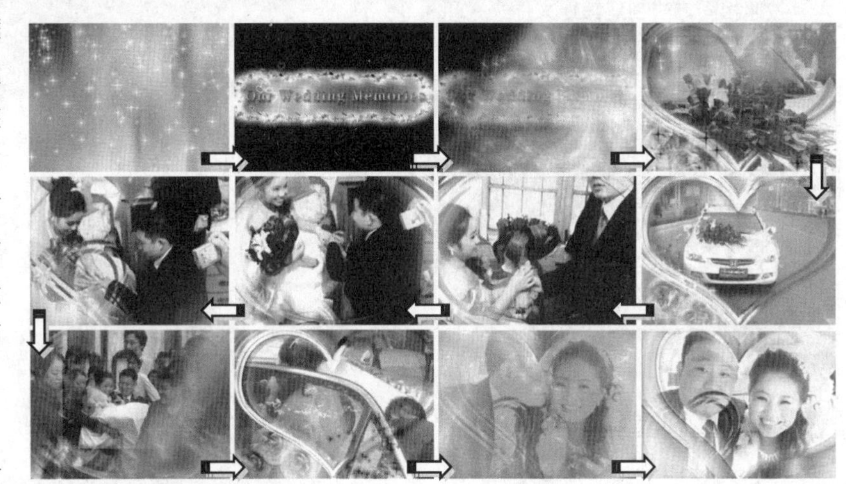

图12-29 浪漫的婚礼

12.2.1 制作片头

本节制作婚礼的片头部分，主要通过学习创建字幕，设置字幕样式，作为婚礼片头的开场。再设置其背景的【透明度】关键帧，修饰文字，完成片头的制作。

1 启动Premiere，在【新建项目】对话框中，单击【浏览】按钮，选择文件的保存位置。

在【名称】栏中输入“浪漫的婚礼”，单击【确定】按钮，如图 12-30 所示。

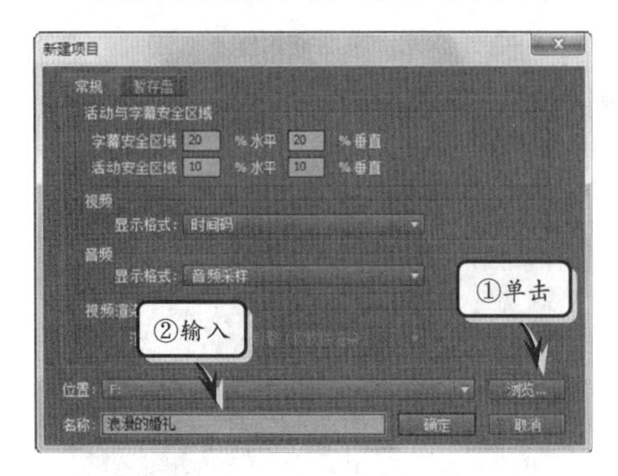

图 12-30 新建项目

提 示

在弹出的【新建序列】对话框中，选择“标准48kHz”，单击【切点】按钮，创建序列。

2 在【项目】面板中，执行【文件】|【新建文件夹】命令，新建“视频素材”文件夹，并按照相同方法创建其他文件夹，如图 12-31 所示。

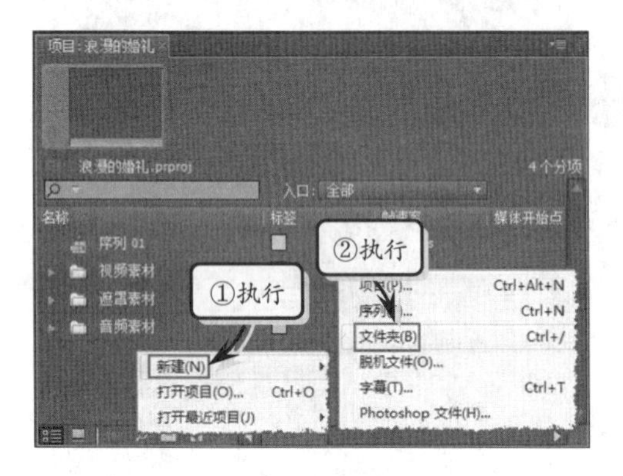

图 12-31 新建文件夹

3 在【项目】面板中双击空白处，弹出【导入】文件夹，选择视频素材导入到【项目】面板中，如图 12-32 所示。

技 巧

在【项目】面板中右击，执行【导入】命令，在弹出的对话框中选择文件夹，可以直接将文件夹导入到面板中。

4 按照相同方法导入其他素材，并将相应的素材拖入到相应的文件夹中，如图 12-33 所示。

图 12-32 导入素材

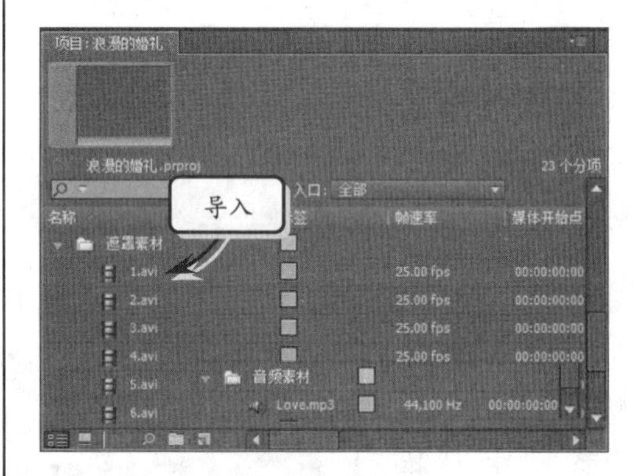

图 12-33 导入其他素材

5 展开【遮罩素材】文件夹，选择素材“1.avi”，添加到【时间线】面板的“视频 1”轨道上，如图 12-34 所示。

图 12-34 添加素材

6 拖动当前时间指示器至 00:00:03:19 位置处，将素材“5.avi”添加到“视频 2”轨道上，如图 12-35 所示。

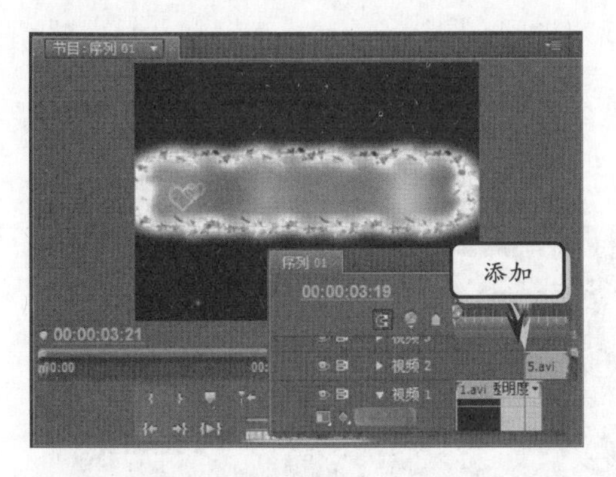

图 12-35　添加素材

提　示

在【特效控制台】面板中，设置素材“5.avi”的【位置】参数为 355.6，93.6。

7 在【时间线】面板中右击素材“5.avi”，执行【速度/持续时间】命令，设置其“持续时间”为 5s，如图 12-36 所示。

图 12-36　设置“速度/持续时间”

8 执行【字幕】|【新建字幕】|【默认静态字幕】命令，新建字幕。设置“字号”为 50，并应用“方正金质大黑”样式，如图 12-37 所示。

9 将字幕添加到“视频 3”轨道上，使其和素材“5.avi”首尾对齐。在【特效控制台】面板中，添加【透明度】关键帧，如图 12-38 所示。

提　示

字幕的【透明度】关键帧和素材“5.avi”相同。

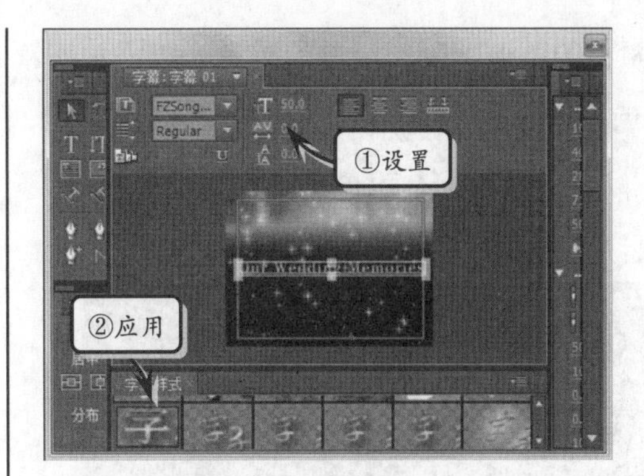

图 12-37　设置字体样式

图 12-38　添加【透明度】关键帧

10 在【效果】面板中，选择【震动：15 帧以内】预设特效，添加到字幕素材上，完成片头的制作，如图 12-39 所示。

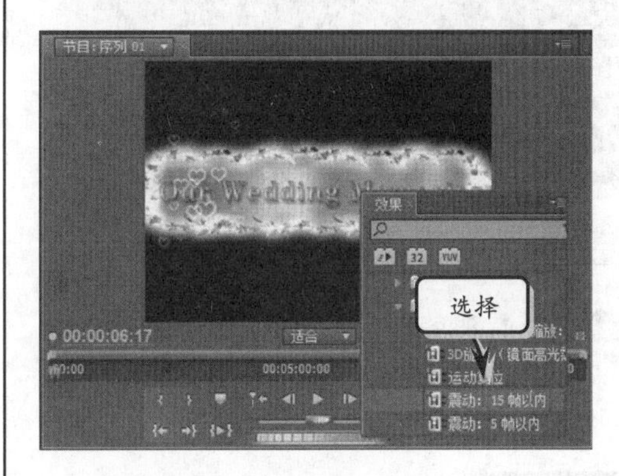

图 12-39　添加预设特效

12.2.2　制作浪漫婚礼

本节制作婚礼进行的部分，也是整个浪漫婚礼片子的重要部分。主要通过调整视频素材的色调，制作浪漫的感觉，再添加遮罩素材作为修饰，完成浪漫婚礼的制作。

1 在【项目】面板中，展开【视频素材】文件夹，选择素材“0.mp4”，添加到“视频 1”轨道上，如图 12-40 所示。

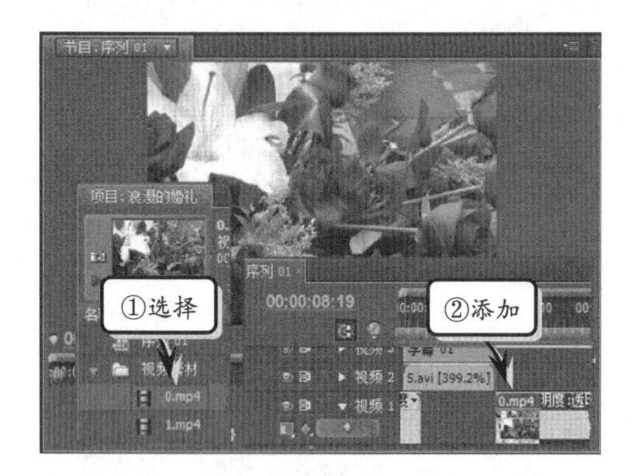

图 12-40 添加素材

2 在【效果】面板中，展开“视频特效”文件夹以及“杂波与颗粒”子文件，选择【灰尘与划痕】特效，添加到视频素材上，如图 12-41 所示。

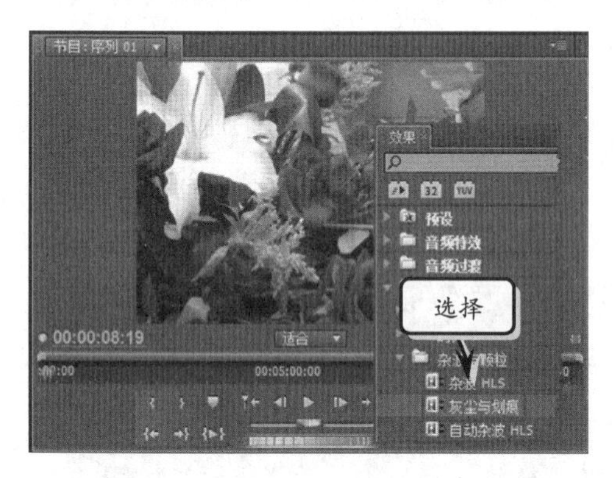

图 12-41 添加【灰尘与划痕】特效

3 在【特效控制台】面板中，展开【灰尘与划痕】特效，设置【半径】参数，并添加关键帧，如图 12-42 所示。

提 示

在 00:00:08:19 位置处，【半径】为 100，在 00:00:11:20 位置处，【半径】为 0。

4 在【效果】面板中，选择【残像】视频特效，添加到该素材上，如图 12-43 所示。

5 选择【色阶】视频特效，添加到该素材上，在【特效控制台】面板中，设置参数，如图 12-44 所示。

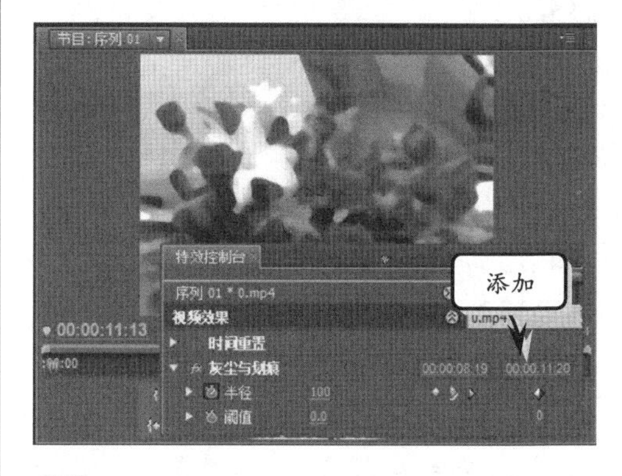

图 12-42 添加【半径】关键帧

图 12-43 添加【残像】视频特效

图 12-44 设置【色阶】参数

6 在【效果】面板中，选择【色彩平衡】特效，添加到该素材上。在【特效控制台】面板中，设置参数，如图 12-45 所示。

7 再为该素材添加【RGB 曲线】特效，在【特效控制台】面板中，调整不同通道的曲线，如图 12-46 所示。

图 12-45 设置【色彩平衡】参数

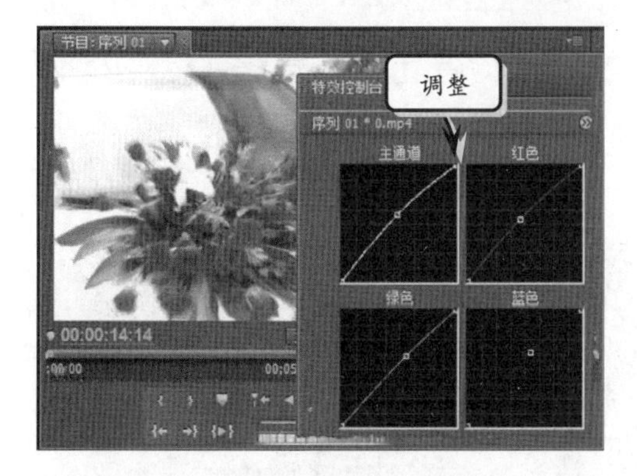

图 12-46 调整【RGB 曲线】

8 在【时间线】面板中，右击任意轨道，执行【添加轨道】命令，添加一个视音频轨“视频 4”轨道，将素材“6.avi”拖至该轨道上，如图 12-47 所示。

图 12-47 添加素材

提 示

在【添加视音轨】对话框中直接单击【确定】按钮，即可添加视音频轨。再按照相同的方法添加“视频 5”轨道，并添加素材“6.avi。”

9 在【效果】面板中，选择【轨道遮罩键】特效，添加到“视频 4”轨道的素材“6.avi”上。设置“遮罩”为“视频 5”，“合成方式”为“Luma 遮罩”，如图 12-48 所示。

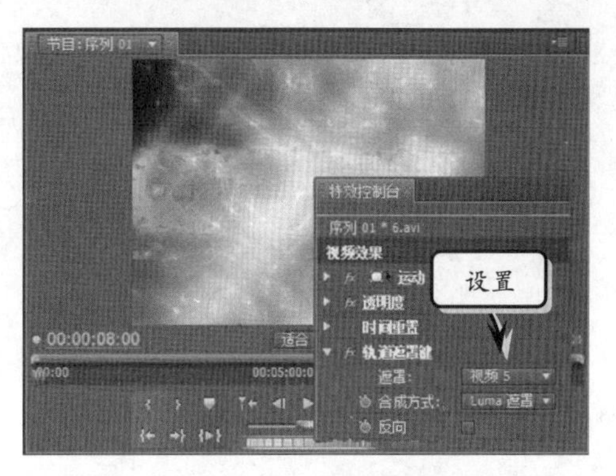

图 12-48 设置【轨道遮罩键】参数

10 拖动当前时间指示器至 00:00:15:22 位置处，将素材“2.mp4”添加到“视频 1”轨道上。为其添加【重影】特效，参数为默认，如图 12-49 所示。

图 12-49 添加【重影】特效

提 示

再为该素材添加【RGB 曲线】特效，在【特效控制台】面板中适当调整不同通道的曲线。

11 拖动当前时间指示器至 00:00:14:15 位置处，将素材“3.avi”添加到“视频 2”和“视频 3”轨道上。并为“视频 2”轨道上的素材添加【轨道遮罩键】特效，设置参数，如图 12-50 所示。

图 12-50　添加【轨道遮罩键】特效

12 拖动当前时间指示器至 00:00:13:13 位置处，在“视频 4”和“视频 5”轨道上添加素材“1.avi”。添加【轨道遮罩键】特效，设置参数，如图 12-51 所示。

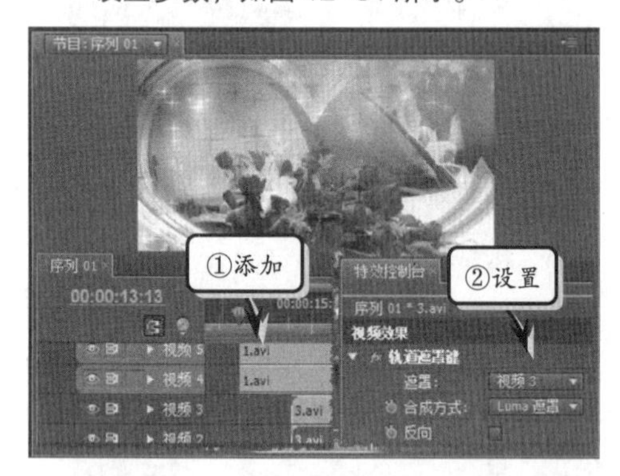

图 12-51　添加【轨道遮罩键】特效

13 将素材“3.mp4”添加到“视频 1”轨道上。为其添加【照明效果】特效，设置“灯光类型”为“平行光”，“灯光颜色”为#EAE7AF，如图 12-52 所示。

图 12-52　设置【照明效果】参数

14 再为其添加【色彩平衡】特效，在【特效控制台】面板中，设置参数，如图 12-53 所示。

图 12-53　设置【色彩平衡】特效

15 使用【剃刀工具】，将素材“2.mp4”和“3.mp4”分割为 3 段，将其交叉放置，形成交叉播放的效果，如图 12-54 所示。

图 12-54　分割素材

提　示

拖动当前时间指示器至 00:00:23:05 位置处，使用【剃刀工具】将素材分割，并将分割后剩余的后半部分素材全部删除。

16 在 00:00:23:05 位置处，将素材“4.mp4”添加到“视频 1”轨道上。在【特效控制台】面板中，调整“亮度波形”曲线，如图 12-55 所示。

17 再为其添加【色阶】特效，在【特效控制台】面板中，设置参数，如图 12-56 所示。

图 12-55 调整【亮度波形】

图 12-56 设置【色阶】参数

提 示

再为其添加【色彩平衡】特效，设置【阴影红色】为 56，【阴影绿色】为 19，【中间调红】为 19，【中间调绿】为 6，【高光红色】为 17，【高光绿色】为-61，【高光蓝色】为-6。

18 在 00:00:23:05 位置处，将遮罩素材“2.avi”添加到“视频 2”和“视频 3”轨道上。为“视频 2”轨道上的素材添加【轨道遮罩键】特效，如图 12-57 所示。

图 12-57 添加【轨道遮罩键】特效

提 示

设置素材“2.avi”的“缩放比例”为 85，并设置其“速度”为 200%。

19 在 00:00:24:10 位置处，将视频素材“5.avi”添加到“视频 1”轨道上。复制上一素材的“照明效果”、“色阶”、“亮度曲线”特效，如图 12-58 所示。

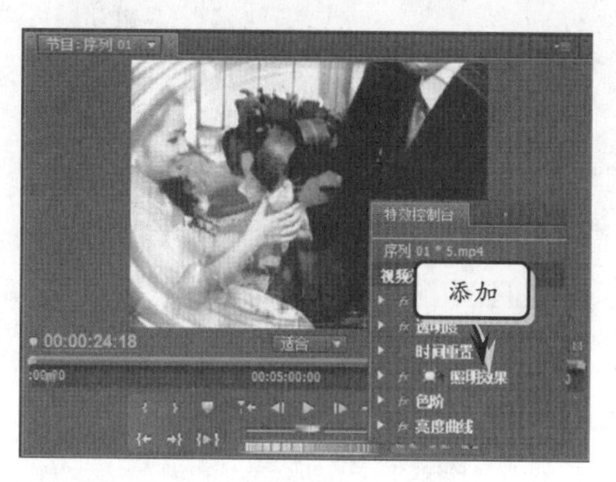

图 12-58 复制特效

技 巧

选择要复制的特效，按 Ctrl+C 键进行复制，再选择要调整的素材，在【特效控制台】面板中，按 Ctrl+V 键进行粘贴，可复制特效。

20 在 00:00:24:21 位置处，使用【剃刀工具】将素材“5.mp4”分割。在 00:00:25:08 位置处，再将素材分割，设置中间部分素材的“速度”为 30%，如图 12-59 所示。

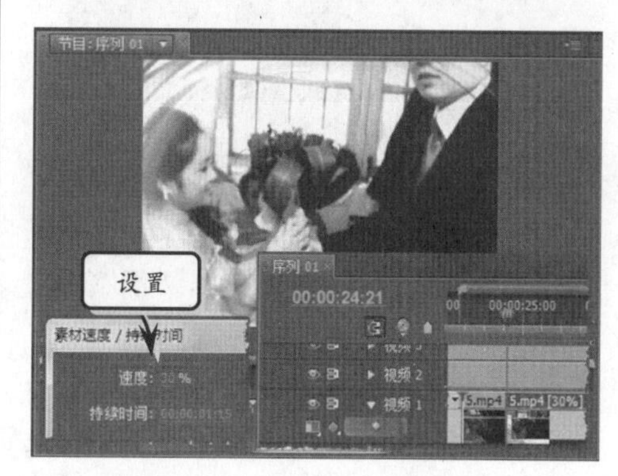

图 12-59 为素材“**5.mp4**”设置“速度/持续时间”

21 按照相同方法，添加素材“6.mp4”，复制相同的视频特效。再分割素材，设置“速度/持续时间”均为 30%，制作快慢镜头，如图 12-60 所示。

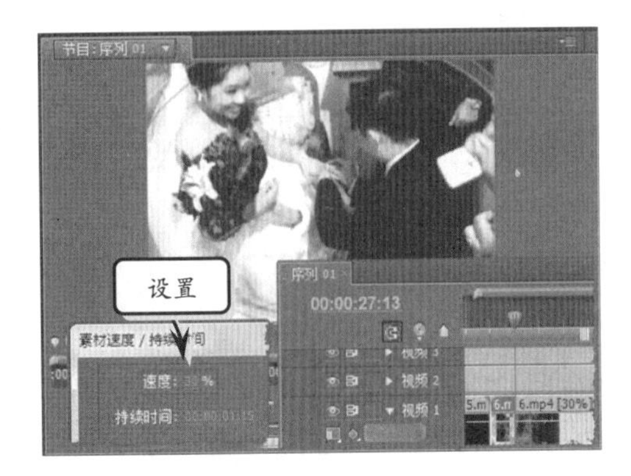

图 12-60 为素材“6.mp4”设置“速度/持续时间”

22 在 00:00:23:21 位置处，将素材“7.avi”添加到“视频 4”和“视频 5”轨道上。添加【轨道遮罩键】特效，设置参数，如图 12-61 所示。

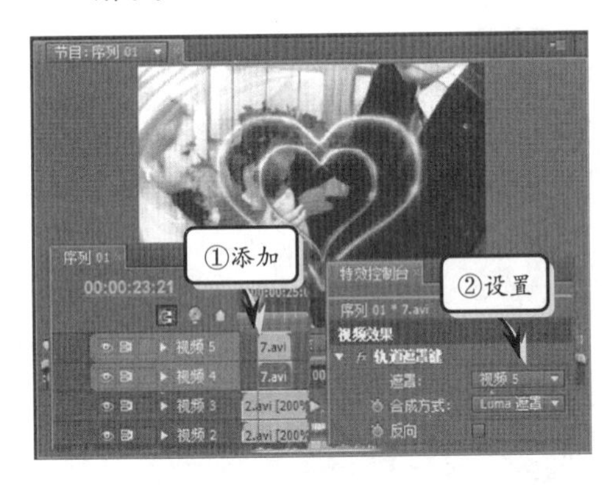

图 12-61 设置【轨道遮罩键】

23 在 00:00:31:07 位置处，将素材“4.avi”添加到“视频 3”和“视频 4”轨道上。添加【轨道遮罩键】特效，设置参数，如图 12-62 所示。

24 在 00:00:35:10 位置处，将素材“7.mp4”添加到“视频 1”轨道上。在【特效控制台】面板中，设置“灯光类型”为“平行光”，“中心”为 406.6，280.1，“强度”为 15，如图 12-63 所示。

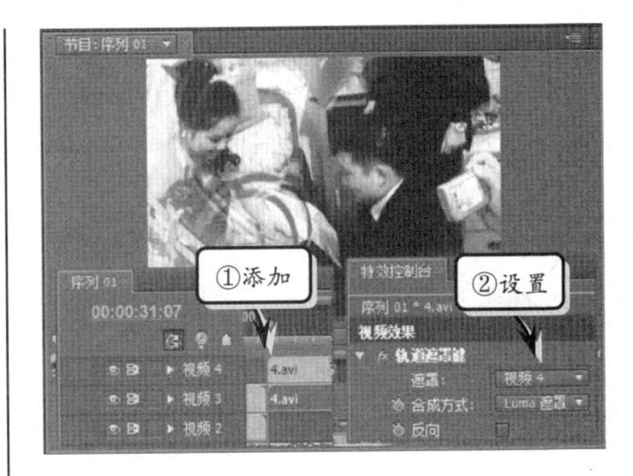

图 12-62 添加素材

图 12-63 设置【照明效果】参数

提 示

再为其添加【色阶】特效，设置“RGB 输入黑色阶”和“RGB 输出黑色阶”均为 10，“G 输入黑色阶”为 27，“G 输出黑色阶”为 10。“B 输入黑色阶”为 41，“B 输出黑色阶”为 24，“B 灰度系数”为 77。

25 再添加素材“2.avi”制作遮罩效果。在 00:00:36:16 位置处，将视频素材分割，设置后半部分的“速度”为 30%，如图 12-64 所示。

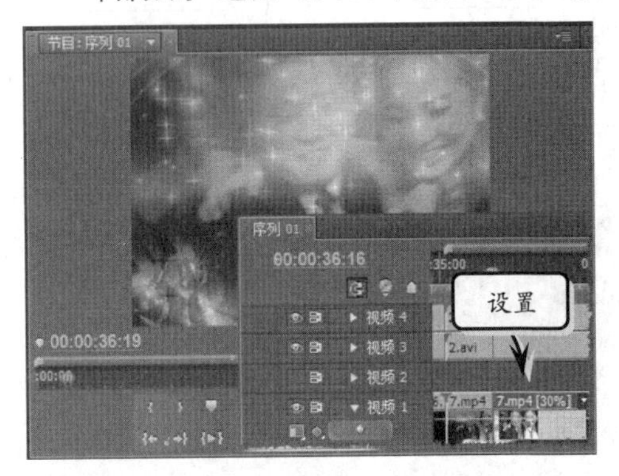

图 12-64 设置【速度】参数

26 在 00:00:39:09 位置处，将素材“8.mp4”添加到“视频 1”轨道上。为其添加【斜角边】特效，设置“边缘厚度”为 0.2，“照明颜色”为#F0E8CA，如图 12-65 所示。

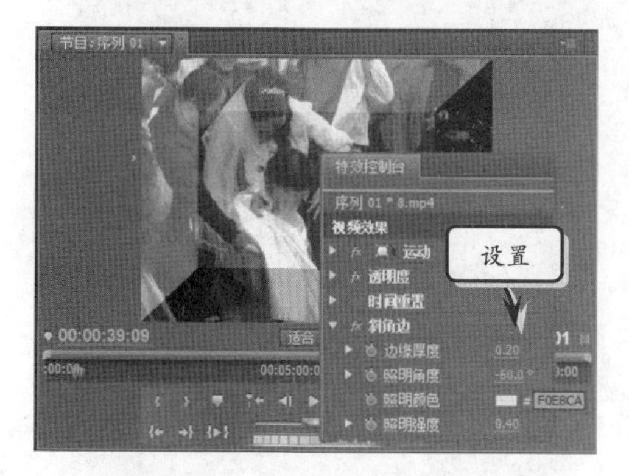

图 12-65 设置【斜角边】参数

27 再添加【色彩平衡】以及【色阶】特效，在【特效控制台】面板中，分别调整参数，如图 12-66 所示。

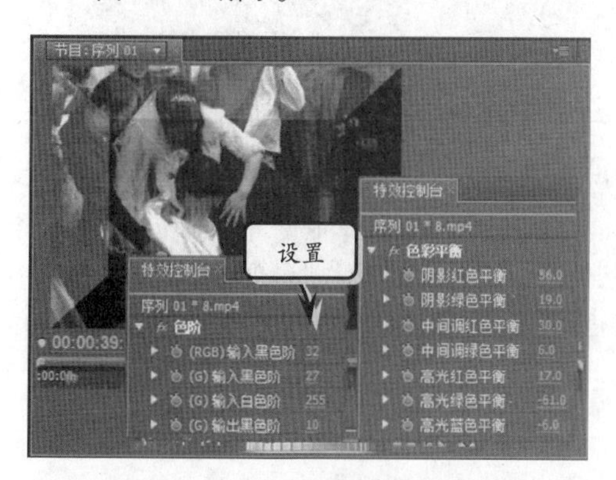

图 12-66 设置【色阶】、【素材平衡】参数

28 在相同的时间点，在“视频 2”轨道上添加素材“8.mp4”，设置其【缩放比例】为 67，如图 12-67 所示。

29 为其添加【色彩平衡】和【羽化边缘】特效，在【特效控制台】面板中设置参数，如图 12-68 所示。

提 示

在“视频 3”和“视频 4”轨道上添加遮罩素材“2.avi”，添加【轨道遮罩键】特效，制作遮罩效果。

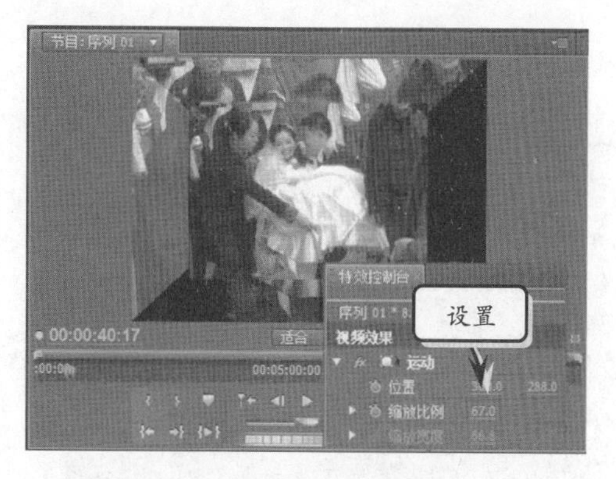

图 12-67 设置【缩放比例】

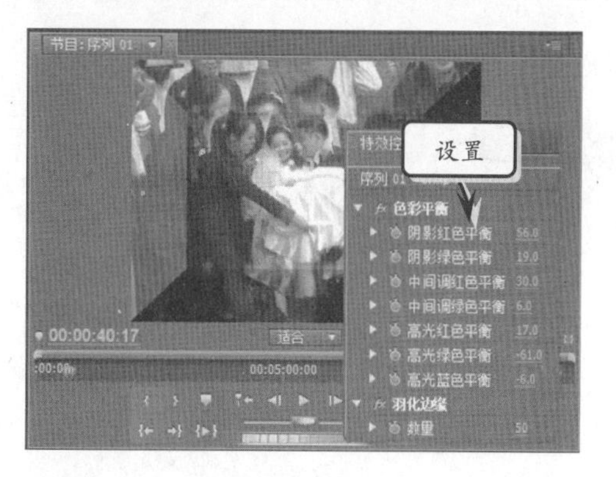

图 12-68 设置参数

30 在 00:00:41:19 位置处，将遮罩素材“6.avi”添加到“视频 5”和“视频 6”轨道上。为“视频 5”轨道上的素材添加【轨道遮罩键】特效，如图 12-69 所示。

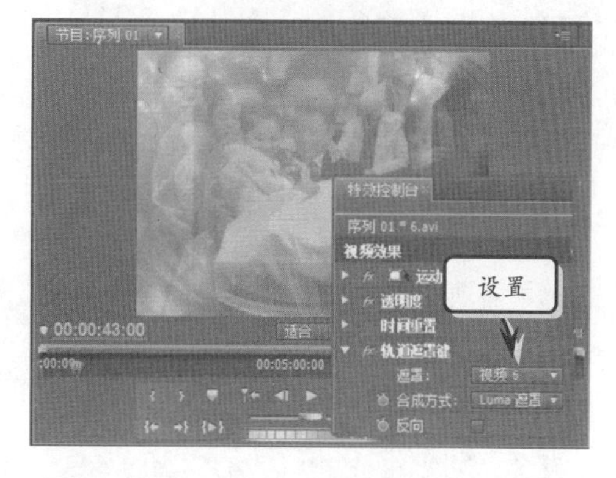

图 12-69 添加【轨道遮罩键】特效

31 拖动当前时间指示器至 00:00:43:11 位置处，将素材 9.mp4 添加到“视频 1”轨道上。添加【亮度曲线】特效，调整“亮度波形”

曲线，如图 12-70 所示。

图 12-70 调整“亮度波形”

提 示

复制上一视频素材的【色彩平衡】特效，再添加遮罩素材“3.avi”，制作遮罩效果。

32 在 00:00:44:21 位置处，分割素材“9.mp4”。设置后半部分素材的“速度”为 30%，制作上车的慢镜头，如图 12-71 所示。

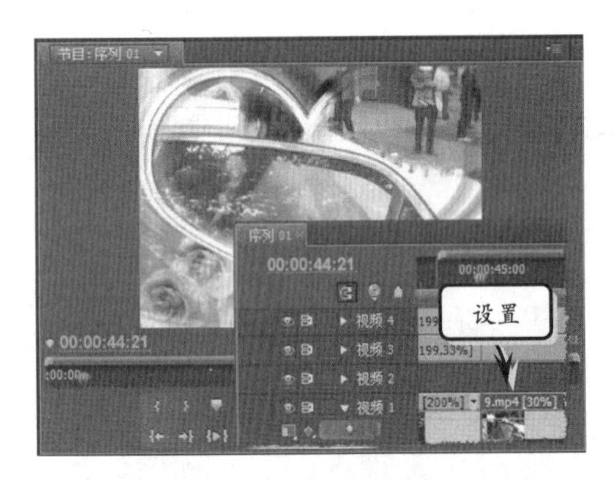

图 12-71 设置【速度/持续时间】

33 拖动当前时间指示器至 00:00:47:09 位置处，在“视频 1”轨道上添加素材“10.avi”。复制上一素材的“色彩平衡”和“亮度曲线”特效，如图 12-72 所示。

34 拖动当前时间指示器至 00:00:49:03 位置处，执行【文件】|【导出】|【媒体】命令，导出静帧图片，“格式”为 Targa，如图 12-73 所示。

图 12-72 复制视频特效

图 12-73 导出静止图片

提 示

在导出图片的时间点，使用【剃刀工具】将素材分割，将后半部分素材向后移动，添加静止图片，设置静止图片的【持续时间】为 1s。

35 在 00:00:47:09 位置处，在“视频 3”和“视频 4”轨道上，添加遮罩素材“4.avi”。添加【轨道遮罩键】特效，设置参数，如图 12-74 所示。

图 12-74 添加遮罩

36 为静止图片添加【彩色浮雕】视频特效，设置【凸现】为 3。再添加【闪光灯】特效，“与原始图像混合”为 50%，如图 12-75 所示。

图 12-75 添加【彩色浮雕】特效

37 按照相同方法再选取一画面，导出静止图片。添加相同的视频特效，制作出画面定格效果，如图 12-76 所示。

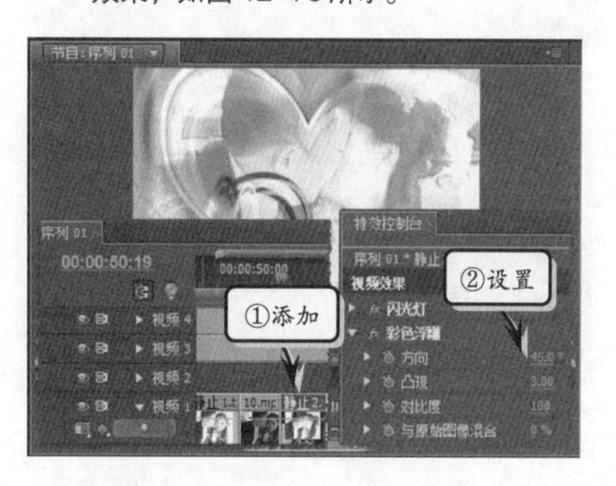

图 12-76 制作画面定格效果

12.2.3 添加音乐

婚礼视频编辑完后，剩下的就是添加音频，为音频添加淡入淡出的特效，使声音的出现不会太突兀。

1 将音频素材“Love.mp3”添加到“音频 1”轨道上。在【效果】面板中，选择【恒定增益】音频过渡特效，添加到音频的开始位置，如图 12-77 所示。

图 12-77 添加音频素材

2 在【特效控制台】面板中，设置【持续时间】为 8s。在结尾处，添加【指数型淡入淡出】特效，设置“持续时间”为 3s，如图 12-78 所示。

图 12-78 设置“持续时间”

3 在【节目】面板中预览动画效果，然后，保存文件。选择一种视频格式导出视频，完成浪漫婚礼的制作。